机械基础

吴新跃　张文群　主编

国防工业出版社

·北京·

内容简介

本书根据教学改革要求，借鉴军、地院校机械基础类优秀教材，依据新制定的课程标准，在《舰用机械基础》教材的基础上修订而成。

全书共15章，可分为常用机构原理、通用机械零件设计两大部分。第一章～第四章为第一部分，主要包括：平面连杆机构、凸轮机构、齿轮机构、轮系、回转件平衡等。第五章～第十四章为第二部分，主要包括：机械设计概论、连接、齿轮传动、蜗杆传动、带传动和链传动、滑动轴承、滚动轴承、轴、联轴器和离合器、弹簧等。第十五章列举了舰船装备维修的三个教学案例。

本书可作为学历教育机械基础课程的教材，也可供有关专业师生和工程技术人员参考。

图书在版编目(CIP)数据

机械基础/吴新跃，张文群主编．—北京：国防工业出版社，2022.8 重印
ISBN 978－7－118－10461－5

Ⅰ. 机... Ⅱ. 吴... Ⅲ. 机械设计 Ⅳ. TH122

中国版本图书馆 CIP 数据核字(2016)第 211483 号

※

国防工業出版社出版发行
（北京市海淀区紫竹院南路 23 号　邮政编码 100048）
北京虎彩文化传播有限公司印刷
新华书店经售

＊

开本 710×1000　1/16　**印张** 21　**字数** 400 千字
2022 年 8 月第 1 版第 3 次印刷　**印数** 3201—4201 册　**定价** 45.00 元

（本书如有印装错误，我社负责调换）

国防书店：(010)88540777　　发行邮购：(010)88540776
发行传真：(010)88540755　　发行业务：(010)88540717

前　言

本书根据海军初级指挥类、工程技术类军官学历教育新的人才培养目标，依据新制定的课程标准，在《舰用机械基础》教材基础上修订而成。

本书遵循素质教育、创新教育的指导思想，按照“厚基础、重实践、倡创新”的基本原则，以培养海军军官应具备的全面素质和综合能力为导向，遵循认知规律，着力提高学员理解机械的能力。在内容安排上突出“综合性”，把握“机构运动”和“零件失效”两个基本点，注重各章节内容的内在联系，通过装备实例和案例，加强机械基础理论与海军舰艇装备的结合。借鉴军、地院校机械基础类优秀教材，在保持机械基础知识体系完整的前提下，根据多年的教学经验，结合海军人才培养特点，对内容及其要求进行了合理的取舍，可满足不同专业机械基础课程的教学需求。

本书共15章，参加本书编写的有：吴新跃、张文群（绪论、第一章、第四章），郑建华（第二章、第七章），何世平（第三章），高霄汉（第五章、第六章），王基（第八章），韩江桂（第九章、第十二章），王素华（第十章），余丽（第十一章、第十五章），纪进召（第十三章、第十四章），潘兴隆（全书图形编辑）。全书由吴新跃、张文群担任主编。

本书承华中科技大学机械学院吴昌林教授和武汉理工大学刘正林教授审阅，他们提出了宝贵意见，在此谨表示衷心的感谢。

由于编者的水平和时间所限，误漏之处在所难免，诚恳欢迎广大读者提出批评和改进意见。

编　者

2016年5月

目　录

绪　论

第一节　本书的主要内容

我们在生活、工作中几乎时时处处都离不开机器、机械。我们的舰艇、武器装备大多是由机械或机电一体化组合而成的，或本身就是一台机械(机器)；机器的种类繁多，功能、外形各异，小到肉眼难以分辨(如纳米机器人)，大到数十米高、数百米长的庞然大物(如航空母舰)。那么，机器、机械有些什么共同的特征呢？只要认真观察、稍加分析便可看出各种机器都具有以下三个方面的特征：

(1) 机器是若干人为实体的组合；

(2) 组成机器的各实体之间具有确定的相对运动；

(3) 机器能用来代替或减轻人类的劳动去完成有用的机械功或转换能量。

进一步观察各种常见的机器(如牛头刨床、起重机、汽车、拖拉机等)便不难发现，这些机器都装有一个(或几个)用来接受外界输入能源的原动机(如电动机、内燃机等)，并通过一系列运动及动力传送、改变或转换、分配或合并的中间装置(常见皮带轮、齿轮、凸轮等)，把原动机的动作转变为机器工作部分为完成机器功能所要求的特定的动作(如牛头刨床上刨刀的往复动作，起重机吊钩的升降动作等)，用于克服工作阻力，输出机械功。由此可见，一台完整的机器总是包括原动部分、传动部分和执行部分。如图 0－1－1 所示的单缸四冲程内燃机，由汽缸体 1、活塞 2、进气阀 3、排气阀 4、连杆 5、曲轴 6、凸轮 7、顶杆 8、齿轮 9 和 10 等组成。燃气推动活塞做往复运动，经连杆转变为曲轴的连续转动。凸轮和顶杆是用来启闭进、排气阀的。为了保证曲轴每转两周进、排气阀各启闭一次，在曲轴和凸轮轴之间安装了齿轮，齿数比为 1∶2。这样，当燃气推动活塞、活塞带动连杆、连杆驱动曲轴运动时，就把燃气的热能转换为曲轴转动的机械能。

不同机器的最终执行部分的运动规律千差万别，但是如果把机器拆开进行比较便会发现，在功能、外形、大小不同的机器中存在许多相似的结构或部件。例如，在大多数机器的传动部分中都用齿轮来传递或分配原动机的运动和动力，车床中有齿轮、汽车中有齿轮、舰船中也有齿轮，到处都可见到齿轮；也有很多机器中使用了皮带轮。如果撇开它们在做功和转换能量方面所起的作用，仅从结构和运动的

图0-1-1　内燃机

角度分析,不难发现不同机器之间存在着共性。例如,内燃机和曲轴冲床都应用了曲柄—连杆—滑块(活塞或冲头)实现圆周运动与直线往复运动之间的相互转换。因此,为了能对机器进行更为深入、更为全面的研究,这里引入机构的概念。从上述例子中我们可以归纳出机构的主要特征:

(1) 机构是若干人为实体的组合;

(2) 组成机构的各实体之间具有确定的相对运动。

机构与机器二者的关系类似于化学中元素与化合物之间的关系。任何一台机器都至少应该用一种机构,而同一种机构可以用在不同的机器中。若撇开机器在做功和转换能量方面所起的作用,仅从结构和运动的观点来看,则机器与机构之间并无区别,因此,在习惯上用"机械"一词作为机器和机构的统称。

组成机构的各个相对运动部分称为构件。那么什么是零件呢?零件是指在加工过程中的一个整体。构件可以是一个零件,也可以是几个零件组成的刚性连接(各零件间没有相对运动)。内燃机的连杆就是由连杆体、连杆盖、螺栓以及螺母等几个零件组成的。这些零件形成一个整体而进行运动,所以称为一个构件。由此可见,构件是运动的单元,而零件是制造的单元。

机器中普遍使用的机构称为常用机构,如连杆机构、凸轮机构、齿轮机构等。机械零件也可分成两类:一类称为通用零件,它们在各种机械中都能经常遇到,如齿轮、螺栓、轴、轴承、弹簧等;另一类称为专用零件,它们只出现在某些机械中,如汽轮机或燃气轮机中的叶片、内燃机中的活塞等。

第二节 现代机械的发展趋势

当今高科技发展日新月异，以信息、能源、材料、生物工程和节能环保技术为代表的新兴科技正向人们展示出诱人的发展前景，虽然以机械工业为代表的传统产业已受到严峻的挑战，失去了在整个工业中的统治地位，但是这并不意味着机械工业真的会像夕阳一样日薄西山、停滞不前甚至出现倒退。机械工程技术是工程技术的重要组成部分，它是以自然科学与技术科学为理论基础，结合生产实践中的技术经验，研究和解决在设计、制造、安装、使用维修各种机械中的理论和实际问题的应用学科。各种机械的发明、设计、加工与制造以及使用与维修所涉及的技术均属机械工程技术的范畴。无论是现在还是在未来机械工业仍将是国家工业体系的主要基础和支柱。实际上现代机械已经大量采用当今高新技术成果从而取得了重大的进步，各种新技术、新材料、新工艺得到了迅速发展和广泛应用，机械工业正在经历着一场全面而深刻的变革。这些变革将推动机械工业向绿色化、智能化、服务化方向发展。

机电一体化技术就是其中一个重要的发展方向，并已经形成了一门新的复合型边缘学科，它由微电子技术、电力电子技术、检测传感技术、信息处理技术、计算机技术、自动控制技术、伺服传动技术、精密机械技术以及系统总体技术等多种技术相互交叉、相互渗透与融合而成。机电一体化技术已经从根本上改变了传统机械的模式，赋予机械以新的生机和活力，出现了高度自动化并且具有一定智能化的机器。同时，机电一体化技术也给机械的设计、制造和使用等各方面带来了许多全新的概念理论和方法。

在信息技术推动下，基于计算机的现代仿真技术正在快速发展，使 CAX（CAD、CAM、CAE、CAT）等计算机辅助设计、制造、工程、测试技术近年来发展迅速，已在发达国家中得到了普遍应用，对机械设计及制造过程产生了极其深刻的影响。它不仅仅是实现了无图纸设计，更重要的是 CAX 技术使设计人员在制造出机械之前就能对所设计的机械进行全面的分析（如各零件的应力、应变分析，整机的模态分析等），甚至对其（虚拟样机）各方面性能进行测试，如汽车在设计阶段就可知其在什么路况、车速下每位乘客所能听到的噪声值。汽车的碰撞、炮弹的穿甲功能等都可在设计阶段计算出来。许多在传统设计过程中难以实现的设计理论和方法（如动态设计、优化设计、模块化设计等）得以全面应用，大大提高了所设计机械的性能。同时，CAD 技术（特别是并行设计技术）与数控加工技术结合能大大缩短试制周期，降低研发成本。例如，波音 777 飞机采用虚拟数字样机设计分析技术，实现了无图纸、无样机一次成功。又如 ZD Net 网上杂志报道，波音飞机公司及洛克希德·马丁公司均希望在两年后取得美国国防部数千亿美元的合约。除设计新战机外，它们建立的虚拟仿真系统，将用作研发和测试新战机，并用于训练飞行及地勤人员。两家公司的雏形机，目前已在加州一秘密机场用硅图公司(SGI)高速系统进行模拟，每个画面要处理上百万个多边形。该系统不仅呈现外形，也须呈现内部机械细节。新一代的机械模拟系统，更可透过机械臂回传力量及触觉，因此用户可真的摸到东西。美国两大航空业巨人正在参与的、利用虚拟仿真系统协助设计新世纪战机："精密战机在停机坪上发动机隆隆响动，两枚飞弹缓缓送来，身穿橄榄色服装的地勤，准备为超级战机装备飞弹……"其实这里的飞机、导弹、停机坪等，都是未来的虚拟空间，驾驶员头戴虚拟头盔，坐在美国西雅图波音飞机公司虚拟实验室的 JSF 战机模拟系统中。在舰艇的论证、设计、试验中也大量采用此项技术，所有设计人员的设计直接在计算机上以虚拟实体，例如，美国海军"百人队长"级核动力潜艇(NSSN)的设计过程就完全采用计算机辅助设计的形式显示出来，图 0-2-1 就是该型潜艇的一种设计方案。在设计网络上形成了一个具有全部设计细节的虚拟潜艇。在最后制造之前完全取消了图纸，所有的设计都是在计算机上进行的。该潜艇的设计采用网络化的并行设计技术，设计阶段的所有活动都在设计数据库中综合和汇总。参与设计的每个人都能从网络上知道其所需知道的所有设计细节，每个人所进行的设计也都能实时地反馈给需要知情的人员，因此每项修改设计平均所用的时间由原来的几天减少到几小时，同时更为重要的是，这种设计信息的直接的、实时的反馈方式能够最大限度地避免由于不同设备设计人员之间协调不够而造成的设计失误。图 0-2-2 是这种设计方式的简况。正因为采取了先进的 CAD 技术，该级潜艇的方案设计工作进行得非常充分，在确定最后方案之前，先后一共设计了 15 个方案，最后从中选定"廉价、多能"的设计方案进行制造。必须引起注意的是，此处的设计方案与传统的设计方案完全是两个概念，这里的每一个设计方案都是已经设计出细节的，只要稍加完善就可以进行制造的完整设计，而不是那种只有框架的传统设计方案。据称该型潜艇的设计数据库容量达 150GB。

图 0-2-1　美国海军"百人队长"级潜艇一种设计方案的计算机实体造型

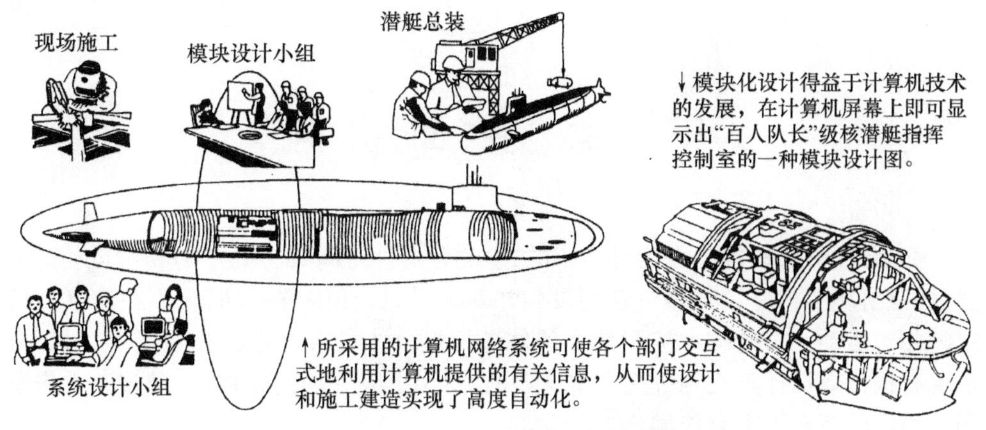

图 0-2-2　美国“百人队长”级潜艇计算机辅助设计过程

在武器装备的维护修理及教育、训练方面，CAX 技术及不断发展起来的虚拟现实技术起着越来越重要的作用。例如，有些结构复杂、精密的机械装备不能轻易进行实际拆装，但可在计算机上进行虚拟拆装、分析失效零部件，使维修工作手到病除；用于训练操作人员，可节省大量时间和经费。这些仅是 CAX 技术在海军工程中应用的例子，从中我们可以看到该技术对提高海军装备的技术水平，节省经费具有十分重要的意义。现代发展之中的虚拟现实技术，不但能使装备数字化、信息化，还可使战场环境信息化，战争演练在实验室中进行，我们应密切注意这些技术的发展。

因此在学习本课程时，除掌握好传统机械方面的知识外，应注意掌握机电一体化、CAX 等方面的理论基础和知识，注意设计创新能力的提高，为将来更好地管理使用好海军装备打好基础。

综上所述，机电一体化和 CAX 等高新技术正在或者说已经引发了机械科技发展史上的一次最为深刻而巨大的革命。现代机械工程技术人员应具备更高的素质，只掌握传统机械方面的知识是远远不够的，还必须具备电力、电子、控制、计算机等多学科的扎实理论基础和知识。本教材在介绍传统机械方面的基础知识的同时也将尽可能地多介绍一些新理论、新方法、新技术、新材料、新工艺，以及它们在海军工程中的应用，开拓大家的视野。

第一章　平 面 机 构

如绪论所述，机构是由构件组成的，它的各构件之间具有确定的相对运动。显然，任意拼凑的构件组合不一定能发生相对运动，即使能够运动，也不一定具有确定的相对运动。讨论构件按照什么条件进行组合才具有确定的相对运动，对于分析现有机构或设计新机构都是非常重要的，对于上舰管理使用机械，掌握熟悉未曾遇到的机械装备也很有作用。

实际机械的外形和结构都很复杂，在工程中应当学会用简单线条和符号来绘制机构的运动简图，以便分析研究机构，因而我们应该掌握绘制机构运动简图的方法，此方法与分析电路时用的电路图一样对于分析机构十分方便。

所有构件都在相互平行的平面内运动的机构称为平面机构，否则称为空间机构。目前，工程中常见的机构大多属于平面机构，这些机构广泛应用于如船舶内燃机、舵机、减摇鳍、泵、锚机等各种甲板机械、飞机起落架、航空母舰上的各种飞行保障机械等多种装置中，本章限于讨论平面四杆机构及其演化、凸轮机构等平面机构。平面机构是分析研究空间机构的基础，对于空间机构，分析方法与平面机构是相似的。

第一节　平面机构的组成

一个做平面运动的自由构件有三个独立运动的可能性。如图 1－1－1 所示，在 Oxy 坐标系中，构件 S 可随其上任一点 A 沿 x 轴、y 轴方向移动和绕点 A 转动，这种可能出现的独立运动称为构件的自由度。所以，一个做平面运动的自由构件有三个自由度。

机构是由许多构件组成的。机构的每个构件都以一定的方式与某些构件相互连接，这种连接不是固定连接，而是能产生一定相对运动的连接。这种使两构件直接接触并能产生一定相对运动的连接称为运动副。例如，轴与轴承的连接、活塞与汽缸的连接、传动齿轮两个轮齿间的连接等都构成运动副。显然，构件组成运动副后，其独立运动便受到约束，自由度便随之减少。

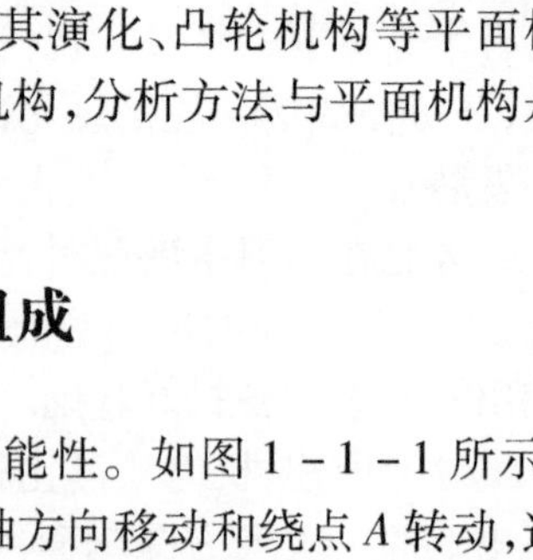

图 1－1－1　平面运动刚体的自由度

两构件组成的运动副，不外乎通过点、线或面的接触来实现。按照接触特性，通常把运动副分为低副和高副两类。

1. 低副

两构件通过面接触组成的运动副称为低副。平面机构中的低副有回转副和移动副两种。

（1）回转副：若组成运动副的两构件只能在一个平面内相对转动，这种运动副称为回转副，或称铰链，如图1－1－2所示。在图1－1－2(a)所示轴1与轴承2组成的回转副中，有一个构件是固定的，故称为固定铰链。图1－1－2(b)所示构件1与构件2也组成回转副，它的两个构件都未固定，故称为活动铰链。

（2）移动副：若组成运动副的两个构件只能沿某一轴线相对移动，这种运动副称为移动副，如图1－1－3所示。

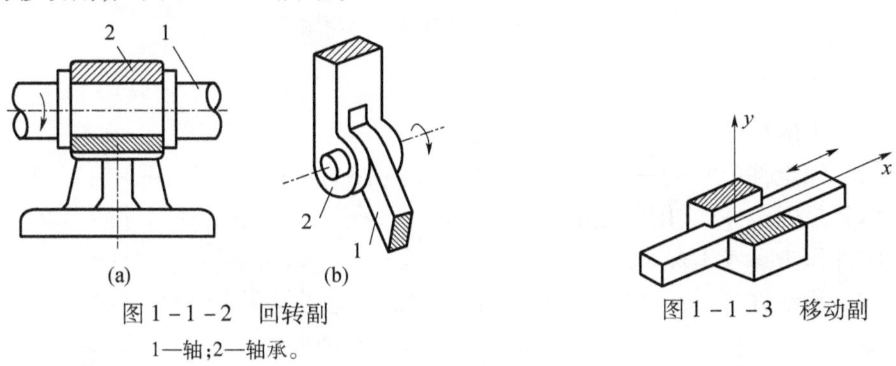

(a) (b)

图1－1－2 回转副

1—轴；2—轴承。

图1－1－3 移动副

2. 高副

两构件通过点或线接触组成的运动副称为高副。图1－1－4(a)中的车轮与钢轨、图1－1－4(b)中的凸轮与从动件、图1－1－4(c)中的轮齿1与轮齿2分别在接触处A组成高副。组成平面高副两构件间的相对运动是沿接触处切线$t-t$方向的相对移动和在平面内的相对转动。

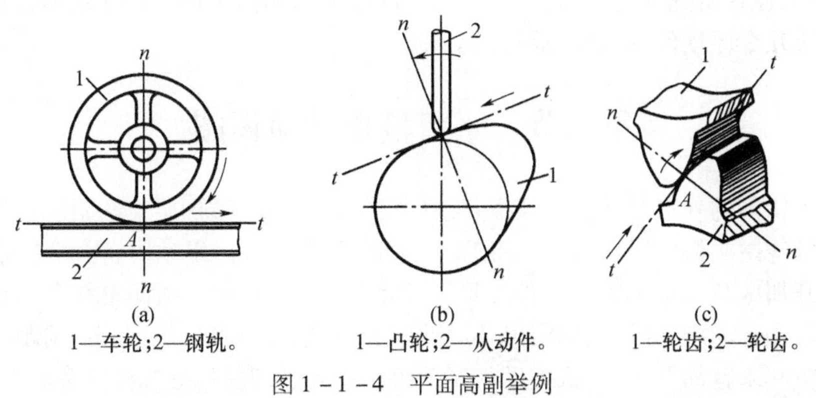

(a) 1—车轮；2—钢轨。

(b) 1—凸轮；2—从动件。

(c) 1—轮齿；2—轮齿。

图1－1－4 平面高副举例

除上述平面运动副之外，机构中还经常见到如图 1－1－5(a)所示的球面副和图 1－1－5(b)所示的螺旋副。这些运动副两构件间的相对运动是空间运动，故属于空间运动副。空间运动副已超出本章讨论的范围，故不赘述。

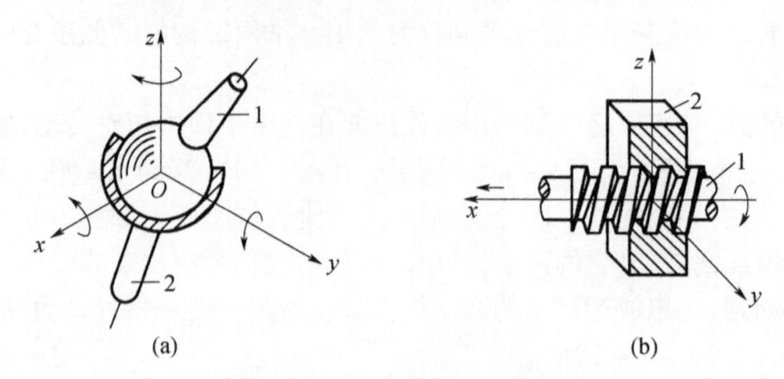

图 1－1－5　球面副和螺旋副

1—构件 1；2—构件 2。

机构中的构件按其运动性质可分为三类：

(1) 固定件(机架)——是用来支撑活动构件的构件。例如，图 0－1－1 中的汽缸体就是固定件，它用以支承活塞和曲轴等。研究机构中活动构件的运动时，常以固定件作为参考坐标系。

(2) 原动件——运动规律已知的活动构件。它的运动是由外界输入的，故又称为输入构件。例如，图 0－1－1 中的活塞就是原动件。

(3) 从动件——机构中随着原动件的运动而运动的其余活动构件。其中输出机构预期运动的从动件称为输出构件，其他从动件则起传递运动的作用。例如，图 0－1－1中的连杆和曲轴都是从动件，由于该机构的功用是将直线运动变换为定轴转动，因此，曲轴是输出构件，连杆是用于传递运动的从动件。

任何一个机构中，必有一个构件被相对地看作固定件。例如，汽缸体虽然跟随汽车运动，但在研究发动机的运动时，仍把汽缸体当作固定件。在活动构件中必须有一个或几个原动件，其余的都是从动件。

第二节　平面机构运动简图

实际构件的外形和结构往往很复杂(如图 1－2－1(a)螺旋桨调距装置)，一时难以分析清楚它们的运动关系及原理。因此，在研究机构运动时，为简化问题，有必要撇开那些与运动无关的构件外形和运动副具体构造，仅用简单线条和符号来表示构件和运动副，并按比例定出各运动副的位置(如图 1－2－1(b)调距机构)，这样分析起来就简便多了，机构运动简图对于将来管理使用好机械装备非常重要。

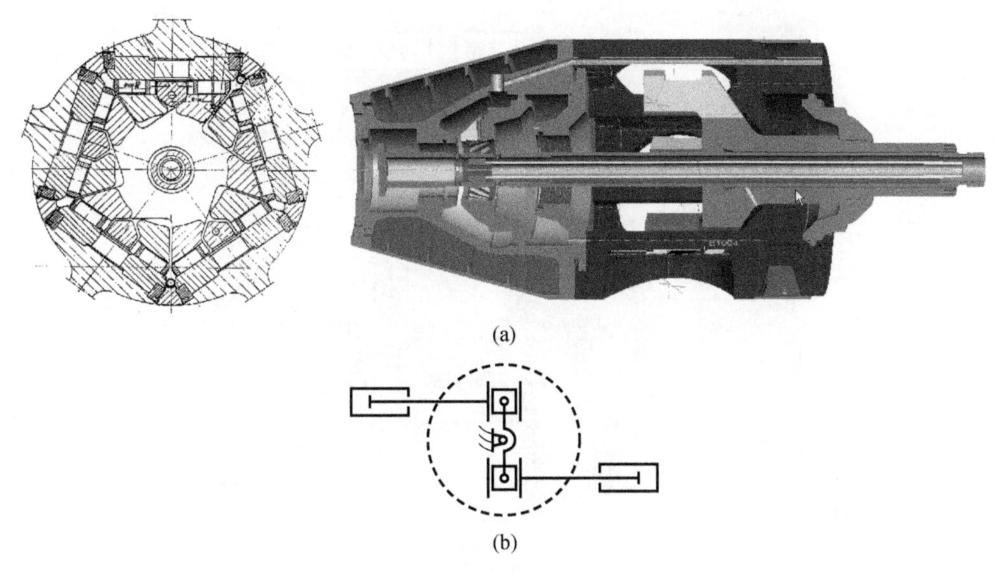

图 1-2-1 螺旋桨调距装置及机构
(a) 螺旋桨调距装置;(b) 调距机构。

如图 1-2-2(a)为航空母舰飞机止动装置的止动同步释放系统,主要由同步轴、同步曲柄、释放油缸组件、止动释放杆组件、机架等组成。

止动同步释放系统的工作原理:释放油缸在液压控制系统的驱动下,通过活塞杆伸出和缩回,带动同步轴旋转,使止动挡板升起和释放,在正常使用过程中,整个机构动作灵活,无异常杂音和阻滞现象。从机构学的角度讲,止动同步释放系统实质上是一组平面多杆机构,包括释放油缸、活塞杆、止动释放杆、滚轮组件和同步曲柄五个活动构件,形成 7 个低副(5 个转动副、2 个移动副),如图 1-2-2(b)所示。

这种说明机构各构件间相对运动关系的简单图形,称为机构运动简图。机构运动简图与电路分析的电路图类似,不仅可以简明地反映原机构的运动特性,而且可以对机构进行运动和动力分析,是设计及分析机构运动的重要环节。机构运动简图中的运动副表示如下。

图 1-2-3(a)、1-2-3(b)是两个构件组成回转副的表示方法。用圆圈表示回转副,其圆心代表相对转动轴线。若组成回转副的两构件都是活动件,则用图 1-2-3(a)表示。若其中有一个为机架,则在代表机架的构件上加上斜线,如图 1-2-3(b)所示。两构件组成移动副的表示方法如图 1-2-3(c)、图 1-2-3(d)所示。移动副的导路必须与相对移动方向一致。同前所述,图中画有斜线的构件表示机架。

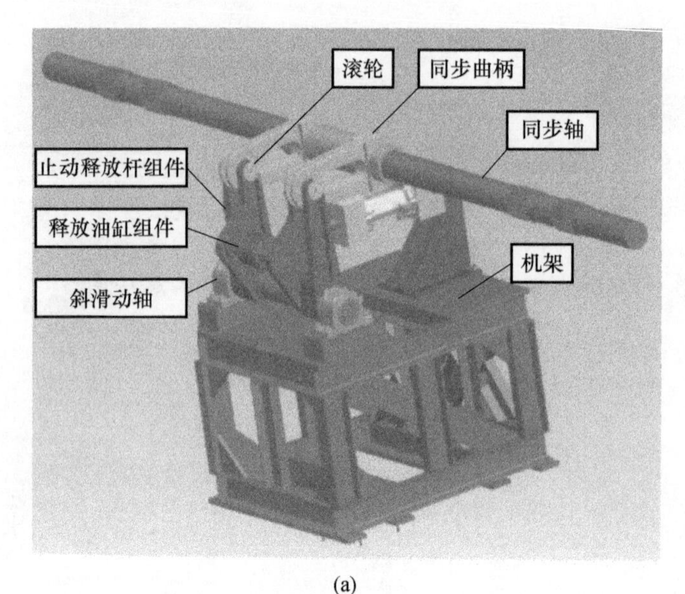

(a)

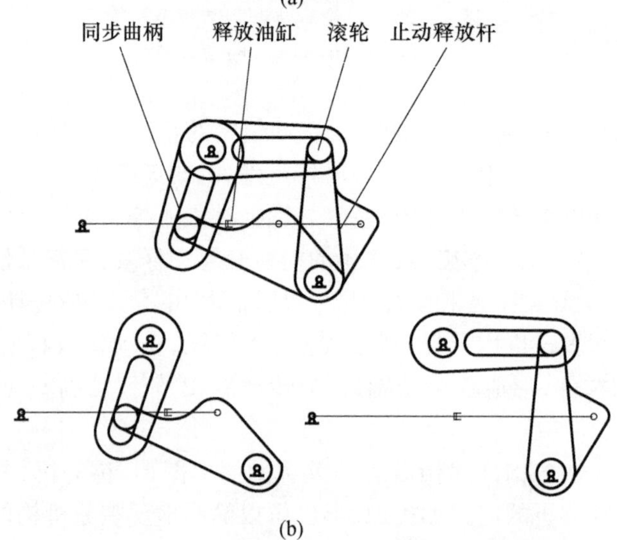

(b)

图 1-2-2 航空母舰上的飞机止动同步释放系统与机构

(a) 止动同步释放系统;(b) 止动同步释放系统机构运动简图。

两构件组成高副时,在简图中应当画出两构件接触处的曲线轮廓,如图 1-2-3(e)所示。

图 1-2-4 为构件的表示方法。图 1-2-4(a)表示参与组成两个回转副的构件。图 1-2-4(b)表示参与组成一个回转副和一个移动副的构件。在一般情况下,参与组成三个回转副的构件可用三角形表示,如图 1-2-4(c)所示;如果三

个回转副中心在一条直线上，则可用图1－2－4(d)表示。超过三个运动副的构件的表示方法可依此类推。图1－2－4(e)表示构件为机架。对于机械中常用的构件和零件，有时还可采用惯用画法，例如，用细实线(或点画线)画出一对节圆来表示互相啮合的齿轮(图1－2－4(e))，用完整的轮廓曲线来表示凸轮。其他常用零部件的表示方法可参看GB4460—84《机构运动简图符号》(可查阅《机械设计手册》)。

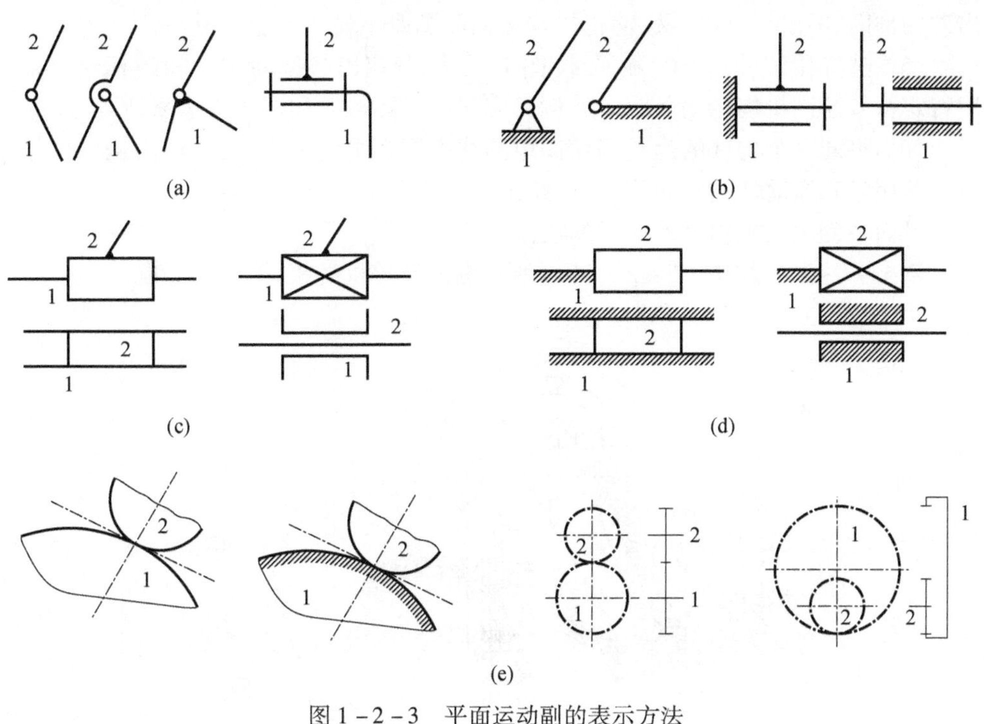

图1－2－3 平面运动副的表示方法

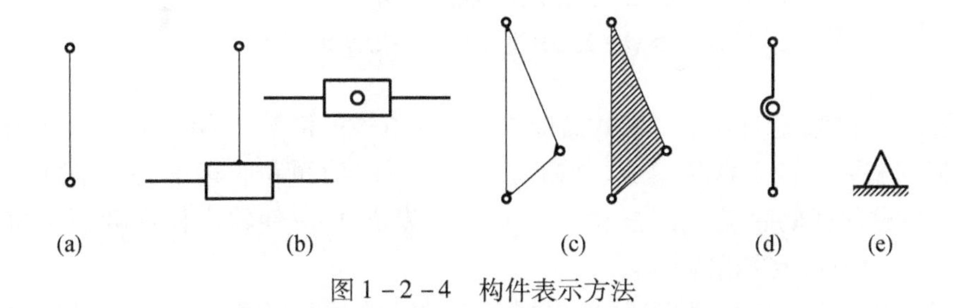

图1－2－4 构件表示方法

绘制机构运动简图的一般步骤如下：

(1) 分析机构的运动，找出固定件(机架)、主动件与从动件，即判别构件的类型，并用1,2,3,4,…表示构件的序号。

(2) 从主动件开始，按照运动的传递顺序分析各构件之间相对运动的性质，确定运动副的类型,并用 $A,B,C,D,\cdots$ 表示运动副的序号。

(3) 合理选择视图平面。为了能清楚地表明各构件间的相对运动关系,通常选择平行于构件运动的平面作为视图平面,对于齿轮也常采用过齿轮轴线的剖分面(图 1-2-3(e))。

(4) 选择能充分反映机构运动特性的瞬时位置。若瞬时位置选择不当,则会出现构件间相互重叠或交叉,使得机构运动简图既不易绘制也不易辨认。

(5) 选择比例尺 μ_l = 实际尺寸/图上尺寸,确定出各运动副之间的相对位置,用特定符号绘制机构运动简图。比例尺应根据实际机构和图幅大小来适当选取。

(6) 将同一个构件的运动副用简单的线条连起来代表构件,并注出构件序号、运动副序号和原动件的转向箭头,便绘出了机构运动简图。

下面举例说明机构运动简图的绘制方法。

例 1-2-1 绘制图 1-2-5(a)所示颚式破碎机的机构运动简图。

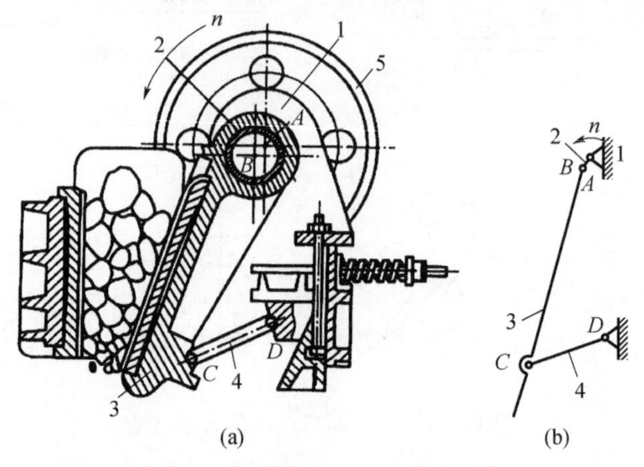

图 1-2-5 颚式破碎机及其机构运动简图

1—机架;2—偏心轴;3—动颚;4—肘板;5—带轮。

解:(1)机械运动分析。颚式破碎机的主体机构由机架 1、偏心轴(又称曲轴)2、动颚 3、肘板 4 共四个构件组成。偏心轴是原动件,动颚和肘板都是从动件。当偏心轴在与它固联的带轮 5 的拖动下绕轴线 A 转动时,驱使输出构件动颚 3 做平面复杂运动,从而将矿石轧碎。

(2) 在确定构件数目之后,再根据各构件间的相对运动确定运动副的种类和数目。偏心轴 2 与机架 1 绕轴线 A 相对转动,故构件 1、2 组成以 A 为中心的回转副;动颚 3 与偏心轴 2 绕轴线 B 相对转动,故构件 2、3 组成以 B 为中心的回转副;肘板 4 与动颚 3 绕轴线 C 相对转动,故构件 3、4 组成以 C 为中心的回转副;肘板与机架绕轴线 D 相对转动,故构件 4、1 组成以 D 为中心的回转副。

(3) 选定适当比例尺,根据图 1-2-5(a)尺寸确定出 A、B、C、D 的相对位置,用构件和运动副的规定符号绘出机构运动简图,如图 1-2-5(b)所示。

(4) 将图中的机架画上斜线,并在原动件 2 上标出指示运动方向的箭头。

需要指出,虽然动颚 3 与曲轴 2 是用一个半径大于 AB 的轴颈连接的,但是运动副的规定符号仅与相对运动的性质有关,而与运动副的结构尺寸无关,所以在简图中仍可用小圆圈表示。

例 1-2-2 绘制图 1-2-6(a)所示活塞泵机构的机构运动简图。

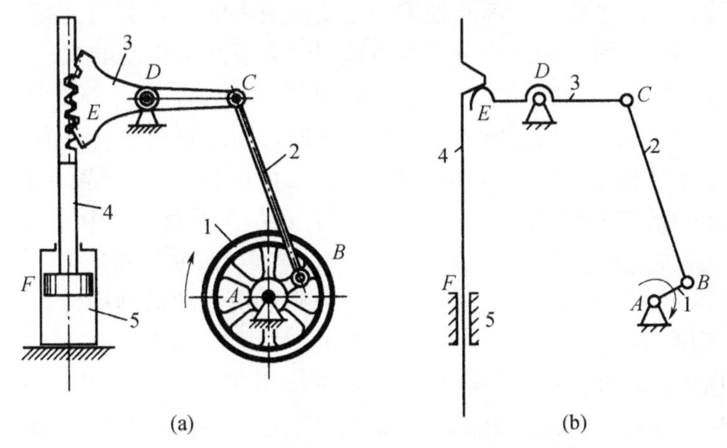

图 1-2-6 活塞泵及其机构运动简图
1—曲柄;2—连杆;3—齿扇;4—齿条活塞;5—机架。

解:活塞泵由曲柄 1、连杆 2、齿扇 3、齿条活塞 4 和机架 5 共五个构件所组成。曲柄 1 是原动件,2、3、4 为从动件。当原动件 1 回转时,活塞在汽缸中往复运动。

各构件之间的连接如下:构件 1 和 5、2 和 1、3 和 2、3 和 5 之间为相对转动,分别构成回转副 A、B、C、D,构件 3 的轮齿与构件 4 的齿构成平面高副 E。构件 4 与构件 5 之间为相对移动,构成移动副 F。

选取适当比例,按图 1-2-6(a)尺寸,用构件和运动副的规定符号画出机构运动简图,如图 1-2-6(b)所示。

应当说明是:绘制机构运动简图时,原动件的位置选择不同,所绘机构运动简图的图形也不同。当原动件位置选择不当时,构件互相重叠或交叉,使图形不易辨认。为了清楚地表达各构件的相互关系,应当选择恰当的原动件位置来绘图。

第三节 平面机构的自由度

机构的各构件之间应具有确定的相对运动。显然,不能产生相对运动或无规则乱动的一堆构件是不能成为机构的。为了使组合起来的构件能产生相对运动并具有运动确定性,有必要探讨机构自由度和机构具有确定运动的条件。

一、平面机构自由度计算

如前所述,一个做平面运动的自由构件具有三个自由度。因此,平面机构的每个活动构件,在未用运动副连接之前,都有三个自由度,即沿 x 轴和 y 轴的移动以及在 Oxy 平面内的转动。当两个构件组成运动副之后,它们的相对运动就受到约束,自由度数目即随之减少。不同种类的运动副引入的约束不同,因而所保留的自由度也不同。例如,图 1-1-2 所示的回转副约束了两个移动的自由度,只保留一个转动的自由度;而移动副(图 1-1-3)约束了沿某一轴线方向的移动和在平面内的转动这两个自由度,只保留沿另一轴线方向移动的自由度;高副(图 1-1-4)则只约束了沿接触处公法线 $n-n$ 方向移动的自由度,保留绕接触处的转动和沿接触处公切线 $t-t$ 方向移动这两个自由度。也可以说,在平面机构中,每个低副引入两个约束,使构件失去两个自由度;每个高副引入一个约束,使构件失去一个自由度。

设平面机构共有 K 个构件。除去固定件,则机构中的活动构件数为 $n=K-1$。在未用运动副连接之前,这些活动构件的自由度总数应为 $3n$。当用运动副将构件连接起来组成机构之后,机构中各构件具有的自由度数就减少了。若机构中低副的数目为 P_L 个,高副数目为 P_H 个,则机构中全部运动副所引入的约束总数为 $2P_L+P_H$。因此,活动构件的自由度总数减去运动副引入的约束总数就是该机构的自由度(旧称机构活动度),以 F 表示,即

$$F=3n-2P_L-P_H \qquad (1-3-1)$$

这就是计算平面机构自由度的公式。由公式可知,机构自由度 F 取决于活动构件的数目以及运动副的性质(低副或高副)和数目。

机构的自由度也即是机构所具有的独立运动的个数。由前述可知,从动件是不能独立运动的,只有原动件才能独立运动。通常每个原动件只具有一个独立运动(如电动机转子具有一个独立转动,内燃机活塞具有一个独立移动),因此,机构自由度必定与原动件的数目相等。

例 1-3-1 计算图 1-2-5(b)所示颚式破碎机主体机构的自由度。

解:在颚式破碎机主体机构中,有三个活动构件,$n=3$;包含四个回转副,$P_L=4$,没有高副,$P_H=0$。所以由式(1-3-1)得机构自由度为

$$F=3n-2P_L-P_H=3\times3-2\times4=1$$

该机构具有一个原动件(曲轴 2),故原动件数与机构自由度相等。

例 1-3-2 计算图 1-2-6 所示活塞泵的自由度。

解:活塞泵具有四个活动构件,$n=4$;五个低副(四个回转副和一个移动副),$P_L=5$;一个高副,$P_H=1$。由式(1-3-1)得机构自由度为

$$F=3\times4-2\times5-1=1$$

机械自由度与原动件(曲柄1)数目相等。

机构的原动件的独立运动是由外界给定的。如果给出的原动件数不等于机构自由度数,则将产生如下的影响。请看下面几个简单的例子。

图1-3-1所示为原动件数小于机构自由度的例子(图中原动件数等于1,而机构自由度 $F=3\times4-2\times5=2$)。显然,当只给定原动件1的位置角 φ_1 时,从动件2、3、4的位置不能确定,不具有确定的相对运动。只有给出两个原动件,使构件1、4都处于给定位置,才能使从动件获得确定运动。

图1-3-2所示为原动件数大于机构自由度的例子(图中原动件数等于2,机构自由度 $F=3\times3-2\times4=1$)。如果原动件1和原动件3的给定运动都要同时满足,势必将杆2拉断。

图1-3-3所示为机构自由度等于零的构件组合($F=3\times4-2\times6=0$)。它的各构件之间不可能产生相对运动。

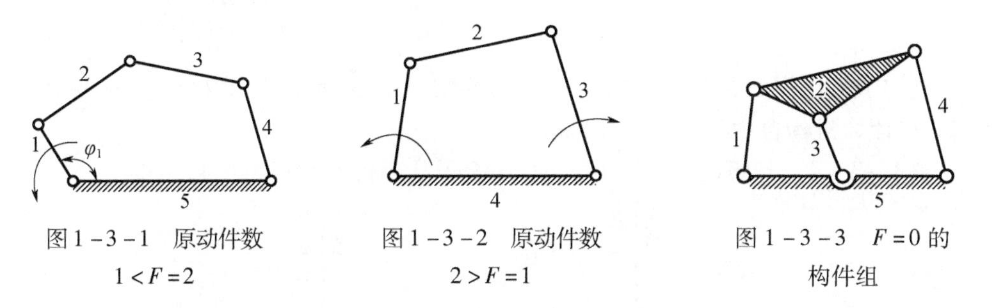

图1-3-1 原动件数 $1<F=2$

图1-3-2 原动件数 $2>F=1$

图1-3-3 $F=0$ 的构件组

综上所述,机构具有确定运动的条件是 $F>0$,且 F 等于原动件个数。

二、计算平面机构自由度的注意事项

应用式(1-3-1)计算平面机构自由度时,对下述几种情况必须加以注意。

1. 复合铰链

两个以上的构件同时在一处用回转副相连接就构成复合铰链。如图1-3-4(a)所示是三个构件汇交成的复合铰链,图1-3-4(b)是它的俯视图。由图1-3-4(b)可以看出,这三个构件共组成两个回转副。依此类推,K 个构件汇交而成的复合铰链应具有 $K-1$ 个回转副。在计算机构自由度时应注意识别复合铰链,以免把回转副的个数算错。

例1-3-3 计算图1-3-5所示圆盘锯主体机构的自由度。

解:机构中有7个活动构件,$n=7$;A、B、C、D 四处都是三个构件汇交的复合铰链,各有两个回转副,故 $P_L=10$。由式(1-3-1)可得

$$F=3\times7-2\times10=1$$

F 与机构原动件个数相等。当原动件 8 转动时，圆盘中心 E 将确定地沿直线 EE' 移动。

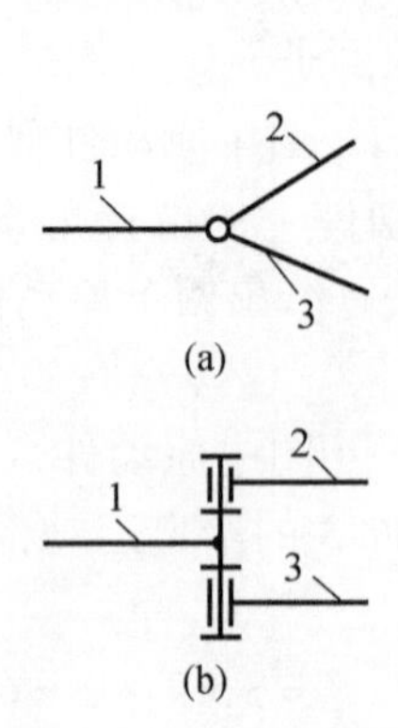

图 1－3－4　复合铰链

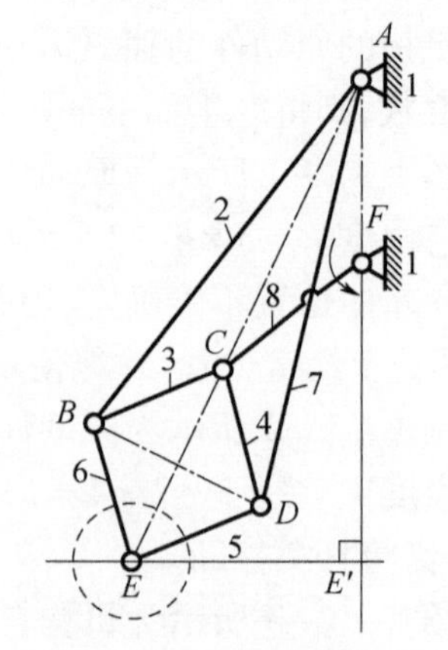

图 1－3－5　圆盘锯机构

2. 局部自由度

机构中常出现一种与输出构件运动无关的自由度，称为局部自由度或多余自由度，在计算机构自由度时应予排除。

例 1－3－4　计算图 1－3－6(a)所示滚子从动件凸轮机构的自由度。

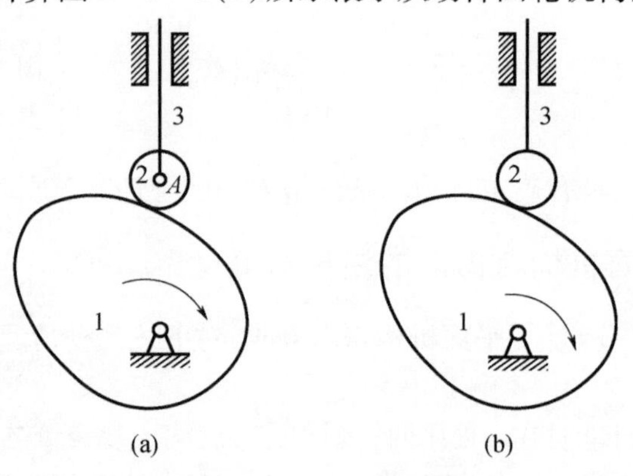

图 1－3－6　局部自由度

1—凸轮；2—滚子；3—从动件。

解：如图 1－3－6(a)所示，当原动件凸轮 1 转动时，通过滚子 2 驱使从动件 3 以一定运动规律在机架中往复移动。因此，从动件 3 为输出构件。不难看出，在这个机构中，无论滚子 2 绕其轴线 A 是否转动或转动快慢，都丝毫不影响输出件 3 的运动。因此，滚子绕其中心的转动是一个局部自由度。为了在计算机构自由度时排除这个局部自由度，可设想将滚子与从动件焊成一体（回转副 A 也随之消失）变成

图 1-3-6(b)所示形式。在图 1-3-6(b)中,$n=2,P_L=2,P_H=1$。由式(1-3-1)可得

$$F=3\times2-2\times2-1=1$$

局部自由度虽然不影响整个机构的运动,但滚子可使高副接触处的滑动摩擦变成滚动摩擦,减少磨损,所以实际机械中常有局部自由度出现。

3. 虚约束

在运动副引入的约束中,有些约束对机构自由度的影响是重复的。这些对机构运动不起限制作用的重复约束称为消极约束,或称虚约束,在计算机构自由度时应当除去不计。

虚约束是构件间几何尺寸满足某些特殊条件的产物。平面机构中的虚约束常出现在下列场合:

(1) 两个构件之间组成多个导路平行或重合的移动副时,只有一个移动副起作用,其余都是虚约束(图 1-3-7(a))。图 0-1-1 所示的内燃机中顶杆 8 与缸体之间组成两个移动副,其中之一为虚约束。

(2) 两个构件之间组成多个轴线重合的回转副时,只有一个回转副起作用,其余都是虚约束(图 1-3-7(b))。例如,两个轴承支持一根轴只能看作一个回转副。

(3) 机构中对传递运动不起独立作用的对称部分。例如,图 1-3-7(c)所示轮系,中心轮 1 为主动轮,经过三个对称均匀布置的小齿轮 2、2′和 2″驱动内齿轮 3,而实际上从机构运动传递的角度来说仅有一个小齿轮就可以了,其余两个齿轮并不影响机构的运动传递,故其带入的约束为虚约束。

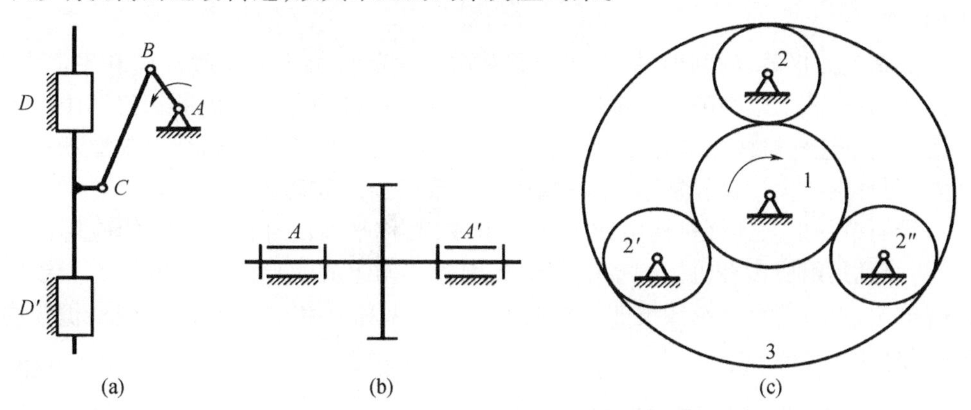

图 1-3-7 虚约束

1—中心轮;2—小齿轮;2′—小齿轮;2″—小齿轮;3—驱动内齿轮。

还有一些类型的虚约束需要通过复杂的数学证明才能判别,我们就不一一列举了。虚约束对运动虽不起作用,但可以增加构件的刚性和使构件受力均衡,所以实际机构中虚约束随处可见。只有将机构运动简图中的虚约束排除,才能算出真

实的机构自由度。

例 1-3-5 计算图 1-3-8(a)所示大筛机构的自由度。

解:机构中的滚子有一个局部自由度。顶杆与机架在 E 和 E' 组成两个导路平行的移动副,其中之一为虚约束。C 处是复合铰链。今将滚子与顶杆焊成一体,去掉移动副 E',并在 C 点注明回转副的个数,如图 1-3-8(b)所示。由图 1-3-8(b)得,$n=7$,$P_L=9$(7 个回转副和 2 个移动副),$P_H=1$,故由式(1-3-1)得

$$F=3n-2P_L-P_H=3\times7-2\times9-1=2$$

此机构的自由度等于 2,有两个原动件。

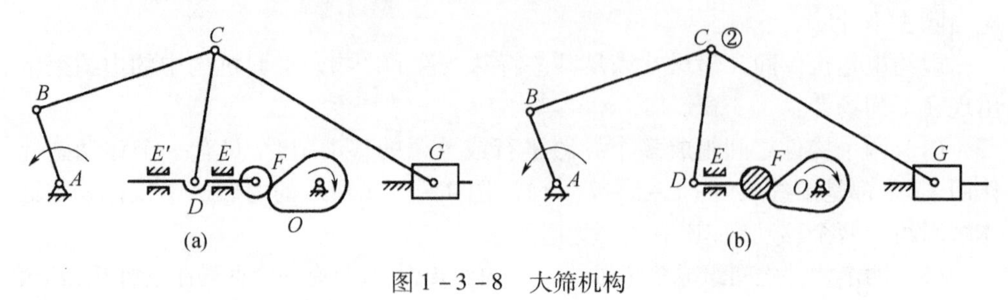

图 1-3-8　大筛机构

第四节　铰链四杆机构的基本类型及其应用

由若干构件用低副(回转副和移动副)连接组成的平面机构称为平面连杆机构。

低副是面接触,耐磨损,加上回转副和移动副的接触表面是圆柱面和平面,制造简便,易于获得较高的制造精度。因此,平面连杆机构在各种机械和仪器中获得广泛使用。连杆机构的缺点是,低副中存在间隙,数目较多的低副会引起运动积累误差,而且它的设计比较复杂,不易精确地实现复杂的运动规律。

最简单的平面连杆机构由四个构件组成,简称平面四杆机构。它的应用非常广泛,而且是组成多杆机构的基础。全部用回转副组成的平面四杆机构称为铰链四杆机构,本节着重介绍铰链四杆机构的基本类型和应用,并讨论铰链四杆机构中曲柄存在的条件。

一、铰链四杆机构的基本类型

如图 1-4-1 所示为铰链四杆机构。机构的固定件 4 称为机架;与机架用回转副相连接的杆 1 和杆 3,称为连架杆;不与机架直接连接的杆 2,称为连杆。连架杆 1 或杆 3 如能绕机架上的回转副中心 A 或 D 做整周运动,则称为曲柄;若仅能在小于 360°的某一角度内摆动,则称为摇杆。

对于铰链四杆机构来说，机架和连杆总是存在的，因此可按照连架杆是曲柄还是摇杆，将铰链四杆机构分为三种基本类型：曲柄摇杆机构、双曲柄机构和双摇杆机构。

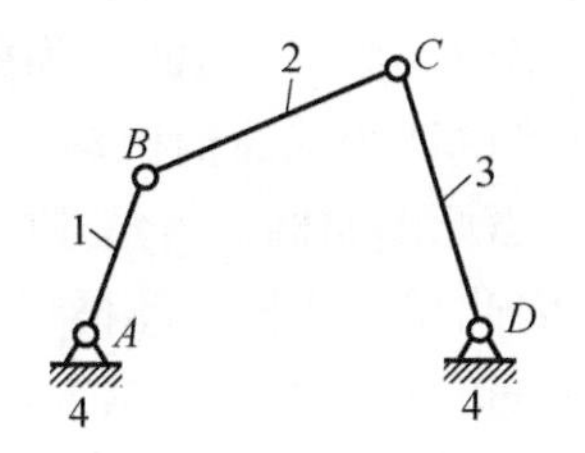

图1-4-1　铰链四杆机构
1—连架杆；2—连杆；
3—连架杆；4—机架。

（一）曲柄摇杆机构

在铰链四杆机构中，若两个连架杆，一为曲柄，另一个为摇杆，则此铰链四杆机构称为曲柄摇杆机构。通常曲柄1为原动件，并做匀速转动，而摇杆3为从动件，做变速往复摆动。

图1-4-2(a)所示为牛头刨床横向自动进给机构。当齿轮1转动时，驱动齿轮2(曲柄)转动，再通过连杆3使摇杆4往复摆动，摇杆另一端的棘爪便拨动棘轮5，带动送进丝杆6做单向间歇运动。图1-4-2(b)是其中的曲柄摇杆机构的运动简图。

图1-4-3所示为调整雷达天线俯仰角的曲柄摇杆机构。曲柄1匀速转动，通过连杆2，使摇杆3在一定角度范围内摆动，从而调整天线俯仰角的大小。

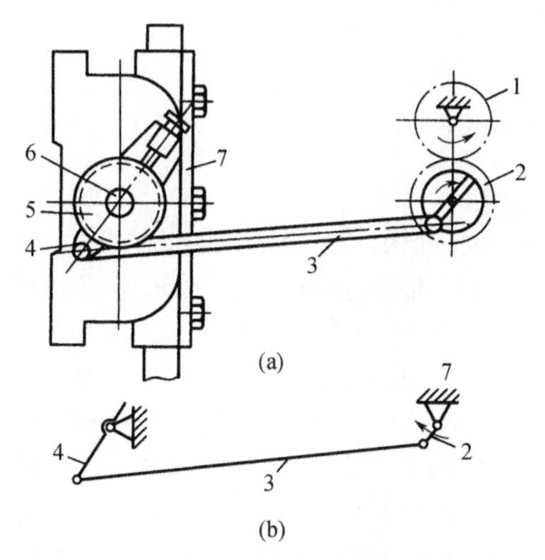

图1-4-2　牛头刨进给机构
1—齿轮；2—驱动齿轮；3—连杆；4—摇杆；
5—棘轮；6—丝杆；7—机架。

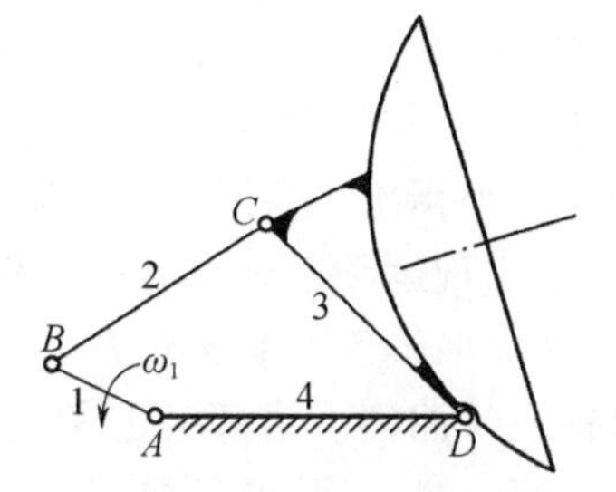

图1-4-3　雷达调整机构
1—曲柄；2—连杆；
3—摇杆；4—机架。

由于绝大多数原动机的输出件是做圆周运动的，因此，曲柄摇杆机构的应用较为广泛。

（二）双曲柄机构

两连架杆均为曲柄的铰链四杆机构称为双曲柄机构。

图1-4-4(a)所示为旋转式水泵,舰艇用许多泵为此机构。它由相位依次相差90°的四个双曲柄机构组成。图1-4-4(b)是其中一个双曲柄机构的运动简图。当原动曲柄1等角速顺时针转动时,连杆2带动从动曲柄3做周期性变速转动,因此相邻两从动曲柄(隔板)间的夹角也周期性地变化。转到右边时,相邻两隔板间的夹角及容积增大,形成真空,于是从进水口吸水,转到左边时,相邻两隔板的夹角及容积变小,压力升高,从出水口排水,从而起到泵水的作用。

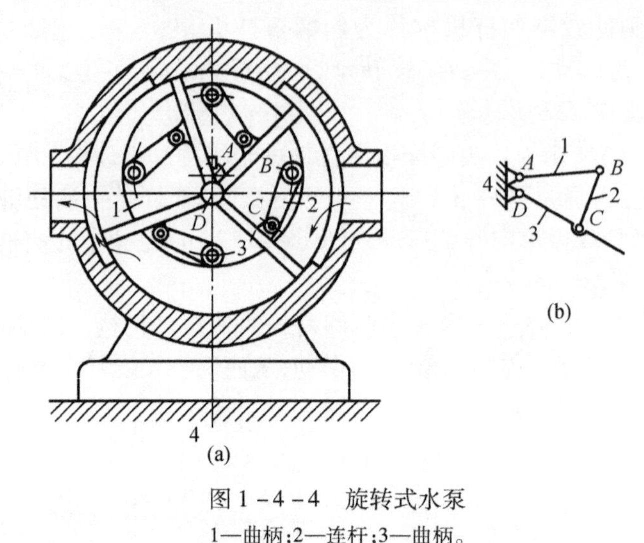

图1-4-4　旋转式水泵

1—曲柄;2—连杆;3—曲柄。

双曲柄机构中,用得最多的是平行双曲柄机构,或称平行四边形机构,如图1-4-5(a)中平行四边形 AB_1C_1D 所示。这种机构的对边长度相等,组成平行四边形。当杆1等角速转动时,杆3也以相同角速度同向转动,连杆2则做平移运动。必须指出,这种机构当四个铰链中心处于同一直线(如图中 AB_2C_2D 所示)上时,将出现运动不确定状态。例如,在图1-4-5(a)中,当曲柄1由 AB_2 转到 AB_3 时,从动曲柄3可能转到 DC_3',也可能转到 DC_3''。为了消除这种运动不确定状态,可以在主从曲柄上错开一定角度再安装一组平行四边形机构,如图1-4-5(b)所示。当上面一组平行四边形转到 $AB'C'D$ 共线位置时,下面一组平行四边形 $AB_1'C_1'D$ 却处于正常位置,故机构仍然保持确定运动。图1-4-6所示舰艇水密门及机车驱动轮联动机构,则是利用第三个平行曲柄来消除平行四边形机构在这种位置的运动不确定状态。

(三) 双摇杆机构

两连架杆均为摇杆的铰链四杆机构称为双摇杆机构。

图1-4-7所示为飞机起落架机构的运动简图。飞机着陆前,需要将着陆轮(起落架)1从机翼4中推放出来(图中实线所示);起飞后,为了减少空气阻力,又

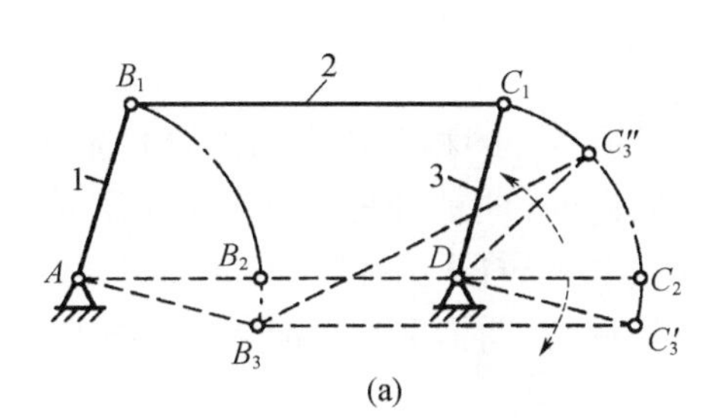

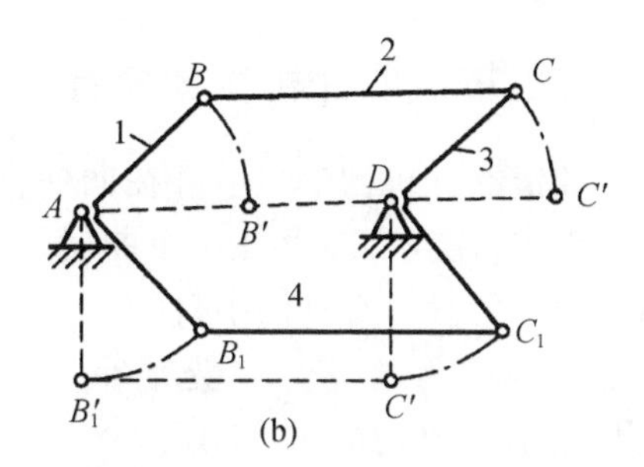

图 1-4-5 平行四边形机构

1—曲柄;2—连杆;3—曲柄;4—机架。

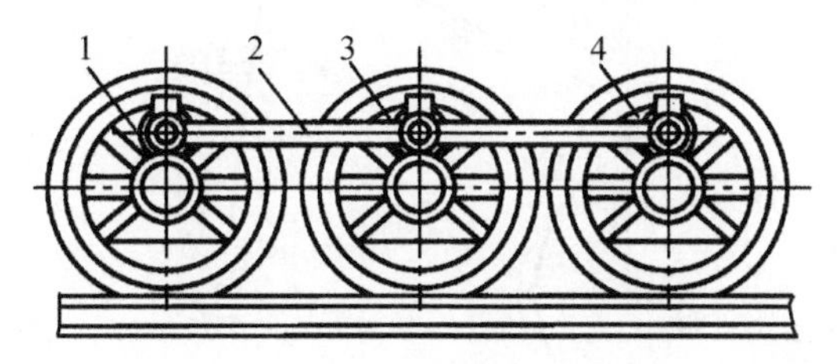

图 1-4-6 机车驱动轮联动机构

1—曲柄;2—连杆;3—曲柄;4—曲柄。

需将着陆轮收入翼中(图中虚线所示)。这些动作是由原动摇杆 3,通过连杆 2,从动摇杆 5 带动着陆轮来实现的。

两摇杆长度相等的双摇杆机构,称为等腰梯形机构。图 1-4-8 所示轮式车辆的前轮转向机构就是等腰梯形机构的应用实例。车子转弯时,与前轮轴固联的两个摇杆的摆角 β 和 δ 不等。如果在任意位置都能使两前轮轴线的交点 P 落在后轮轴线的延长线上,则当整个车身绕点 P 转动时,四个车轮都能在地面上纯滚动,避免轮胎因滑动而损伤。等腰梯形机构就能近似地满足这一要求。

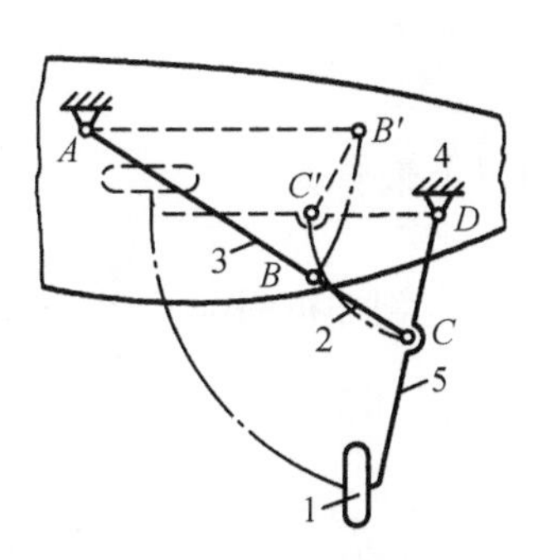

图 1-4-7 飞机起落架机构

1—着陆轮;2—连杆;3—摇杆;4—机翼;5—摇杆。

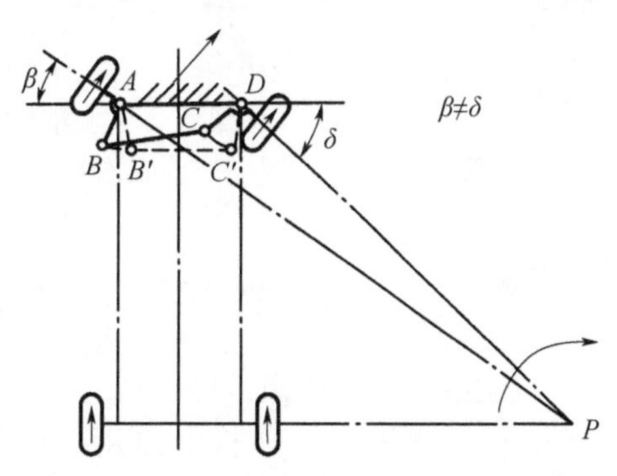

图 1-4-8 轮式车辆的前轮转向机构

二、铰链四杆机构曲柄存在条件

铰链四杆机构中是否存在曲柄,取决于机构各杆的相对长度和机架的选择。

首先,让我们对存在一个曲柄的铰链四杆机构(曲柄摇杆机构)进行分析。如图1-4-9所示的机构中,杆1为曲柄,杆2为连杆,杆3为摇杆,杆4为机架,各杆长度以l_1、l_2、l_3、l_4表示。为了保证曲柄1整周回转,曲柄1必须能顺利通过与机架4共线的两个位置AB'和AB''。

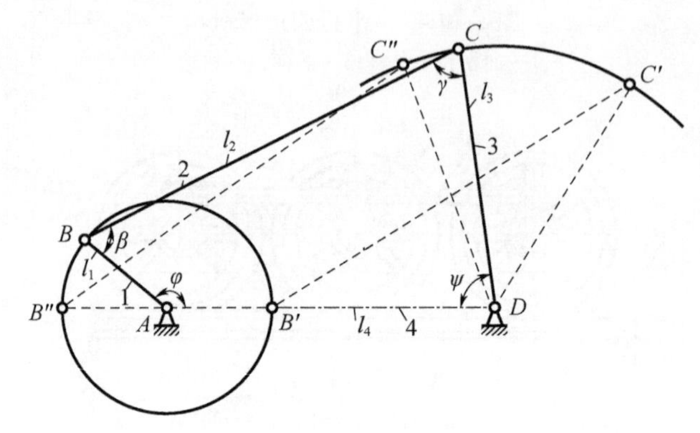

图1-4-9 曲柄存在条件分析

1—曲柄;2—连杆;3—摇杆;4—机架。

当曲柄处于AB'位置时,形成$\triangle B'C'D$。根据三角形任意两边之和大于(极限情况下等于)第三边的定理可得

$$l_2 \leqslant (l_4 - l_1) + l_3$$

及

$$l_3 \leqslant (l_4 - l_1) + l_2$$

即

$$l_1 + l_2 \leqslant l_3 + l_4 \quad (1-4-1)$$

$$l_1 + l_3 \leqslant l_2 + l_4 \quad (1-4-2)$$

当柄处于AB''位置时,形成$\triangle B''C''D$。可写出以下关系式

$$l_1 + l_4 \leqslant l_2 + l_3 \quad (1-4-3)$$

将式(1-4-1)、式(1-4-2)、式(1-4-3)两两相加可得

$$l_1 \leqslant l_2, l_1 \leqslant l_3, l_1 \leqslant l_4$$

上述关系说明以下问题:

(1) 在曲柄摇杆机构中,曲柄是最短杆;

(2) 最短杆与最长杆长度之和小于或等于其余两杆长度之和,是曲柄存在的必要条件。

下面进一步分析各杆间的相对运动。图 1-4-9 中最短杆 1 为曲柄，φ、β、γ 和 ψ 分别为相邻两杆间的夹角。当曲柄 1 整周转动时，曲柄与相邻两杆的夹角 φ、β 的变化范围为 0° ~ 360°；而摇杆与相邻两杆的夹角 ψ、γ 的变化范围小于 360°。根据相对运动原理可知，连杆 2 和机架 4 相对曲柄 1 也是整周转动，而相对于摇杆 3 做小于 360°的摆动。因此，当各杆长度不变（满足最短杆与最长杆长度之和小于或等于其余两杆长度之和）而取不同杆为机架时，可以得到不同类型的铰链四杆机构。

（1）取最短杆相邻的构件（杆 4 或杆 2）为机架时，最短杆 1 为曲柄，而另一连架杆 3 为摇杆，故图 1-4-10(a) 所示的两个机构均为曲柄摇杆机构。

（2）取最短杆为机架，其连架杆 2 和杆 4 均为曲柄，故图 1-4-10(b) 所示为双曲柄机构①。

（3）取最短杆的对边（杆 3）为机架，则两连架杆 2 和杆 4 都不能整周转动，图 1-4-10(c) 所示为双摇杆机构。

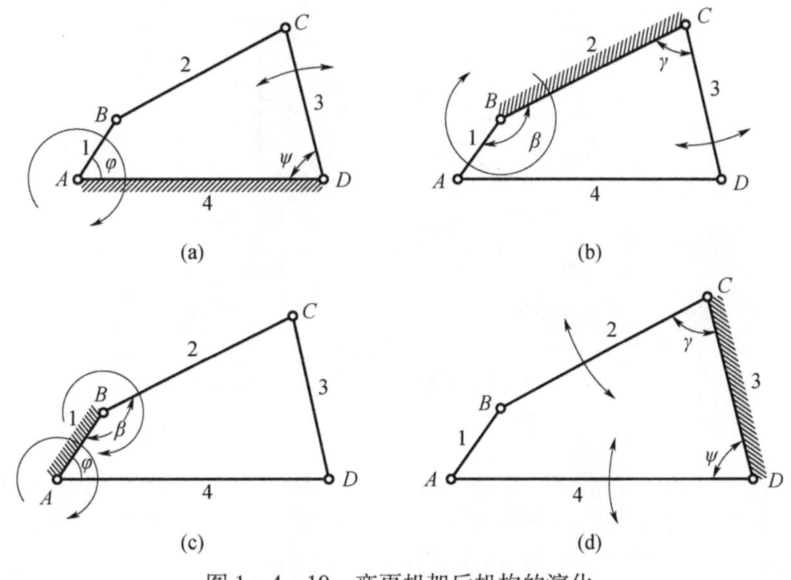

图 1-4-10　变更机架后机构的演化

如果铰链四杆机构中的最短杆与最长杆长度之和大于其余两杆长度之和，则该机构中不可能存在曲柄，无论取哪个构件作为机架，都只能得到双摇杆机构。

由上述分析可知，最短杆和最长杆长度之和小于或等于其余两杆长度之和是铰链四杆机构存在曲柄的必要条件。满足这个条件的机构究竟有一个曲柄、两个曲柄或没有曲柄，还需根据取何杆为机架来判断。

---

① $l_1 = l_3, l_2 = l_4$ 的平行四边形机构，不论取任何一杆作机架，都是双曲柄机构。这是一个特例。

第五节 平面四杆机构的基本特性

平面四杆机构的基本特性包括运动特性和传力特性两个方面,这些特性不仅反映了机构传递和变换运动与力的性能,而且也是四杆机构类型选择和运动设计的主要依据。下面详细讨论曲柄摇杆机构的一些主要特性。

一、急回特性

如图1-5-1所示为一曲柄摇杆机构,其曲柄 AB 在转动一周的过程中,有两次与连杆 BC 共线。在这两个位置,铰链中心 A 和 C 之间的距离 AC_1 和 AC_2 分别为最短和最长,因而摇杆 CD 的位置 C_1D 和 C_2D 分别为其左右极限位置。摇杆在两极限位置间的夹角 ψ 称为摇杆的摆角。

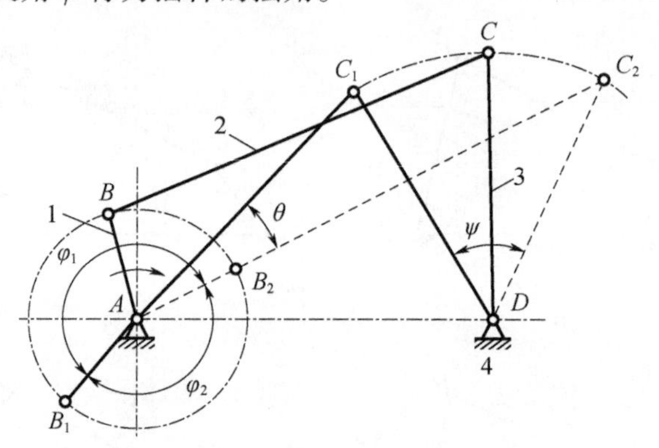

图1-5-1 曲柄摇杆机构的急回特性

1—曲柄;2—连杆;3—摇杆;4—机架。

当曲柄由位置 AB_1 顺时针转到位置 AB_2 时,曲柄转角 $\varphi_1=180°+\theta$,这时摇杆由左极限位置 C_1D 摆到右极限位置 C_2D,摇杆摆角为 ψ;而当曲柄顺时针再转过角度 $\varphi_2=180°-\theta$ 时,摇杆由位置 C_2D 摆回到位置 C_1D,其摆角仍然是 ψ。虽然摇杆来回摆动的摆角相同,但对应的曲柄转角不等($\varphi_1>\varphi_2$),当曲柄匀速转动时,对应的时间也不等($t_1>t_2$),从而反映了摇杆往复摆动的快慢不同。令摇杆自 C_1D 摆至 C_2D 为工作行程,这时摇杆 CD 的平均角速度是 $\omega_1=\psi/t_1$;摇杆自 C_2D 摆回到 C_1D 是其空回行程,这时摇杆的平均角速度是 $\omega_2=\psi/t_2$,则显然有 $\omega_1<\omega_2$,它表明摇杆具有急回运动的特性。牛头刨床、往复式运输机等机械就利用这种急回特性来缩短非生产时间,提高生产率。

急回运动特性可用行程速比系数 K 表示,即

$$K=\frac{\text{回程角速度}\ \omega_2}{\text{工作行程角速度}\ \omega_1}=\frac{\psi/t_2}{\psi/t_1}=\frac{t_1}{t_2}=\frac{\varphi_1}{\varphi_2}=\frac{180°+\theta}{180°-\theta} \qquad (1-5-1)$$

式中:θ 为摇杆处于两极限位置时曲柄所夹的锐角,称为极位夹角。上述表明,极位夹角 θ 越大,K 值越大,急回运动的性质也越显著。

将式(1-5-1)整理后,可得极位夹角的计算公式

$$\theta = 180°\frac{K-1}{K+1} \tag{1-5-2}$$

设计新机械时,总是根据该机械的急回要求先给出 K 值,然后由式(1-5-2)算出极位夹角 θ,再确定各构件的尺寸。

二、死点位置

对于图1-5-2所示的曲柄摇杆机构,如以摇杆3为原动件,而曲柄1为从动件,则当摇杆摆到极限位置 C_1D 和 C_2D 时,连杆2与曲柄1共线。若不计各杆的质量,则这时连杆加给曲柄的力将通过铰链中心 A。此力对点 A 不产生力矩,因此不能使曲柄转动。机构的这种位置称为死点位置。死点位置会使机构的从动件出现卡死或运动不确定现象。为了消除死点位置的不良影响,可以对从动曲柄施加外力,或利用飞轮及构件自身的惯性作用,使机构顺利通过死点位置。

图1-5-3(a)所示为缝纫机的踏板机构,图1-5-3(b)为其机构运动简图。踏板1(原动件)往复摆动,通过连杆2驱使曲柄3(从动件)做整周转动,再经过带传动使机头主轴转动。在实际作用中,缝纫机有时会出现踏不动或倒车现象,这就是由于机构处于死点位置引起的。在正常运转时,借助安装在机头主轴上的飞轮(皮带轮)的惯性作用,可以使缝纫机踏板机构的曲柄冲过死点位置。

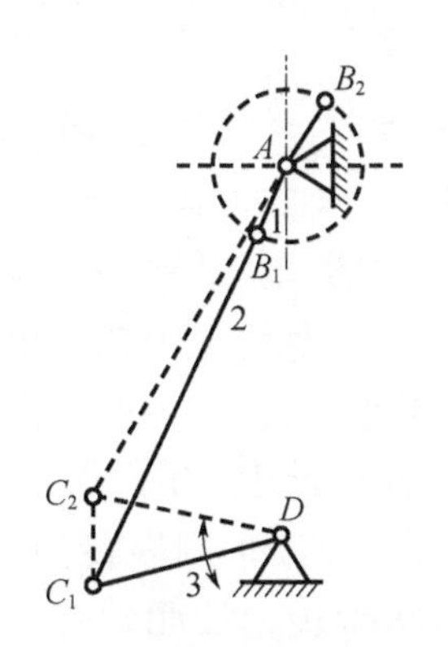

图1-5-2 曲柄摇杆机构死点位置

1—曲柄;2—连杆;3—摇杆。

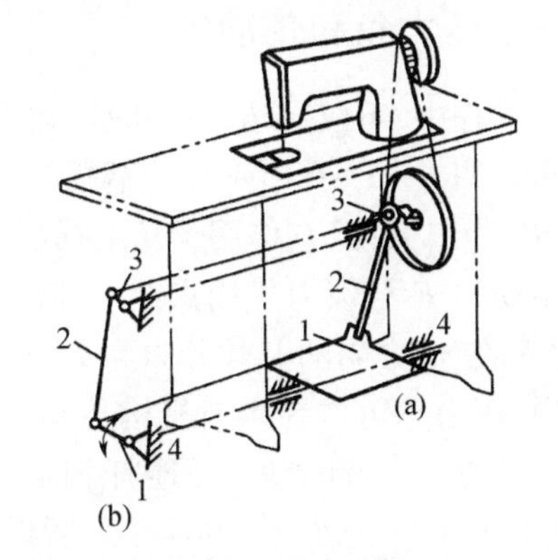

图1-5-3 缝纫机踏板机构

1—踏板(摇杆);2—连杆;3—曲柄;4—机架。

死点位置对传动虽然不利,但是对某些夹紧装置却可用于防松。例如,图1-5-4所示的铰链四杆机构,当工件5被夹紧时,铰链中心 B、C、D 共线,工件加在杆1上的反作用力无论多大,也不能使杆3转动。这就保证在去掉外力 F 之后,仍能

可靠地夹紧工件。当需要取出工件时，只需向上扳动手柄，即能松开夹具。

如图1-5-5所示为船舶减阻板启闭双摇杆机构，在图1-5-5(a)减阻板关闭状态下，转臂与连杆共线，在外界干扰力如涌浪或冲击力很大时，也不能使转臂转动，这就保证了启闭机构在承受很大载荷时，仍旧保持在关闭状态。当需要打开时，转臂在液压驱动下向下旋转做旋转运动，通过连杆带动减阻板绕轴承向舷内方向运动，当减阻板运动到最大许可位移时，与止挡板发生接触停止运动，减阻板开启到预定位置，开启状态如图1-5-5(b)所示。

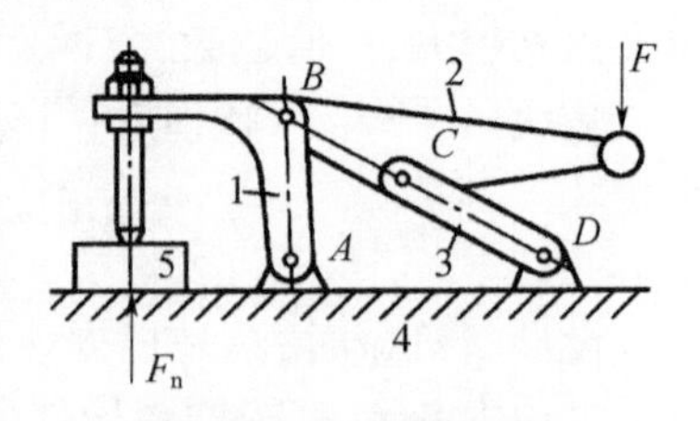

图1-5-4　夹紧机构

1—摇杆；2—连杆；3—摇杆；4—机架；5—工件。

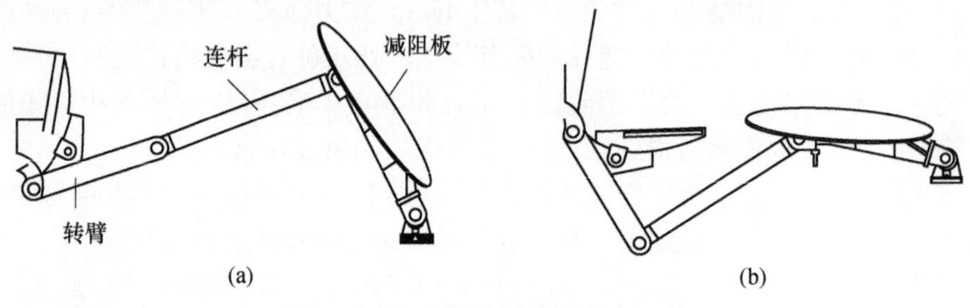

图1-5-5　减阻板启闭双摇杆机构

三、压力角和传动角

在工程中，不仅要求连杆机构能实现预定的运动规律，而且希望运转轻便，效率较高。图1-5-6所示的曲柄摇杆机构，如不计各杆质量和运动副中的摩擦，则连杆 BC 为二力杆，它作用于从动摇杆3上的力 F 是沿 BC 方向的。作用在从动件上的驱动力 F 与该力作用点绝对速度 v_C 之间所夹的锐角 α 称为压力角。由图可见，力 F 在 v_C 方向的有效分力为 $F'=F\cos\alpha$，即压力角越小，有效分力就越大。也即是说，压力角可作为判断机构传动性能的标志。在连杆设计中，为了度量方便，习惯用压力角 α 的余角 γ（连杆和从动摇杆之间所夹的锐角）来判断传力性能，γ 称为传动角。因为 $\gamma=90°-\alpha$，所以 α 越小，γ 越大，机构传力性能越好；反之，α 越大，γ 越小，机构传力越费劲，传动效率越低。

机构运转时，传动角是变化的，为了保证机构正常工作，必须规定最小传动角 γ_{min} 的下限。对于一般机械，通常取 $\gamma_{min}\geq 40°$；对于颚式破碎机、冲床等大功率机械，最小传动角 γ_{min} 应当取大一些，可取 $\gamma_{min}\geq 50°$；对于小功率的控制机构和仪表，γ_{min} 可略小于40°。

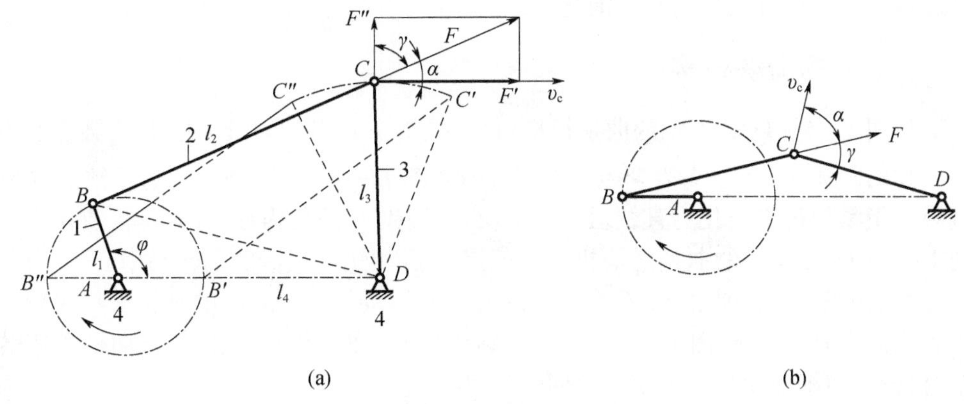

图 1-5-6　连杆机构的压力角和传动角

对出现最小传动角 γ_{min} 的位置可分析如下：

由图 1-5-6(a)中△ABD 和△BCD 可分别写出

$$BD^2 = l_1^2 + l_4^2 - 2l_1l_4\cos\varphi$$

$$BD^2 = l_2^2 + l_3^2 - 2l_2l_3\cos\angle BCD$$

由此可得

$$\cos\angle BCD = \frac{l_2^2 + l_3^2 - l_1^2 - l_4^2 + 2l_1l_4\cos\varphi}{2l_2l_3} \tag{1-5-3}$$

当 $\varphi = 0°$ 和 180°时，$\cos\varphi = +1$ 和 -1，$\angle BCD$ 分别出现最小值 $\angle BCD_{min}$ 和最大值 $\angle BCD_{max}$。如上所述，传动角 γ 是用锐角表示的。当 $\angle BCD$ 为锐角时，传动角 $\gamma = \angle BCD$，显然，$\angle BCD_{min}$ 也即是传动角的极小值；当 $\angle BCD$ 为钝角时，如图 1-5-6(b)所示，传动角应以 $\gamma = 180° - \angle BCD$ 表示，显然，$\angle BCD_{max}$ 对应传动角的另一极小值，它出现在曲柄转角 $\varphi = 180°$ 的位置。若 $\angle BCD$ 由锐角变到钝角，则机构运动过程中，将在 $\angle BCD_{min}$ 和 $\angle BCD_{max}$ 位置两次出现传动角的极小值。上述可知，曲柄摇杆机构的最小传动角必出现在曲柄与机架共线（$\varphi = 0°$ 或 180°）的位置，求解时只需将 $\varphi = 0°$ 和 180°代入式(1-5-3)中，求出 $\angle BCD_{min}$ 和 $\angle BCD_{max}$，然后按下式

$$\gamma_{min} = \min\begin{cases} \angle BCD & (\angle BCD\text{ 为锐角时}) \\ 180° - \angle BCD & (\angle BCD\text{ 为钝角时}) \end{cases} \tag{1-5-4}$$

计算出该机构的最小传动角 γ_{min}，从而可校核压力角。

第六节　铰链四杆机构的演化

通过用移动副取代回转副、变更杆件长度、变更机架和扩大回转副等途径，还

可以得到铰链四杆机构的其他演化形式。

一、曲柄滑块机构

如图 1-6-1(a)所示的曲柄摇杆机构，铰链中心 C 的轨迹为以 D 为圆心和 l_3 为半径的圆弧 $m-m$。若 l_3 增至无穷大，则如图 1-6-1(b)所示，点 C 轨迹变成直线。于是摇杆 3 演化为直线运动的滑块，回转副 D 演化为移动副，机构演化为如图 1-6-1(c)所示的曲柄滑块机构。若点 C 运动轨迹正对曲柄转动中心 A，则称为对心曲柄滑块机构(图 1-6-1(c))；若点 C 运动轨迹 $m-m$ 的延长线与回转中心 A 之间存在偏距 e(图 1-6-1(d))，则称为偏置曲柄滑块机构。当曲柄等速转动时，偏置曲柄滑块机构可实现急回运动。

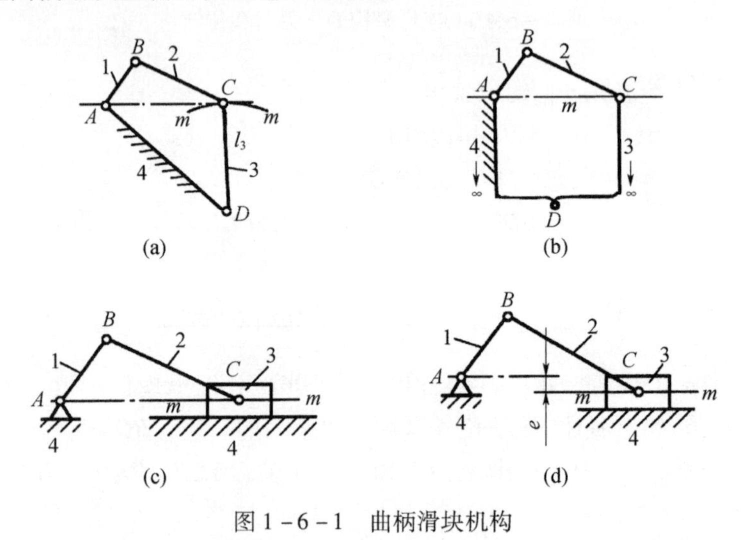

图 1-6-1　曲柄滑块机构

1—曲柄；2—连杆；3—滑块；4—机架。

曲柄滑块机构广泛应用在活塞式内燃机、空气压缩机、舵机、冲床等机械中。

二、导杆机构

导杆机构可看成是改变曲柄滑块机构中的固定件而演化来的。如图 1-6-2(a)所示的曲柄滑块机构，若改取杆 1 为固定件，即得图 1-6-2(b)所示导杆机构。杆 4 称为导杆，滑块 3 相对导杆滑动并一起绕点 A 转动。通常取杆 2 为原动件。当 $l_1<l_2$ 时(图 1-6-2(b))，杆 2 和杆 4 均可整周回转，故称为转动导杆机构；当 $l_1>l_2$ 时(图 1-6-3)，杆 4 只能往复摆动，故称为摆动导杆机构。由图 1-6-3 可见，导杆机构的传动角始终等于 90°，具有很好的传力性能，故常用于牛头刨床、插床和回转式油泵之中。

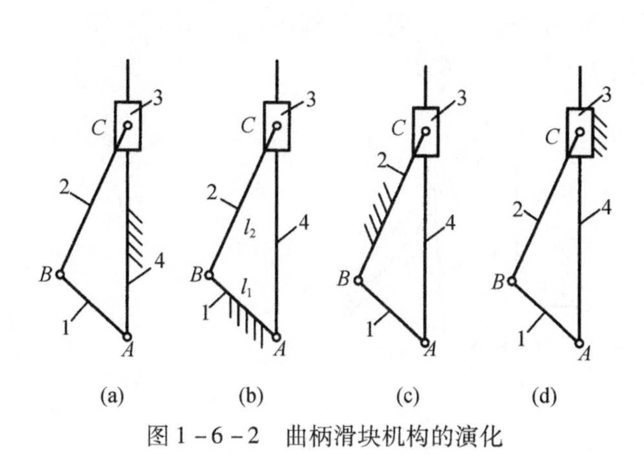

图 1-6-2 曲柄滑块机构的演化

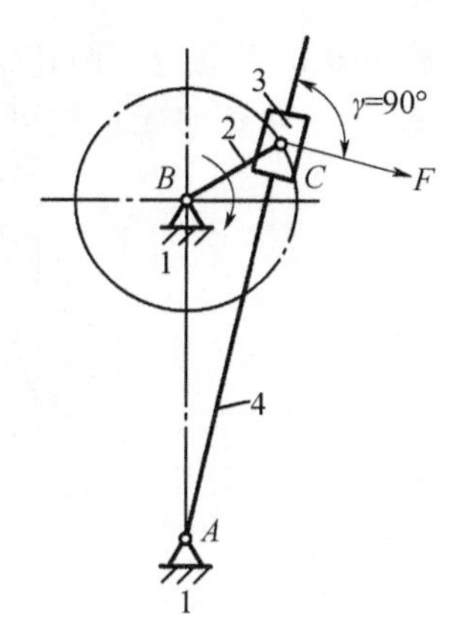

图 1-6-3 摆动导杆机构

三、摇块机构和定块机构

在图 1-6-2(a)所示曲柄滑块机构中,若取杆 2 为固定件,即可得图 1-6-2(c)所示摆动滑块机构,或称摇块机构。这种机构广泛应用于摆缸式内燃机和液压驱动装置中。例如,在图 1-6-4 所示卡车车厢自动翻转卸料机构中,当油缸 4 中的压力油推动活塞杆 3 运动时,车厢 1 便绕回转副中心 B 倾转,当达到一定角度时,物料就自动卸下。这种机构也常用于导弹发射车中。在图 1-6-2(a)所示曲柄滑块机构中,若取杆 3 为固定件,即可得图 1-6-2(d)所示固定滑块机构,或称定块机构。这种机构常用于抽水唧筒(图 1-6-5)和抽油泵中。

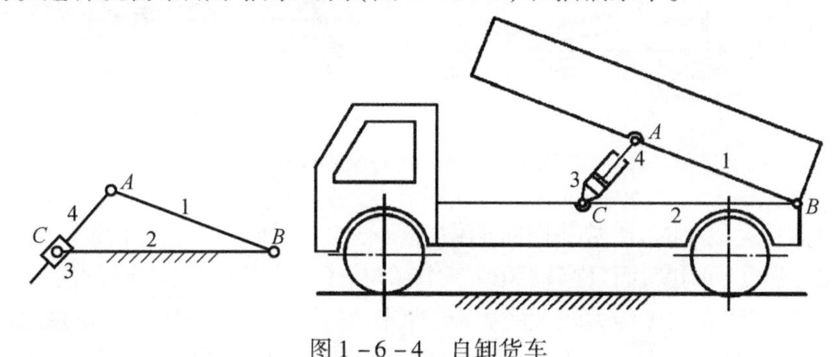

图 1-6-4 自卸货车

四、偏心轮机构

图 1-6-6(a)所示为偏心轮机构。杆 1 为圆盘,其几何中心为 B。因运动时该圆盘绕偏心 A 转动,故称为偏心轮。A、B 之间的距离 e 称为偏心距。按照相对运动关系,可画出该机构的运动简图,如图 1-6-6(b)所示。由图可知,偏心轮是

回转副 B 扩大到包括回转副 A 而形成的,偏心距 e 即是曲柄的长度。同理,图 1-6-6(c)所示偏心轮机构可用图 1-6-6(d)来表示。

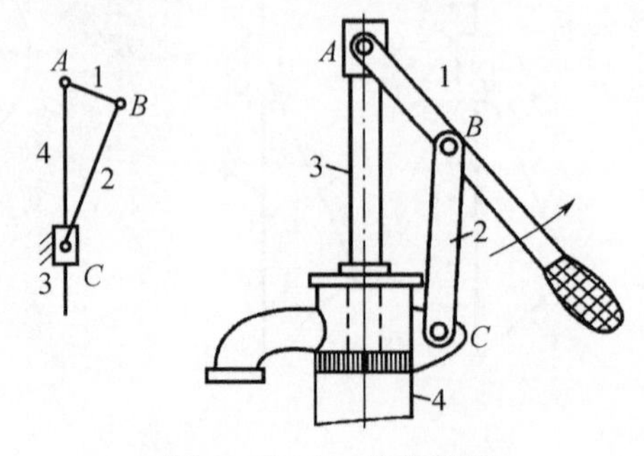

图 1-6-5　抽水唧筒

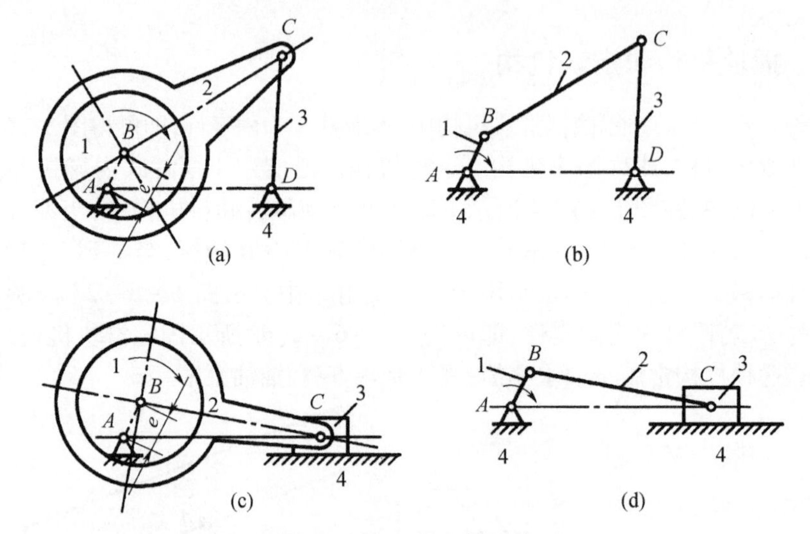

图 1-6-6　偏心轮机构

当曲柄长度很小时,通常都把曲柄做成偏心轮,这样不仅增大了轴颈的尺寸,提高偏心轴的强度和刚度,而且当轴颈位于中部时,还可安装整体式连杆,使结构简化。因此,偏心轮广泛应用于传力较大的剪床、冲床、颚式破碎机、内燃机等机械之中。

此外,铰链四杆机构还可以演化成双滑块机构,如正弦机构、正切机构等。本书不作详细介绍,可参见有关参考书。

除了上述常见的平面四杆机构,生产中常见的某些多杆机构,也可以看成是由若干个四杆机构组合扩展形成的。

图 1-6-7 所示的手动冲床是一个六杆机构,它可以看成由两个四杆机构组成。第一个是由原动摇杆(手柄)1、连杆 2、从动摇杆 3 和机架 4 组成的双摇杆机

构;第二个是由摇杆3、小连杆5、冲杆6和机架4组成的摇杆滑块机构。在这里前一个四杆机构的输出件被作为第二个四杆机构的输入件。扳动手柄1,冲杆就上下运动。采用六杆机构,使扳动手柄的力获得两次放大,从而增大了冲杆的作用力。这种增力作用在连杆机构中经常用到。

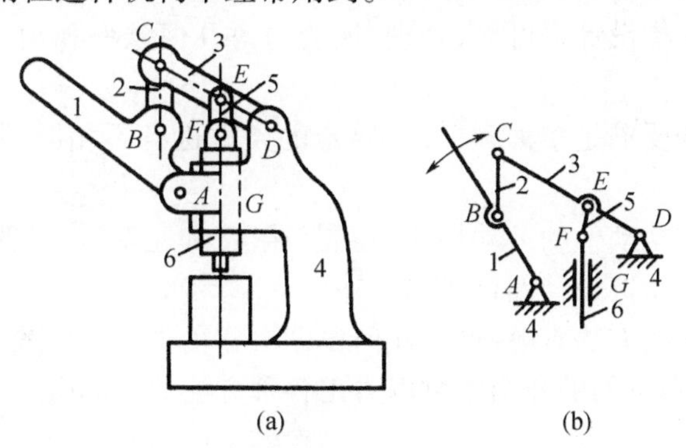

图1-6-7 手动冲床

1—原动摇杆;2—连杆;3—从动摇杆;4—机架;5—小连杆;6—冲杆。

图1-6-8所示为一种操舵机构及其运动简图,这个六杆机构也可以看成由两个四杆机构组成。第一个是由原动滑块1、连杆2、从动曲柄3和机架6组成的曲柄滑块机构;第二个是由曲柄3、连杆4、曲柄5(舵轴与舵叶)和机架6组成的双曲柄机构。以液压驱动活塞滑块做左右运动,通过拉杆2使折角杠杆3转动,带动舵柄5旋转,实现舵轴与舵叶的转动。

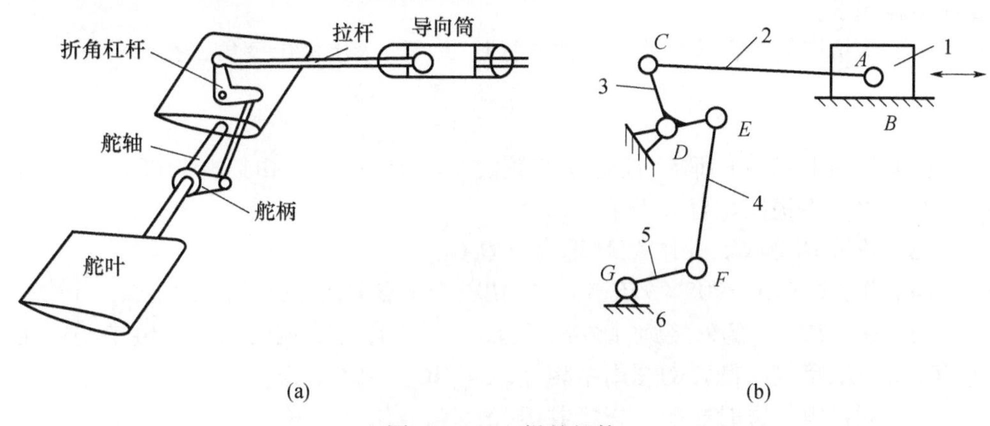

图1-6-8 操舵机构

1—原动滑块;2—连杆;3—从动曲柄;4—连杆;5—曲柄;6—机架。

需要指出,有些多杆机构不是由四杆机构组成的。例如,本章习题中的题1-6图所示锯木机机构就不能分解成三个四杆机构。

第七节 平面四杆机构的设计

平面四杆机构设计,主要是根据给定的运动条件,确定机构运动简图的尺寸参数。有时为了使机构设计得可靠、合理,还应考虑几何条件和动力条件(如最小传动角 γ_{min})等。

生产实践中的要求是多种多样的,给定的条件也各不相同,归纳起来,主要有下面两类问题:

(1) 按照给定从动件的运动规律(位置、速度、加速度)设计四杆机构。

(2) 按照给定轨迹设计四杆机构。

四杆机构设计的方法有解析法、几何作图法和实验法。作图法直观,解析法精确,实验法简便。在下面的介绍中可以看出各种方法的具体应用。

一、按照给定的行程速比系数设计四杆机构

在设计具有急回运动特性的四杆机构时,通常按实际需要先给定行程速比系数 K 的数值,然后根据机构在极限位置的几何关系,结合有关辅助条件来确定机构运动简图的尺寸参数。

1. 曲柄摇杆机构

已知条件:摇杆长度 l_3、摆角 ψ 和行程速比系数 K。

设计的实质是确定铰链中心点 A 的位置,定出其他三杆的尺寸 l_1、l_2 和 l_4。其设计步骤如下:

(1) 由给定的行程速比系数 K,按式(1-5-2)求出极位夹角,为

$$\theta = 180°\frac{K-1}{K+1}$$

(2) 如图1-7-1所示,任选固定铰链中心 D 的位置,由摇杆长度 l_3 和摆角 ψ,作出摇杆两个极限位置 C_1D 和 C_2D。

(3) 连接 C_1 和 C_2,并作 C_1M 垂直于 C_1C_2。

(4) 作 $\angle C_1C_2N = 90° - \theta$,$C_2N$ 与 C_1M 相交于点 P,由图可见,$\angle C_1PC_2 = \theta$。

(5) 作 $\triangle PC_1C_2$ 的外接圆,此圆上任取一点 A 作为曲柄的固定铰链中心。连接 AC_1 和 AC_2,因同一圆弧的圆周角相等,$\angle C_1AC_2 = \angle C_1PC_2 = \theta$。

(6) 因极限位置时曲柄与连杆共线,故 $AC_1 = l_2 - l_1$,$AC_2 = l_2 + l_1$,从而得曲柄长度 $l_1 = (AC_2 - AC_1)/2$。再以点 A 为圆心和 l_1 为半径作圆,交 C_1A 的延长线于 B_1,交 C_2A 于 B_2,即得 $B_1C_1 = B_2C_2 = l_2$ 及 $AD = l_4$。

因为点 A 是 $\triangle C_1PC_2$ 外接圆上任选的点,所以若仅按行程速比系数 K 设计,可得无穷多的解。点 A 位置不同,机构传动角的大小也不同。如欲获得良好的传动

质量,可按照最小传动角最优或其他辅助条件来确定点 A 的位置。

2. 导杆机构

已知条件:机架长度 l_4、行程速比系数 K。

由图 1-7-2 可知,导杆机构的极位夹角 θ 等于导杆的摆角 ψ,所需确定的尺寸是曲柄长度 l_1。其设计步骤如下:

(1) 由已知行程速比系数 K,按式(1-5-2)求得极位夹角 θ(也即是摆角 ψ)。

$$\psi=\theta=180°\frac{K-1}{K+1}$$

(2) 任选固定铰链中心 C,以夹角 ψ 作出导杆两极限位置 Cm 和 Cn。

(3) 作摆角 ψ 的平分线 AC,并在线上取 $AC=l_4$,得固定铰链中心 A 的位置。

(4) 过点 A 作导杆极限位置的垂线 AB_1(或 AB_2),即得曲柄长度 $l_1=AB_1$。

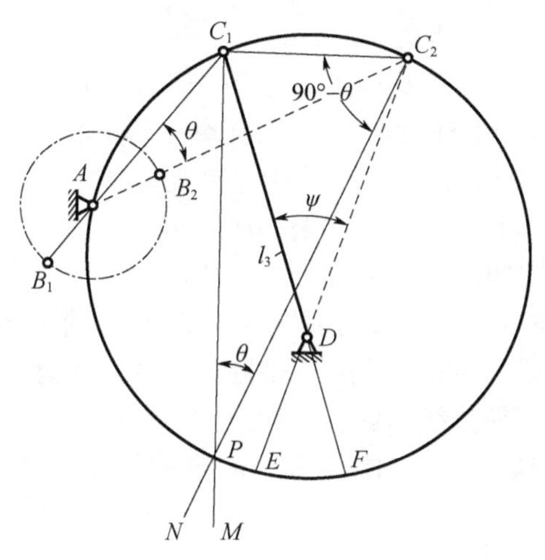

图 1-7-1 按 K 值设计曲柄摇杆机构

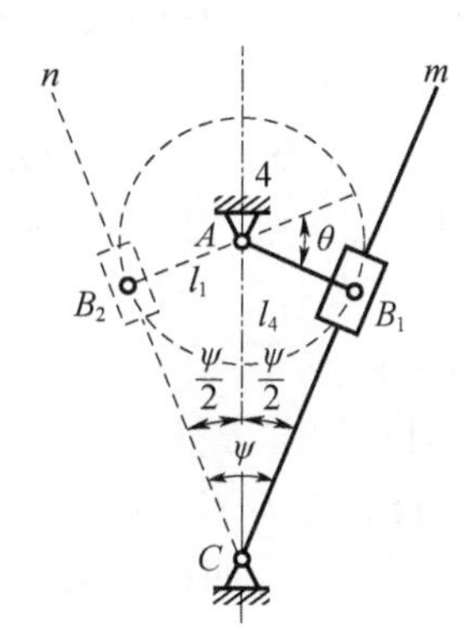

图 1-7-2 按 K 值设计导杆机构

二、按给定连杆位置设计四杆机构

图 1-7-3 所示为铸工车间翻台振实式造型机的翻转机构。它是应用一个铰链四杆机构来实现翻台的两个工作位置的。在图中实线位置Ⅰ,砂箱 7 与翻台 8 固联,并在振实台 9 上振实造型。当压力油推动活塞 6 时,通过连杆 5 使摇杆 4 摆动,从而将翻台与砂箱转到虚线位置Ⅱ。然后托台 10 上升接触砂箱、解除砂箱与翻台间的紧固连接并起模。

给定与翻台固联的连杆 3 的长度 $l_3=BC$ 及其两个位置 B_1C_1 和 B_2C_2,要求确定连架杆与机架组成的固定铰链中心 A 和 D 的位置,并求出其余三杆的长度 l_1、l_2 和 l_4。由于连杆 3 上 B、C 两点的轨迹分别为以 A、D 为圆心的圆弧,所以 A、D 必分

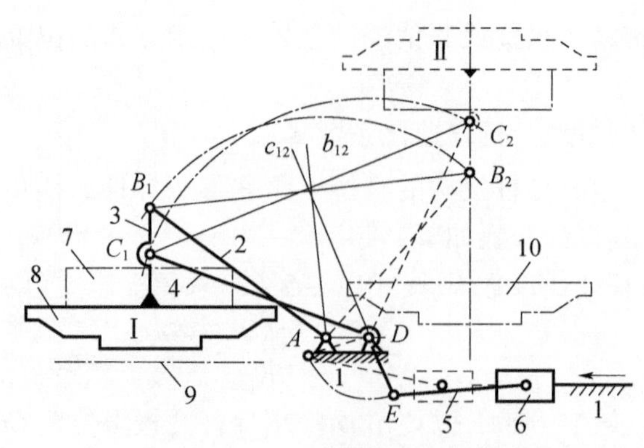

图 1－7－3　造型机的翻转机构

别位于 B_1B_2 和 C_1C_2 的垂直平分线上。故可得设计步骤如下:

(1) 根据给定条件,绘出连杆 3 的两个位置 B_1C_1 和 B_2C_2。

(2) 分别连接 B_1 和 B_2、C_1 和 C_2,并作 B_1B_2 和 C_1C_2 的垂直平分线 b_{12}、c_{12}。

(3) 由于 A 和 D 两点可在 b_{12} 和 c_{12} 两直线上任意选取,故有无穷多解。在实际设计时还可以考虑其辅助条件,例如,最小传动角、各杆尺寸所允许的范围或其他结构上的要求等。本机构要求 A、D 两点在同一水平线上,且 $AD = BC$。根据这一附加条件,即可唯一地确定 A、D 的位置,并作出所求的四杆机构 AB_1C_1D。

若给定连杆三个位置,要求设计四杆机构,其设计过程与上述基本相同。如图 1－7－4所示,由于 B_1、B_2、B_3 三点位于以 A 为圆心的同一圆弧上,故运用已知三点求圆心的方法,作 B_1B_2 和 B_2B_3 的垂直平分线,其交点就是固定铰链中心 A。用同样方法,作 C_1C_2 和 C_2C_3 的垂直平分线,其交点便是另一固定铰链中心 D。AB_1C_1D 即为所求四杆机构。

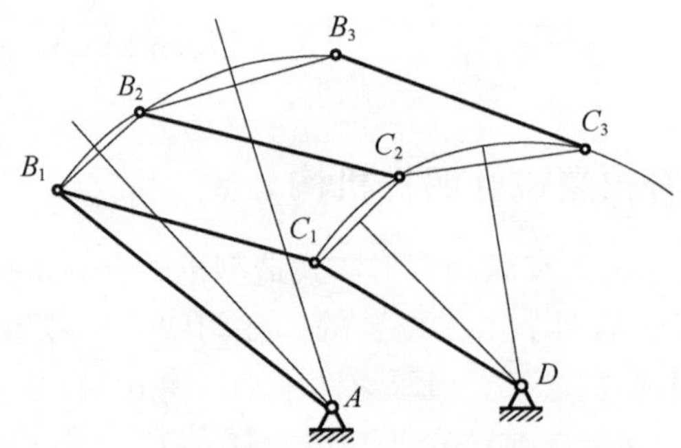

图 1－7－4　给定连杆三个位置的设计

三、按照给定两连架杆对应位置设计四杆机构

在图 1－7－5 所示的铰链四杆机构中,已知连架杆 AB 和 CD 的三对对应位置

φ_1、ψ_1；φ_2、ψ_2 和 φ_3、ψ_3，要求确定各杆的长度 l_1、l_2、l_3 和 l_4。现以解析法求解。此机构各杆长度按同一比例增减时，各杆转角间的关系不变，故只需确定各杆的相对长度。取 $l_1=1$，则该机构的待求参数只有三个。

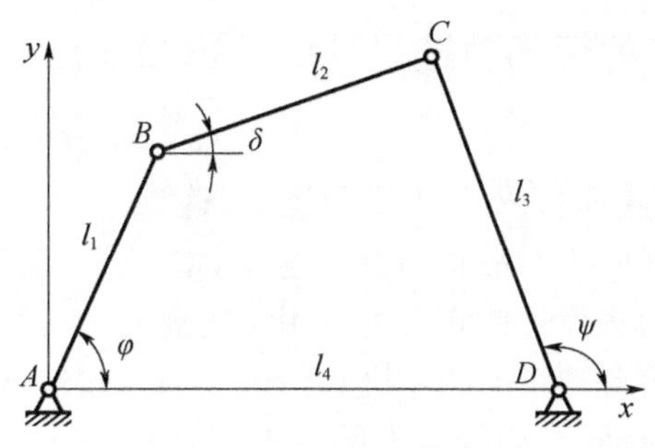

图 1-7-5　机构封闭多边形

该机构的四个杆组成封闭多边形，取各杆在坐标轴 x 和 y 上的投影，可得以下关系式

$$\begin{cases}\cos\varphi + l_2\cos\delta = l_4 + l_3\cos\psi \\ \sin\varphi + l_2\sin\delta = l_3\sin\psi\end{cases} \tag{1-7-1}$$

将 $\cos\varphi$ 和 $\sin\varphi$ 移到等式右边，再把等式两边平方相加，即可消去 δ，整理后得

$$\cos\varphi = \frac{l_4^2 + l_3^2 + 1 - l_2^2}{2l_4} + l_3\cos\psi - \frac{l_3}{l_4}\cos(\psi - \varphi)$$

为简化上式，令

$$P_0 = l_3, P_1 = -\frac{l_3}{l_4}, P_2 = \frac{l_4^2 + l_3^2 + 1 - l_2^2}{2l_4} \tag{1-7-2}$$

则有

$$\cos\varphi = P_0\cos\psi + P_1\cos(\psi - \varphi) + P_2 \tag{1-7-3}$$

式(1-7-3)即为两连架杆转角之间的关系式。将已知的三对对应转角 φ_1、ψ_1；φ_2、ψ_2；φ_3、ψ_3 分别代入式(1-7-3)可得到方程组

$$\begin{cases}\cos\varphi_1 = P_0\cos\psi_1 + P_1\cos(\psi_1 - \varphi_1) + P_2 \\ \cos\varphi_2 = P_0\cos\psi_2 + P_1\cos(\psi_2 - \varphi_2) + P_2 \\ \cos\varphi_3 = P_0\cos\psi_3 + P_1\cos(\psi_3 - \varphi_3) + P_2\end{cases} \tag{1-7-4}$$

由方程组可以解出三个未知数 P_0、P_1 和 P_2。将它们代入式(1-7-2)，即可求 l_2、l_3、l_4。以上求出的杆长 l_1、l_2、l_3、l_4 可同时乘以任意比例常数，所得的机构都能实现对应的转角。

若仅给定连架杆两对位置，则方程组中只能得到两个方程，P_0、P_1 和 P_2 三个参数中的一个可以任意给定，所以有无穷个解。

若给定连架杆的位置超过三对,则不可能有精确解,只能用优化或试凑的方法求其近似解。可采用几何实验法等近似设计方法进行设计,具体方法参见相关参考书。

四、按照给定点的运动轨迹设计四杆机构

(一) 连杆曲线

四杆机构运动时,其连杆做平面复杂运动,连杆上每一点都描出一条封闭曲线——连杆曲线。连杆曲线的形状随点在连杆上的位置和各杆相对尺寸的不同而变化。连杆曲线形状的多样性使它有可能用于实现复杂的轨迹。

图 1－7－6 所示为自动线上的步进式传送机构。它包含两个相同的铰链四杆机构。当曲柄 1 整周转动时,连杆 2 上的点 E 沿虚线所示卵形轨迹运动。若在 E 和 E' 上铰接推杆 5,则当两个曲柄同步转动时,推杆也按此卵形轨迹平动。当 $E(E')$ 点行径卵形曲线上部时,推杆做近似水平直线运动,推动工件 6 前移,当 $E(E')$ 点行经卵形曲线的其他部分时,推杆脱离工作沿左面轨迹下降、返回和沿右面轨迹上升至原位置。曲柄每转一周,工件就前进一步。

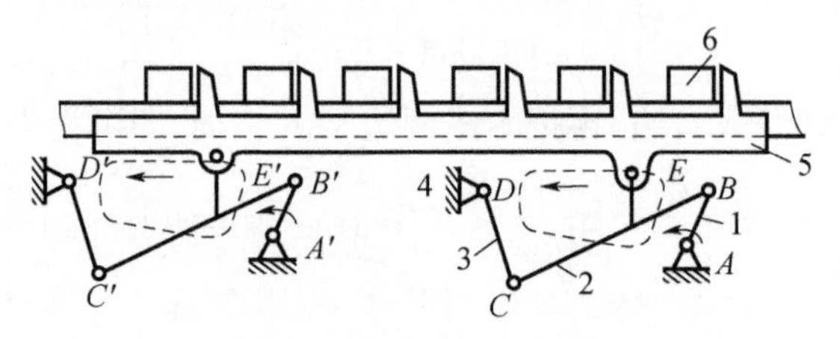

图 1－7－6　传送机构

1—曲柄;2—连杆;3—摇杆;4—机架;5—推杆;6—工件。

(二) 运用连杆曲线图谱设计四杆机构

平面连杆曲线是高阶曲线,所以设计四杆机构使其连杆上某点实现给定的任意轨迹是十分复杂的。为了便于设计,工程上常常利用事先编就的连杆曲线图谱。从图谱中找出所需的曲线,便可直接查出该四杆机构的各尺寸参数,这种方法称为图谱法。

图 1－7－7 所示为描绘连杆曲线的模型。这种装置的各杆长度可以调节。在连杆 2 上固连一块薄板,板上钻有一定数量的小孔,代表连杆平面上不同点的位置。机架 4 与图板 S 固联。转动曲柄 1,即可将连杆平面上各点的连杆曲线记录下来,得到一组连杆曲线。依次改变 2、3、4 相对杆 1 的长度,就可得出许多组连杆曲线。将它们顺序整理编排成册,即成连杆曲线图谱。例如,图 1－7－8 就是已出版的《四连杆机构分析图谱》中的一张。图中取原动曲柄 1 的长度等于 1,其他各杆的长度以相对于原动曲柄长度的比值来表示。图中每一连杆曲线由 72 根长度不

等的短线构成，每一短线表示原动曲柄转过5°时，连杆上该点的位移。若已知曲柄转速，即可由短线的长度求出该点在相应位置的平均速度。

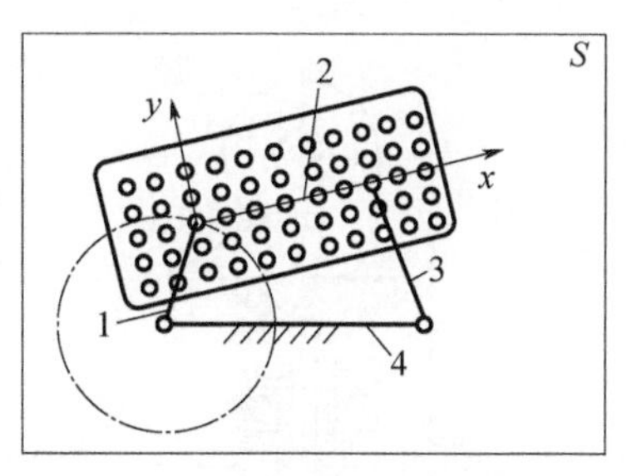

图1-7-7　连杆曲线的绘制

运用图谱设计实现已知轨迹的四杆机构，可按以下步骤进行：首先，从图谱中查出形状与要求实现的轨迹相似的连杆曲线；其次，按照图上的文字说明得出所求四杆机构各杆长度的比值；再次，用缩放仪求出图谱中的连杆曲线和所要求的轨迹之间相差的倍数，并由此确定所求四杆机构各杆的真实尺寸；最后，根据连杆曲线上的小圆圈与铰链B、C的相对位置，即可确定描绘轨迹之点在连杆上的位置。

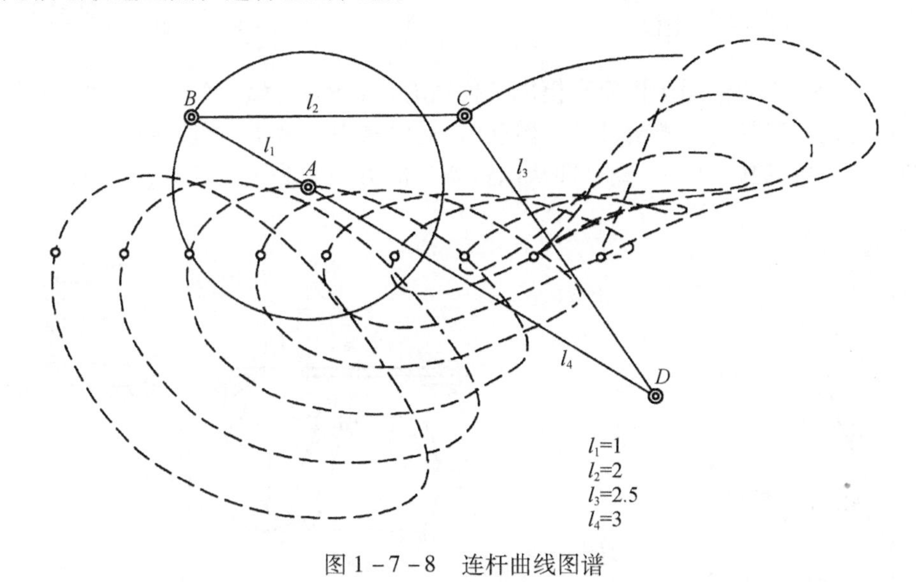

图1-7-8　连杆曲线图谱

第八节　凸轮机构的类型和应用

凸轮机构是机械中的一种常用机构，在自动化和半自动化机械中应用非常广泛。

图1-8-1所示为内燃机配气凸轮机构。凸轮1以等角速度回转，它的轮廓驱使从动件2（阀杆）按预期的运动规律启闭阀门。

图1-8-2所示为绕线机中用于排线的凸轮机构，当绕线轴3快速转动时，经齿轮带动凸轮1缓慢地转动，通过凸轮轮廓与尖顶A之间的作用，驱使从动件2往复摆动，从而使线均匀地缠绕在绕线轴上。

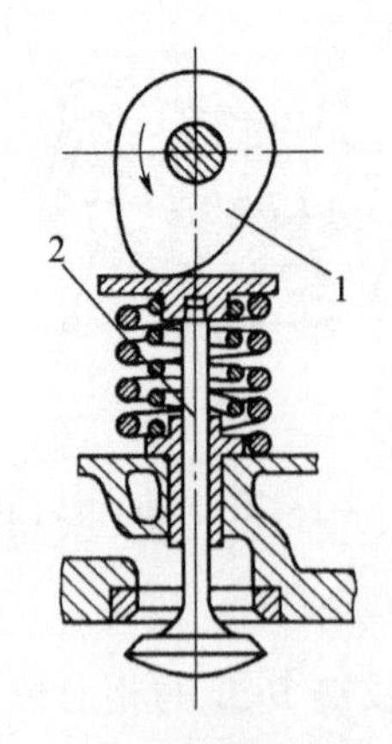

图1-8-1　内燃机配气凸轮机构
1—气轮;2—气门杆。

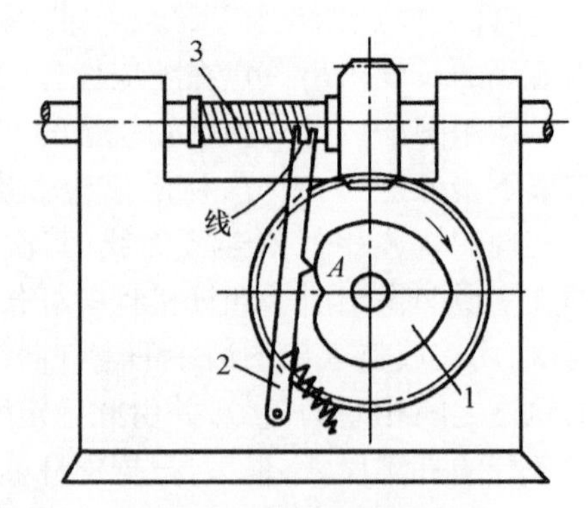

图1-8-2　绕线机构
1—气轮;2—摆动从动件;3—绕成柱。

图1-8-3为应用于机床靠模加工机械的凸轮机构示意图。图1-8-4为自动送料机构。当带有凹槽的凸轮1转动时,通过槽中的滚子,驱使从动件2做往复移动。凸轮每回转一周,从动件即从储料器中推出一个毛坯,送到加工位置。

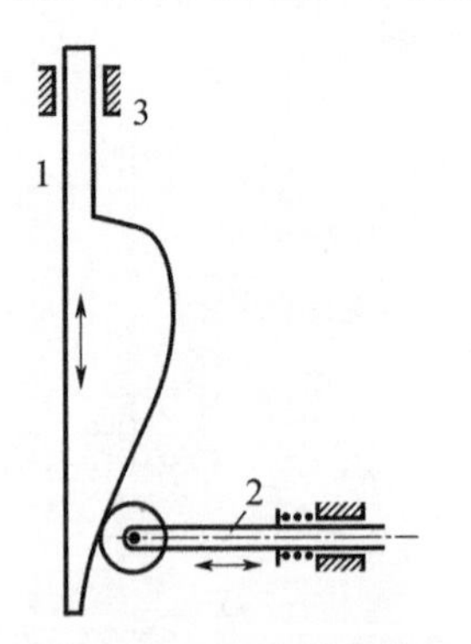

图1-8-3　凸轮机构
1—移动气轮;2—从动件。

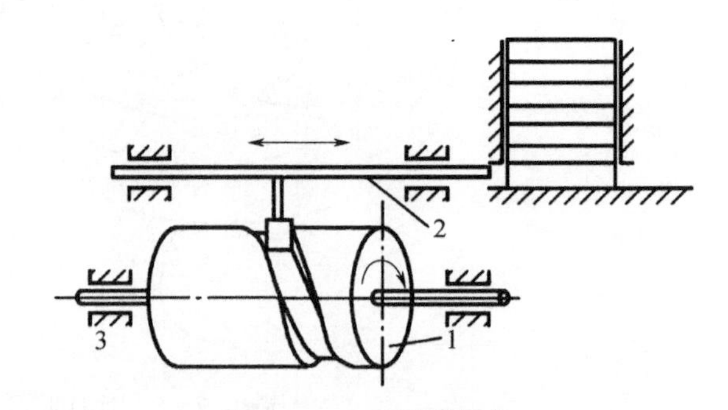

图1-8-4　送料机构
1—柱状气轮;2—从动件。

从以上所举的例子可以看出,凸轮机构主要由凸轮、从动件和机架三个基本构件组成。

根据凸轮和从动件的不同形状和形式,凸轮机构可按如下方法分类。

1. 按凸轮的形状分

(1) 盘形凸轮:它是凸轮的最基本形式。这种凸轮是一个绕固定轴转动并且具有变化半径的盘形零件,如图1-8-1和图1-8-2所示。

(2) 移动凸轮:当盘形凸轮的回转中心趋于无穷远时,凸轮相对机架做直线运动,这种凸轮称为移动凸轮,如图1-8-3所示。

(3) 圆柱凸轮:将移动凸轮卷成圆柱体即成为圆柱凸轮,如图1-8-4所示。

2. 按从动件的形式分

(1) 尖顶从动件:如图1-8-2所示,尖顶能与复杂的凸轮轮廓保持接触,因而能实现任意预期的运动规律。但尖顶与凸轮是点接触,磨损快,所以只宜用于受力不大的低速凸轮机构。

(2) 滚子从动件:为了克服尖顶从动件的缺点,在从动件的尖顶处安装一个滚子,即成为滚子从动件,如图1-8-3和图1-8-4所示。滚子和凸轮轮廓之间为滚动摩擦,耐磨损,可以承受较大载荷,所以是从动件中最常用的一种形式。

(3) 平底从动件:如图1-8-1所示,这种从动件与凸轮轮廓表面接触的端面为一平面。显然它不能与凹陷的凸轮轮廓相接触。这种从动件的优点:当不考虑摩擦时,凸轮与从动件之间的作用力始终与从动件的平底相垂直,传动效率较高,且接触面间易于形成油膜,利于润滑,故常用于高速凸轮机构。

以上三种从动件都可以相对机架做往复直线移动或做往复摆动。为了使凸轮与从动件始终保持接触,可以利用重力、弹簧力(图1-8-1及图1-8-2)或依靠凸轮上的凹槽(图1-8-4)来实现。

凸轮机构的优点是只需设计适当的凸轮轮廓,便可使从动件得到所需的运动规律,并且结构简单、紧凑、设计方便。它的缺点是凸轮轮廓与从动件之间为点接触或线接触,易磨损,所以通常多用于传力不大的控制机构。

第九节　凸轮从动件的常用运动规律

设计凸轮机构时,首先应根据工作要求确定从动件的运动规律,然后按照这一运动规律设计凸轮轮廓线。下面以尖顶直动从动件盘型凸轮机构为例,说明从动件的运动规律与凸轮轮廓线之间的相互关系。如图1-9-1(a)所示,以凸轮轮廓的最小向径 r_{min} 为半径所绘的圆称为基圆。当尖顶与凸轮轮廓上的点 A(基圆与轮廓 AB 的连接点)相接触时,从动件处于上升的起始位置。当凸轮以等角速度 ω 沿逆时针方向回转 δ_t 时,从动件尖顶被凸轮轮廓推动,以一定运动规律由离回转中心最近位置 A 到达最远位置 B,这个过程称为推程。这时它所走过的距离 h 称为从动件的升程,而与推程对应的凸轮转角 δ_t 称为推程运动角。当凸轮继续回转 δ_s 时,以点 O 为中心的圆弧 BC 与尖顶相作用,从动件在最远位置停留不动,δ_s 称为远休止角。凸轮继续回转 δ_h 时,从动件在弹簧力或重力作用下,以一定运动规律回到起始位置,这个过程称为回程,δ_h 称为回程运动角。当凸轮继续回转 $\delta_{s'}$ 时,从动件在最近位置停留不动,$\delta_{s'}$ 称为近休止角。当凸轮连续回转时,从动件重复上述运动。如果以笛卡儿坐标系的纵坐标代表从动件位移 s_2,横坐标代表凸轮转角 δ_1(因通常凸轮等角速度转动,故横坐标同时也代表时间 t),则可以画出从动件位移 s_2

与凸轮转角 δ_1 之间的关系曲线，如图 1－9－1(b)所示，它简称为从动件位移线图。

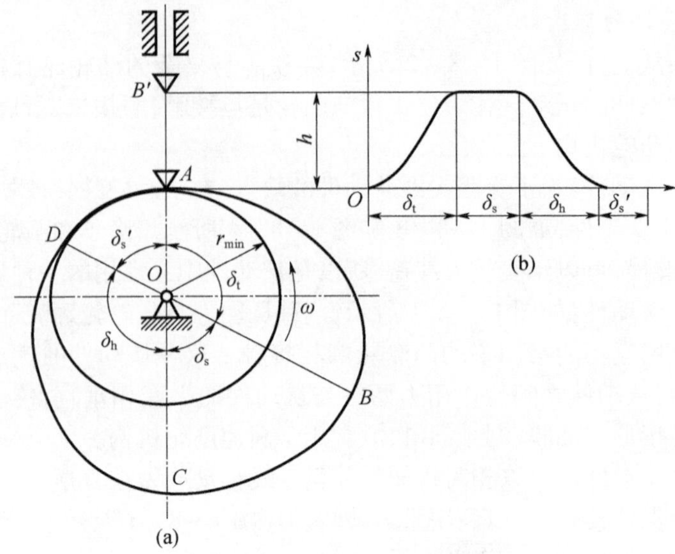

图 1－9－1　从动件位移线图

由以上分析可知，从动件的位移线图取决于凸轮轮廓曲线的形状。也就是说，从动件的不同运动规律要求凸轮具有不同的轮廓曲线。下面介绍几种常用的从动件运动规律。

1. 等速运动

推程时，凸轮转过推程运动角 δ_t，从动件升程为 h。若以 T 表示推程运动时间，则等速运动时，从动件的速度 $v_2 = v_0 = h/T$；从动件位移 $s_2 = v_0 t = h(t/T)$；从动件的加速度 $a_2 = \mathrm{d}v_2/\mathrm{d}t = 0$。其运动线图如图 1－9－2 所示。

凸轮匀速转动时，ω 为常数，故 $\delta = \omega t, \delta_t = \omega T$。将这些关系代入上面从动件位移、速度、加速度关系式便可得出以凸轮转角 δ 表示的从动件运动方程：

$$\begin{cases} s_2 = \dfrac{h}{\delta_t}\delta \\ v_2 = \dfrac{h}{\delta_t}\omega \\ a_2 = 0 \end{cases} \tag{1-9-1}$$

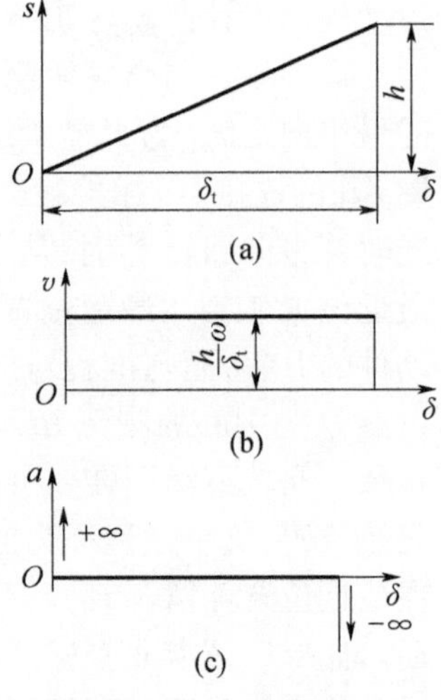

图 1－9－2　等速运动

由图 1－9－2 可见，从动件运动开始时，速度由零突变为 v_0，故 $a_2 = +\infty$；运动终止时，速度 v_0 突变为零，$a_2 = -\infty$（由于材料有弹性变形，实际上不可能达到无穷大)，其惯性力将引起刚性冲击。因此，等速运动规律不宜单独使用，在运动开始和终止段应当用其他运动规律过渡。

2. 等加速等减速运动

这种运动规律通常令前半行程做等加速运动，后半行程做等减速运动。

从动件推程的前半行程做等加速运动时，经过的运动时间为 $T/2$，对应的凸轮转角为 $\delta_t/2$。将这些参数代入位移方程 $s_2 = a_0 t^2/2$ 可得

$$\frac{h}{2} = \frac{1}{2} a_0 \left(\frac{T}{2}\right)^2$$

故

$$a_2 = a_0 = \frac{4h}{T^2} = 4h\left(\frac{\omega}{\delta_t}\right)^2$$

将上式积分两次，并取初始条件 $\delta = 0, v_2 = 0, s_2 = 0$，便可得到前半行程从动件做等加速运动时的运动方程：

$$\begin{cases} s_2 = \dfrac{2h}{\delta_t^2}\delta^2 \\ v_2 = \dfrac{4h\omega}{\delta_t^2}\delta \\ a_2 = \dfrac{4h\omega^2}{\delta_t^2} \end{cases} \tag{1-9-2}$$

推程的后半行程从动件做等减速运动，此时凸轮的转角是由 $\delta_t/2$ 开始到 δ_t 为止。不难导出其等减速运动方程为

$$\begin{cases} s_2 = h - \dfrac{2h}{\delta_t^2}(\delta_t - \delta)^2 \\ v_2 = \dfrac{4h\omega}{\delta_t^2}(\delta_t - \delta) \\ a_2 = -\dfrac{4h}{\delta_t^2}\omega^2 \end{cases} \tag{1-9-3}$$

如图 1-9-3 所示，这种运动规律在 A、B、C 各点处加速度出现有限值的突然变化，因而产生有限惯性力的突变，结果将引起所谓柔性冲击。所以，等加速等减速运动规律只适用于中速凸轮机构。

3. 简谐运动

点在圆周上做匀速运动时，它在这个圆的直径上的投影所构成的运动称为简谐运动(图 1-9-4)。从动件的位移线图如图 1-9-4 所示，其方程为

$$s_2 = \frac{h}{2}(1 - \cos\theta)$$

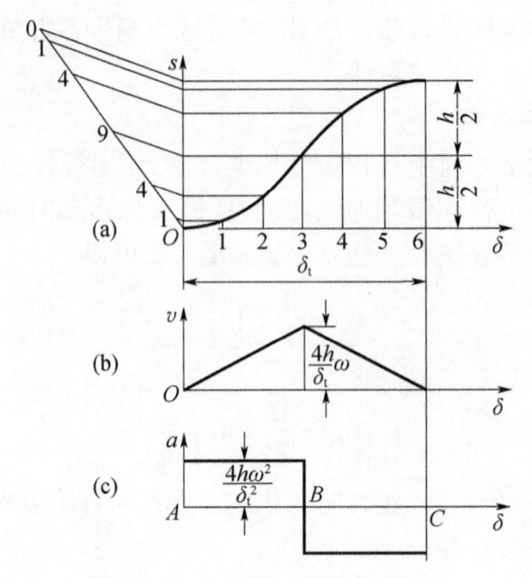

图 1-9-3　等加速等减速运动

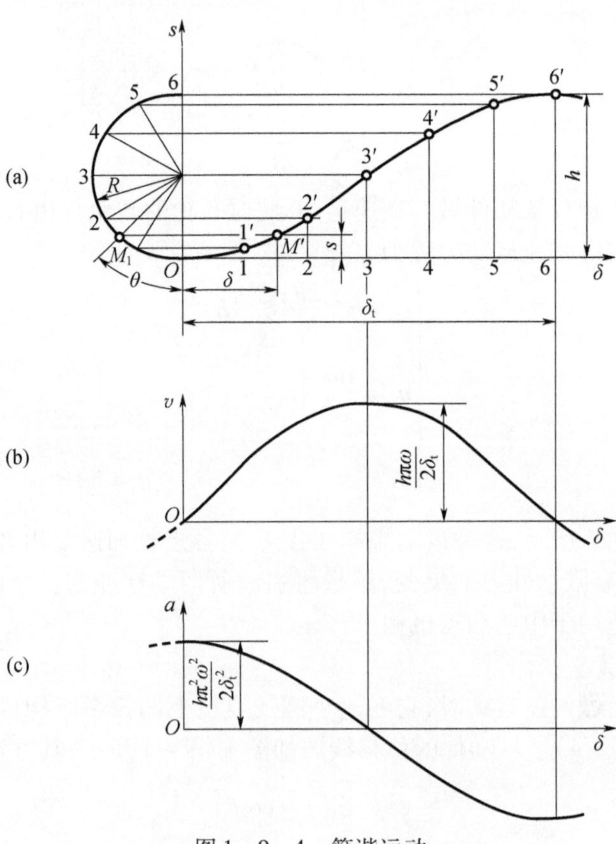

图 1-9-4　简谐运动

由图可知，当 $\theta=\pi$ 时，$\delta=\delta_t$，故 $\theta=\frac{\pi}{\delta_t}\delta$。由此可导出从动件推程做简谐运动的运动方程：

$$\begin{cases} s_2=\dfrac{h}{2}\left[1-\cos\left(\dfrac{\pi}{\delta_t}\delta\right)\right] \\ v_2=\dfrac{\pi h\omega}{2\delta_t}\sin\left(\dfrac{\pi}{\delta_t}\delta\right) \\ a_2=\dfrac{\pi^2 h\omega^2}{2\delta_t^2}\cos\left(\dfrac{\pi}{\delta_t}\delta\right) \end{cases} \tag{1-9-4}$$

由加速度线图可见，一般情况下，这种运动规律的从动件在行程的始点和终点有柔性冲击；只有当加速度曲线保持连续时（如图 1-9-4(c) 虚线所示），这种运动规律才能避免冲击。除上述几种运动规律之外，为了使加速度曲线保持连续而避免冲击，工程上还应用正弦加速度、高次多项式等运动规律，或者将几种曲线组合起来加以应用。

第十节　图解法设计凸轮轮廓

当根据使用场合和工作要求选定了凸轮机构的类型和从动件的运动规律后，即可根据选定的基圆半径等参数进行凸轮轮廓曲线的设计。凸轮轮廓曲线的设计方法有作图法和解析法，但无论使用哪种方法，它们所依据的基本原理都是相同的。故首先介绍凸轮轮廓曲线设计的基本原理，然后重点介绍作图法设计凸轮轮廓曲线的方法和步骤。

一、反转法

凸轮机构工作时，凸轮和从动件都在运动，为了在图纸上绘制出凸轮的轮廓曲线，希望凸轮相对于图纸平面保持静止不动，为此可采用反转法。下面以图 1-10-1所示的对心直动尖顶从动件盘形凸轮机构为例来说明这种方法的原理。如图 1-10-1 所示，当凸轮以等角速度 ω 绕轴心 O 逆时针转动时，从动件在凸轮的推动下沿导路上、下往复移动实现预期的运动。现设想将整个凸轮机构以 $-\omega$ 的公共角速度绕轴心 O 反向旋转，显然这时从动件与凸轮之间的相对运动并不改变，但是凸轮此时则固定不动了，而从动件将一方面随着导路一起以等角速度 $-\omega$绕凸轮轴心 O 旋转，同时又按已知的运动规律在导路中做反复相对移动。由于从动件尖顶始终与凸轮轮廓相接触，因此反转后尖顶的运动轨迹就是凸轮轮廓曲线。

凸轮机构的形式多种多样，反转法原理适用于各种凸轮轮廓曲线的设计。

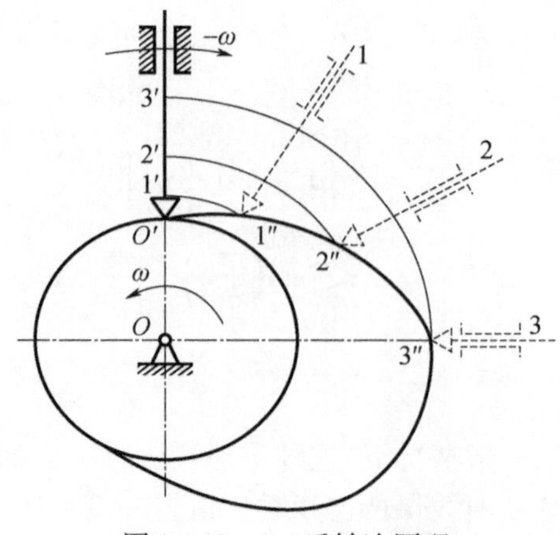

图 1-10-1　反转法原理

二、尖顶直动从动件盘形凸轮

图 1-10-2(a)所示为一偏置直动尖顶从动件盘形凸轮机构,其从动件导路偏离凸轮回转中心的距离称为偏距,以 e 表示。设已知凸轮基圆半径 r_0、偏距 e 以及从动件的运动规律,凸轮以等角速度 ω 沿逆时针方向回转,要求绘制凸轮轮廓曲线。根据反转法原理,凸轮轮廓曲线的设计步骤如下:

(1) 选取位移比例尺 μ_s,根据从动件的运动规律作出位移曲线 $s-\delta$,如图 1-10-2(b)所示,并将推程运动角 δ_0 和回程运动角 δ'_0 分成若干等分。

(2) 选定长度比例尺 $\mu_l=\mu_s$ 作基圆,取从动件与基圆的接触点 A 作为从动件的起始位置。

(3) 以凸轮转动中心 O 为圆心,以偏距 e 为半径所作的圆称为偏距圆。在偏距圆沿 $-\omega$ 方向量取 $\delta_0,\delta_{01},\delta'_0,\delta_{02}$,并在偏距圆上作等分点,即得到 $K_1,K_2,\cdots,K_{15}$ 各点。

(4) 过 $K_1,K_2,\cdots,K_{15}$ 作偏距圆的切线,这些切线即为从动件轴线在反转过程中所占据的位置。

(5) 上述切线与基圆的交点 $B_1,B_2,\cdots,B_{15}$ 则为从动件的起始位置,故在量取从动件位移量时,应从 $B_1,B_2,\cdots,B_{15}$ 开始,得到与之对应的 $A_1,A_2,\cdots,A_{15}$ 各点。

(6) 将 $A_1,A_2,\cdots,A_{15}$ 各点光滑地连成曲线,便得到所求的凸轮轮廓曲线,其中等径圆弧段 $\widehat{A_8A_9}$ 和 $\widehat{A_{15}A}$ 分别为使从动件远、近休止时的凸轮轮廓曲线。

对于对心直动尖顶从动件盘形凸轮机构,可以认为是 $e=0$ 时的偏置凸轮机构,其设计方法与上述方法基本相同,只需将过偏距圆上各点作偏距圆的切线改为过基圆上各点作基圆的射线即可。

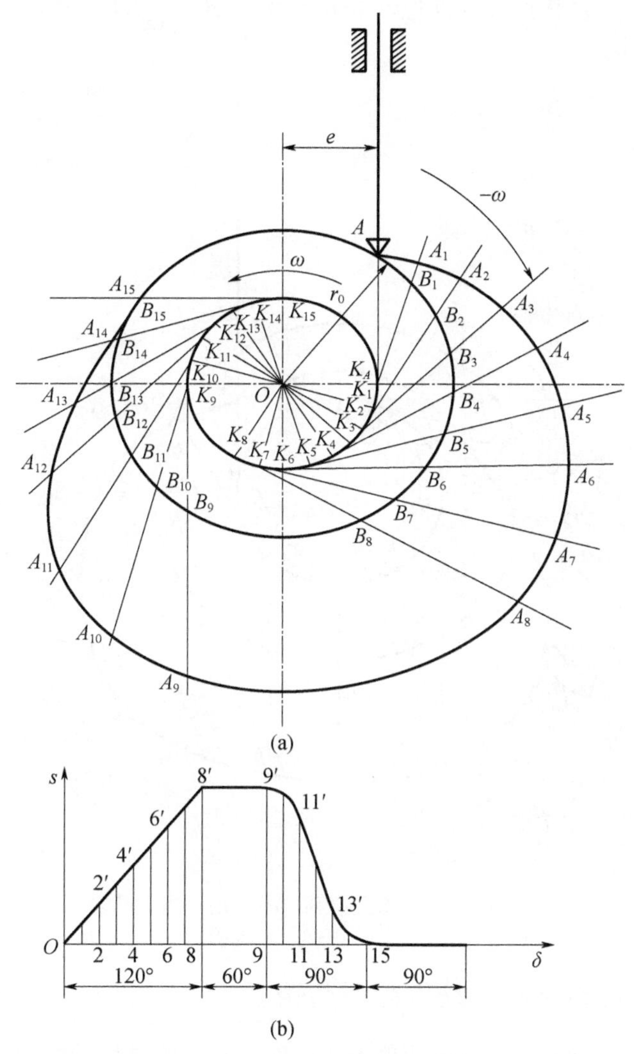

图 1－10－2　偏置直动尖顶从动件盘形凸轮

三、滚子直动从动件盘形凸轮

图 1－10－3 所示为偏置直动滚子从动件盘形凸轮机构，其轮廓曲线具体作图步骤如下：将滚子中心 A 当作从动件的尖顶，按照上述尖顶从动件盘形凸轮轮廓曲线的设计方法作出曲线 β_0，这条曲线是反转过程中滚子中心的运动轨迹，称为凸轮的理论轮廓曲线；以理论轮廓曲线上各点为圆心，以滚子半径 r_T 为半径，作一系列的滚子圆，然后作这族滚子圆的内包络线 β，它就是凸轮的实际轮廓曲线。很显然，该实际轮廓曲线是上述理论轮廓曲线的等距曲线，且其距离与滚子半径 r_T 相

等。但须注意,在滚子从动件盘形凸轮机构的设计中,其基圆半径 r_0 应为理论轮廓曲线的最小向径。

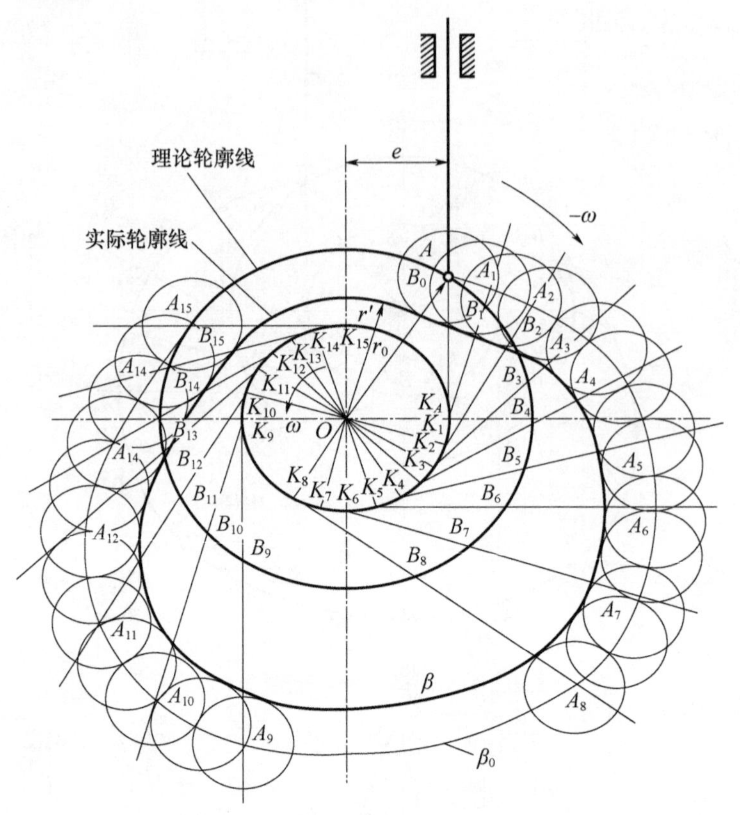

图 1-10-3 偏置直动滚子从动件盘形凸轮

四、对心直动平底从动件盘形凸轮

图 1-10-4 所示为对心直动平底从动件盘形凸轮机构,其设计基本思路与上述滚子从动件盘形凸轮机构相似。轮廓曲线具体作图步骤如下:取平底与从动件轴线的交点 A 当作从动件的尖顶,按照上述尖顶从动件盘形凸轮轮廓曲线的设计方法,求出该尖顶反转后的一系列位置 $A_1, A_2, \cdots, A_{15}$;然后过点 $A_1, A_2, \cdots, A_{15}$ 作一系列代表平底的直线,则得到平底从动件在反转过程中的一系列位置,再作这一系列位置的包络线即得到平底从动件盘形凸轮的实际轮廓曲线。

图解法可以简便地设计出凸轮轮廓,但作图误差较大,随着近代工业的不断进步,机械日益朝着高速、精密、自动化方向发展,因此对机械中的凸轮机构的转速和精度要求也不断提高,用作图法设计凸轮的轮廓曲线已难以满足要求。另外,随着

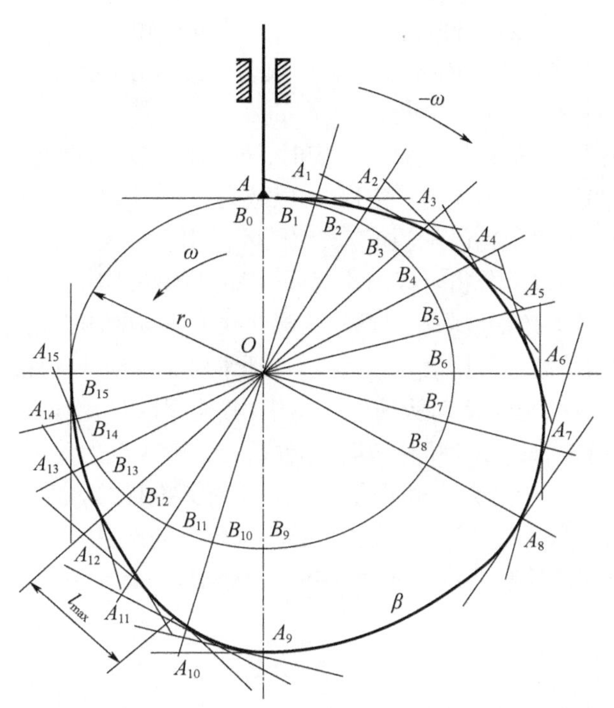

图 1-10-4 对心直动平底从动件盘形凸轮设计

凸轮加工越来越多地使用数控机床以及计算机辅助设计的普及,凸轮轮廓曲线设计已更多地采用解析法。用解析法设计凸轮轮廓曲线的实质是建立凸轮理论轮廓曲线、实际轮廓曲线及刀具中心轨迹线等曲线方程,以精确计算曲线各点的坐标。解析法计算工作量较大,通常采用计算机辅助设计,可迅速得到凸轮轮廓上各点的坐标值,绘制出凸轮轮廓,计算出机构运动学和动力学参数,且可随时修改设计参数,得到最佳设计方案。解析法设计凸轮轮廓可参考相关书籍。

第十一节　设计凸轮机构应注意的问题

设计凸轮机构时,不仅要保证从动件实现预定的运动规律,还要求传动时受力良好、结构紧凑,因此,在设计凸轮时应注意下述问题。

一、凸轮机构的压力角与自锁

凸轮机构也和连杆机构一样,从动件运动方向和接触轮廓法线方向之间所夹的锐角称为压力角,它是衡量凸轮机构传力特性好坏的一个重要参数。图 1-11-1 所示为偏置尖顶直动从动件盘形凸轮机构,当不考虑摩擦时,凸轮给于从动件的力 F

是沿法线 $n-n$ 方向的，从动件运动方向与力 F 之间的锐角 α 即压力角。力 F 可分解为沿从动件运动方向的有用分力 F' 和使从动件紧压导路的有害分力 F''，且

$$F''=F'\tan\alpha$$

当驱动从动件运动的有用分力 F' 一定时，压力角 α 越大，则有害分力 F'' 越大，机构的效率越低。当压力角增大到一定程度，以致有害分力 F'' 在导路内所引起的摩擦阻力大于有用分力 F' 时，无论凸轮加给从动件的作用力多大，从动件都不能运动，这种现象称为自锁。由以上分析可以看出，为了保证凸轮机构正常工作并具有一定的传动效率，必须对压力角加以限制。凸轮轮廓曲线上各点的压力角是变化的，在设计时应使最大压力角不超过许用值 $\alpha_{max}<[\alpha]$。通常对于直动从动件凸轮机构，建议取许用压力角 $[\alpha]=30°$，对于摆动从动件凸轮机构，建议取许用压力角 $[\alpha]=45°$。常见的依靠外力维持接触的凸轮机构，其从动件是在弹簧或重力作用下返回的，回程不会出现自锁。因此，对于这类凸轮机构，通常只需对其推程的压力角进行校核。

对于图 1-11-2 所示的直动滚子从动件盘形凸轮机构来说，其压力角 α 应为过滚子中心所作理论轮廓曲线的法线 $n-n$ 与从动件的运动方向线之间的夹角。

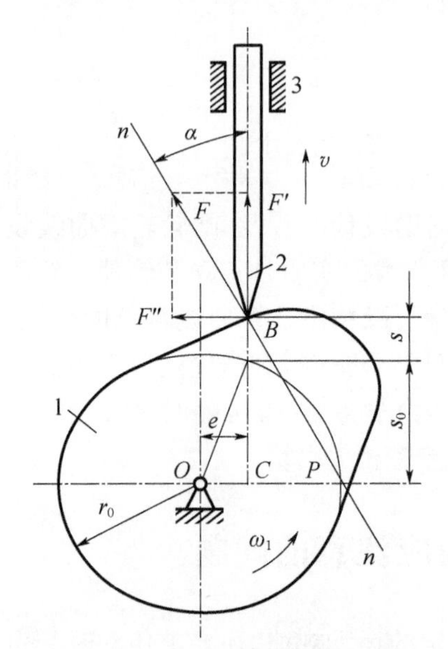

图 1-11-1　凸轮机构压力角图

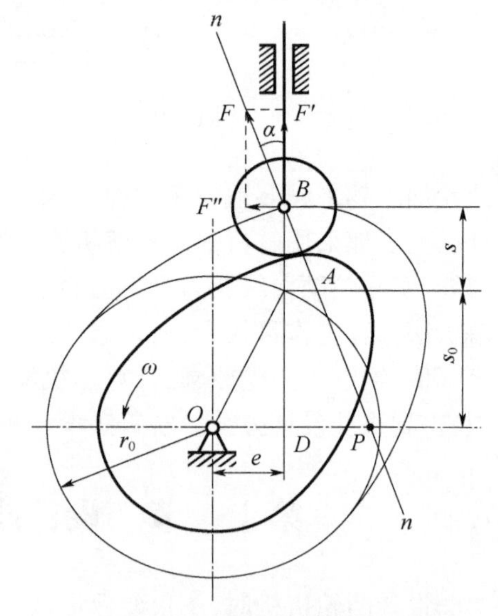

图 1-11-2　直动滚子从动件盘形凸轮机构压力角

在设计凸轮机构时，通常总是根据结构需要先初步选定基圆半径，然后设计凸轮轮廓。为了确保运动性能，必须对轮廓各处的压力角进行校核，检验其最大压力角是否在许用值范围之内。如果 α_{max} 超过许用值，则应根据压力角与凸轮结构尺寸的关系修改设计。

二、压力角与凸轮机构尺寸关系

由图 1-11-1 可以看出,在其他条件都不变的情况下,若把基圆增大,则凸轮的尺寸也将随之增大。因此,欲使机构紧凑就应当采用较小的基圆半径。但必须指出,基圆半径过小会引起压力角过大,致使机构工作情况变坏,这可以从下面压力角计算公式得到证明。

图 1-11-1 所示为偏置尖顶直动从动件盘形凸轮机构推程的任意一个位置。过凸轮与从动件的接触点 B 作公法线 $n-n$,它与过凸轮轴心 O 且垂直于从动件导路的直线相交于 P,P 就是凸轮和从动件的相对速度瞬心,则 $l_{OP}=v/\omega=\mathrm{d}s/\mathrm{d}\delta$。由图可得,偏置尖顶直动从动件盘形凸轮机构的压力角计算公式为

$$\tan\alpha=\frac{OP\pm e}{s_0+s}=\frac{\frac{\mathrm{d}s}{\mathrm{d}\delta}\pm e}{s+\sqrt{r_0^2-e^2}} \tag{1-11-1}$$

式中:r_0 为基圆半径;e 为偏距;s 为对应凸轮转角 δ 的从动件位移。

公式说明,在其他条件不变的情况下,基圆 r_0 越小,压力角 α 越大。基圆半径过小,压力角就会超过许用值而使机构效率太低甚至发生自锁。因此,实际设计中应在保证凸轮轮廓的最大压力角不超过许用值的前提下,考虑缩小凸轮的尺寸。

在式(1-11-1)中,当导路和瞬心 P 在凸轮轴心 O 的同侧时,取"-"号,可使压力角减少;反之,当导路和瞬心 P 在凸轮轴心 O 的异侧时,取"+"号,压力角将增大。因此,为了减小推程压力角,应将从动件导路向推程相对速度瞬心的同侧偏置。但须注意,用导路偏置法虽可使推程压力角减小,但同时却使回程压力角增大,所以偏距 e 不宜过大。

三、滚子半径的确定

在滚子直动从动件盘形凸轮机构中,从减小凸轮与滚子间的接触应力来看,滚子半径越大越好,但必须注意,滚子半径增大后对凸轮实际轮廓曲线有很大影响。如图 1-11-3 所示,设理论轮廓部分的最小曲率半径以 $\rho_{\min}$ 表示,滚子半径用 r_T 表示,当凸轮轮廓内凹时,如图 1-11-3(a)所示,$\rho'=\rho_{\min}+r_T>0$,无论滚子半径大小,凸轮工作轮廓总是光滑曲线,理论轮廓的内凹部分对滚子半径的选择没有影响;而当凸轮轮廓外凸时,相应位置实际轮廓的曲率半径 $\rho'=\rho_{\min}-r_T$,从而:

当 $\rho_{\min}>r_T$ 时,如图 1-11-3(b)所示,这时,$\rho'>0$,实际轮廓为一平滑曲线。

当 $\rho_{\min}=r_T$ 时,如图 1-11-3(c)所示,这时,$\rho'=0$,在凸轮实际轮廓曲线上产生了尖点,这种尖点极易磨损,磨损后就会改变原定的运动规律。

当 $\rho_{\min}<r_T$ 时,如图 1-11-3(d)所示,这时,$\rho'<0$,实际轮廓曲线发生相交,图中阴影部分的轮廓曲线在实际加工时将被切去而使这一部分运动规律无法实现。

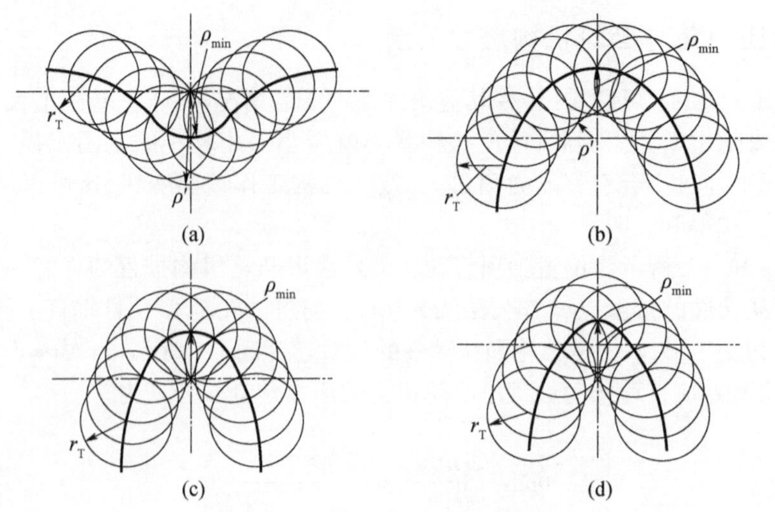

图 1-11-3　滚子半径的选择

(a) $\rho' = \rho_{min} + r_T$; (b) $\rho_{min} > r_T$; (c) $\rho_{min} = r_T$; (d) $= \rho_{min} + r_T$

为了使外凸凸轮轮廓在任何位置既不变尖更不相交，滚子半径必须小于理论轮廓外凸部分的最小曲率半径 ρ_{min}。如果 ρ_{min} 过小，按上述条件选择的滚子半径太小而不能满足安装和强度要求，就应当把凸轮基圆尺寸加大，重新设计凸轮轮廓。

习　题

题 1-1 ~ 题 1-4　绘出题 1-1 图 ~ 题 1-4 图所示机构运动简图。

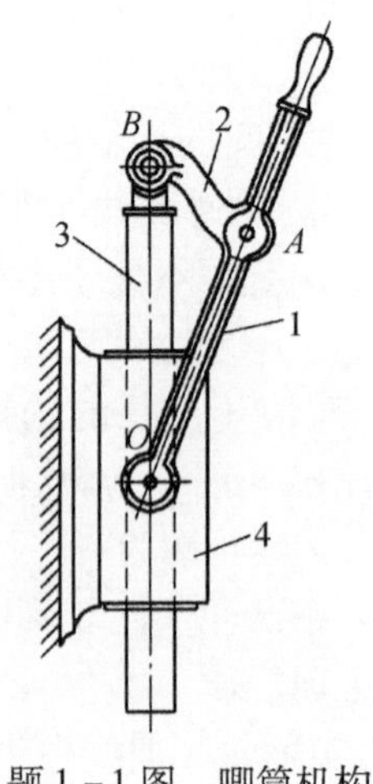

题 1-1 图　唧筒机构

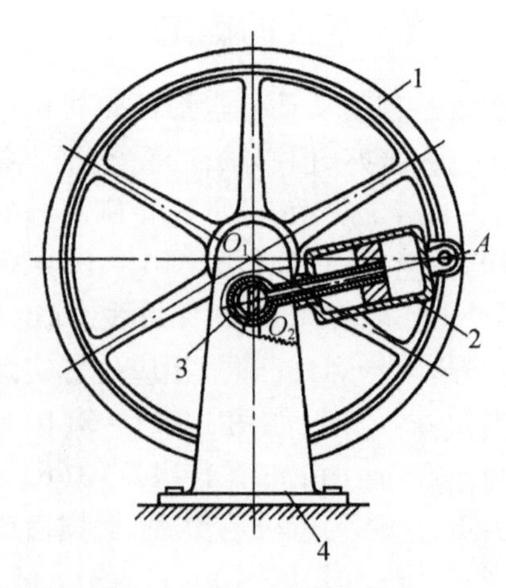

题 1-2 图　回转柱塞泵

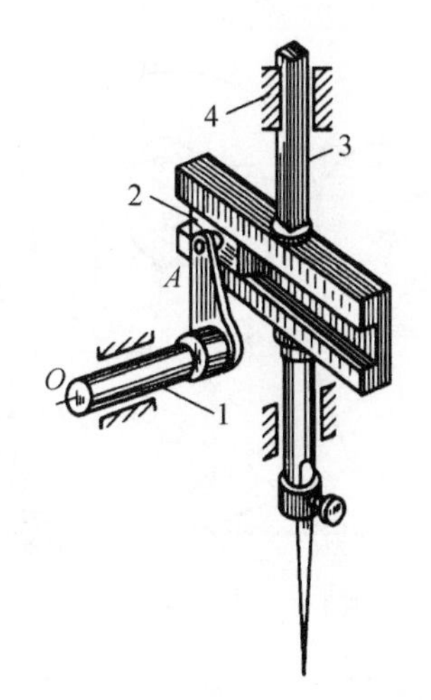

题 1－3 图　缝纫机下针机构

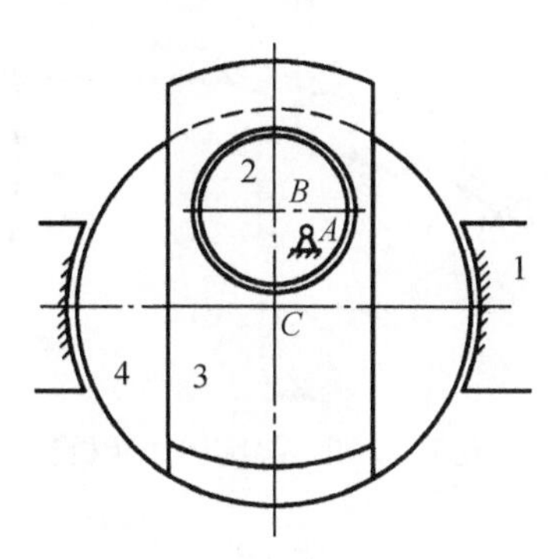

题 1－4 图　机构模型

题 1－5～题 1－10　指出题 1－5 图～题 1－10 图机构运动简图中的复合铰链、局部自由度和虚约束，计算其机构自由度。

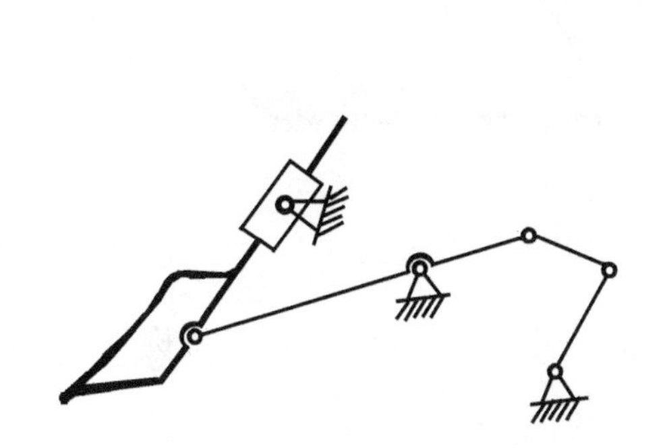
题 1－5 图　推土机机构

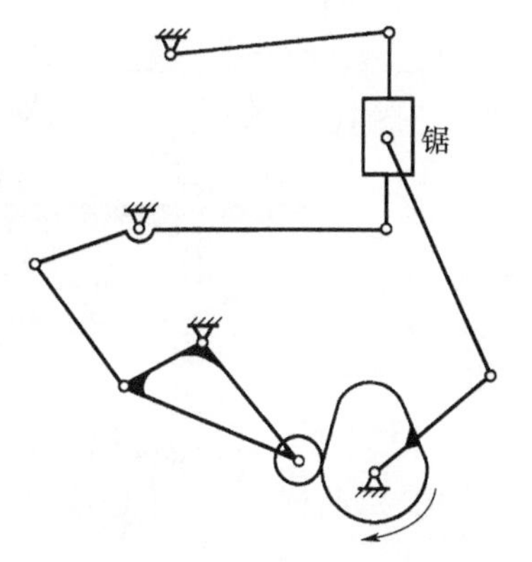

题 1－6 图　锯木机机构

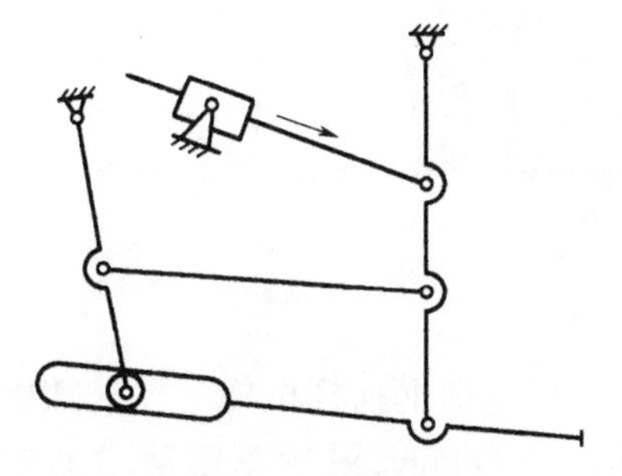
题 1－7 图　平炉渣口堵塞机构

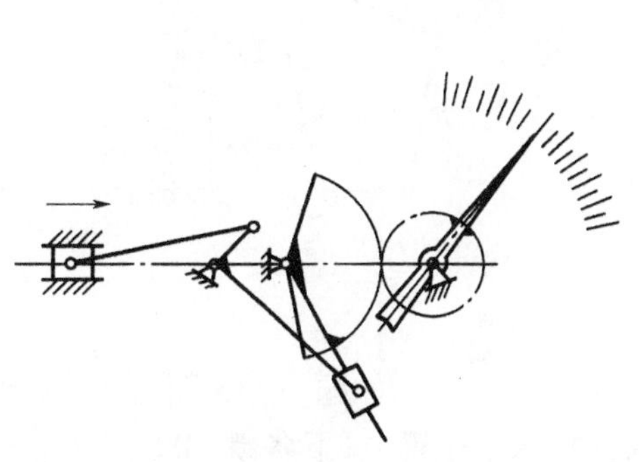
题 1－8 图　测量仪表机构

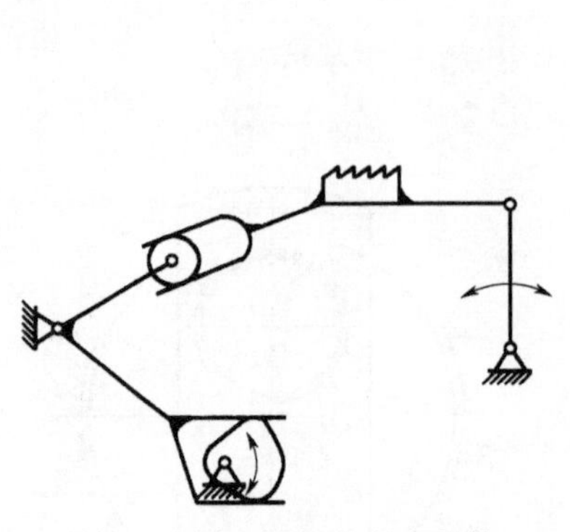

题 1-9 图　缝纫机送布机构

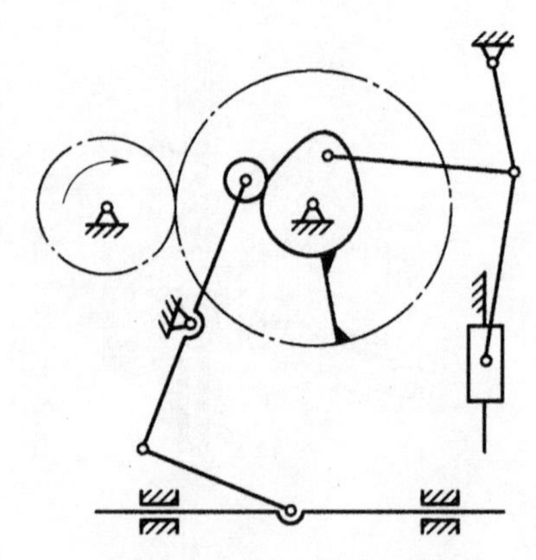

题 1-10 图　冲压机构

题 1-11　试论证：

(1) 题 1-11(a)图所示机构组合是不能产生相对运动的刚性桁架；

(2) 这种构件组合若满足题 1-11(b)图所示的尺寸关系：$AB = CD = EF$，$BC = AD$，$BE = AF$，则构件之间可以产生相对运动。

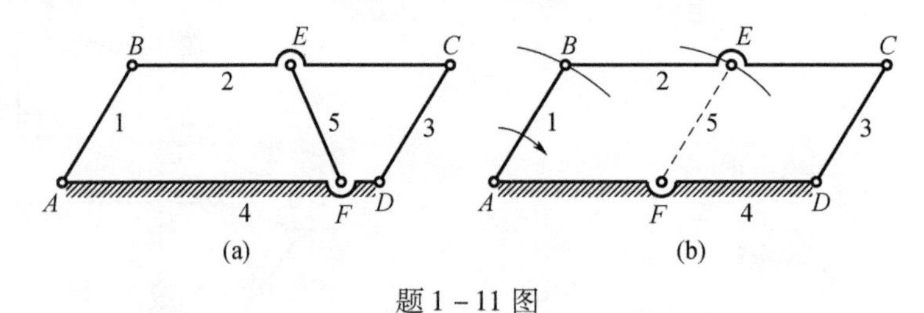

题 1-11 图

题 1-12　试根据题 1-10 图中注明的尺寸判断下列铰链四杆机构是曲柄摇杆机构、双曲柄机构，还是双摇杆机构。

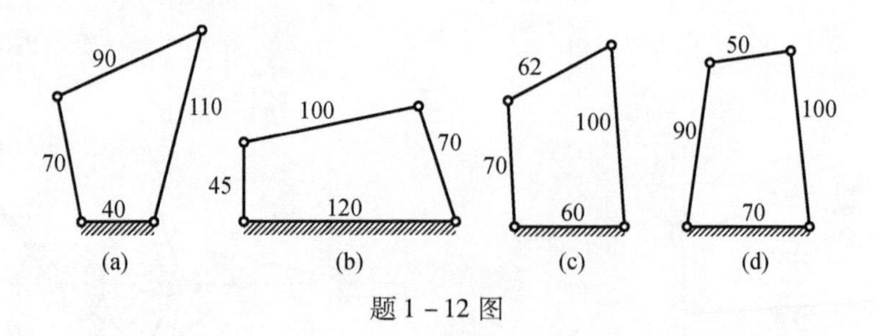

题 1-12 图

题 1-13　如题 1-13 图所示，设计一脚踏轧棉机的曲柄摇杆机构。要求踏板 CD 在水平位置上、下各摆 10°，且 $l_{CD} = 500\text{mm}$，$l_{AD} = 1000\text{mm}$，试用图解法求曲柄

AB 和连杆 *BC* 的长度。

题 1－14　设计一曲柄摇杆机构。已知摇杆长度 $l_3=100\text{mm}$，摆角 $\psi=30^\circ$，摇杆的行程速比系数 $K=1.2$，试根据最小传动角 $\gamma\geqslant40^\circ$ 的条件，用图解法确定其余三杆的尺寸。

题 1－15　如题 1－15 图所示，设计一曲柄滑块机构。已知滑块行程 $h=50\text{mm}$，偏距 $e=16\text{mm}$，行程速比系数 $K=1.2$，求曲柄和连杆的长度。

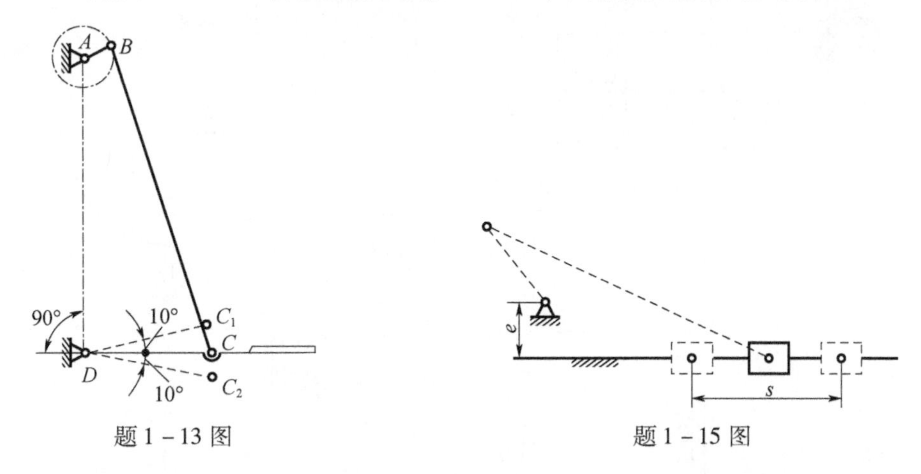

题 1－13 图　　题 1－15 图

题 1－16　设计一导杆机构。已知机架长度 $l_4=100\text{mm}$，行程速比系数 $K=1.4$，求曲柄长度。

题 1－17　设计一铰链四杆机构作为加热炉炉门的启闭机构。已知炉门上两活动铰链的中心距为 50mm，炉门打开后成水平位置时，要求炉门温度较低的一面朝上（如虚线所示），设固定铰链安装在 *yy* 轴线上，其相关尺寸如题 1－17 图所示，求此铰链四杆机构其余三杆的长度。

题 1－18　题 1－18 图所示为一偏置直动从动件盘形凸轮机构。已知 *AB* 段为凸轮的推程廓线，试在图上标注推程运动角 δ_t。

题 1－19　题 1－19 图所示为一偏置直动从动件盘形凸轮机构。已知凸轮为一以 *C* 为中心的圆盘，问：轮廓上点 *D* 与尖顶接触时其压力角为若干？试作图加以表示。

题 1－20　如题 1－20 图所示，已知凸轮以等角速度顺时针方向回转，偏距 $e=10\text{mm}$，凸轮基圆半径 $r_{\min}=40\text{mm}$，从动件的升程 $h=30\text{mm}$，滚子半径 $r_T=10\text{mm}$，$\delta_t=150^\circ$，$\delta_s=30^\circ$，$\delta_h=120^\circ$，$\delta'_s=60^\circ$，从动件在推程做简谐运动，在回程做等加速等减速运动，试用图解法绘出凸轮的轮廓。

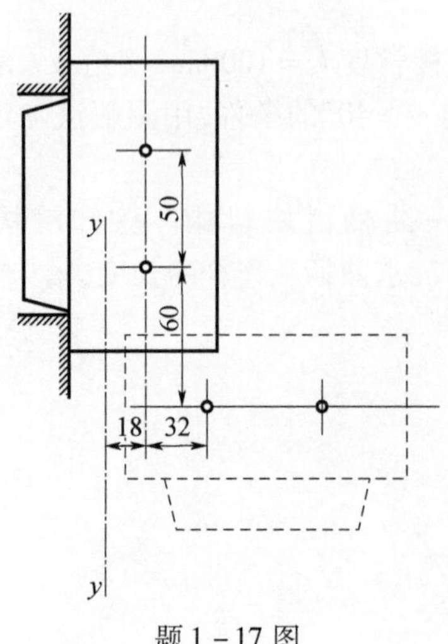

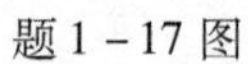
题 1－17 图

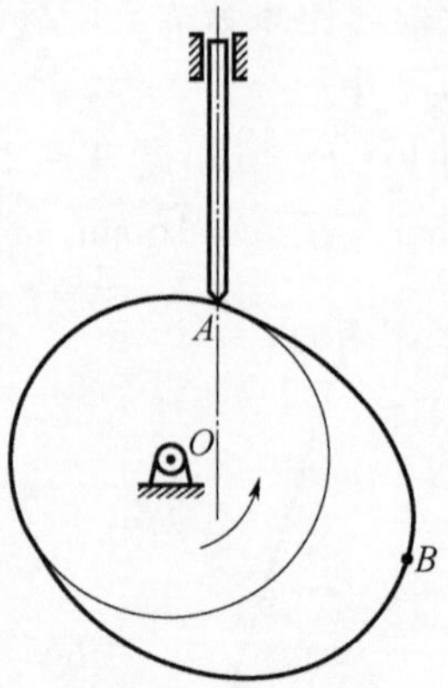

A
O
B

题 1－18 图

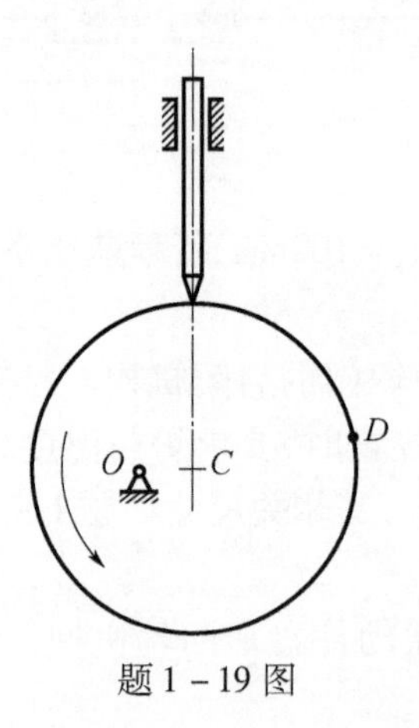

题 1－19 图

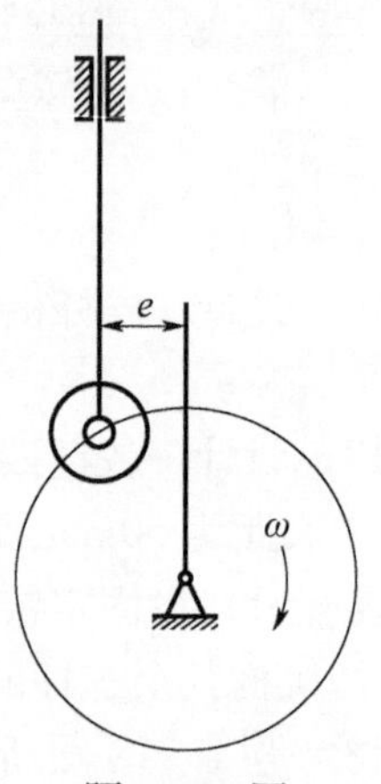

题 1－20 图

第二章　齿轮机构

第一节　齿轮机构的特点和类型

齿轮机构是应用最广的传动机构之一。其主要优点是:①适用的圆周速度和功率范围广;②效率较高;③传动比稳定;④寿命较长;⑤工作可靠性较高;⑥可实现平行轴、任意角相交轴和任意角交错轴之间的传动。其缺点是:①要求较高的制造和安装精度,成本较高;②不适宜于远距离两轴之间的传动。

齿轮在舰船装备中有着广泛的应用,以柴油机、燃气轮机、蒸汽机等为原动力的主动力装置中都有齿轮箱,起到减速、并车、正反转等作用。在一些辅助机械中也常用到齿轮机构。

按照两轴的相对位置和齿向,齿轮机构的类型和分类如图 2-1-1、图 2-1-2 所示。

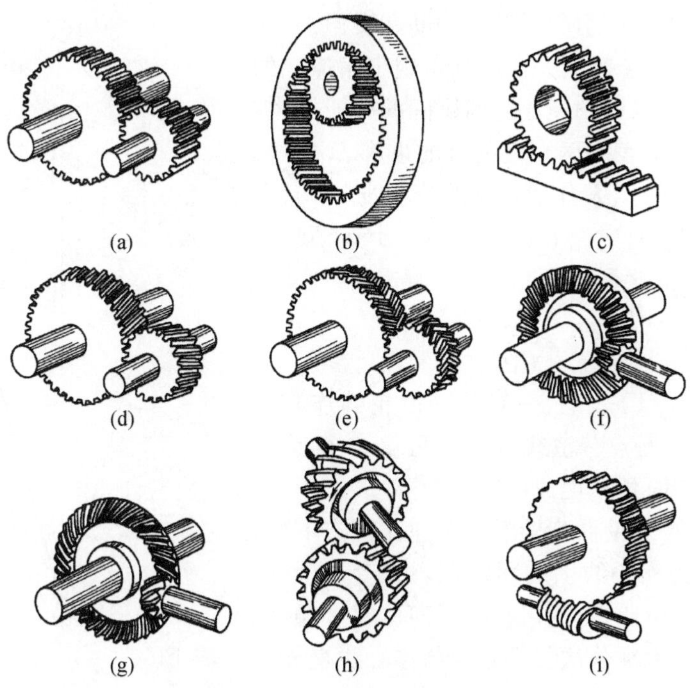

图 2-1-1　齿轮机构的类型

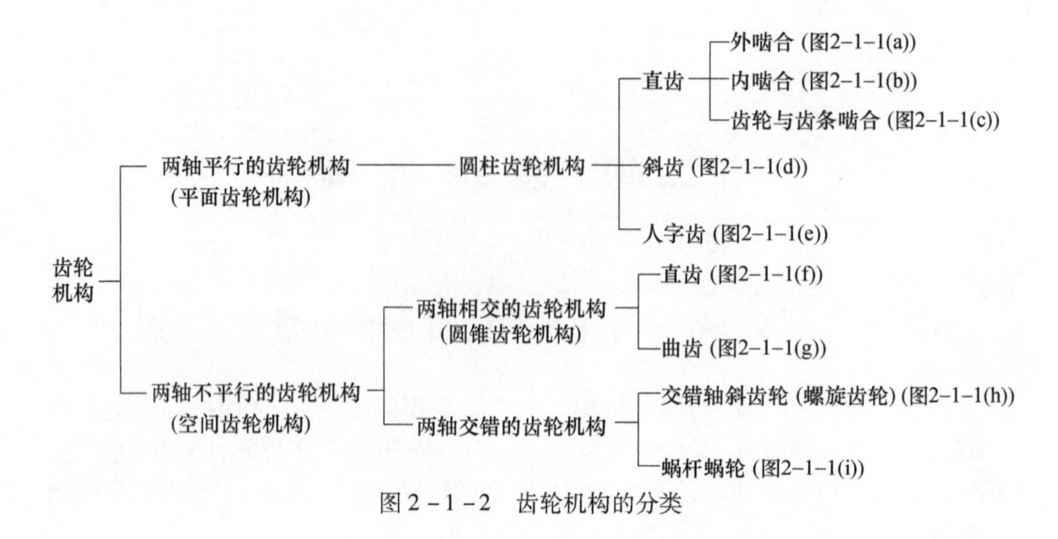

图 2-1-2　齿轮机构的分类

第二节　齿廓实现定角速比传动的条件

齿轮传动的基本要求之一是其瞬时角速度之比必须保持不变,否则,当主动轮等角速度回转时,从动轮的角速度为变数,从而产生惯性力。这种惯性力不仅影响齿轮的寿命,而且还引起机器的振动和噪声,影响其工作精度。为了阐明一对齿廓实现定角速比的条件,有必要先探讨角速比与齿廓间的一般规律。

图 2-2-1 表示两相互啮合的齿廓 E_1 和 E_2 在点 K 接触。过点 K 作两齿廓的公法线 $n-n$,它与连心线 O_1O_2 的交点 C 称为节点。由运动学知识可知,点 C 也就是齿轮 1、2 的相对速度瞬心,且

$$\frac{\omega_1}{\omega_2}=\frac{O_2C}{O_1C} \tag{2-2-1}$$

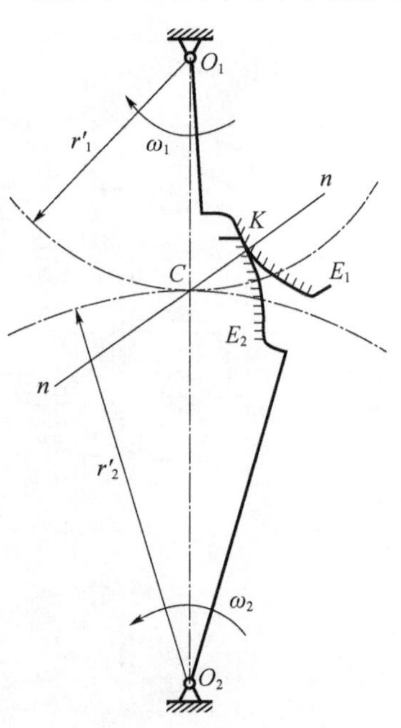

图 2-2-1　齿廓实现定角速比的条件

式(2-2-1)表明,一对传动齿轮的连心线 O_1O_2 被齿廓接触点公法线分割为两段,该两线段长度与两轮瞬时角速度成反比。

可以推论,若使两齿轮瞬时角速比恒定不变,必须使点 C 为连心线上的固定点。或者说,欲使齿轮保持定角速比,不论齿廓在任何位置接触,过接触点所作的齿廓公法线都必须与连心线交于一定点。

传动齿轮的齿廓曲线除要求满足定角速比,还必须考虑制造、安装和强度等要求。在机械中,常用的齿廓有渐开线齿廓、摆线齿廓和圆弧齿廓,其中以渐开线齿廓应用最广。

过节点 C 所作的两个相切的圆称为节圆,以 r_1'、r_2'表示两个节圆的半径。由于节点的相对速度等于零,因此一对齿轮传动时,它的一对节圆在做纯滚动。又由图2－2－1可知,一对外啮合齿轮的中心距恒等于其节圆半径之和,角速比恒等于其节圆半径的反比。

第三节　渐开线齿廓

一、渐开线的形成和特性

当一直线在一圆周上做纯滚动时(图2－3－1),此直线上任意一点的轨迹称为该圆的渐开线。这个圆称为渐开线的基圆,该直线称为发生线。

由渐开线形成过程可知,渐开线具有下列特性。

(1) 当发生线从位置Ⅰ滚到位置Ⅱ时,因它与基圆之间为纯滚动,没有相对滑动,所以,$\overline{BK}=\widehat{AB}$。

(2) 当发生线在位置Ⅱ沿基圆做纯滚动时,点 B 是它的速度瞬心,因此直线 BK 是渐开线上点 K 的法线,且线段$\overline{BK}$为其曲率半径、点 B 为其曲率中心。又因发生线始终切于基圆,故渐开线上任意一点的法线必与基圆相切,或者说,基圆的切线必为渐开线上某一点的法线。

(3) 渐开线齿廓上某点的法线(压力方向线)与齿廓上该点速度方向线所夹的锐角 α_K,称为该点的压力角。

以 r_b 表示基圆半径,由图(2－3－1)可知

$$\cos\alpha_K=\frac{OB}{OK}=\frac{r_b}{r_K} \tag{2-3-1}$$

式(2－3－1)表示渐开线齿廓上各点压力角不等,向径 r_K 越大(即点 K 离轮心越远),其压力角越大。

(4) 渐开线的形状决定于基圆的大小。大小相等的基圆其渐开线形状相同;大小不等的基圆其渐开线形状不同。如图2－3－2所示,取大小不等的两个基圆使其渐开线上压力角相等的点在 K 点相切。由图可见,基圆越大,它的渐开线在 K 点的曲率半径越大,即渐开线越趋平直。当基圆半径趋于无穷大时,其渐开线将成为垂直于 B_3K 的直线,它就是渐开线齿条的齿廓。

(5) 基圆以内无渐开线。

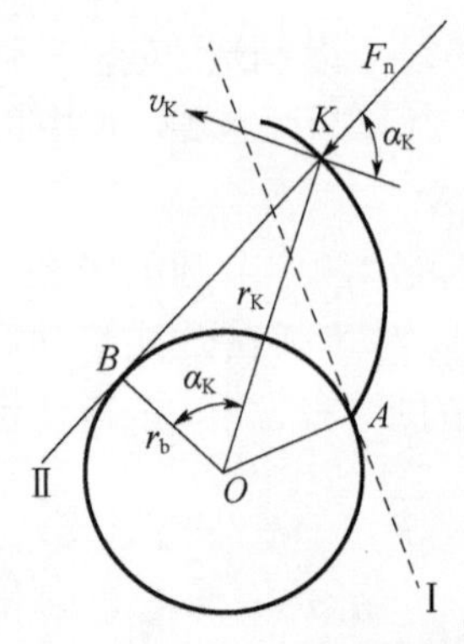

图 2-3-1　渐开线的形成

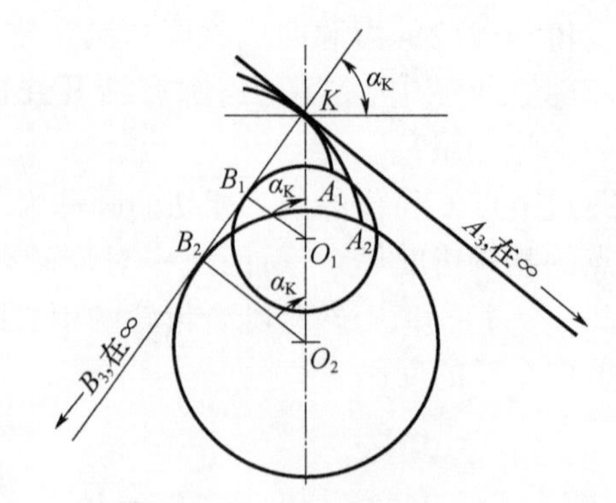

图 2-3-2　基圆大小对渐开线的影响

二、渐开线齿廓满足定角速比要求

设图 2-3-3 中渐开线齿廓 E_1 和 E_2 在任意点 K 接触，过点 K 作两齿廓的公法线 $n-n$ 与两轮连心线交于点 C。根据渐开线的特性，$n-n$ 必同时与两基圆相切，或者说，过啮合点所作的齿廓公法线即两基圆的内公切线。齿轮传动时基圆位置不变，同一方向的内公切线只有一条，它与连心线交点的位置是不变的。即无论两齿廓在何处接触，过接触点所作齿廓公法线均通过连心线上同一点 C，故渐开线齿廓满足定角速比要求。

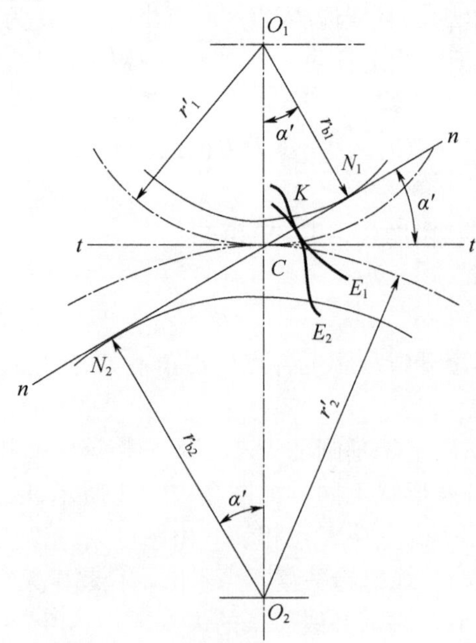

图 2-3-3　渐开线齿廓定角速比证明

对于定角速比传动，角速比 ω_1/ω_2 也等于转速比 n_1/n_2。角速比又称传动比，当不计转动方向相同或相反时，传动比的大小常用不带下标的 i 表示，且规定$i\geq1$。

在图 2-3-3 中，$\triangle O_1N_1C \backsim \triangle O_2N_2C$，故一对齿轮的传动比

$$i=\frac{n_1}{n_2}=\frac{\omega_1}{\omega_2}=\frac{r_2'}{r_1'}=\frac{r_{b2}}{r_{b1}} \tag{2-3-2}$$

式(2-3-2)表示渐开线齿轮的传动比等于两轮基圆半径的反比，因 $i\geq1$，故在讨论一对齿轮传动时，下标 1 表示小轮，下标 2 表示大轮。在以下各章中，也按这一规则标注。

由图 2-3-3 还可以看出渐开线齿廓啮合的一些特点。

当一对渐开线齿轮制成之后，其基圆半径是不会改变的，因而由式(2-3-2)可知，即使两轮的中心距稍有改变，其角速比仍保持原值不变。这种性质称为渐开线齿轮的可分性。实际上，制造安装误差或轴承磨损，常常导致中心距的微小改变，但由于它具有可分性，故仍能保持良好的传动性能。此外，根据渐开线齿轮的可分性还可以设计变位齿轮。因此，可分性是渐开线齿轮的一大优点。

齿轮传动时其齿廓接触点的轨迹称为啮合线。对于渐开线齿轮，无论在哪一点接触，接触齿廓的公法线总是两基圆的内公切线 N_1N_2。因此，直线 N_1N_2 就是渐开线齿廓的啮合线。

过节点 C 作两节圆的公切线 $t-t$，它与啮合线 N_1N_2 间的夹角称为啮合角。由图 2-3-3 可见，渐开线齿轮传动中啮合角为常数。由图中几何关系可知，啮合角在数值上等于渐开线在节圆上的压力角 α'。啮合角不变表示齿廓间压力方向不变，若齿轮传递的力矩恒定，则轮齿之间、轴与轴承之间压力的大小和方向均不变，这也是渐开线齿轮传动的一大优点。

第四节　齿轮各部分名称及渐开线标准齿轮的基本尺寸

图 2-4-1 为直齿圆柱齿轮的一部分。齿顶所确定的圆称为齿顶圆，其直径用 d_a 表示。相邻两齿之间的空间称为齿槽。齿槽底部所确定的圆称为齿根圆，其直径用 d_f 表示。

为了使齿轮能在两个方向传动，轮齿两侧齿廓是完全对称的。在任意直径 d_K 的圆周上，轮齿两侧齿廓之间的弧长称为该圆的齿厚，用 s_K 表示；齿槽两侧齿廓之间的弧长称为该圆的齿槽宽，用 e_K 表示；相邻两齿同侧齿廓之间的弧长称为该圆的齿距，用 p_K 表示。设 z 为齿数，则根据齿距的定义可得

$$\pi d_K=p_K z$$

故

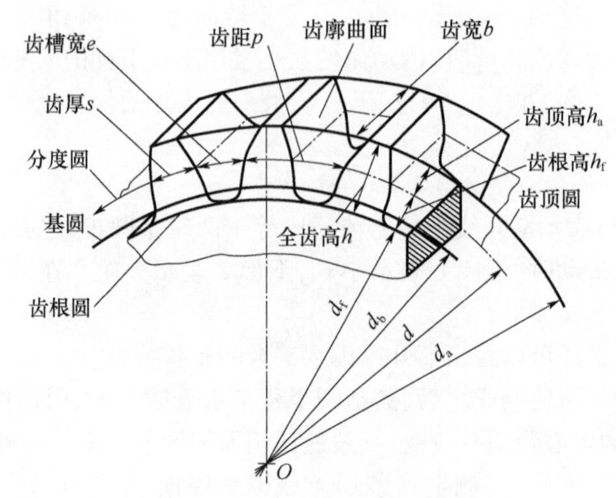

图 2-4-1 齿轮各部分名称

$$d_K = \frac{p_K}{\pi} z \tag{2-4-1}$$

由式(2-4-1)可知,在不同直径的圆周上,比值 p_K/π 是不同的,而且其中还包含无理数 π;又由渐开线特性可知,在不同直径的圆周上,齿廓各点的压力角 α_K 也是不等的。为了便于设计、制造及互换,把齿轮某一圆周上的比值 p_K/π 规定为标准值(整数或较完整的有理数),并使该圆上的压力角也为标准值。这个圆称为分度圆,其直径以 d 表示。分度圆上的压力角可简称为压力角,以 α 表示,我国规定的标准压力角为20°。分度圆上的齿距 p 对 π 的比值称为模数,用 m 表示,单位mm,即

$$m = \frac{p}{\pi} \tag{2-4-2}$$

模数是齿轮几何尺寸计算的基础。齿轮的主要几何参数都与模数成正比,m 越大,p 越大,轮齿就越大,轮齿的抗弯能力也越强,所以模数 m 又是轮齿抗弯能力的重要标志。我国已规定了标准模数系列,表 2-4-1 列出了其中的一部分。

表 2-4-1 标准模数系列(摘自 GB/T 1357—1987)

第一系列	11.25 1.5 2 2.53 45 6 8 10 12 16 20 25 32 40 50
第二系列	1.75 2.25 2.75 (3.25) 3.5 (3.75) 4.5 5.5 (6.5) 7 9 (11) 14 18 22 28 (30) 36 45
注:本表适用于渐开线圆柱齿轮,对斜齿轮是指法向模数	

为了简便,分度圆上的齿距、齿厚及齿槽宽习惯上不加分度圆字样,而直接称为齿距、齿厚及齿槽宽。分度圆上各参数的代号都不带下标。例如,用 s 表示齿

厚,用 e 表示齿槽宽等。又由图 2-4-1 可知

$$p = s + e = \pi m \tag{2-4-3}$$

故分度圆直径为

$$d = \frac{p}{\pi} z = mz \tag{2-4-4}$$

在轮齿上,介于齿顶圆和分度圆之间的部分称为齿顶,其径向高度称为齿顶高,用 h_a 表示。介于齿根圆和分度圆之间的部分称为齿根,其径向高度称为齿根高,用 h_f 表示。齿顶圆与齿根圆之间轮齿的径向高度称为全齿高,用 h 表示,则

$$h = h_a + h_f \tag{2-4-5}$$

齿顶高和齿根高的标准值可用模数表示为

$$\begin{cases} h_a = h_a^* m \\ h_f = (h_a^* + c^*) m \end{cases} \tag{2-4-6}$$

式中:h_a^* 和 c^* 分别称为齿顶高系数和顶隙系数,其规定标准值如表 2-4-2 所列。

表 2-4-2　渐开线圆柱齿轮的齿顶高系数和顶隙系数

齿　制	正 常 齿 制	短 齿 制
h_a^*	1.0	0.8
c^*	0.25	0.3

顶隙 $c = c^* m$,它是指一对齿轮啮合时(图 2-5-2),一个齿轮的齿顶圆到另一个齿轮的齿根圆的径向距离。顶隙有利于润滑油的流动。由图可以推出齿顶圆直径 d_a 和齿根圆直径 d_f 的计算公式为

$$d_a = d + 2h_a \tag{2-4-7}$$

$$d_f = d - 2h_f \tag{2-4-8}$$

分度圆上齿厚与齿槽宽相等,且齿顶高和齿根高为标准值的齿轮称为标准齿轮。因此,对于标准齿轮

$$s = e = \frac{p}{2} = \frac{\pi m}{2} \tag{2-4-9}$$

将式(2-3-1)用于分度圆可得基圆直径的计算公式为

$$d_b = d\cos\alpha \tag{2-4-10}$$

第五节　渐开线标准齿轮的啮合

一、正确啮合条件

齿轮传动时,它的每一对齿仅啮合一段时间便要分离,而由后一对齿接替。如

图 2-5-1 所示,当前一对齿在啮合线上点 K 接触时,其后一对齿应在啮合线上另一点 K'接触,这样,前一对齿分离时,后一对齿才能不中断地接替传动。

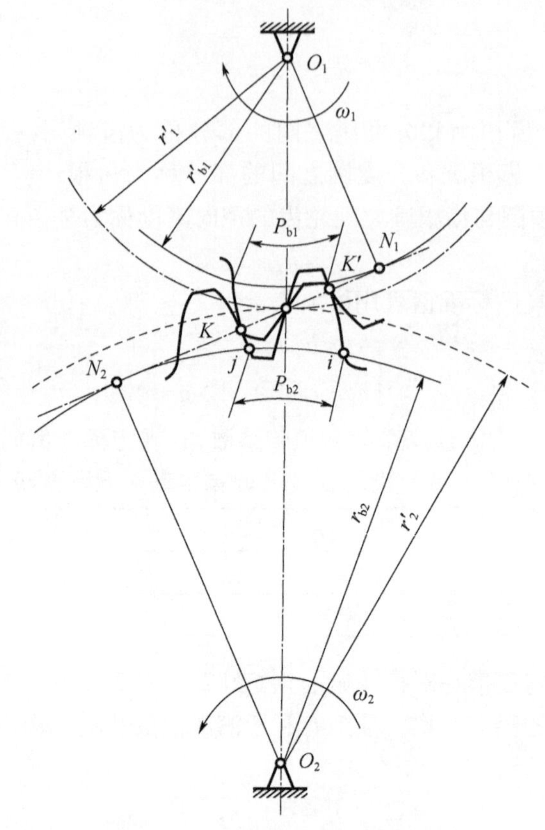

图 2-5-1　渐开线齿轮正确啮合

令 K_1 和 K_1'表示轮 1 齿廓上的啮合点,K_2 和 K_2'表示轮 2 齿廓上的啮合点。为了保证前后两对齿有可能同时在啮合线上接触,轮 1 相邻两齿同侧齿廓沿法线的距离 K_1K_1'应与轮 2 相邻两齿同侧齿廓沿法线的距离 K_2K_2'相等,即

$$\overline{K_1K_1'} = \overline{K_2K_2'}$$

设 m_1、m_2、α_1、α_2、p_{b1}、p_{b2}分别为两轮的模数、压力角和基圆齿距,根据渐开线的性质,由轮 2 可得

$$\overline{K_2K_2'} = \overline{N_2K'} - \overline{N_2K} = \widehat{N_2i} - \widehat{N_2j} = \widehat{ji} = p_{b2} = \frac{\pi d_{b2}}{z_2} = \frac{\pi d_2}{z_2} \cdot \frac{d_{b2}}{d_2} = p_2\cos\alpha_2 = \pi m_2\cos\alpha_2$$

同理,由轮 1 可得

$$\overline{K_1K_1'} = p_1\cos\alpha_1 = \pi m_1\cos\alpha_1$$

代入前式得正确啮合条件为

$$m_1 \cos\alpha_1 = m_2 \cos\alpha_2$$

由于模数和压力角已经标准化，事实上很难拼凑满足上述关系，所以必须使

$$m_1 = m_2 = m \qquad (2-5-1)$$

$$\alpha_1 = \alpha_2 = \alpha \qquad (2-5-2)$$

式(2－5－1)、式(2－5－2)表明，渐开线齿轮的正确啮合条件是两轮的模数和压力角必须分别相等。

这样，一对齿轮的传动比可表示为

$$i = \frac{\omega_1}{\omega_2} = \frac{d_2'}{d_1'} = \frac{d_{b2}}{d_{b1}} = \frac{d_2}{d_1} = \frac{z_2}{z_1} \qquad (2-5-3)$$

二、标准中心距

一对齿轮传动时，一个齿轮节圆上的齿槽宽与另一个齿轮节圆上的齿厚之差称为齿侧间隙。在齿轮加工时，刀具轮齿与工件轮齿之间是没有齿侧间隙的。在齿轮传动中，为了消除反向传动空程和减少撞击，也要求齿侧间隙等于零。因此，在机械设计中，正确安装的齿轮都按照无齿侧间隙的理想情况计算其名义尺寸。实际上，考虑轮齿热膨胀和润滑、安装的需要，传动齿轮的轮齿间存在微小侧隙，其值由制造公差加以控制。

由前所述已知，标准齿轮分度圆的齿厚与齿槽宽相等，又知正确啮合的一对渐开线齿轮的模数相等，故 $s_1 = e_1 = s_2 = e_2 = \pi m/2$。若令分度圆与节圆重合(两轮分度圆相切，如图2－5－2所示)，则 $e_1' - s_2' = e_1 - s_2 = 0$，即齿侧间隙为零。一对标准齿轮分度圆相切时的中心距称为标准中心距，以 a 表示，即

$$a = r_1' + r_2' = r_1 + r_2 = m(z_1 + z_2)/2 \qquad (2-5-4)$$

因两轮分度圆相切，故顶隙

$$c = c^* m = h_f - h_a \qquad (2-5-5)$$

应当指出，分度圆和压力角是单个齿轮本身所具有的，而节圆和啮合角是两个齿轮啮合时才出现的。标准齿轮只有在分度圆与节圆重合时，压力角与啮合角才相等；否则，压力角与啮合角就不相等。

三、重合度

设图2－5－3中轮1为主动，轮2为从动，转动方向如图所示。一对齿廓开始啮合时，应是主动轮的齿根部分与从动轮的齿顶接触，所以开始啮合点是从动轮的齿顶圆与啮合线 N_1N_2 的交点 A。当两轮继续转动时，啮合点的位置沿啮合线 N_1N_2 向下移动，轮2齿廓上的接触点由齿顶向齿根移动，而轮1齿廓上的接触点则由齿根向齿顶移动。终止啮合点是主动轮的齿顶圆与啮合线 N_1N_2 的交点 E。线段$\overline{AE}$为啮合点的实际轨迹，故称为实际啮合线段。

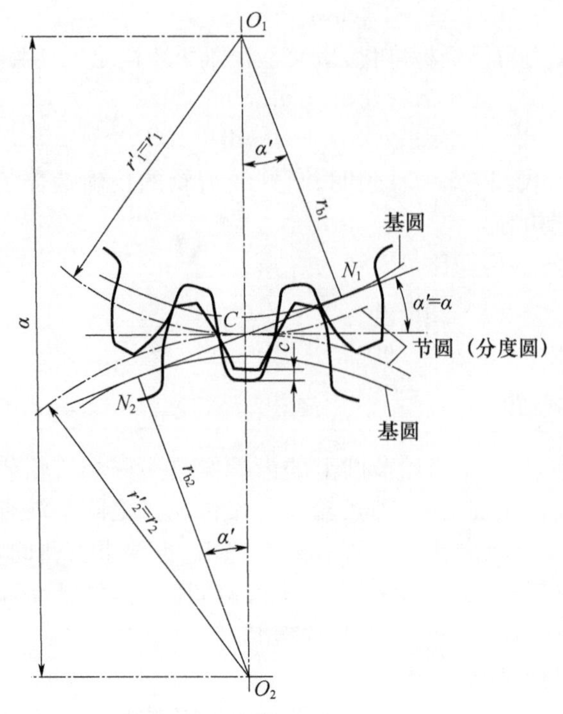

图 2－5－2　标准齿轮正确安装

当两轮齿顶圆加大时，点 A 和 E 趋近于点 N_1 和 N_2，但因基圆以内无渐开线，故线段 N_1N_2 为理论上可能的最大啮合线段，称为理论啮合线段。

满足正确啮合条件的一对齿轮有可能在啮合线上两点同时啮合。但是，如果实际啮合线段$\overline{AE}$小于两啮合点间的距离$\overline{EK}$，则两点不会同时啮合，连续传动也不能实现。满足正确啮合条件只是连续传动的必要条件，而不是充分条件。欲实现连续传动，还必须满足$\overline{AE} > \overline{EK}$，其中$\overline{EK} = \pi m\cos\alpha$。

实际啮合线段与两啮合点间距离之比称为重合度，用 ε 表示，因此，齿轮连续传动的条件为

$$\varepsilon = \frac{\overline{AE}}{\overline{EK}} = \frac{\text{实际啮合线段}}{\text{啮合点间距}} > 1 \qquad (2-5-6)$$

重合度 ε 表示同时参加啮合的齿的对数。$\varepsilon = 1.35$ 表示传动过程中有时一对齿接触，有时两对齿接触，其中两对齿接触的时间占 35%。ε 值越大，轮齿平均受力越小，传动越平稳。对于标准齿轮传动，制定标准时已保证其重合度大于 1，故不必验算。但对于非标准齿轮传动则必须验算其重合度。重合度的验算公式请参看有关《机械设计手册》。

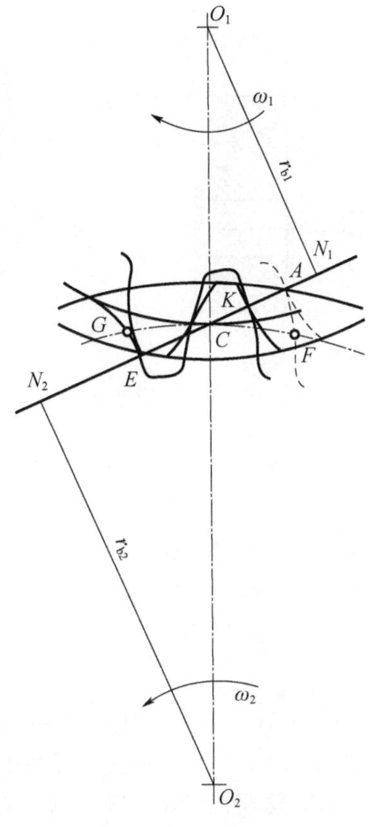

图 2-5-3 重合度

第六节 渐开线齿轮的切齿原理

切齿方法按其原理可分为成形法和范成法两类。

一、成形法

成形法是用渐开线齿形的成形铣刀直接切出齿形。常用的有盘形铣刀(图 2-6-1(a))和指状铣刀(图 2-6-1(b))两种。加工时,铣刀绕本身轴线旋转,同时轮坯沿齿轮轴线方向直线移动。铣出一个齿槽以后,将轮坯转过 $2\pi/z$ 再铣第二个齿槽。其余依此类推。

这种切齿方法简单,不需要专用机床,但生产率低,精度差,故仅适用于单件生产及精度要求不高的齿轮加工。

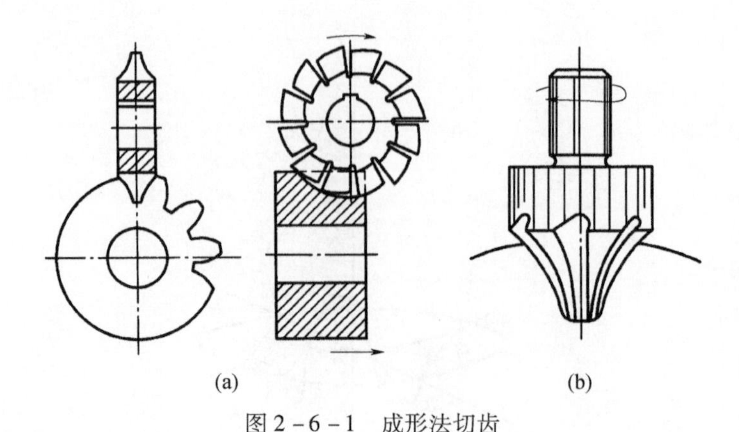

图 2-6-1 成形法切齿

二、范成法

范成法是利用一对齿轮（或齿轮与齿条）互相啮合时其共轭齿廓互为包络线的原理来切齿的。如果把其中一个齿轮（或齿条）做成刀具，就可以切出与它共轭的渐开线齿廓。用范成法切齿的刀具如下。

1. 齿轮插刀

齿轮插刀的形状如图 2-6-2(a)所示，刀具顶部比正常齿高出 $c^* m$，以便切出顶隙部分。插齿时，插刀沿轮坯轴线方向做往复切削运动，同时强迫插刀与轮坯模仿一对齿轮传动那样以一定的角速比转动（图 2-6-2(b)），直至全部齿槽切削完毕。

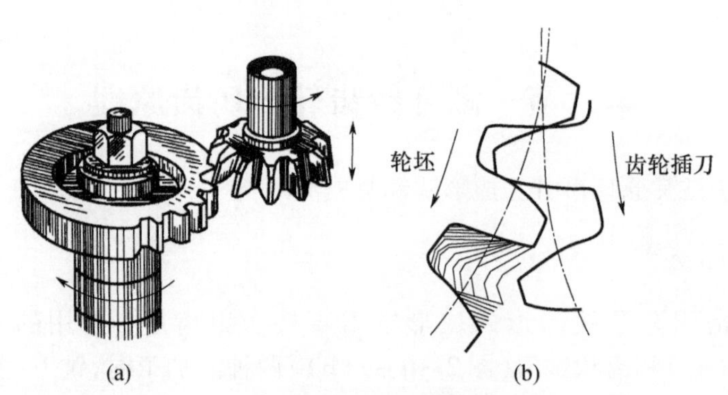

图 2-6-2 齿轮插刀切齿

因插齿刀的齿廓是渐开线，所以插制出的齿轮齿廓也是渐开线。根据正确啮合条件，被切齿轮的模数和压力角必定与插刀的模数和压力角相等，故用同一把插刀切出的齿轮都能正确啮合。

2. 齿条插刀

用齿条插刀切齿是模仿齿轮与齿条的啮合过程，把刀具做成齿条状，如图2－6－3所示。

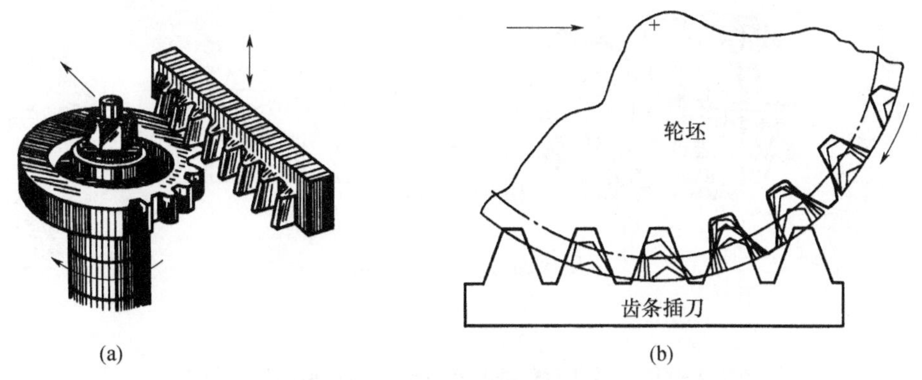

图2－6－3 齿条插刀切齿

图2－6－4表示齿条插刀齿廓在水平面上的投影，其顶部比传动用的齿条高出 $c^{*}m$（圆角部分），以便切出传动时的顶隙部分。齿条的齿廓为一直线，由图可见，不论在中线（齿厚与齿槽宽相等的直线）上还是在与中线平行的其他任一直线上，它们都具有相同的齿距 $p(\pi m)$、相同的模数 m 和相同的齿廓压力角 $\alpha(20°)$。对于齿条刀具，α 也称为齿形角或刀具角。

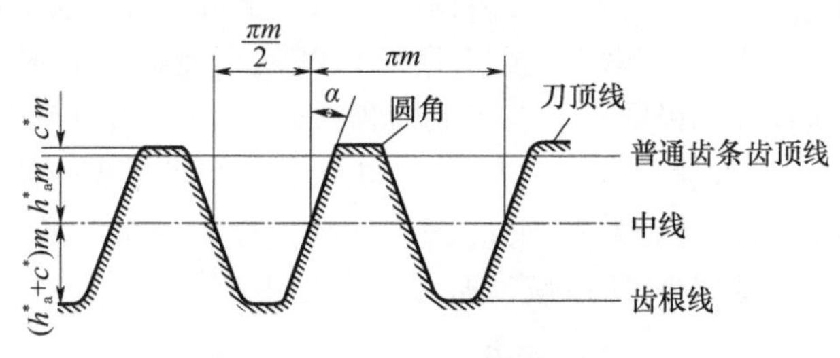

图2－6－4 齿条插刀的齿廓

在切制标准齿轮时，应令轮坯径向进给直至刀具中线与轮坯分度圆相切并保持纯滚动。这样切成的齿轮，分度圆齿厚与分度圆齿槽宽度相等，即 $s=e=\pi m/2$，且模数和压力角与刀具的模数和压力角分别相等。

3. 齿轮滚刀

齿轮插刀和齿条插刀都只能间断地切削，生产率较低。目前，广泛采用的齿轮滚刀能连续切削，生产率较高。图2－6－5(a)、(b)分别表示滚刀及其加工齿轮的情况。滚刀形状类似螺旋，它的齿廓在水平工作台面上的投影为一齿条。滚刀转动时，该投影齿条沿中线方向移动，这样便按范成原理切出轮坯的渐开线齿廓。滚刀在旋转的同时,还沿轮坯的轴向逐渐移动,以便切出整个齿宽。滚切直齿轮时,为了使刀齿螺旋线方向与被切轮齿方向一致,安装滚刀时需使其轴线与轮坯端面间的夹角 λ 等于滚刀的螺旋升角。

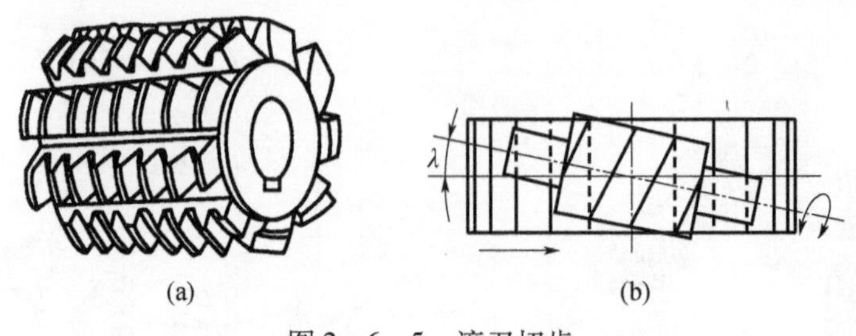

图 2-6-5 滚刀切齿

第七节 根切、最少齿数及变位齿轮

一、根切

在模数和传动比已经给定的情况下,小齿轮的齿数 z_1 越少,大齿轮齿数 z_2 以及齿数和 z_1+z_2 也越少,齿轮传动的中心距、尺寸和重量也减小。因此,设计时希望把 z_1 取得尽可能少。但是对于渐开线标准齿轮,其最少齿数是有限制的。以齿条刀具切削标准齿轮为例,若不考虑齿顶线与刀顶线间非渐开线圆角部分(这部分刀刃主要用于切出顶隙,它不能范成渐开线),则其相互关系如图 2-7-1(a)所示。图中 N_1 为啮合线的极限点。若刀具齿顶线超过 N_1 点(图中虚线齿条),则由基圆以内无渐开线的性质可知,超过 N_1 的刀刃不仅不能范成渐开线齿廓,而且会将根部已加工出的渐开线切去一部分(图中虚线齿廓),这种现象称为根切。根切使齿根削弱,使重合度减小,所以应当避免。

二、最少齿数

标准齿轮是否发生根切取决于其齿数的多少。如图 2-7-1(b)所示,线段 CO_1 表示某被切齿轮的分度圆半径,其点 N_1 在齿顶线下方,故该轮必发生根切。当齿数增多时,分度圆半径增大,轮坯中心上移至 O_1'处,极限点也随之沿啮合线上移至齿顶线上方的 N_1'处,从而避免根切;反之,齿数越少,分度圆半径越小,轮坯中心越低,极限点越往下移,根切越严重。标准齿轮欲避免根切,其齿数 z 必须大于或等于不根切的最少齿数 $z_{\min}$。根据计算,对于 $\alpha=20°$ 和 $h_a^*=1$ 的正常齿制标准渐开线齿轮,当用齿条刀具加工时,其最少齿数 $z_{\min}=17$;若允许略有根切,正常齿标准齿轮的实际最少齿数可取 14。

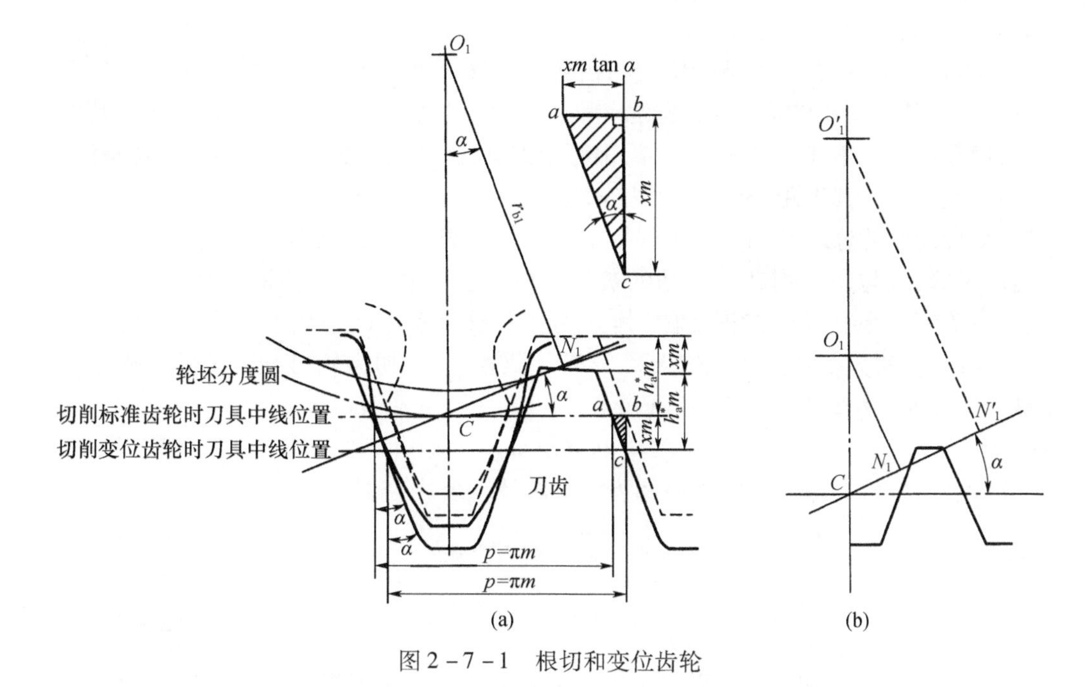

图 2-7-1 根切和变位齿轮

三、变位齿轮

标准齿轮存在下列主要缺点：①标准齿轮的齿数必须大于或等于最少齿数 $z_{\min}$，否则会产生根切。②标准齿轮不适用于实际中心距 a' 不等于标准中心距 a 的场合。当 $a' > a$ 时，采用标准齿轮虽仍然保持定角速比，但会出现过大的齿侧间隙，重合度也减小；当 $a' < a$ 时，因较大的齿厚不能嵌入较小的齿槽宽，致使标准齿轮无法安装。③一对互相啮合的标准齿轮，小齿轮齿根厚度小于大齿轮齿根厚度，抗弯能力有差别。为了弥补上述不足，在机械中出现了变位齿轮。它可以制成齿数少于 $z_{\min}$ 而无根切的齿轮，可以实现非标准中心距的无侧隙传动，可以使大小齿轮的抗弯能力比较接近。

图 2-7-1(a) 中虚线表示用齿条插刀或滚刀切制齿数小于最少齿数的标准齿轮而发生根切的情形。这时刀具的中线与齿轮的分度圆相切，刀具的齿顶线超出了极限点 N_1。如果将刀具自轮坯中心向外移出一段距离 xm，使其齿顶线正好通过极限点 N_1，如图中实线所示，则切出的齿轮可以避免根切。这时与齿轮分度圆相切并做纯滚动的已经不是刀具的中线，而是与之平行的另一条直线（通称为分度线）。用这种改变刀具相对位置的切制的齿轮称为变位齿轮。

以切削标准齿轮时的位置为基准，刀具的移动距离 xm 称为移距，x 称为移距系数，并规定刀具离开轮坯中心时 x 为正值，称为正变位；反之，刀具趋近中心时

x 为负值，称为负变位。

刀具变位后，总有一条分度线与齿轮的分度圆相切并保持纯滚动。因齿条刀具上任一条分度线的齿距 p、模数 m 和刀具角 α 均相等，故变位切制的齿轮，其齿距、模数和压力角和标准齿轮一样，都等于刀具的齿距、模数和压力角。也就是说，齿轮变位前后，其齿距、模数和压力角均为不变量。由 $d = mz$ 和 $d_b = d\cos\alpha$ 可以推知，变位齿轮的分度圆和基圆也保持不变。刀具变位后，因其分度线上的齿槽宽和齿厚不等，故与分度线做纯滚动的被切齿轮的分度圆上的齿厚和齿槽宽也不等。图 2－7－1(a) 中刀具作正变位，其分度线上的齿槽宽比中线上的齿槽宽增大了 $2ab$，故齿轮的分度圆齿厚也增大了 $2ab$；与此相应，被切齿轮分度圆上的齿槽宽则减小了 $2ab$。由图 2－7－1(a) 可知

$$ab = xm\tan\alpha \qquad (2-7-1)$$

因此，变位齿轮分度圆齿厚和齿槽宽的计算公式分别为

$$s = \frac{\pi m}{2} + 2xm\tan\alpha \qquad (2-7-2)$$

$$e = \frac{\pi m}{2} - 2xm\tan\alpha \qquad (2-7-3)$$

式(2－7－2)和式(2－7－3)对正变位和负变位都适用。负变位时，x 以负值代入。正变位时不仅可制出齿数小于 z_{min} 且无根切的齿轮，而且还能增加齿厚，提高轮齿的弯曲强度。

变位齿轮的设计请参看有关机械手册、教材或专著。

第八节　平行轴斜齿齿轮机构

平行轴齿轮传动相当于一对节圆柱的纯滚动，所以平行轴斜齿轮又称斜齿圆柱齿轮机构，简称斜齿轮机构。

一、斜齿轮的共轭齿廓曲面

把斜齿轮的齿廓与直齿圆柱齿轮的齿廓进行比较，有利于理解斜齿轮齿廓的形成原理。任何齿轮总是有一定宽度的，直齿圆柱齿轮的齿廓实际上不是一条渐开线，而是一个曲面，如图 2－8－1(a) 所示。直齿圆柱齿轮的齿廓曲面是发生面 S 在基圆柱上做纯滚动时，其上与基圆柱母线 NN 平行的某一条直线 KK 所展成的渐开线柱面。

一对渐开线直齿圆柱齿轮啮合时，齿面的接触线与齿轮轴线平行，如图 2－8－1(b) 所示，啮合开始和终止都是沿整个齿宽突然发生的，故容易引起冲击、振动和噪声，高速传动时，这种情况尤为突出；传动的平稳性差，对齿轮的制造安装误差较为

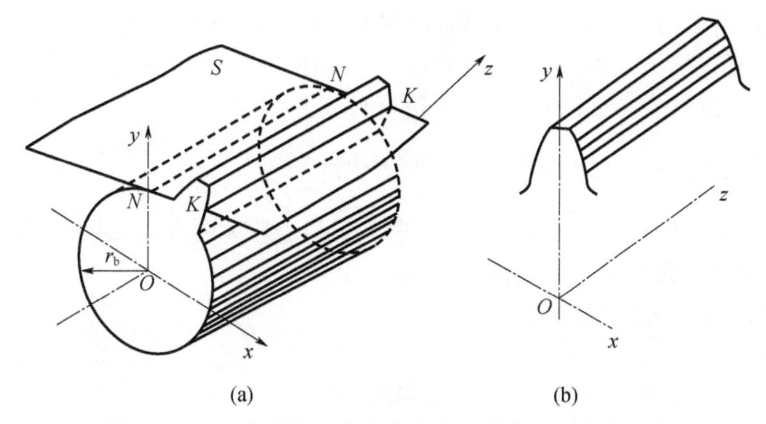

图 2-8-1 直齿圆柱齿轮齿廓曲面形成及齿廓接触线

敏感。

斜齿轮齿廓曲面的形成原理与直齿轮相同，只不过是直线 KK 不平行 NN，而与它成一个角度 β_b，如图 2-8-2(a)所示。当发生面 S 沿基圆柱做纯滚动时，这条斜直线 KK 上的任一点的轨迹都是基圆柱的一条渐开线，而整个斜直线 KK 展出的曲面就是斜齿轮的齿廓曲面。

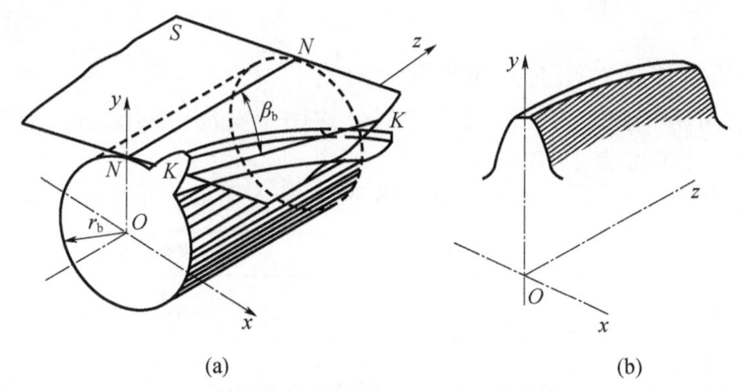

图 2-8-2 斜齿圆柱齿轮齿廓曲面形成及齿廓接触线

两个斜齿轮啮合时，齿廓曲面的接触线是斜直线，如图 2-8-2(b)所示，在两齿廓啮合过程中，齿廓接触线的长度由零逐渐增长，从某一位置以后又逐渐缩短，直到脱离接触。它说明斜齿轮的齿廓是逐渐进入接触，逐渐脱离接触的，故工作平稳，产生的冲击、振动和噪声相对较小，承载能力得以提高。

由斜齿轮齿廓曲面形成可见，其端面(垂直于其轴线的截面)齿廓曲线为渐开线。从端面看，一对渐开线斜齿轮传动相当于一对渐开线直齿轮传动，所以满足定角速比的要求。

一对斜齿轮的正确啮合,除两斜齿轮的模数和压力角必须相等,两斜齿轮的分度圆柱螺旋角(以下简称螺旋角)β 也必须大小相等,对于外啮合齿轮 β 的方向应相反,即一个齿轮为左旋,另外一个齿轮为右旋。

二、斜齿轮各部分名称和几何尺寸计算

斜齿轮的几何参数有端面和法向(垂直于某个轮齿的方向)之分。图 2-8-3 为斜齿条的分度面截面图。由图可见,法向齿距 p_n 和端面齿距 p_t 之间的关系为

$$p_n = p_t\cos\beta \qquad (2-8-1)$$

因 $p=\pi m$,故法向模数 m_n 和端面模数 m_t 之间的关系为

$$m_n = m_t\cos\beta \qquad (2-8-2)$$

用铣刀切制斜齿轮时,铣刀的齿形应等于齿轮的法向齿形。在计算强度时,也需要研究最小截面——法向齿形。因此,国标规定斜齿轮的法向参数(m_n、α_n、法向齿顶高系数及法向顶隙系数)取为标准值,而端面参数为非标准值。

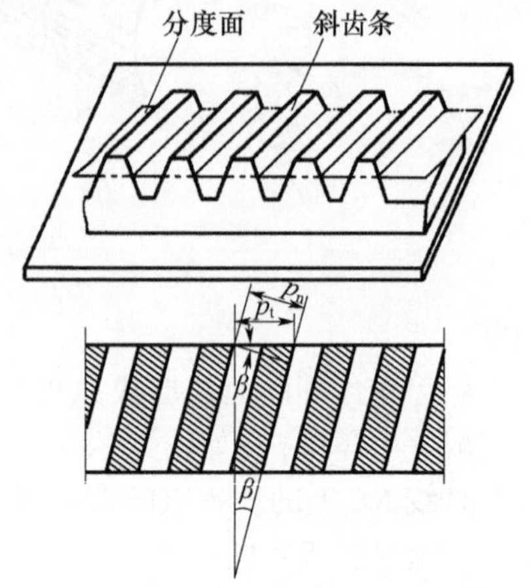

图 2-8-3 斜齿轮的分度面截面图

一对斜齿轮传动在端面上相当于一对直齿轮传动,故可将直齿轮的几何尺寸计算公式用于斜齿轮的端面。渐开线标准斜齿轮的几何尺寸可按表 2-8-1 进行计算。

表 2-8-1 渐开线正常齿标准斜齿圆柱齿轮的几何尺寸计算

序号	名称	符号	计算公式及参数的选择
1	端面模数	m_t	$m_t=\dfrac{m_n}{\cos\beta}$,$m_n$ 为标准值
2	螺旋角	β	一般取 $\beta=8°\sim20°$
3	分度圆直径	d_1、d_2	$d_1=m_tz_1=\dfrac{m_nz_1}{\cos\beta}$,$d_2=m_tz_2=\dfrac{m_nz_2}{\cos\beta}$
4	齿顶高	h_a	$h_a=m_n$
5	齿根高	h_f	$h_f=1.25m_n$
6	全齿高	h	$h=h_a+h_f=2.25m_n$
7	顶隙	c	$c=h_f-h_a=0.25m_n$
8	齿顶圆直径	d_{a1}、d_{a2}	$d_{a1}=d_1+2h_a$,$d_{a2}=d_2+2h_a$
9	齿根圆直径	d_{f1}、d_{f2}	$d_{f1}=d_1-2h_f$,$d_{f2}=d_2-2h_f$
10	中心距	a	$a=\dfrac{d_1+d_2}{2}=\dfrac{m_t}{2}(z_1+z_2)=\dfrac{m_n(z_1+z_2)}{2\cos\beta}$

三、斜齿轮传动的重合度

图 2-8-4(a)、图 2-8-4(b)表示直齿条和斜齿条的分度面。传动时，轮齿从 FF'开始啮合，至 GG'终止啮合，啮合区内的齿均处于啮合状态。由图可见，直齿条啮合区内的齿数即等于其前端面上的啮合齿数，而斜齿条啮合区内的齿数多于其前端面上的啮合齿数，增加的齿数等于 FH/p_t。因此，斜齿轮传动的重合度应为

$$\varepsilon=\varepsilon_t+\frac{FH}{p_t}=\varepsilon_t+\frac{b\tan\beta}{p_t} \tag{2-8-3}$$

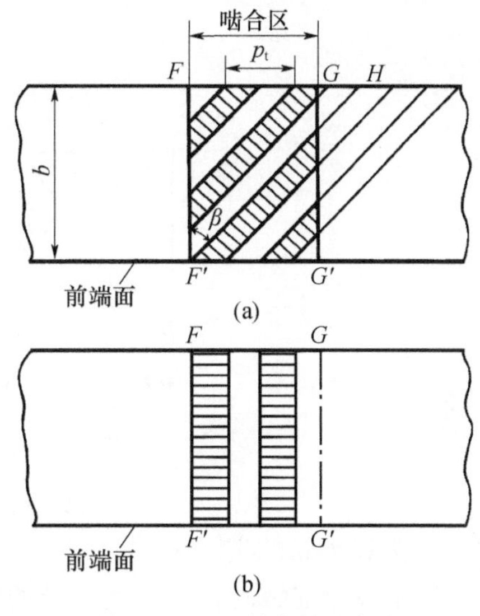

图 2-8-4 斜齿轮重合度

式中：ε_t 为端面重合度，即与斜齿轮端面齿廓相同的直齿轮传动的重合度；$b\tan\beta/p_t$ 为轮齿倾斜附加的重合度（又称轴向重合度）。

斜齿轮传动的重合度随齿宽 b 和螺旋角 β 的增大而增大，可达到很大的数值，这也是斜齿轮传动运转平稳，承载能力较高的主要原因之一。

四、斜齿轮的当量齿数和最少齿数

由斜齿轮齿廓曲面形成可知，斜齿轮法向齿形和端面齿形是不同的。用仿形铣刀加工斜齿轮时，铣刀是沿着螺旋齿槽方向进刀的，所以必须按照齿轮的法向齿形来选择铣刀的型号。而在计算斜齿轮的轮齿弯曲强度时，由于力是作用在法向的，同时法向的齿形也是面积最小的截面，因此，也需要知道法向齿形。这就要求我们研究具有 z 个齿的斜齿轮，其法向齿形应与多少个齿的直齿轮的齿形形同或者最接近。通常采用下述近似方法进行分析。

图 2-8-5 所示为斜齿轮的分度圆柱，过分度圆柱螺旋线上的点 C 作此轮齿螺旋线的法面 nn，将此斜齿轮的分度圆柱剖开得一个椭圆剖面。其长半轴为 $a=d/(2\cos\beta)$，短半轴为 $b=d/2$。由高等数学可知，该椭圆在点 C 的曲率半径为

$$\rho=\frac{a^2}{b}=\frac{d}{2\cos^2\beta}$$

以 ρ 为分度圆半径，以斜齿轮法向模数 m_n 为模数，取标准压力角 α_n 作一直齿圆柱齿轮，其齿形即可认为近似于斜齿轮的法向齿形。该直齿圆柱齿轮称为斜齿圆柱齿轮的当量齿轮；其齿数称为当量齿数，用 z_v 表示，则

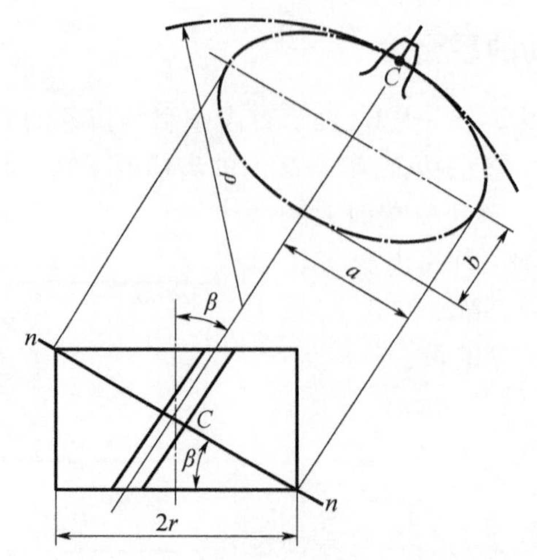

图 2-8-5　斜齿圆柱齿轮的当量齿轮

$$z_v = \frac{2\rho}{m_n} = \frac{d}{m_n \cos^2\beta} = \frac{m_n z}{m_n \cos^3\beta} = \frac{z}{\cos^3\beta} \tag{2-8-4}$$

式中：z 为斜齿轮的实际齿数。

正常齿标准斜齿轮不发生根切的最少齿数 $z_{\min}$ 可由其当量直齿轮的最少齿数 $z_{\text{vmin}}=17$ 计算出来，即

$$z_{\min} = z_{\text{vmin}}\cos^3\beta = 17\cos^3\beta \tag{2-8-5}$$

由此可见，斜齿轮不发生根切的最少齿数比直齿轮小，当 $\beta=20^\circ$ 时，其不发生根切的最少齿数为14。

五、斜齿轮的优缺点

与直齿轮相比，斜齿轮具有以下优点：

(1) 齿廓接触线是斜线，一对齿逐渐进入啮合和逐渐脱离啮合，故运转平稳，噪声小。

(2) 重合度较大，并随齿宽和螺旋角的增大而增大。故承载能力较高，运转平稳，适于高速传动。

(3) 斜齿轮不根切最少齿数小于直齿轮。

斜齿轮的主要缺点是斜齿齿面受法向力 F 时会产生轴向分力 F_a（图2-8-6(a)），需要安装推力轴承，从而使结构复杂化。为了克服这一缺点，可以采用人字齿轮（图2-8-6(b)）。人字齿轮可看作螺旋角大小相等、方向相反的两个斜齿轮合并而成，因左右对称而使轴向力互相抵消。人字齿轮的缺点是制造较困难，成本较高。

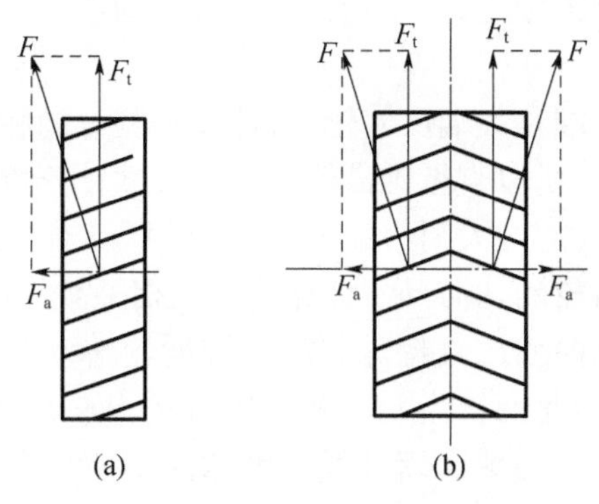

图 2－8－6 斜齿上的轴向作用力

由上述可知，螺旋角 β 的大小对斜齿轮轮传动性能影响很大，若 β 太小，则斜齿轮的优点不能充分体现；若 β 太大，则会产生很大的轴向力。设计时一般取 $\beta = 8° \sim 20°$。

第九节 锥齿轮机构

一、锥齿轮概述

锥齿轮用于相交两轴之间的传动。和圆柱齿轮传动相似，一对锥齿轮的运动相当于一对节圆锥的纯滚动。除了节圆锥、锥齿轮还有分度圆锥、齿顶圆锥、齿根圆锥和基圆锥。图 2－9－1 表示一对正确安装的标准锥齿轮，其节圆锥与分度圆锥重合。线段 OC 称为外锥距。设 δ_1 和 δ_2 分别为小齿轮和大齿轮的分度圆锥角，Σ 为两轴线的交角，$\Sigma = \delta_1 + \delta_2$。因为

$$r_1 = OC\sin\delta_1, r_2 = OC\sin\delta_2$$

故传动比为

$$i = \frac{\omega_1}{\omega_2} = \frac{z_2}{z_1} = \frac{r_2}{r_1} = \frac{\sin\delta_2}{\sin\delta_1} \quad (2-9-1)$$

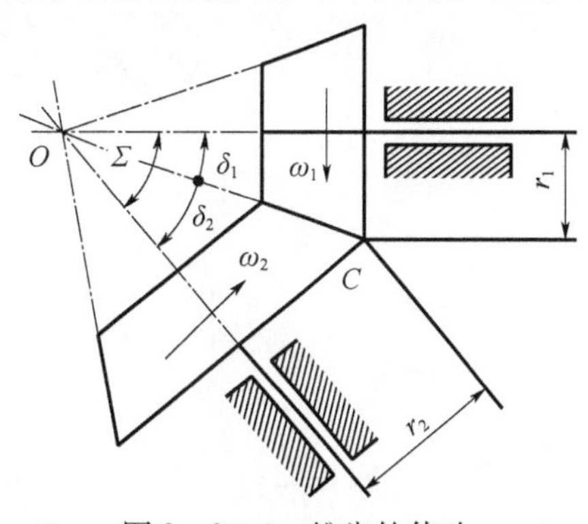

图 2－9－1 锥齿轮传动

二、直齿锥齿轮的特点

直齿锥齿轮的正确啮合条件是：两轮大端模数和压力角必须相等。此外，两轮的外锥距也必须相等。这一点与圆柱齿轮的正确啮合条件不同，圆柱齿轮正确啮合时必须保证两齿轮轴的中心距，而锥齿轮在安装时必须通过调整两锥齿轮的轴

向位置保证两轮的外锥距相等,否则不能保证合理的齿侧间隙,从而影响锥齿轮传动的正常工作。

圆锥体有大端和小端。大端尺寸较大,计算和测量的相对误差较小,且便于确定齿轮机构的外廓尺寸,所以直齿锥齿轮的几何尺寸计算以大端为标准。

齿宽 b 不宜太大,齿宽过大则小端的齿很小,不仅对提高强度作用不大,而且会增加加工难度。锥齿轮的几何尺寸计算请参见相关教材和《机械设计手册》。

直齿锥齿轮的齿廓曲面比较特殊。由于锥齿轮转动时,其上任一点与锥顶 O 的距离是保持不变的,因此两锥齿轮上相互啮合的点必须在同一球面上,因此,直齿锥齿轮的理论齿廓曲线为球面渐开线。因球面不能展开成平面,设计计算和制造都很困难,故采用下述近似方法加以研究。

图 2-9-2 所示,过锥齿轮大端分度圆上点 C 作球面的切线 O_1C 与轴线交与点 O_1,以 OO_1 为轴线、O_1C 为母线作一圆锥,这个圆锥称为锥齿轮的背锥。显然,背锥与球面在分度圆处相切。由于全齿高相对球面直径小很多,因此,将锥齿轮球面齿形向背锥上投影,所得齿形和锥齿轮大端齿形(球面上的齿形)非常接近。因圆锥面可展开成平面,故可以把球面渐开线简化成平面曲线来进行研究。

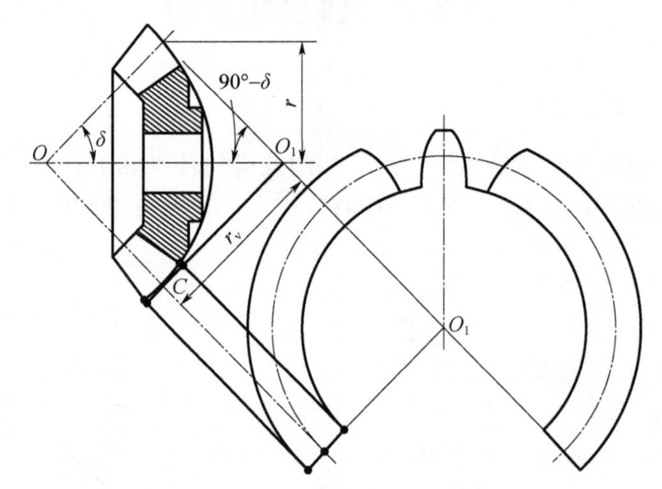

图 2-9-2　锥齿轮的当量齿轮

将背锥展开即得扇形平面,以扇形的圆心为圆心,以背锥母线长度 O_1C 为分度圆半径,取锥齿轮大端模数为模数,压力角 $\alpha=20°$,可得一扇形齿轮。将该扇形齿轮补充成完整的圆柱齿轮,该齿轮称为锥齿轮的当量齿轮,其齿数称为当量齿数,用 z_v 表示。

由图 2-9-2 可知,当量齿轮的分度圆半径为 $r_v = O_1C = r/\cos\delta$,而 $r_v = mz_v/2$(当量直齿轮分度圆半径计算公式),$r = mz/2$(锥齿轮分度圆半径计算公式),所以

$$z_v = \frac{z}{\cos\delta} \tag{2-9-2}$$

应用背锥和当量齿数就可以把圆柱齿轮的原理近似地用到圆锥齿轮上。

由于当量直齿圆柱齿轮不发生根切的最少齿数 $z_{\min}=17$,因此直齿锥齿轮不发生根切的最少齿数为

$$z_{\min} = z_{v\min}\cos\delta = 17\cos\delta \tag{2-9-3}$$

由式(2-9-3)可知,直齿锥齿轮的最少齿数比直齿圆柱齿轮的少。例如,当 $\delta=45°$,$\alpha=20°$,$h_a^*=1.0$ 时,锥齿轮的最小齿数为 $z_{\min}=z_{v\min}\cos\delta=17\cos45°\approx12$。

此外,用仿形法加工锥齿轮以及进行锥齿轮轮齿弯曲强度分析时都要用当量齿数来分析锥齿轮的齿形。

习　题

题2-1　已知一对外啮合正常齿制标准直齿圆柱齿轮 $m=3\text{mm}$,$z_1=19$,$z_2=41$,试计算这对齿轮的分度圆直径、齿顶高、齿根高、顶隙、中心距、齿顶圆直径、齿根圆直径、基圆直径、齿距、齿厚和齿槽宽。

题2-2　已知一对外啮合标准直齿圆柱齿轮的标准中心距 $a=160\text{mm}$,齿数 $z_1=20$,$z_2=60$,求模数和分度圆直径。

题2-3　已知一正常齿制标准直齿圆柱齿轮 $z=25$,齿顶圆直径 $d_a=135\text{mm}$,求该齿轮的模数。

题2-4　已知一正常齿制标准直齿圆柱齿轮 $\alpha=20°$,$m=5\text{mm}$,$z=40$,试分别求出分度圆、基圆、齿顶圆上渐开线齿廓的曲率半径和压力角。

题2-5　试比较正常齿制渐开线标准直齿圆柱齿轮的基圆和齿根圆,在什么条件下基圆大于齿根圆?什么条件下基圆小于齿根圆?

题2-6　根据图2-7-1证明:正常齿制标准渐开线直齿圆柱齿轮用齿条刀具加工时,不产生根切的最少齿数 $z_{\min}\approx17$,并试用同样的方法求短齿制标准渐开线直齿圆柱齿轮用齿条刀具加工时的最少齿数。

题2-7　如题2-7图所示,用卡尺跨三个齿测量渐开线直齿圆柱齿轮的公法线长度。试证明:只要保证卡脚与渐开线相切,无论切于何处,测量结果均相同,其值为 $W_3=2p_b+s_b$(p_b 和 s_b 分别表示基圆齿距和基圆齿厚)。

题2-8　试根据渐开线特性说明,一对模数相等、压力角相等,但齿数不等的渐开线标准直齿圆柱齿轮,其分度圆齿厚、齿顶圆齿厚和齿根圆齿厚是否相等?哪一个较大?

题2-9　已知一对正常齿渐开线标准斜齿圆柱齿轮的 $a=250\text{mm}$,$z_1=23$,$z_2=98$,$m_n=4\text{mm}$,试计算其螺旋角、端面模数、当量齿数、分度圆直径、齿顶圆直径

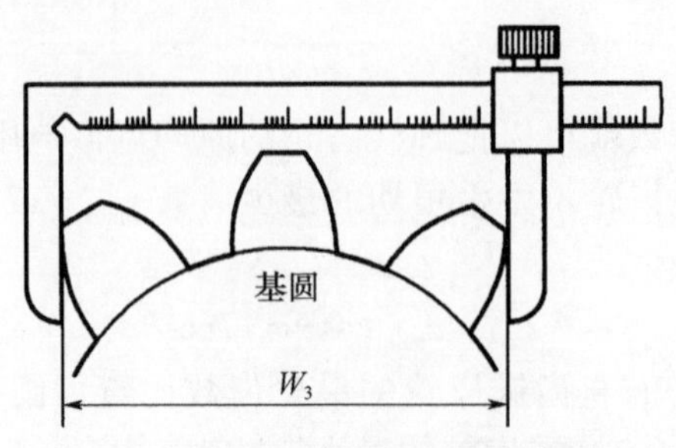

题2－7图　公法线长度的测量

和齿根圆直径。

题2－10　试述一对外啮合直齿圆柱齿轮、一对外啮合斜齿圆柱齿轮、一对直齿锥齿轮的正确啮合条件。

第三章 轮　　系

第一节 轮系的类型

由一对齿轮组成的机构是齿轮传动的最简单形式。但是在机械中，为了获得很大的传动比，或者为了将输入轴的一种转速变换为输出轴的多种转速等原因，常采用一系列互相啮合的齿轮将输入轴和输出轴连接起来。这种由一系列齿轮组成的传动系统称为轮系。

轮系可分为两种类型：定轴轮系和周转轮系。

如图 3-1-1 所示的轮系，传动时每个齿轮的几何轴线都是固定的，这种轮系称为定轴轮系。

如图 3-1-2 所示的轮系，齿轮 2 的几何轴线 O_2 的位置不固定。当 H 杆转动时，O_2 绕齿轮 1 的几何轴线 O_1 转动。这种至少有一齿轮的几何轴线绕另一齿轮的几何轴线转动的轮系，称为周转轮系。

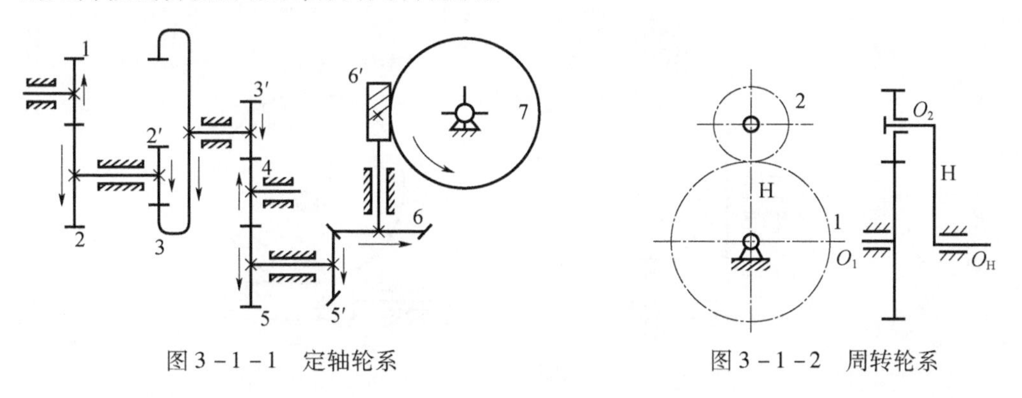

图 3-1-1　定轴轮系　　　　图 3-1-2　周转轮系

第二节 定轴轮系及其传动比

在轮系中，输入轴与输出轴的角速度（或转速）之比称为轮系的传动比，用 i_{ab} 表示，下标 a、b 为输入轴和输出轴的代号，即 $i_{ab}=\omega_a/\omega_b=n_a/n_b$。计算轮系传动比不仅要确定它的数值，而且要确定两轴的相对转动方向，这样才能完整地表达输入轴与输出轴间的关系。定轴轮系各轮的相对转向可以通过逐对齿轮标注箭头的方法来确定。各种类型齿轮机构的箭头标注规则如图 3-2-1 所示。一对平行轴外啮合齿轮(图 3-2-1(a)),其两轮转向相反,用方向相反的箭头表示。一对平行轴内啮合齿轮(图 3-2-1(b)),其两轮转向相同,用方向相同的箭头表示。一对圆锥齿轮传动时,在节点具有相同速度,故表示转向的箭头或同时指向节点(图 3-2-1(c)),或同时背离节点。蜗轮的转向不仅与蜗杆的转向有关,而且与其螺旋线方向有关。具体判断时,可把蜗杆看作螺杆,蜗轮看作螺母考察其相对运动。例如,图 3-2-1(d)中的右旋蜗杆按图示方向转动时,可借助右手定则判断如下:拇指伸直,其余四指握拳,令四指弯曲方向与蜗杆转动方向一致,则拇指的指向(向左)即是螺杆相对螺母前进的方向。按照相对运动原理,螺母相对螺杆的运动方向应与此相反,故蜗轮上的啮合点应向右运动从而使蜗轮逆时针转动。同理,对于左旋蜗杆,则应借助左手按上述方法分析判断。按照上述规则,可以依次画出图 3-1-1 所示定轴轮系所有齿轮的转动方向。

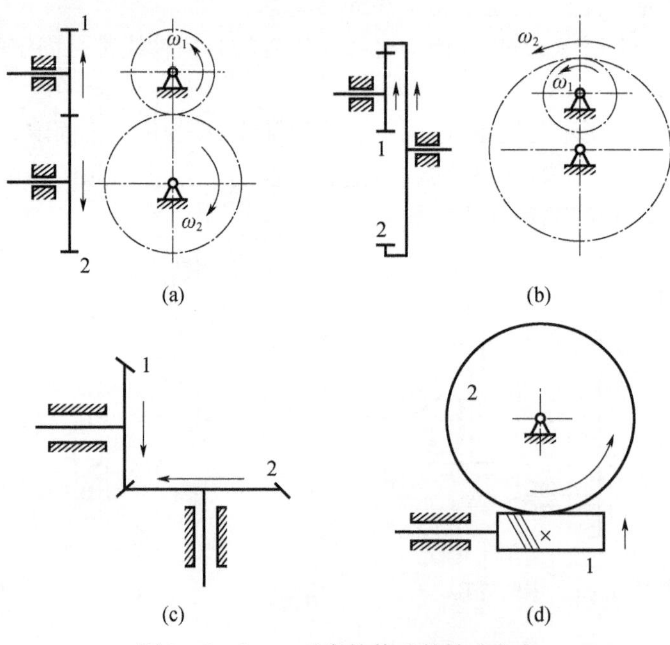

图 3-2-1　一对齿轮传动的转动方向

定轴轮系传动比数值的计算,以图 3-1-1 所示轮系为例说明如下。令 z_1、z_2、$z_{2'}$…表示各轮的齿数,n_1、n_2、$n_{2'}$…表示各轮的转速。因同一轴上的齿轮转速相同,故 $n_2 = n_{2'}$、$n_3 = n_{3'}$、$n_5 = n_{5'}$、$n_6 = n_{6'}$。由第二章所述可知,一对互相啮合的定轴齿轮的转速比等于其齿数的反比,故各对啮合齿轮的传动比数值为

$$i_{12}=\frac{n_1}{n_2}=\frac{z_2}{z_1},i_{23}=\frac{n_2}{n_3}=\frac{n_{2'}}{n_3}=\frac{z_3}{z_{2'}},$$

$$i_{34}=\frac{n_3}{n_4}=\frac{n_{3'}}{n_4}=\frac{z_4}{z_{3'}},i_{45}=\frac{n_4}{n_5}=\frac{z_5}{z_4},$$

$$i_{56}=\frac{n_5}{n_6}=\frac{n_{5'}}{n_6}=\frac{z_6}{z_{5'}},i_{67}=\frac{n_6}{n_7}=\frac{n_{6'}}{n_7}=\frac{z_7}{z_{6'}}$$

设与轮 1 固联的轴为输入轴，与轮 7 固联的轴为输出轴，则输入轴与输出轴的传动比的数值为

$$i_{17}=\frac{n_1}{n_7}=\frac{n_1}{n_2}\cdot\frac{n_2}{n_3}\cdot\frac{n_3}{n_4}\cdot\frac{n_4}{n_5}\cdot\frac{n_5}{n_6}\cdot\frac{n_6}{n_7}=i_{12}i_{23}i_{34}i_{45}i_{56}i_{67}=\frac{z_2z_3z_4z_5z_6z_7}{z_1z_{2'}z_3'z_4'z_5'z_6'}$$

上式表明，定轴轮系传动比的数值等于组成该轮系的各对啮合齿轮传动比的连乘积，也等于各对啮合齿轮中所有从动轮齿数的乘积与所有主动轮齿数乘积之比。

以上结论可推广到一般情况。设轮 1 为起始主动轮，轮 K 为最末从动轮，则定轴轮系始末两轮传动比数值计算的一般公式为

$$i_{1K}=\frac{n_1}{n_K}=\frac{\text{轮 1 至轮 }K\text{ 间所有从动轮齿数的乘积}}{\text{轮 1 至轮 }K\text{ 间所有主动轮齿数的乘积}}=\frac{z_2z_3z_4\cdots z_K}{z_1z_{2'}z_{3'}\cdots z_{(K-1)'}} \tag{3-2-1}$$

式(3-2-1)所求为传动比数值的大小，通常以绝对值表示。两轮相对转动方向则由图中箭头表示。

当起始主动轮/和最末从动轮 K 的轴线相平行时，两轮转向的同异可用传动比的正负号表达。两轮转向相同（n_1 和 n_K 同号）时，传动比为“+”；两轮转向相反（n_1 和 n_K 异号）时，传动比为“-”。因此，平行两轴间的定轴轮系传动比计算公式为

$$i_{1K}=\frac{n_1}{n_K}=(\pm)\frac{z_2z_3z_4\cdots z_K}{z_1z_{2'}z_{3'}\cdots z_{(K-1)'}} \tag{3-2-1(a)}$$

两轮转向的异同一般采用前述画箭头的方法确定。

例 3-2-1　图 3-1-1 所示齿轮中，已知各轮齿数 $z_1=18$、$z_2=36$、$z_{2'}=20$、$z_3=80$、$z_{3'}=20$、$z_4=18$、$z_5=30$、$z_{5'}=15$、$z_6=30$、$z_{6'}=2$（右旋）、$z_7=60$，$n_1=1440\text{r/min}$，其转向如图所示。求传动比 i_{17}、i_{15}、i_{25}及蜗轮的转速和转向。

解：按图 3-2-1 所示规则，从轮 2 开始，顺次标出各对啮合齿轮的转动方向。由图 3-1-1 可见，1、7 两轮的轴线不平行，1、5 两轮转向相反，2、5 两轮转向相同，故由式(3-2-1)得

$$i_{17}=\frac{n_1}{n_7}=\frac{z_2z_3z_4z_5z_6z_7}{z_1z_2'z_3'z_4'z_5'z_6'}=\frac{36\times80\times18\times30\times30\times60}{18\times20\times20\times18\times15\times2}=720(\uparrow,\curvearrowleft)$$

$$i_{15}=\frac{n_1}{n_5}=(-)\frac{z_2z_3z_4z_5}{z_1z_2z_3z_4}=(-)\frac{36\times80\times18\times30}{18\times20\times20\times18}=-12$$

$$i_{25}=\frac{n_2}{n_5}=(+)\frac{z_3z_4z_5}{z_2z_3z_4}=(+)\frac{80\times18\times30}{20\times20\times18}=+6$$

$$n_7=\frac{n_1}{i_{17}}=\frac{1440}{720}=2\text{r/min}$$

1、7两轮轴线不平行,由画箭头判断 n_7 为逆时针方向。

在图3-1-1所示轮系中,齿轮4同时和两个齿轮啮合,它既是前一级的从动轮,又是后一级的主动轮。显然,齿数 z_4 在式(3-2-1)的分子和分母上各出现一次,故不影响传动比的大小。这种不影响传动比数值大小,只起改变转向作用的齿轮称为惰轮或过桥齿轮。

对于所有齿轮轴线都平行的定轴轮系,也可不标注箭头,直接按轮系中外啮合的次数来确定传动比的正负。当外啮合次数为奇数时,始末两轮反向,传动比为"-";当外啮合次数为偶数时,始末两轮同向,传动比为"+"。其传动比也可用公式表示为

$$i_{1K}=\frac{n_1}{n_K}=(-1)^m\frac{z_2z_3z_4\cdots z_K}{z_1z_{2'}z_{3'}\cdots z_{(K-1)'}} \qquad (3-2-1(\text{b}))$$

式中:m 为全平行轴定轴轮系齿轮1至齿轮 K 之间外啮合次数。

在图3-1-1所示轮系中,轮1与轮5之间全部轴线都平行,在1、5之间共有三次外啮合(1-2、3′-4、4-5),故 i_{15} 为"-",轮5与轮1转向相反。

第三节　周转轮系及其传动比

一、周转轮系的组成

在图3-3-1所示的轮系中,齿轮1和齿轮3以及构件H各绕固定的几何轴线 O_1、O_3(与 O_1 重合)及 O_H(也与 O_1 重合)转动,齿轮2空套在构件H的小轴上。当构件H转动时,齿轮2一方面绕自己的几何轴线 O_2 转动(自转),同时又随构件H绕固定的几何轴线 O_H 转动(公转)。从前述轮系的定义可知,这是一个周转轮系。在周转轮系中,轴线位置变动的齿轮,即既做自转又做公转的齿轮,称为行星轮;支持行星轮做自转和公转的构件称为行星架或转臂;轴线位置固定的齿轮则称为中心轮或太阳轮。基本周转轮系由行星轮、支持它的行星架和与行星轮相啮合的两个(有时只有一个)中心轮构成。行星架与中心轮的几何轴线必须重合,否则便不能传动。

为了使转动时的惯性力平衡以及减轻齿轮上的载荷,常采用几个完全相同的行星轮(图3-3-1(a))均匀分布在中心轮的周围。因此行星齿轮的个数对研究周转

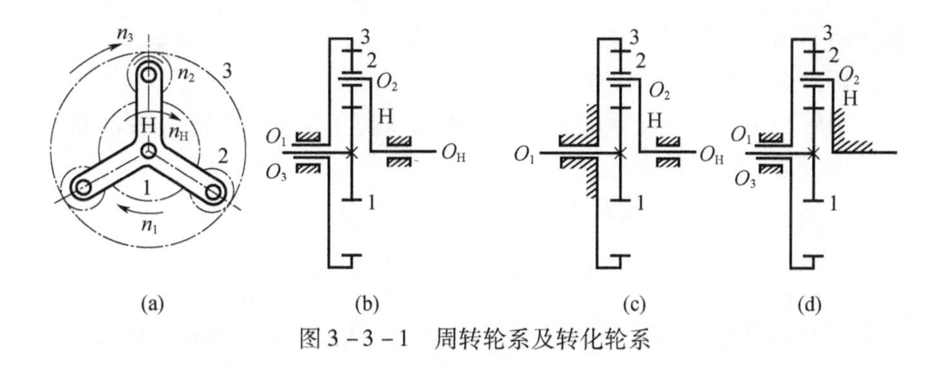

图 3-3-1　周转轮系及转化轮系

轮系的运动没有任何影响，所以在机构简图中只需画出一个，如图 3-3-1(b)所示。

图 3-3-1(b)所示的周转轮系，它的两个中心轮都能转动。该机构的活动构件 $n=4$，$p_L=4$，$p_H=2$，机构的自由度 $F=3\times4-2\times4-2=2$，需要两个原动件。这种周转轮系称为差动轮系。

图 3-3-1(c)所示的周转轮系只有一个中心轮能转动，该机构的活动构件 $n=3$，$p_L=3$，$p_H=2$，机构的自由度 $F=3\times3-2\times3-2=1$，只需一个原动件。这种周转轮系称为行星轮系。

二、周转轮系传动比的计算

周转轮系中行星轮的运动不是绕固定轴线的简单转动，所以其传动比不能直接用求解定轴轮系传动比的方法来计算。但是，如果能使行星架变为固定不动，并保持周转轮系中各个构件之间的相对运动不变，则周转轮系就转化成为一个假想的定轴轮系，便可由式(3-2-1)列出该假想定轴轮系传动比的计算公式，从而求出周转轮系的传动比。

在图 3-3-1(b)所示的周转轮系中，设 n_H 为行星架 H 的转速。根据相对运动原理，当给整个周转轮系加上一个绕轴线 O_H 的大小为 n_H、方向与 n_H 相反的公共转速($-n_H$)后，行星架便静止不动，所有齿轮几何轴线的位置全都固定，原来的周转轮系便成了定轴轮系(图 3-3-1(d))。这一假想的定轴轮系称为原来周转轮系的转化轮系。各构件转化前后的转速如表 3-3-1 所列。

表 3-3-1　各机构件转化前后的转速

构件	原来的转速	转化轮系中的转速
1	n_1	$n_1^H=n_1-n_H$
2	n_2	$n_2^H=n_2-n_H$
3	n_3	$n_3^H=n_3-n_H$
H	n_H	$n_H^H=n_H-n_H=0$

转化轮系中各构件的转速 n_1^H、n_2^H、n_3^H 及 n_H^H 的右上方都带有角标 H，表示这些转速是各构件对行星架 H 的相对转速。

既然周转轮系的转化轮系是一个定轴轮系，就可以引用求解定轴轮系传动比的方法求出任意两个齿轮的传动比。

根据传动比定义，转化轮系中齿轮 1 与齿轮 3 的传动比为

$$i_{13}^H = \frac{n_1^H}{n_3^H} = \frac{n_1 - n_H}{n_3 - n_H} \tag{3-3-1}$$

注意区分 i_{13} 和 i_{13}^H，前者是两轮真实的传动比，而后者是假想的转化轮系中两轮的传动比。

转化轮系是定轴轮系，且其起始主动轮 1 与最末从动轮 3 轴线平行，故由定轴轮系传动比计算式(3－2－1(a))，可得

$$i_{13}^H = (\pm)\frac{z_2 z_3}{z_1 z_2} \tag{3-3-2}$$

合并式 3－3－1(a)、式 3－3－1(b)可得

$$i_{13}^H = \frac{n_1^H}{n_3^H} = \frac{n_1 - n_H}{n_3 - n_H} = (\pm)\frac{z_2 z_3}{z_1 z_2}$$

现将以上分析推广到一般情况。设 n_G 和 n_K 为周转轮系中任意两个齿轮 G 和 K 的转速，n_H 为行星架 H 的转速，则有

$$i_{GK}^H = \frac{n_G^H}{n_K^H} = \frac{n_G - n_H}{n_K - n_H} = (\pm)\frac{\text{转化轮系从 G 至 K 所有从动轮齿数的乘积}}{\text{转化轮系从 G 至 K 所有主动轮齿数的乘积}} \tag{3-3-1}$$

应用上式时，视 G 为起始主动轮，K 为最末从动轮，中间各轮的主从地位应按这一假定去判断。转化轮系中齿轮 G 和 K 的转向，用画箭头的方法判定。转向相同时，i_{GK}^H 为"＋"；转向相反时 i_{GK}^H 为"－"。在利用式(3－3－1)求解未知转速或齿数时，必须先确定 i_{GK}^H 的"＋"或"－"。

应当强调，只有两轴平行时，两轴转速才能代数相加，因此式(3－3－1)只适用于齿轮 G、K 和行星架 H 的轴线平行的场合。

上述运用相对运动原理，将周转轮系转化成假想的定轴轮系，然后计算其传动比的方法，称为相对速度法或反转法。

图 3－3－2　行星轮系

例 3－3－1　在图 3－3－2 所示的行星轮系中，已知各轮齿数为 $z_1=27$、$z_2=17$、$z_3=61$，齿轮 1 的转速 $n_1=6000\text{r/min}$，求传动比 i_{1H} 和行星架 H 的转速 n_H。

解：将行星架视为固定，画出轮系中各轮的转向，如图 3－3－2中虚线箭头所示(虚线箭头不是齿轮真实转向，

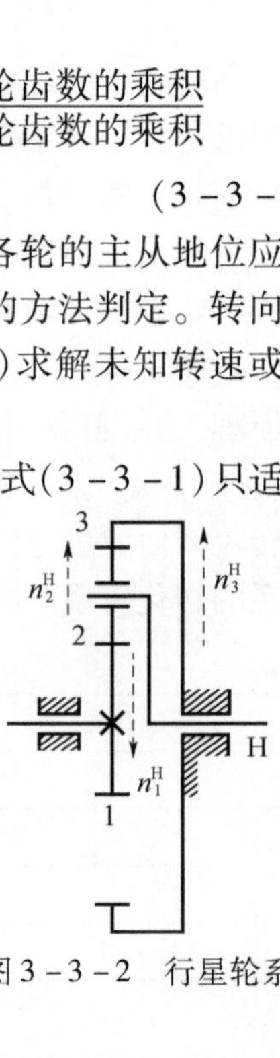

只表示假想的转化轮系中的齿轮转向），由式（3－3－1），得

$$i_{13}^{H}=\frac{n_1^H}{n_3^H}=\frac{n_1-n_H}{n_3-n_H}=(\pm)\frac{z_2z_3}{z_1z_2}$$

图中1、3两轮虚线箭头反向，故取“－”，由此得

$$\frac{n_1-n_H}{0-n_H}=(-)\frac{61}{27}$$

则

$$i_{1H}=\frac{n_1}{n_H}=1+\frac{61}{27}\approx 3.26$$

$$n_H=\frac{n_1}{i_{1H}}=\frac{6000}{3.26}\approx 1840\text{r/min}$$

式中：i_{1H}为正，n_H 转向与 n_1 相同。

利用式（3－3－1）还可计算出行星齿轮2的转速 n_2，即

$$i_{12}^{H}=\frac{n_1^H}{n_2^H}=\frac{n_1-n_H}{n_2-n_H}=(-)\frac{z_2}{z_1}$$

代入已知数值

$$\frac{6000-1840}{n_2-1840}=(-)\frac{17}{27}$$

解得

$$n_2\approx -4767\text{r/min}$$

负号“－”表示 n_2 的转向与 n_1 相反。

例3－3－2　在图3－3－3所示锥齿轮组成的差动轮系中，已知 $z_1=60$，$z_2=40$，$z_{2'}=z_3=20$，若 n_1 和 n_3 均为120r/min，但转向相反（如图中实线箭头所示），求 n_H 的大小和方向。

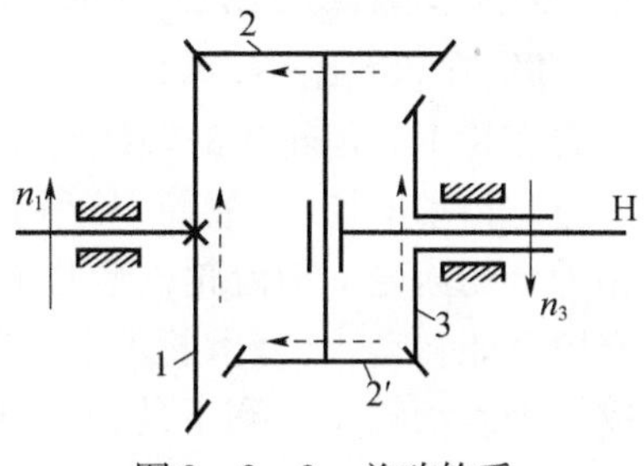

图3－3－3　差动轮系

解：将H固定，画出转化轮系各轮的转向，如虚线箭头所示。由式（3－3－1），得

$$i_{13}^{H}=\frac{n_1^H}{n_3^H}=\frac{n_1-n_H}{n_3-n_H}=(+)\frac{z_2z_3}{z_1z_{2'}}$$

上式中的“＋”号是由轮5和轮3虚箭头同向而确定的，与实线箭头无关。设实线箭头朝上为正，则 $n_1=120\text{r/min}$，$n_3=-120\text{r/min}$，将数值代入上式，得

$$\frac{120-n_H}{-120-n_H}=(+)\frac{40}{60}$$

即

$$n_H = 600\text{r/min}$$

n_H 的转向与 n_1 相同,箭头朝上。

本例中行星齿轮 2－2′的轴线和齿轮 1(或齿轮 3)及行星架 H 的轴线不平行,所以不能用式(3－3－1)来计算 n_2。

图 3－3－3 标注两种箭头。实线箭头表示齿轮真实转向,对应于 n_1、n_3…;虚线箭头表示虚拟的转化轮系中的齿轮转向,对应于 n_1^H、n_2^H、n_3^H。运用式(3－3－1)时,i_{13}^H 的正负取决于 n_1^H 和 n_3^H,即取决于虚线箭头。而代入 n_1、n_3 数值时又必须根据实线箭头判定其正负。

第四节　复合轮系及其传动比

在机械中,常用到由几个基本周转轮系或定轴轮系和周转轮系组合而成的复合轮系。因为整个复合轮系不可能转化成一个定轴轮系,所以不能只用一个公式来求解。计算复合轮系时,首先必须将各个基本周转轮系和定轴轮系区分开来,然后分别列出方程式,最后联立解出所要求的传动比。

正确区分各个轮系的关键在于找出各个基本周转轮系。找基本周转轮系的一般方法:先找出行星轮,即找出那些几何轴线绕另一齿轮的几何轴线转动的齿轮;支持行星轮运动的构件就是行星架;几何轴线与行星架的回转轴线相重合,且直接与行星轮相啮合的定轴齿轮就是中心轮。这组行星轮、行星架、中心轮便构成一个基本周转轮系。区分出各个基本周转轮系以后,剩下的就是定轴轮系。

例 3－4－1　在图 3－4－1 所示的电动卷扬机减速器中,已知各轮齿数为 $z_1=24$,$z_2=52$,$z_{2'}=21$,$z_3=78$,$z_{3'}=18$,$z_4=30$,$z_5=78$,求 i_{1H}。

解:在该轮系中,双联齿轮 2－2′的几何轴线是绕着齿轮 1 和齿轮 3 的轴线转动的,所以是行星轮;支持它运动的构件(卷筒 H)就是行星架;和行星轮相啮合的齿轮 1 和齿轮 3 是两个中心轮。这两个中心轮都能转动,所以齿轮 1、2－2′、3 和行星架 H 组成一个差动轮系。剩下的齿轮 3′、4、5 是一个定轴轮系。二者合在一起便构成一个复合轮系。其中,齿轮 5 和卷筒 H 是同一构件。

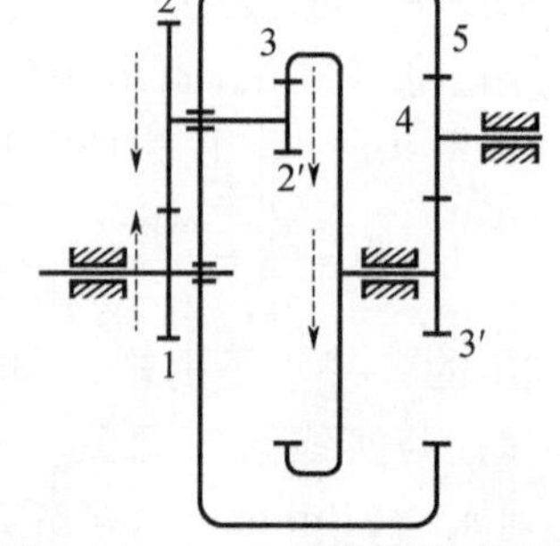

图 3－4－1　电动卷扬机减速器

在差动轮系中

$$i_{13}^H = \frac{n_1^H}{n_3^H} = \frac{n_1 - n_H}{n_3 - n_H} = (-)\frac{52 \times 78}{24 \times 21} \tag{3-4-1}$$

在定轴轮系中

$$i_{35}=\frac{n_3}{n_5}=(-)\frac{z_5}{z_3}=(-)\frac{78}{18}=-\frac{13}{3} \quad (3-4-2)$$

由式(3－4－2)，得

$$n_3=(-)\frac{13}{3}n_5=(-)\frac{13}{3}n_{\mathrm{H}}$$

将上式代入式(3－4－1)，得

$$\frac{n_1-n_{\mathrm{H}}}{-\frac{13}{3}n_{\mathrm{H}}-n_{\mathrm{H}}}=(-)\frac{169}{21}$$

即

$$i_{1\mathrm{H}}=43.9$$

本书例题和习题仅介绍包含一个基本周转轮系的复合轮系，更复杂的、由几个基本周转轮系串联或并联而成的复合轮系，其求解方法请参看有关机械原理教材。

第五节　轮系的应用

轮系广泛应用于各种机械中，它的主要功用如下。

一、相距较远的两轴之间的传动

主动轴和从动轴间的距离较远时，如果仅用一对齿轮来传动，如图3－5－1中双点画线所示，齿轮的尺寸就很大，既占空间，又费材料，而且制造、安装都不方便。若改用轮系来传动，如图中单点画线所示，便无上述缺点。

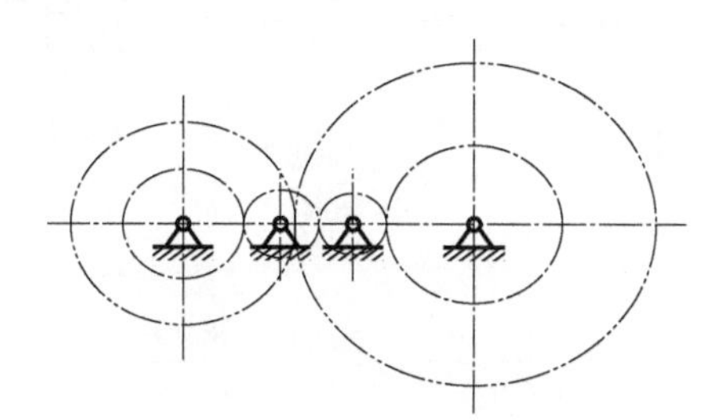

图3－5－1　相距较远的两轴传动

二、实现变速传动

主动轴转速不变时，利用轮系可使从动轴获得多种工作转速。汽车、机床、起重设备等都需要这种变速传动。

图 3-5-2 所示为汽车的变速箱。图中轴Ⅰ为动力输入轴，轴Ⅱ为输出轴，4、6为滑移齿轮，A、B 为牙嵌式离合器。该变速箱可使输出轴得到四种转速。

第一挡：齿轮 5、6 相啮合而 3、4 和离合器 A、B 均脱离。

第二挡：齿轮 3、4 相啮合而 5、6 和离合器 A、B 均脱离。

第三挡：离合器 A、B 相嵌合而齿轮 5、6 和 5、4 均脱离。

倒退挡：齿轮 6、8 相啮合而 3、4 和 5、6 以及离合器 A、B 均脱离。此时，由于惰轮 8 的作用，输出轴Ⅱ反转。

三、获得大传动比

当两轴之间需要很大的传动比时，固然可以用多级齿轮组成的定轴轮系来实现，但由于轴和齿轮的增多，会导致结构复杂。若采用行星轮系，则只需很少几个齿轮，就可获得很大的传动比。例如，图 3-5-3 所示行星轮系，当 $z_1=100$、$z_2=101$、$z_{2'}=100$、$z_3=99$ 时，其传动比 i_{H1} 可达 10000。其计算如下：

由式（3-3-1），可得

$$i_{13}^{H}=\frac{n_1^{H}}{n_3^{H}}=\frac{n_1-n_H}{n_3-n_H}=(+)\frac{z_2z_3}{z_1z_{2'}}$$

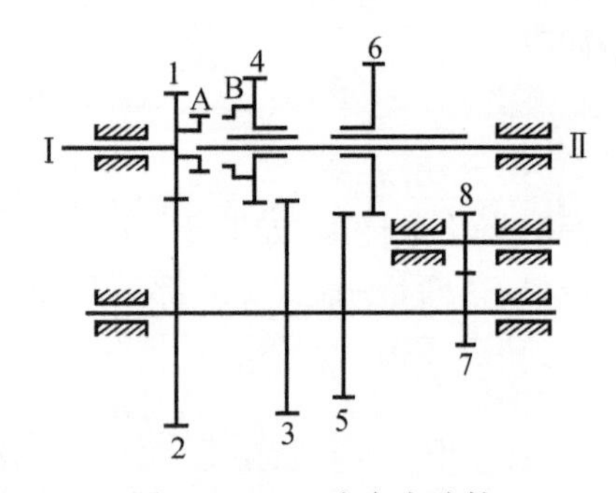

图 3-5-2　汽车变速箱

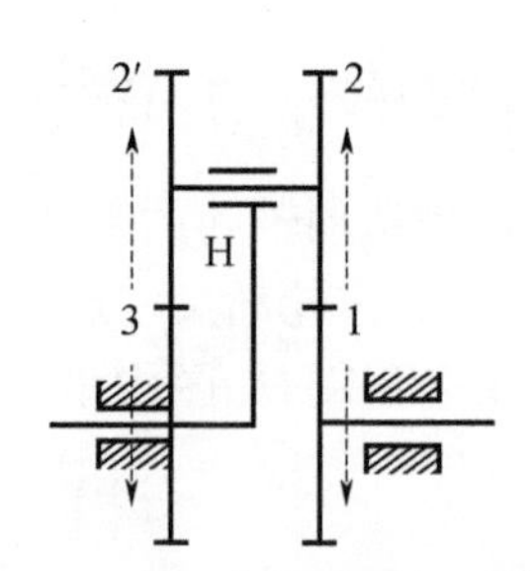

图 3-5-3　大传动比行星轮系

代入已知数值

$$\frac{n_1-n_H}{0-n_H}=(+)\frac{101\times99}{100\times100}$$

解得

$$i_{1H}=\frac{1}{10000}$$

或

$$i_{H1}=10000$$

应当指出，这种类型的行星齿轮传动，传动比越大，机械效率越低，故不宜用于传递大功率，只适用于作辅助装置的减速机构。如将它用作增速传动，甚至可能发生自锁。

四、合成运动和分解运动

合成运动是将两个输入运动合为一个输出运动(例 3-3-2);分解运动是将一个输入运动分为两个输出运动。合成运动和分解运动都可用差动轮系实现。

最简单的用作合成运动的轮系如图 3-5-4 所示,其中 $z_1=z_3$。由式(3-1-1),得

$$i_{13}^{H}=\frac{n_1^{H}}{n_3^{H}}=\frac{n_1-n_H}{n_3-n_H}=(-)\frac{z_3}{z_1}=-1$$

解得

$$2n_H=n_1+n_3$$

这种轮系可用作加(减)法机构。当齿轮 1 及齿轮 3 的轴分别输入被加数和加数的相应转角时,行星架 H 转角之两倍就是它们的和。这种合成作用在机床、计算机构和补偿装置中得到广泛的应用。

图 3-5-5 所示汽车后桥差速器可作为差动轮系分解运动的实例。当汽车拐弯时,它能将发动机传给齿轮 5 的运动,以不同转速分别传递给左右两车轮。

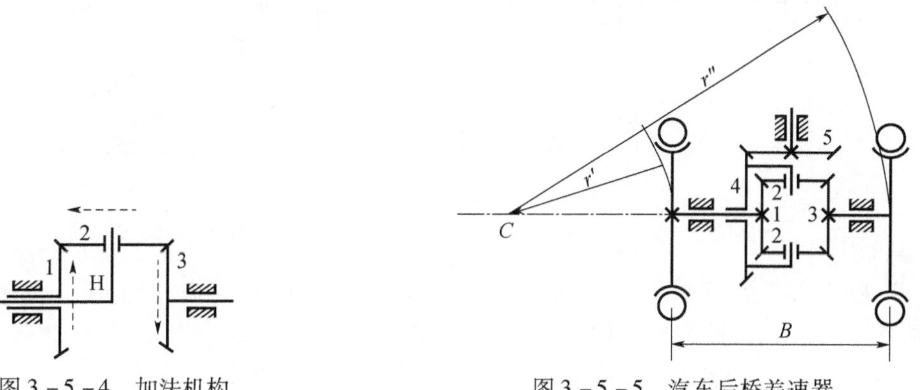

图 3-5-4 加法机构

图 3-5-5 汽车后桥差速器

当汽车在平坦道路上直线行驶时,左右两车轮滚过的距离相等,所以转速也相同。这时齿轮 1、2、3 和 4 如同一个固联的整体,一起转动。当汽车向左拐弯时,为使车轮和地面间不发生滑动以减少轮胎磨损,就要求右轮比左轮转得快些。这时齿轮 1 和齿轮 3 之间便发生相对转动,齿轮 2 除随齿轮 4 绕后车轮轴线公转外,还绕自己的轴线自转,由齿轮 1、2、3 和 4(行星架 H)组成的差动轮系便发挥作用。这个差动轮系和图 3-5-5 所示的机构完全相同,故有

$$2n_4=n_1+n_3 \tag{3-5-1}$$

又由图 3-5-5 可见,当车身绕瞬时回转中心 C 转动时,左右两轮走过的弧长与它们至点 C 的距离成正比,即

$$\frac{n_1}{n_3}=\frac{r}{r}=\frac{r}{r+B} \tag{3-5-2}$$

当发动机传递的转速 n_4 轮距 B 和转弯半径 r' 为已知时，即可由以式(3－5－1)、式(3－5－2)算出左右两轮的转速 n_1 和 n_3。

差动轮系可分解运动的特性，在汽车、飞机等动力传动中得到广泛应用。

习　题

题3－1　在题3－1图所示的双级蜗轮传动中，已知右旋蜗杆1的转向如图所示，试判断蜗轮2和蜗轮3的转向，用箭头表示。

题3－2　在题3－2图所示的轮系中，已知 $z_1=15$，$z_2=25$，$z_{2'}=15$，$z_3=30$，$z_{3'}=15$，$z_4=30$，$z_{4'}=2$(右旋)，$z_5=60$，$z_{5'}=20$($m=4$mm)，若 $n_1=500$r/min，试求齿条6线速度 v 的大小和方向。

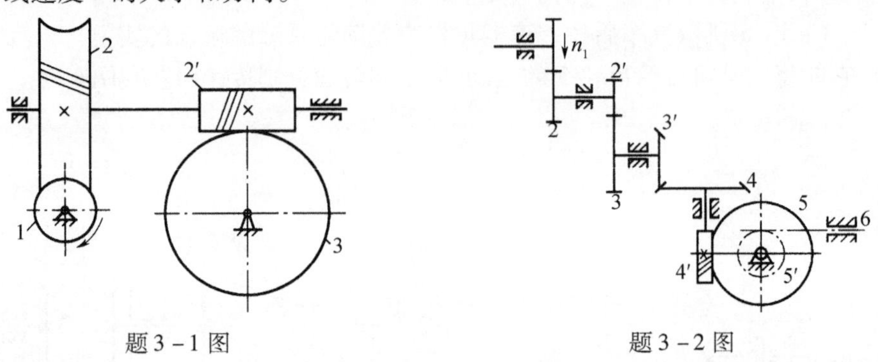

题3－1图　　　　题3－2图

题3－3　在题3－3图所示的钟表传动示意图中，E为擒纵轮，N为发条盘，S、M、H分别为秒针、分针、时针。设 $z_1=72$，$z_2=12$，$z_3=64$，$z_4=8$，$z_5=60$，$z_6=8$，$z_7=60$，$z_8=6$，$z_9=8$，$z_{10}=24$，$z_{11}=6$，$z_{12}=24$，试求秒针与分针的传动比 i_{SM} 和分针与时针的传动比 i_{MH}。

题3－4　在题3－4图所示的行星减速装置中，已知 $z_1=z_2=17$，$z_3=51$。当手柄转过90°时，转盘H转过多少角度？

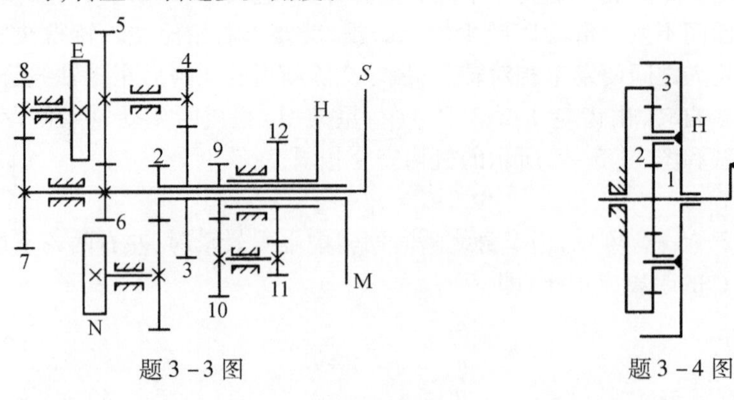

题3－3图　　　　题3－4图

题3－5　在题3－5图所示的手动葫芦中，S为手动链轮，H为起重链轮。已知$z_1=12$，$z_2=28$，$z_{2'}=14$，$z_3=54$，试求传动比i_{SH}。

题3－6　在题3－6图所示的液压回转台的传动机构中，已知$z_2=15$，液压马达M的转速$n_M=12r/min$，回转台H的转速$n_H=-1.5r/min$，试求齿轮1的齿数（提示：$n_M=n_2-n_H$）。

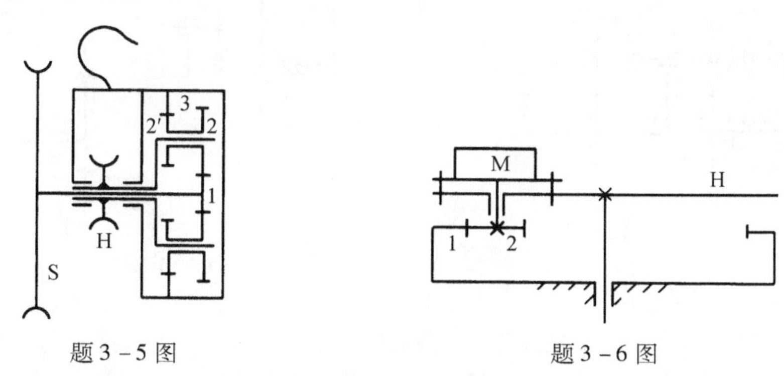

题3－5图　　　　题3－6图

题3－7　在题3－7图所示的马铃薯挖掘机的机构中，齿轮4固定不动，挖叉A固连在最外边的齿轮3上。挖薯时，十字架1回转而挖叉却始终保持一定的方向。试问：各轮齿数应满足什么条件？

题3－8　在题3－8图所示的锥齿轮组成的行星轮系中，已知各轮的齿数为$z_1=20$、$z_2=30$、$z_{2'}=50$、$z_3=80$，$n_1=50r/min$，试求n_H的大小和方向。

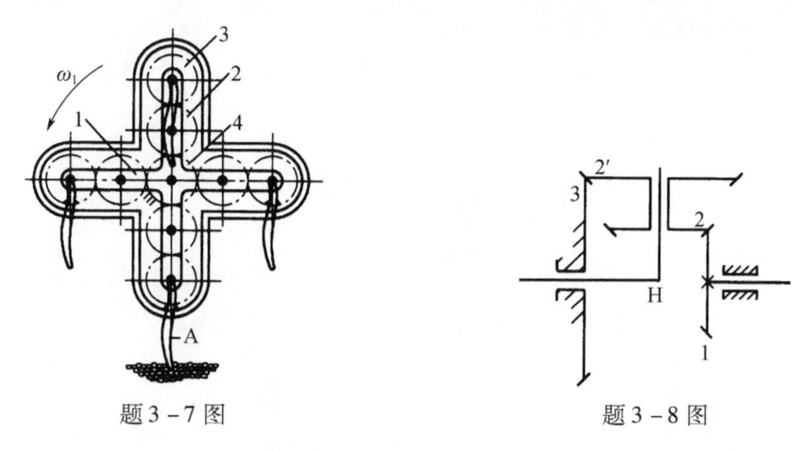

题3－7图　　　　题3－8图

题3－9　在题3－9图所示的差动轮系中，已知各轮的齿数$z_1=30$、$z_2=25$、$z_{2'}=20$、$z_3=75$，齿轮1的转速为200r/min（箭头向上），齿轮3的转速为50r/min（箭头向下），试求行星架转速n_H的大小和方向。

题3－10　在题3－10图所示的机构中，已知$z_1=17$，$z_2=20$，$z_3=85$，$z_4=18$，

$z_5=24$，$z_6=21$，$z_7=63$，试求：

（1）当 $n_1=10001\text{r/min}$、$n_4=10000\text{r/min}$ 时，$n_P=$？

（2）当 $n_1=n_4$ 时，$n_P=$？

（3）当 $n_1=10000\text{r/min}$、$n_4=10001\text{r/min}$ 时，$n_P=$？

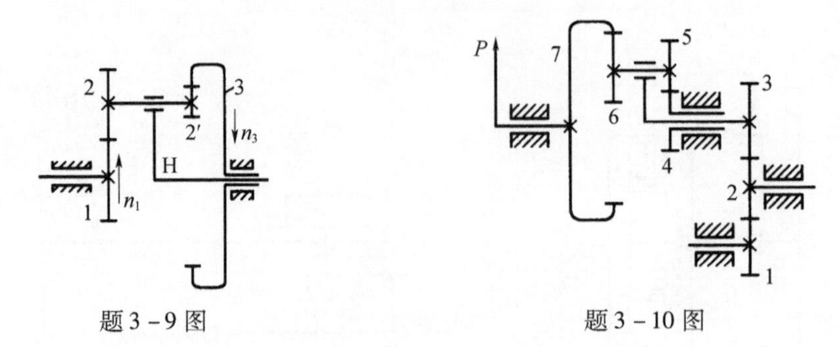

题 3－9 图　　　　题 3－10 图

题 3－11　图 3－3－2 所示的直齿圆柱齿轮组成的单排内外啮合行星轮系中，已知两中心轮的齿数 $z_1=19$、$z_3=53$，若全部齿轮都采用标准齿轮，试求行星轮齿数 z_2。

题 3－12　图 3－5－3 所示的大传动比行星轮系中的两对齿轮，能否全部采用直齿标准齿轮传动？试提出两对齿轮传动的选择方案。

题 3－13　在图 3－5－5 所示的汽车后桥差速器中，已知 $z_4=60$、$z_5=15$、$z_1=z_3$，轮距 $B=1200\text{mm}$，传动轴输入转速 $n_5=250\text{r/min}$，当车身左转弯内半径 $r'=2400\text{mm}$ 时，左右两轮的转速各为多少？

第四章　回转件的平衡

第一节　回转件平衡的目的

机械中有许多构件是绕固定轴线回转的,这类做回转运动的构件称为回转件(或称转子)。每个回转件都是由若干质量组成的。从理论力学可知,一偏离回转中心距离为 r 的质量 m,当以角速度 ω 转动时,所产生的离心力为

$$P = mr\omega^2 \tag{4-1-1}$$

如果回转件的结构不对称、制造不准确或材质不均匀,都会使整个回转件在转动时产生离心力系的不平衡,使离心力系的合力(主向量)和合力偶矩(主矩)不等于零。它们的方向随着回转件的转动而发生周期性的变化并在轴承中引起一种附加的动压力,使整个机械产生周期性的振动。这种机械振动往往引起机械工作精度和可靠性的降低,零件材料的疲劳损坏以及令人厌倦的噪声,甚至周围的设备和厂房建筑也会受到影响和破坏。此外,附加动压力对轴承寿命和机械效率也有直接的不良影响。对于舰艇来说机械的振动器声不仅影响这些,更影响到舰艇的生存,振动噪声大将使舰艇容易被敌方发现,同时又会干扰已方声纳的工作,使已方不易发现敌方。近代高速重型和精密机械的发展,使上述问题显得更加突出。因此,调整回转件的质量分布,使回转件工作时离心力系达到平衡,以消除附加动压力,尽可能减轻有害的机械振动,这就是回转件平衡的目的。

在机械工业中,如精密机床主轴、电动机转子、发动机曲轴、一般汽轮机转子和各种回转式泵的叶轮等都需要进行平衡。在舰艇上各种机械回转件是振动噪声的主要激励源,因此必须对其进行平衡,且平衡精度要求高于同样的民用产品。

本章讨论的对象限于刚性回转件,即用于一般机械中的回转件。至于高速大型汽轮机和发电机转子等,因构件回转时的变形问题不容忽视,属于挠性回转件,其平衡原理和方法请参阅其他有关书籍。

第二节　回转件的平衡计算

对于绕固定轴线转动的回转件,若已知组成该回转件的各质量的大小和位置,可用数学方法分析回转件达到平衡的条件,并求出所需的平衡质量的大小和位置。

现根据组成回转件各质量的不同分布,分两种情况进行分析。

一、质量分布在同一回转面内

对于轴向尺寸很小的回转件,如叶轮、飞轮、砂轮等,其质量的分布可以近似地认为在同一回转面内。因此,当该回转件匀速转动时,这些质量所产生的离心力构成同一平面内汇交于回转中心的力系。如果该力系不平衡,则它们的合力 $\sum P_i$ 不等于零。由力学汇交力系平衡条件可知,如欲使其平衡,只要在同一回转面内加一质量(或在相反方向减一质量),使它产生的离心力与原有质量所产生的离心力之总和等于零,这个力系就成为平衡力系,此回转件就达到平衡状态,即平衡条件为

$$P = P_{\mathrm{b}} + \sum P_{\mathrm{i}} = 0 \qquad (4-2-1)$$

式中:P、P_{b} 和 $\sum P_{\mathrm{i}}$ 分别表示总离心力、平衡质量的离心力和原有质量离心力的合力。上式可写成

$$me\omega^2 = m_{\mathrm{b}}r_{\mathrm{b}}\omega^2 + \sum m_{\mathrm{i}}r_{\mathrm{i}}\omega^2 = 0$$

消去公因子 ω^2,可得

$$me = m_{\mathrm{b}}r_{\mathrm{b}} + \sum m_{\mathrm{i}}r_{\mathrm{i}} = 0 \qquad (4-2-2)$$

式中:m、e 为回转件的总质量和总质心的向径;m_{b}、r_{b} 为平衡质量及其质心的向径;m_{i}、r_{i} 为原有各质量及其质心的向径。

式(4-2-2)中质量与向径的乘积称为质径积,它表达各个质量所产生的离心力的相对大小和方向。

式(4-2-2)表明,回转件平衡后,$e=0$,即总质心与回转轴线重合,此时回转件质量对回转轴线的静力矩 $mge=0$,该回转件可以在任何位置保持静止,而不会自行转动,因此这种平衡称为静平衡(工业上也称单面平衡)。由上所述分析可知,静平衡的条件是:分布于该回转件上各个质量的离心力(或质径积)的向量和等于零,即回转件的质心与回转轴线重合。

例如,如图4-2-1(a)所示,已知同一回转面内的不平衡质量 m_1、m_2、m_3(kg)及其向径 r_1、r_2、r_3(m),求应加的平衡质量 m_{b} 及其向径 r_{b}。

由式(4-2-2),得

$$m_{\mathrm{b}}r_{\mathrm{b}} + m_1r_1 + m_2r_2 + m_3r_3 = 0$$

式中:只有 $m_{\mathrm{b}}r_{\mathrm{b}}$ 为未知,故可用向量多边形求解。如图4-2-1(b)所示,依次作已知向量 m_1r_1、m_2r_2、m_3r_3,最后 m_3r_3 的矢端与 m_1r_1 的尾部相连,该封闭向量即表示 $m_{\mathrm{b}}r_{\mathrm{b}}$。根据回转件结构特点选定 r_{b} 的大小,所需的平衡质量就随之确定。平衡质量的安装方向即向量图上 $m_{\mathrm{b}}r_{\mathrm{b}}$ 所指的方向。通常尽可能将 r_{b} 的值选大些,以便使 m_{b} 小些。

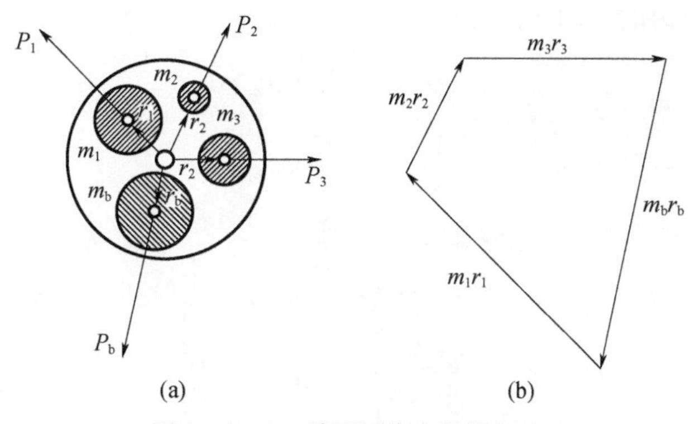

图 4－2－1　单面平衡向量图解法

由于实际结构的限制，有时在所需平衡的回转面上不能安装平衡质量，如图 4－2－2(a)所示单缸曲轴便属于这类情况。此时，可以另选两个回转平面分别安装平衡质量来使回转件达到平衡。如图 4－2－2(b)所示，在原平衡面两侧选定任意两个回转平面 T' 和 T''，它们与原平衡面的距离分别为 l' 和 l''。设在 T' 和 T'' 面内分别装上平衡质量 m_b' 和 m_b''，其质心的向径分别为 r_b' 和 r_b''，且 m_b' 和 m_b'' 处于经过 m_b 的质心且包含回转轴线的平面内，则 m_b'，m_b''，和 m_b 在回转时产生的离心力 P_b'、P_b'' 和 P_b 成为三个互相平行的力。欲使 P_b'、P_b'' 完全取代 P_b，则必需满足平行力分解的关系式，即

$$P_b' + P_b'' = P_b$$
$$P_b'l' = P_b''l''$$

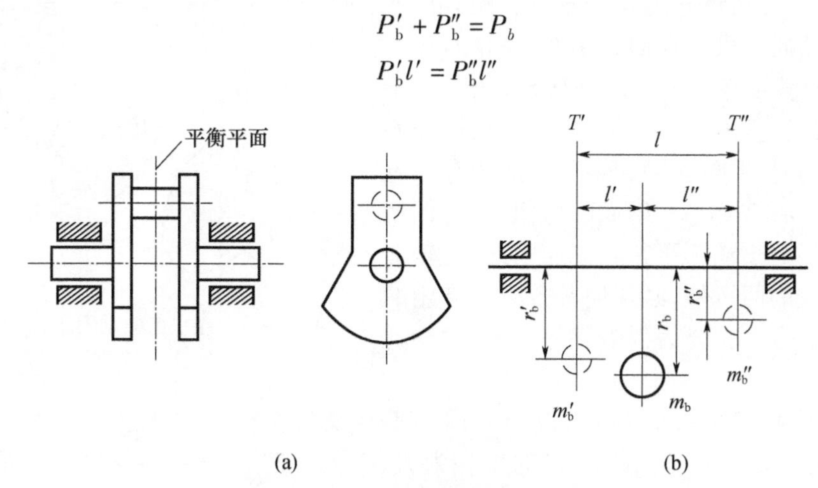

图 4－2－2　质径积分解到两个平面

解以上两式，并将 $l = l' + l''$ 代入，可得

$$P_b' = \frac{l''}{l}P_b \quad P_b'' = \frac{l'}{l}P_b$$

去掉等式两边的公因子 ω^2，即得

$$\begin{cases} m_b' r_b' = \dfrac{l''}{l} m_b r_b \\ m_b'' r_b'' = \dfrac{l'}{l} m_b r_b \end{cases} \tag{4-2-3}$$

若取 $r_b' = r_b'' = r_b$，则式(4－2－3)化简成

$$\begin{cases} m_b' = \dfrac{l''}{l} m_b \\ m_b'' = \dfrac{l'}{l} m_b \end{cases} \tag{4-2-4}$$

由式(4－2－3)可知，任何一个质径积都可以用任意选定的两个回转平面 T' 和 T'' 内的两个质径积来代替。

二、质量分布不在同一回转面内

轴向尺寸较大的回转件，如多缸发动机曲轴、电动机转子、汽轮机转子和机床主轴等，其质量的分布不能再近似地认为是位于同一回转面内，而应看作分布于垂直于轴线的许多互相平行的回转面内。这类回转件转动时所产生的离心力系不再是平面汇交力系，而是空间力系。因此，单靠在某一回转面内加一平衡质量的静平衡方法并不能消除这类回转件转动时的不平衡。例如，在图4－2－3所示的转子中，设不平衡质量 m_1、m_2 分布于相距 l 的两个回转面内，且 $m_1 = m_2$，$r_1 = -r_2$。该回转件的质心虽落在回转轴上，而且 $m_1 r_1 + m_2 r_2 = 0$，满足静平衡条件，但因 m_1 和 m_2 不在同一回转面内。由图4－2－3可见，当回转件转动时，在包含回转轴的平面内存在着一个由离心力 P_1、P_2 组成的力偶，该力偶使回转件仍处于动不平衡状态。因此，对轴向尺寸较大的回转件，必须使其各质量产生的离心力的合力和合力偶矩都等于零，才能达成平衡。

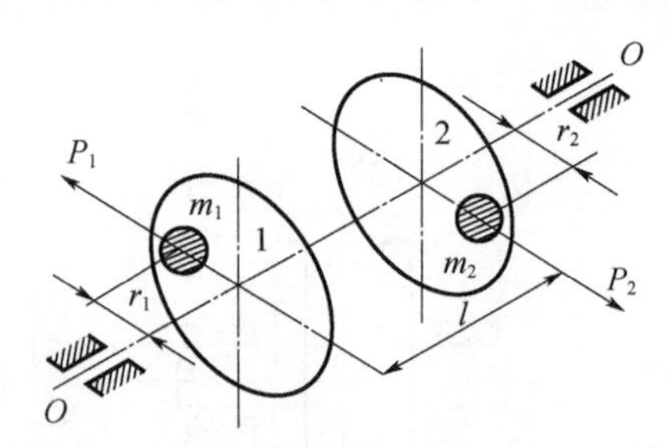

图4－2－3　静平衡但动不平衡的转子

如图4－2－4(a)所示，设回转件的不平衡质量分布在1、2、3三个回转面内，依次以 m_1、m_2、m_3 表示，其向径各为 r_1、r_2、r_3。按式(4－2－4)，某平面内的质量 m_i 可由任选的两个平行平面 T' 和 T'' 内的另两个质量 m_i' 和 m_i'' 代替，且 m_i' 和 m_i'' 处于回转轴线和 m_i 的质心组成的平面内。现将平面1、2、3内的质量 m_1、m_2、m_3 分别用任选的两个回转面 T' 和 T'' 内的质量 m_1'、m_2'、m_3' 和 m_1''、m_2''、m_3'' 来代替。由式(4－2－4)得

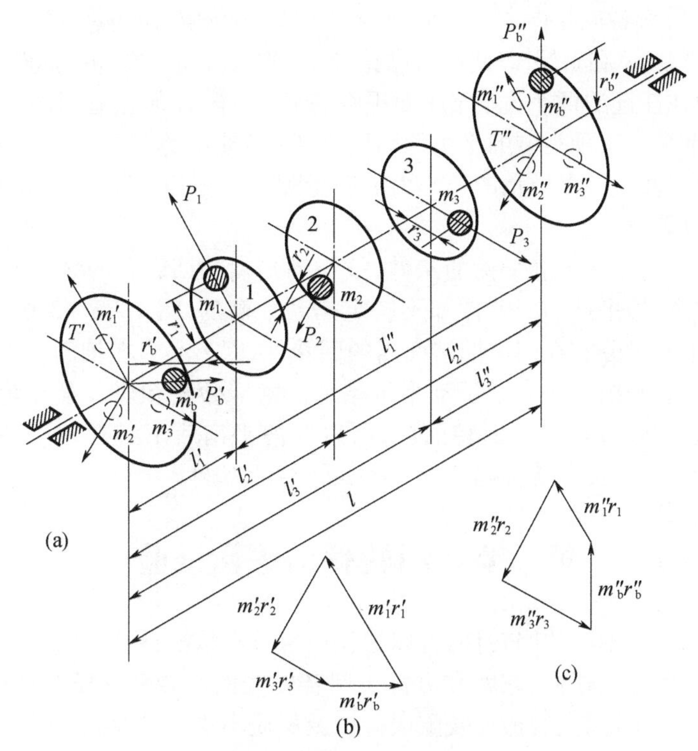

图 4-2-4 不同回转平面内质量的平衡

$$\begin{cases} m_1' = \dfrac{l_1''}{l}m_1 \quad m_1'' = \dfrac{l_1'}{l}m_1 \\ m_2' = \dfrac{l_2''}{l}m_2 \quad m_2'' = \dfrac{l_2'}{l}m_2 \\ m_3' = \dfrac{l_3''}{l}m_3 \quad m_3'' = \dfrac{l_3'}{l}m_3 \end{cases}$$

因此,上述回转件的不平衡质量可以认为完全集中在 T' 和 T'' 两个回转面内。对于回转面 T',其平衡方程为

$$m_b'r_b' + m_1'r_1 + m_2'r_2 + m_3'r_3 = 0$$

作向量图如图 4-2-4(b)所示。由此求出质径积 $m_b'r_b'$,选定 r_b' 后即可确定 m_b'。同理,对于回转面 T'',其平衡方程为

$$m_b''r_b'' + m_1''r_1 + m_2''r_2 + m_3''r_3 = 0$$

作向量图如图 4-2-4(c)所示。由此求出质径积 $m_b''r_b''$。选定 r_b'' 后即可确定 m_b''。

由以上分析可以推知,不平衡质量分布的回转面数目可以是任意个。只要按

照式(4-2-4)将各质量向所选的回转面 T' 和 T'' 内分解,总可在 T' 和 T'' 面内求出相应的平衡质量 m_b' 和 m_b''。因此可得结论如下:质量分布不在同一回转面内的回转件,只要分别在任选的两个回转面(即平衡校正面)内各加上适当的平衡质量,就能达到完全平衡。这种类型的平衡称为动平衡(工业上称双面平衡),所以动平衡的条件是,回转件上各个质量的离心力的向量和等于零,而且离心力所引起的力偶矩的向量和也等于零。

显然,动平衡包含了静平衡的条件,故经动平衡的回转件一定也是静平衡的。但是,必须注意,静平衡的回转件却不一定是动平衡的,图4-2-3所示回转件即属此例。对于质量分布在同一回转面内的回转件,因离心力在轴面内不存在力臂,故这类回转件静平衡后也满足了动平衡条件。磨床砂轮和煤气泵叶轮等回转件,可看作质量基本分布在同一回转面内,所以经静平衡后不必再做动平衡,即可使用。也可以说,第一类回转件属于第二类回转件的特例。

第三节 回转件的平衡试验

不对称于回转轴线的回转件,可以根据质量分布情况计算出所需的平衡质量,使它满足平衡条件。这样,它就和对称于回转轴线的回转件一样在理论上达到完全平衡。可是由于计算、制造和装配误差以及材质不均匀等原因,实际上往往仍达不到预期的平衡。因此,在生产过程中还需用试验的方法加以平衡。根据质量分布的特点,平衡试验法也分为静平衡和动平衡两种。

一、静平衡试验法

由前所述可知,静不平衡的回转件,其质心偏离回转轴,产生静力矩。利用静平衡架,找出不平衡质径积的大小和方向,并由此确定平衡质量的大小和位置,使质心移到回转轴线上以达到静平衡。这种方法称为静平衡试验法。

对于圆盘形回转件,设圆盘直径为 D,其厚度为 b,当 $D/b>5$ 时,这类回转件通常经静平衡试验校正后,可不必进行动平衡。

图4-3-1所示为导轨式静平衡架。架上两根互相平行的钢制刀口形(也可以做成圆柱形或棱柱形)导轨被安装在同一水平面内。试验时将回转件的轴放在导轨上。如回转件质心不在包含回转轴线的铅垂面内,则由于重力对回转轴线的静力矩作用,回转件将在导轨上发生滚动。等到滚动停止时,质心 S 即处在最低位置,由此便可确定质心的偏移方向。然后再用橡皮泥在质心相反方向加一适当的平衡质量,并逐步调整其大小或径向位置,直到该回转件在任意位置都能保持静止。这时所加的平衡质量与其向径的乘积即为该回转件达到静平衡需加的质径积。根据该回转件的结构情况,也可在质心偏移方向去掉同等大小的质径积来实

现静平衡。

导轨式静平衡架简单可靠,其精度也能满足一般生产需要,其缺点是它不能用于平衡两端轴径不等的回转件。

图 4 -3 -2 所示为圆盘式静平衡架。待平衡回转件的轴放置在分别由两个圆盘组成的支承上,圆盘可绕其几何轴线转动,故回转件也可以自由转动。它的试验程序与上述相同。这类平衡架一端的支承高度可调,以便平衡两端轴径不等的回转件。这种设备安装和调整都很简便,但圆盘中心的滚动轴承易于弄脏,致使摩擦阻力矩增大,故精度略低于导轨式静平衡架。

图 4 -3 -1　导轨式静平衡架

图 4 -3 -2　圆盘式静平衡架

二、动平衡试验法

由动平衡原理可知,轴向尺寸较大的回转件,必须分别在任意两个回转平面内各加一个适当的质量,才能使回转件达到平衡。令回转件在动平衡试验机上运转,然后在两个选定的平面内分别找出所需平衡质径积的大小和方位,从而使回转件达到动平衡的方法称动平衡试验法。

$D/b<5$ 的回转件或有特殊要求的重要回转件一般都要进行动平衡。

图 4 -3 -3(a)所示为一种机械式动平衡机的工作原理图。待平衡的回转件 1 安装在摆架 2 的两个轴承 B 上,摆架的一端用水平轴线的回转副 O 与机架 3 相连接;另一端用弹簧 4 与机架 3 相连。调整弹簧使回转件的轴线处于水平位置。当摆架绕 O 轴摆动时,其振幅大小可由指针 5 读出。

如前所述,任何动不平衡的回转件,其不平衡质径积可由任选的校正平面 T' 和 T'' 中的两个质径积 $m'r'$ 和 $m''r''$ 来代替,如图 4 -3 -3 所示,在进行动平衡时,调整回转件的轴向位置,使校正平面 T'' 通过摆动轴线 O。这样,当待平衡回转件转动时,T'' 面内 $m''r''$ 所产生的离心力将不会影响摆架的摆动,也就是说,摆架的振动完全是由 T' 面上质径积 $m'r'$ 所产生的离心力造成的。

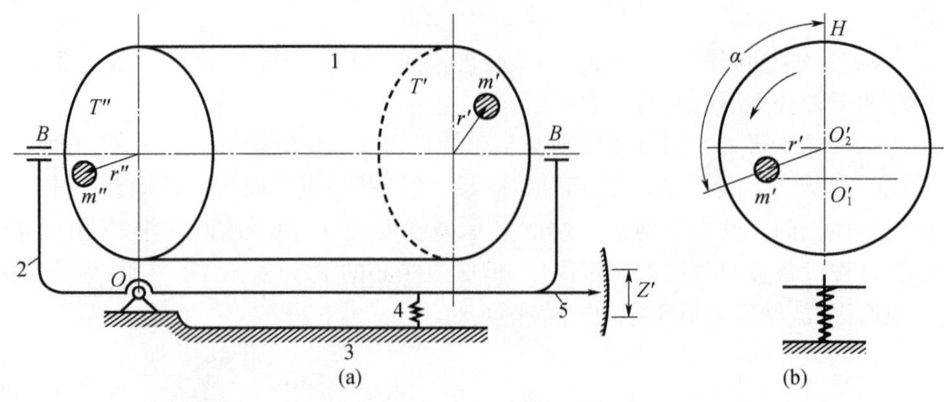

图 4－3－3　动平衡机原理图

根据强迫振动理论，摆架振动的振幅 Z' 与 T' 面上的不平衡质径积 $m'_b r'_b$ 成正比时，即

$$Z' = \mu m' r' \tag{4-3-1}$$

式中：μ 为比例常数。μ 的数值可用下述方法求得，取一个类似的、经过动平衡校正的标准转子，在其 T' 面上加一已知质径积 $m'_0 r'_0$，并测出其振幅 Z'_0，将已知值 $m'_0 r'_0$ 和 z'_0 代入式（4－3－1），即可求出比例常数 μ。

当比例常数 μ 已知，读出 Z' 之后，便可由式（4－3－1）计算出 $m'r'$ 的大小。

$m'r'$ 的方向可用下述方法确定。

图 4－3－3(b) 为校正面 T' 的右侧视图。O'_1、O'_2 分别为待平衡回转件轴心在振动时到达的最低和最高位置。该图表明，当摆架摆到最高位置时，不平衡质量 m 并不在正上方，而是处在沿回转方向超前 α 角的位置。α 称为强迫振动相位差。

相位差 α 可用图 4－3－4 所示方法测定。先将待平衡回转件正向转动，用一根划针从正上方逐渐接近试件外缘，至针尖刚刚触及试件即止。这样一来，针尖在外缘上画出一段短弧线，弧线中点 H_1 即为最高偏离点。以同样速度将试件反转，用划针记下反转时的最高偏离点 H_2。因两个方向的相位差 α_1 和 α_2 应相等，故连接 H_1 和 H_2 并作其中垂线，向径 $\overrightarrow{OA}$ 即表示不平衡质径积 $m'r'$ 的方位。

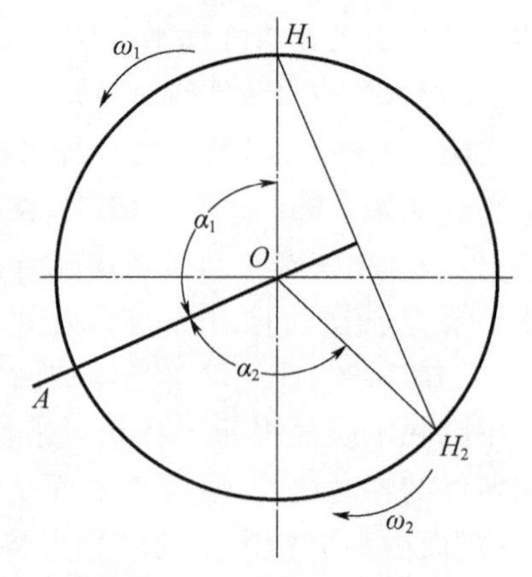

图 4－3－4　相位差的确定

将待平衡回转件调头安放，令 T' 面通过摆架的转动轴线 O，重复前述步骤，即可求出 T'' 面内不平衡质径积 $m''r''$ 的大小和方位。

上述动平衡机的结构和测试方法都比较简

陋,因而灵敏度和平衡精度都较低。近代动平衡机采用电子测量、激光去质量等新技术,大大提高了平衡精度和平衡试验的自动化程度。除此以外,还出现了带有真空筒的大型高速动平衡机和整机平衡用的测振动平衡仪。关于这些动平衡机的详细情况,读者可参阅有关产品样本或实验指导书。

习 题

题4-1 某汽轮机转子质量为1t,由于材质不匀及叶片安装误差致使质心偏离回转轴线0.5mm,当该转子以5000rpm的转速转动时,其离心力有多大?离心力是它本身重力的几倍?

题4-2 待平衡转子在静平衡架上滚动至停止时,其质心理论上应处于最低位置,但实际上由于存在滚动摩擦阻力,质心不会到达最低位置,因而导致试验误差。试问用什么方法进行静平衡试验可以消除该项误差。

题4-3 经静平衡试验得知,某盘形回转件的不平衡质径积 $mr = 1.5\text{kg}\cdot\text{m}$,方向沿题4-3图中 $\overrightarrow{OA}$。由于结构限制,不允许在与 $\overrightarrow{OA}$ 相反的 $\overrightarrow{OB}$ 线上加平衡质量,只允许在 $\overrightarrow{OC}$ 和 $\overrightarrow{OD}$ 方向各加一个质径积来进行平衡。试求 $m_c r_c$ 和 $m_D r_D$ 的数值。

题4-4 题4-4图所示盘形回转件上存在四个偏置质量,已知 $m_1 = 10\text{kg}$,$m_2 = 14\text{kg}$,$m_3 = 16\text{kg}$,$m_4 = 10\text{kg}$,$r_1 = 50\text{mm}$,$r_2 = 100\text{mm}$,$r_3 = 75\text{mm}$,$r_4 = 50\text{mm}$。设所有不平衡质量分布在同一回转面内,试问应在什么方位上加多大的平衡质径积才能达到平衡。

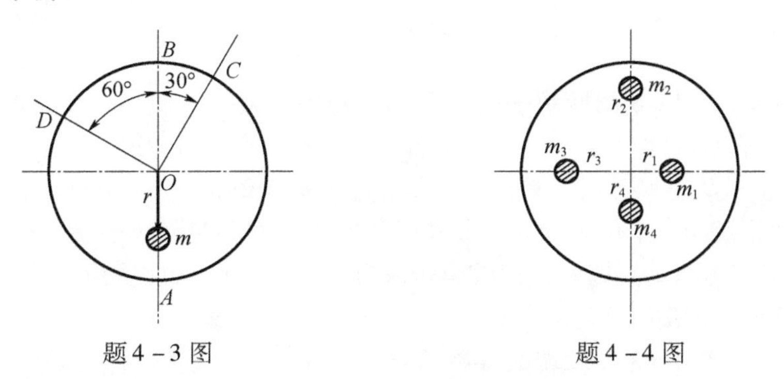

题4-3图　　题4-4图

题4-5 题4-5图所示盘形转子的圆盘直径 $D = 400\text{mm}$,圆盘质量 $m = 10\text{kg}$。已知圆盘上存在不平衡质量 $m_1 = 2\text{kg}$,$m_2 = 4\text{kg}$,方位如图所示,两支承距离 $l = 120\text{mm}$,圆盘至右支承距离 $l_1 = 80\text{mm}$,转速为 $n = 3000\text{r/min}$。试问:(1)该转子的质心偏移了多少?(2)作用在左、右两支承上的动反力各有多大?

题4-6　有一薄转盘,质量为m,经静平衡试验测定其质心偏距为r,方向如题4-6图垂直向下。由于该回转面不允许安装平衡质量,只能在平面Ⅰ、Ⅱ上校正。试求在Ⅰ、Ⅱ面上应加的平衡质径积的大小和方向。

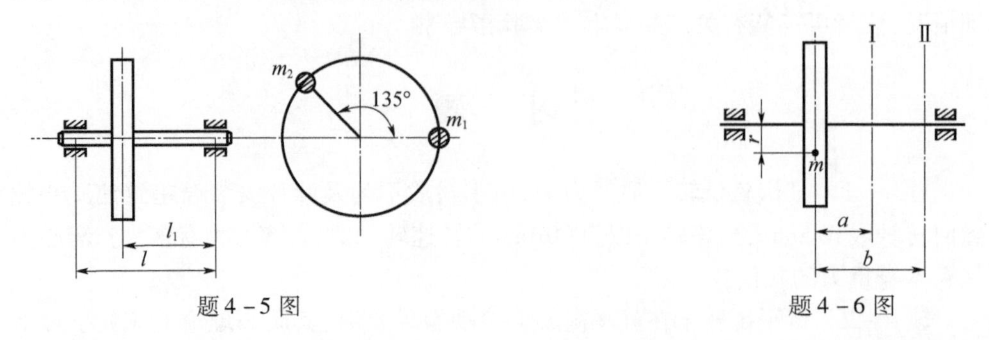

题4-5图　　　　题4-6图

题4-7　高速水泵的凸轮轴由三个互相错开120°的偏心轮组成。每一偏心轮质量为0.4kg,其偏心距为12.7mm。设在校正平面A和B中各装一个平衡质量m_A和m_B使之平衡,其回转半径为10mm,其他尺寸如题4-7图(单位为mm),试用向量图解法求m_A和m_B的大小和位置,并用解析法进行校核。

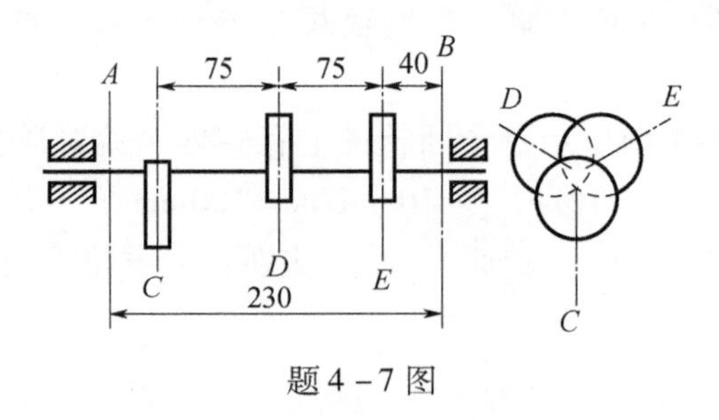

题4-7图

题4-8　题4-8图所示一质量为200kg的回转件,其质心在平面Ⅲ内且偏离回转轴线。该回转件$D/b>5$,由于结构限制,只能在平面Ⅰ、Ⅱ内两相互垂直方向上安装质量A、B使其达到静平衡。已知:$m_A=m_B=2\text{kg}$,$r_A=200\text{mm}$,$r_B=150\text{mm}$,其他尺寸如图所示(单位为mm),求该回转件质心偏移量及其位置。又校正后该回转件是否仍需要动平衡?试比较当转速为3000r/min时,加质量A、B前后,两支承O_1O_2上所受的动压力。

题4-9　题4-9图示转鼓存在着空间分布的不平衡质量。已知$m_1=10\text{kg}$,$m_2=15\text{kg}$,$m_3=20\text{kg}$,$m_4=10\text{kg}$,各不平衡质量的质心至回转轴线的距离$r_1=50\text{mm}$,$r_2=40\text{mm}$,$r_3=60\text{mm}$,$r_4=50\text{mm}$,轴向距离$l_{12}=l_{23}=l_{34}$,相位夹角$\alpha_{12}=\alpha_{23}=\alpha_{34}=90°$,试求在校正平面Ⅰ和Ⅱ内需加的平衡质量$m_{\text{Ⅰ}}$和$m_{\text{Ⅱ}}$及其相位,设向径$r_{\text{Ⅰ}}=r_{\text{Ⅱ}}=100\text{mm}$。

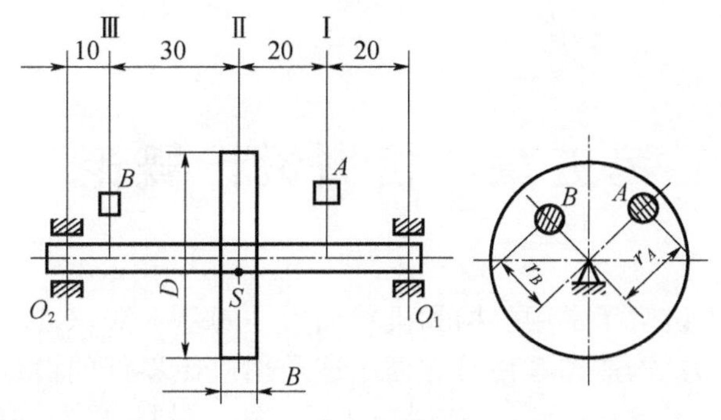
Ⅲ
Ⅱ
Ⅰ
10
30
20
20
B
A
D
S
O_2
O_1
B
B
A
r_B
r_A

题4－8图

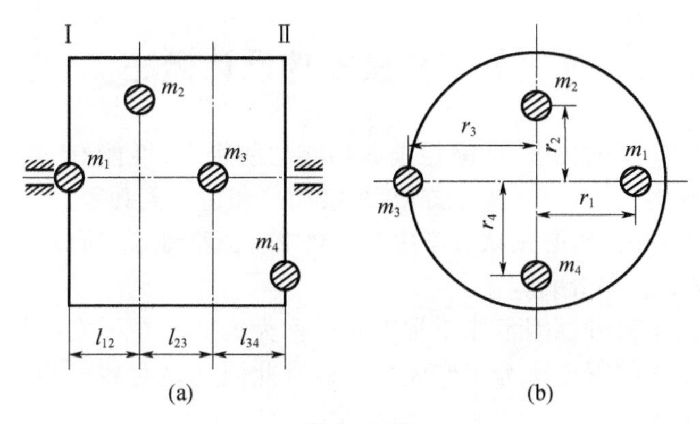
Ⅰ
Ⅱ
m_2
m_1
m_3
m_4
l_{12}
l_{23}
l_{34}
(a)
m_2
r_3
r_2
m_1
m_3
r_1
r_4
m_4
(b)

题4－9图

第五章　机械设计概论

前面几章着重讲解了常用机构和机器动力学的基本知识,以后各章主要是从工作原理、承载能力、构造和零件等方面论述通用机械零件的设计问题。其中,包括合理确定零件的形状和尺寸、如何适当选择零件的材料,以及如何使零件具有良好的工艺性等。本章将扼要阐明机械零件设计计算的共同性问题。

第一节　机械零件设计概述

机械设计应满足的要求:在满足预期功能的前提下,性能好、效率高、成本低,在预定使用期限内安全可靠,操作方便、维修简单和造型美观等。

设计机械零件时,也必须认真考虑上述要求。概括地说,所设计的机械零件既要工作可靠,又要成本低廉。

机械零件由于某种原因不能正常工作时称为失效。在不发生失效的条件下,零件所能安全工作的限度称为工作能力。通常此限度是对载荷而言,所以习惯上又称为承载能力。

零件的失效可能由于:断裂或塑性变形;过大的弹性变形;工作表面的过度磨损或损伤;发生强烈的振动;连接的松弛;摩擦传动带打滑等。例如,轴的失效可能由于疲劳断裂;也可能由于过大的弹性变形(刚度不足),致使轴颈在轴承中倾斜,若轴上装有齿轮则齿轮受载便不均匀,以致影响正常工作。在前一种情况下,轴的承载能力取决于轴的疲劳强度;而在后一种情况下则取决于轴的刚度。显然,两者中的较小值决定了轴的承载能力。又如,轴承的润滑、密封不良时,轴瓦或轴颈就可能由于过度磨损而失效。此外,当周期性干扰力的频率与轴的自身频率相等或接近时,就会发生共振,导致振幅急剧增大,这种现象称为振动稳定性。共振可能在短期内使零件损坏,所以对于重要的、特别是高速运转的轴,还应验算其振动稳定性。

机械零件虽然有多种可能的失效形式,但归纳起来最主要的为强度、刚度、耐磨性、稳定性和温度的影响等几个方面的问题。对于各种不同的失效形式,相应地有各种工作能力判断条件。例如,当强度为主要问题时,按强度条件判定,即应力≤许用应力;当刚度条件为主要问题时,按刚度条件判定,即变形量小于或等于许用变形量;……这种为防止失效而制定的判定条件,通常称为工作能力计算准则。

设计机械零件时,常根据一个或几个可能发生的主要失效形式,运用相应的判定条件,确定零件的形状和主要尺寸。

机械零件的设计常按下列步骤进行:①拟定零件的计算简图;②确定作用在零件上的载荷;③选择合适的材料;④根据零件可能出现的失效形式,选用相应的判定条件,确定零件的形状和主要尺寸。应当注意,零件尺寸的计算值一般并不是最终采用的数值,设计者还要根据制造零件的工艺和标准、规格加以圆整;⑤绘制工作图并标注必要的技术条件。

以上所述为设计计算。在实际工作中,也常采用相反的方式——校核计算。这时候先参照实物(或图纸)和经验数据,初步拟定零件的结构和尺寸,然后再用有关的判定条件进行验算。

还应注意,在一般机器中,只有一部分零件是通过计算确定其形状和尺寸的,而其余的零件则仅根据工艺要求和结构要求进行设计。

第二节　机械零件的强度

一、强度的种类

机械零件失效形式有整体性破坏的和表面破坏两大类,相应的强度也可分为整体强度(或称为体积强度)和接触强度两大类。对于可能出现整体性破坏的零件,设计时应校核其整体强度。例如,轴设计时应计算轴危险截面上的应力,防止发生断裂。如果点蚀等表面破坏是零件的主要失效形式,则必须进行接触强度计算。例如,齿轮设计时进行的齿面接触强度计算就是为了避免齿轮发生齿面点蚀。

二、计算载荷

在理想的平衡工作条件下作用在零件上的载荷称为名义载荷。然而在机器运转时,零件还会受到各种附加载荷;通常引入载荷系数 K(有时只考虑工作情况的影响,则用工作情况系数 Ka)的办法估计这些因素的影响。按照名义载荷用力学公式求得的应力称为名义应力;按照计算载荷求得的应力,称为计算应力。设计时,应该用计算应力来判断零件的强度。

三、应力的种类

在基础材料力学中,我们学习的应力计算都是按外力的大小不随时间变化来计算的,这种应力称为静应力(图 5-2-1(a))。但是实际机械零件在工件时受到的力严格地说都不是静应力,但如变化缓慢,可以当作静应力来简化处理。例如,锅炉的内压力所引起的应力;拧紧螺母所引起的应力等。

随时间变化的应力称为变应力。具有周期性的变应力称为循环变应力(图 5-2-1(b)),图中 t 为应力循环周期。一般用以下几个特征参数来描述一个循环变应力。

平均应力:

$$\sigma_m = \frac{\sigma_{max} + \sigma_{min}}{2} \tag{5-2-1}$$

应力幅:

$$\sigma_a = \frac{\sigma_{max} - \sigma_{min}}{2} \tag{5-2-2}$$

循环特性:

$$\gamma = \frac{\sigma_{min}}{\sigma_{max}} \tag{5-2-3}$$

当 $\sigma_{max} = -\sigma_{min}$ 时,循环特性 $\gamma = -1$,称为对称循环应力(如图 5-2-1(c)),其 $\sigma_a = \sigma_{max} = -\sigma_{min}$,$\sigma_m = 0$。

当 $\sigma_{max} \neq 0$,$\sigma_{min} = 0$ 时,循环特性 $\gamma = 0$,称为脉动循环应力(如图 5-2-1(d)),其 $\sigma_a = \sigma_m = 0.5\sigma_{max}$。

静应力可视为变应力的特例,其 $\sigma_{max} = \sigma_{min}$,循环特性 $\gamma = +1$。

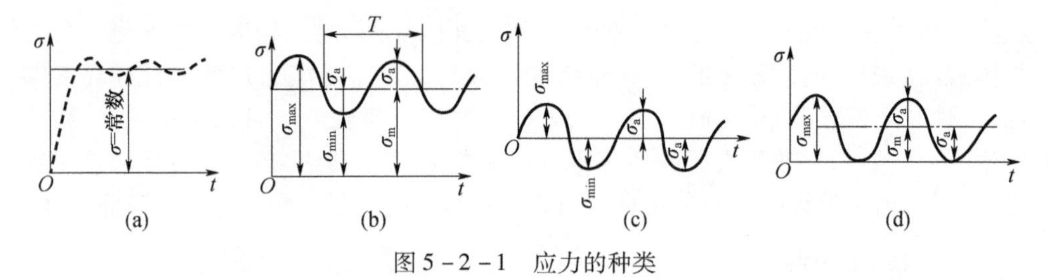

图 5-2-1　应力的种类

四、静应力时机械零件的强度计算

在机械运行时,纯粹的静应力是不存在的,但如果在零件整个使用寿命期内应力变化次数不大于 10^3,可以按静应力来计算。此时的强度计算完全可以按照我们在材料力学中所学的方法进行,通常应用以下三种强度理论:最大主应力理论(第一强度理论,只适用于灰铸铁之类的脆性材料)、最大剪应力理论(第三强度理论,适用于钢等塑性材料)以及最大形变能理论(第四强度理论,适用于塑性材料)。

在设计实践中,一般根据经验所推荐的方法进行计算。通常,对于脆性材料制成的零件,取材料的强度极限 σ_B 作为极限应力;对于塑性材料制成的零件,取材料的屈服极限 σ_S 作为强度极限。

五、变应力时机械零件的强度计算

1. *疲劳*

零件的静应力强度足够并不能保证它在变应力作用下不会发生断裂失效之类的强度问题,这种由变应力作用而导致的失效称为疲劳,主要有疲劳断裂和点蚀。以疲劳断裂为例(图5-2-2),一般具有以下特征:①疲劳断裂的最大应力远比静应力下材料的强度极限低,甚至比屈服极限低;②不管脆性材料或塑性材料,其疲劳断口均表现为无明显塑性变形的脆性突然断裂;③疲劳断裂是损伤的积累,它的初期现象是在零件表面或表层形成微裂纹,随着应力循环次数的增加而逐渐扩展,直到余下的未断裂截面积不足以承受外载荷时,就突然断裂。疲劳断口上明显有两个区域:一个是在变应力重复作用下裂纹两边相互摩擦形成的表面光滑区;另一个是最终发生脆性断裂的粗粒状区。疲劳断裂不同于一般的静力断裂,它是裂纹扩展到一定程度后才发生的突然断裂。所以,疲劳断裂是与应力循环次数(即使用期限或寿命)有关的断裂。

2. *疲劳曲线*

我们把发生疲劳破坏的应力 σ 与相应的应力循环次数 N 之间的关系曲线称为疲劳曲线,如图5-2-3所示。显然,应力越小,试件能经受的循环次数就越多。

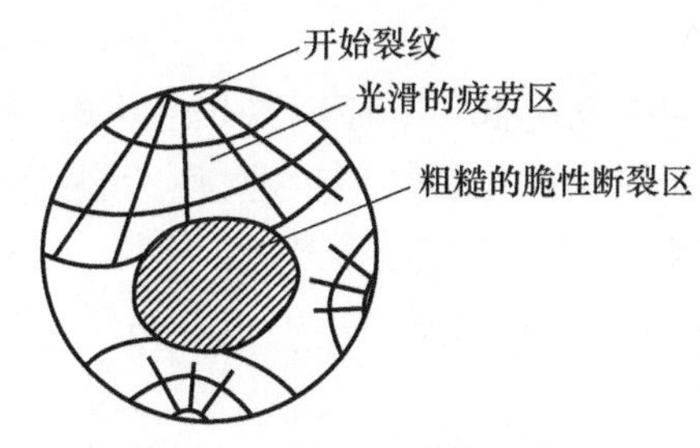

图5-2-2 疲劳断裂的断口

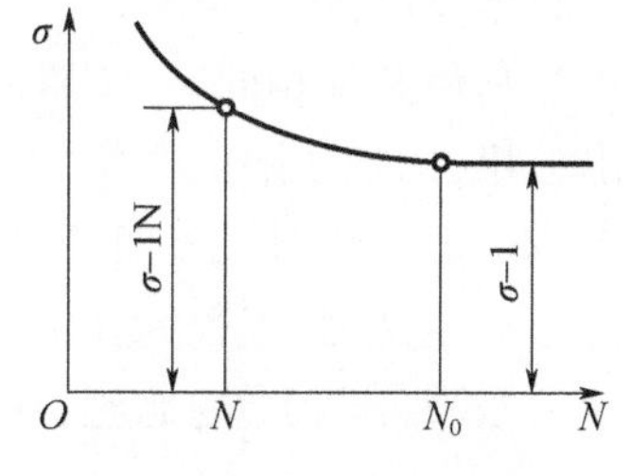

图5-2-3 疲劳曲线

大多数黑色金属材料的疲劳试验表明,当循环次数 N 超过某一数值 N_0后,疲劳曲线趋于水平,也就是说如果应力小于此时的应力,试件可以承受"无限次"的应力循环而不发生疲劳破坏。N_0称为循环基数,对于钢通常取 $N_0 \approx 1 \sim 25 \times 10^7$。相对应的应力称为疲劳极限。应当注意,不同性质循环变应力条件下的疲劳极限是不同的。对称循环变应力最易引起材料疲劳,因此同种材料在对称循环变应力下的疲劳极限数值最小,通常用 σ_{-1}表示。

疲劳曲线的左半部($N < N_0$),可近似地用下列方程式表示

$$\sigma_{-1N}^{m} N = \sigma_{-1}^{m} N_0 = C \tag{5-2-4}$$

式中：σ_{-1N}为对应于循环次数 N 的疲劳极限；C 为常数；m 为随应力状态而不同的幂指数，如对受弯的钢制零件，$m=9$。

从式（5-2-4）可求得对应于循环次数 N 的弯曲疲劳极限，即

$$\sigma_{-1N}=\sigma_{-1}\sqrt[m]{\frac{N_0}{N}}=k_N\sigma_{-1} \tag{5-2-5}$$

式中：k_N 为寿命系数，当 $N \geqslant N_0$ 时，$k_N=1$。

3. 影响机械零件疲劳强度的主要因素

在变应力条件下，影响机械零件疲劳强度的因素很多，有应力集中、零件尺寸、表面状况、环境介质、加载顺序和频率等，其中以前三种最为重要。

1）应力集中的影响

由于结构要求，实际零件一般都有截面形状的突然变化处（如孔、圆角、键槽、缺口等），零件受载时，它们都会引起应力集中。常用有效应力集中系数 k_σ 来表示疲劳强度的真正降低程度。有效应力集中系数定义为：材料、尺寸和受载情况都相同的一个无应力集中试样与一个有应力集中试样的疲劳极限的比值，即

$$k_\sigma=\sigma_{-1}/(\sigma_{-1})_k \tag{5-2-6}$$

式中：σ_{-1}和$(\sigma_{-1})_k$ 分别为无应力集中试样和有应力集中试样的疲劳极限。

如果同一截面上同时有几个应力集中源，应采用其中最大有效应力集中系数进行计算。

2）绝对尺寸的影响

当其他条件相同时，零件尺寸越大，则疲劳强度越低。其原因是尺寸大时，材料晶粒粗，出现缺陷的概率大，机械加工后表面冷作硬化层相对较薄，疲劳裂纹容易形成。截面绝对尺寸对疲劳极限强度的影响，可用绝对尺寸系数 ε_σ 表示。绝对尺寸系数定义为：直径为 d 的试样的疲劳极限$(\sigma_{-1})_d$ 与直径 $d_0=6\sim10$mm 的试样的疲劳极限$(\sigma_{-1})_{d_0}$的比值，即

$$\varepsilon_\sigma=(\sigma_{-1})_d/(\sigma_{-1})_{d_0} \tag{5-2-7}$$

3）表面状态的影响

零件的表面状态包括表面粗糙度和表面处理的情况。零件表面光滑或经过各种强化处理（如喷丸、表面热处理或表面化学处理等），可以提高零件的疲劳强度。表面状态对疲劳极限的影响可用表面状态系数 β 表示。表面状态系数定义为：试样在某种表面状态下的疲劳极限$(\sigma_{-1})_\beta$ 与精抛光试样（未经强化处理）的疲劳极限$(\sigma_{-1})_{\beta_0}$的比值，即

$$\beta=(\sigma_{-1})_\beta/(\sigma_{-1})_{\beta_0} \tag{5-2-8}$$

4. 许用应力和安全系数

应当强调的是，许用应力并不是一个由材料单独决定的指标，它是特定材料在

特定使用条件下许用的最大应力，可以认为是一个经验参数。许用应力在很大程度上取决于零件的使用场合。相同的材料在不同类型机械中的许用应力会有所不同。例如，碳素弹簧钢用于内燃机气门弹簧时的许用应力为 $0.3\sigma_B$，而用于安全阀弹簧时为 $0.5\sigma_B$。相同的材料在不同的应力条件下许用应力也不同，静应力条件下的许用应力大于变应力条件下的许用应力，脉动循环应力时的许用应力 $[\sigma_0]$ 大于对称循环应力时的许用应力 $[\sigma_{-1}]$。

在设计中，一般可参考机械设计手册来选取许用应力，选取时必须注意根据所设计的零件及机器的种类有针对性地查找手册。具体选取方法在有关机械零件设计的各章中进行详细介绍。

在许用应力的选取过程中通常涉及安全系数。引入安全系数主要出于两个方面的考虑：一是由于零件在工作时的实际应力大小是难以完全精确计算的，因此为了保险起见而引入安全系数；二是机器在实际运行中可能会出现意外的过载而使应力超过设计计算值。

安全系数选取时应权衡安全性和机械的体积、重量要求。安全系数过大，安全性好，但结构笨重；安全系数过小，机器灵巧，但不够安全。因此，确定时应参考手册和有关专业书籍慎重选取。

第三节　机械零件的接触强度

如前所述，由于表面破坏导致的零件失效所占的比例很大，因此在零件设计中仅仅计算整体强度并不能完全避免零件失效。当两个零件在受载前是点接触或线接触，受载后，由于变形其接触处为一个小面积，通常此面积甚小而表层产生的局部应力却很大，这种应力称为接触应力（图 5-3-1 所示的是两个圆柱体的接触应力），此时零件的强度称为接触强度。如齿轮、滚动轴承等机械零件，都是通过很小的接触面积传递载荷的，因此它们的承载能力不仅取决于整体强度，还取决于表面的接触强度。

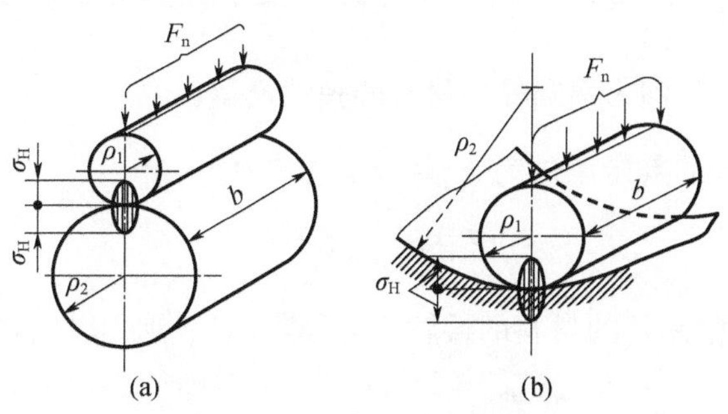

图 5-3-1　两圆柱体的接触应力

机械零件的接触应力通常是随时间作周期性变化的，在载荷的重复作用下，首先在表层内约 20μm 处产生初始疲劳裂纹，然后裂纹逐渐扩展（润滑油被挤进裂纹将产生高压，使裂纹加快扩展），终于使表层金属呈小片剥落下来，而在零件表面形成一些小坑（图 5－3－2），这种现象称为疲劳点蚀。发生疲劳点蚀后，减小了接触面积，损坏了零件的光滑表面，因而也降低了承载能力并引起振动和噪声，严重影响零件的正常工作。疲劳点蚀是齿轮、滚动轴承等零件的主要失效形式。

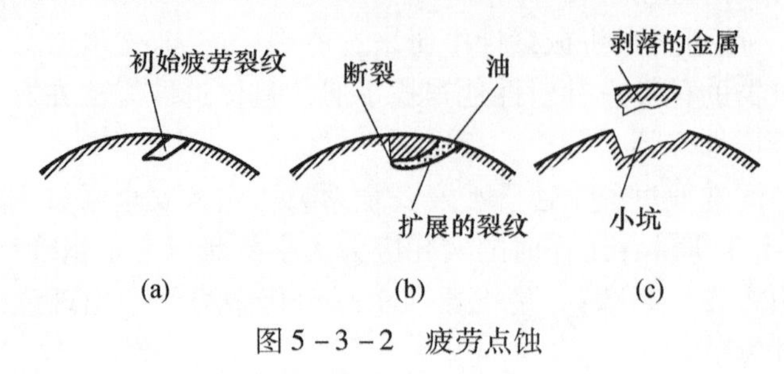

图 5－3－2　疲劳点蚀

接触应力的计算是由赫兹（Hertz）提出的，其基本计算公式称为 Hertz 公式，而接触应力通常也称为 Hertz 应力。如图 5－3－1 所示的两个轴线平行的圆柱体的接触应力可由下式计算：

$$\sigma_H = \sqrt{\frac{F_n}{\pi b} \cdot \frac{\dfrac{1}{\rho_1} \pm \dfrac{1}{\rho_2}}{\dfrac{1-\mu_1^2}{E_1} + \dfrac{1-\mu_2^2}{E_2}}} \tag{5-3-1}$$

对于钢或铸铁，可取泊松比 $\mu = 0.3$ 代入式（5－3－1），整理后可得

$$\sigma_H = \sqrt{\frac{1}{2\pi(1-\mu^2)}} \cdot \sqrt{\frac{F_n E}{b\rho}} = 0.418\sqrt{\frac{F_n E}{b\rho}} \tag{5-3-2}$$

式中：σ_H 为最大接触应力；b 为接触长度；F_n 为作用在圆柱体上的载荷；ρ 为综合曲率半径，$\rho = \dfrac{\rho_1\rho_2}{\rho_2 \pm \rho_1}$，正号用于外接触，负号用于内接触；$E$ 为综合弹性模量，$E = \dfrac{2E_1E_2}{E_1 + E_2}$，$E_1$、$E_2$ 分别为两圆柱体材料的弹性模量；

接触疲劳强度的判定条件为 $\sigma_H \leqslant [\sigma_H]$，其中

$$[\sigma_H] = \frac{\sigma_{Hlim}}{S_H} \tag{5-3-3}$$

式中：σ_{Hlim} 为由试验测得的材料的接触疲劳极限，对于钢，其经验公式为

$$\sigma_{Hlim} = 2.76\text{HBS} - 70\text{MPa}$$

若两零件的硬度不同时，常以较软零件的接触疲劳极限为准。由图 5－3－1

可看出，作用在两圆柱体上的接触应力具有大小相等，方向相反，且左右对称及稍离接触区中线即迅速降低等特点。由于接触应力是局部性的应力，且应力的增长与载荷并不成直线关系，而要缓慢得多，故安全系数 S_H 可取得等于或稍大于1。

例5－3－1 图5－3－3所示的摩擦轮传动，由两个相互压紧的钢制摩擦轮组成。已知 $D_1=100\text{mm}$，$D_2=140\text{mm}$，$b=50\text{mm}$，小轮主动，主动轴传递功率 $P=5\text{kW}$、转速 $n_1=500\text{r/min}$，传动较平稳，载荷因数 $K=1.25$，摩擦因数 $f=0.15$。试求：(1)所需的法向压紧力 F_n；(2)两轮接触处最大接触应力；(3)若摩擦轮材料的硬度为300HBS，表面接触强度是否足够。

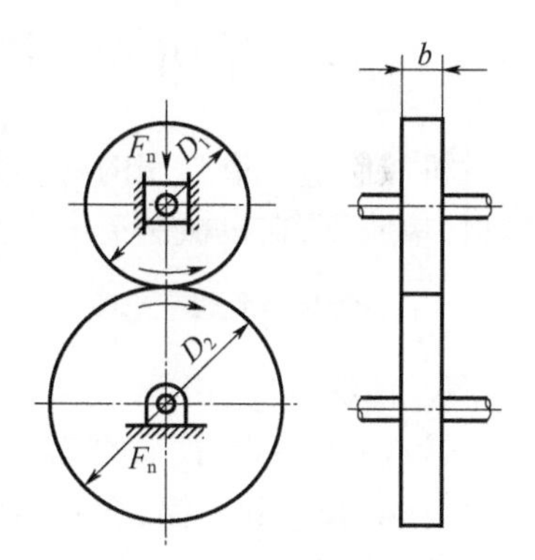

图5－3－3 摩擦轮传动

解：(1)法向压紧力 F_n 传动在接触处的最大摩擦力为 fF_n，拖动从动轮所需的圆周力为 F，考虑到附加载荷的影响和保证摩擦传动的可靠性，计算圆周力为 KF。为了防止打滑，应使 $fF_n \geqslant KF$。

小轮转矩：

$$T_1=9.55\times10^6\frac{P}{n_1}=9.55\times\frac{5}{500}\text{N}\cdot\text{mm}=95500\text{N}\cdot\text{mm}$$

圆周力：

$$F=\frac{2T_1}{D_1}=\frac{2\times95500}{100}\text{N}=1910\text{N}$$

法向压紧力：

$$F_n=\frac{KF}{f}=\frac{1.25\times1910}{0.15}\text{N}=15900\text{N}$$

(2) 接触应力：接触应力的最大值按式(5－3－2)计算：

$$\sigma_H=0.418\sqrt{\frac{F_nE}{b\rho}}$$

本题中 $F_n=15900\text{N}$，钢的弹性模量 $E=2.06\times10^5\text{MPa}$，$b=50\text{mm}$，综合曲率半径 $\rho=\dfrac{\rho_1\rho_2}{\rho_1\pm\rho_2}=29.2\text{mm}$，故

$$\sigma_H=0.418\sqrt{\frac{15900\times2.06\times10^5}{50\times29.2}}\text{MPa}=626\text{MPa}$$

(3) 验算表面接触强度：如前所述，对于钢可取接触疲劳极限为

$$\sigma_{\text{Hlim}}=2.76\text{HBS}-70\text{MPa}=(2.76\times300-70)\text{MPa}=758\text{MPa}$$

安全系数 $S_H=1.1$，则

$$[\sigma_H]=\frac{\sigma_{Hlim}}{S_H}=689\text{MPa}$$

$\sigma_H<[\sigma_H]$，适宜。

第四节 机械零件常用材料及其选择

机械制造中最常用的材料是钢和铸铁，其次是有色金属合金。非金属材料如塑料、橡胶等，在机械制造中也具有独特的使用价值。

一、金属材料

1. 铸铁

铸铁和钢都是铁碳合金，它们的区别主要在于含碳量的不同。含碳量小于2%的铁碳合金称为钢，含碳量大于2%的称为铸铁。铸铁具有适当的易熔性，良好的液态流动性，因而可铸成形状复杂的零件。此外，它的减震性、耐磨性、切削性（指灰铸铁）均较好且成本低廉，因此在机械制造中应用甚广。常用的铸铁有：灰铸铁、球墨铸铁、可锻铸铁、合金铸铁等。其中，灰铸铁和球墨铸铁是脆性材料，不能机械碾压和锻造。在上述铸铁中，以灰铸铁应用最广，球墨铸铁次之。

2. 钢

与铸铁相比，钢具有较高的强度、韧性和塑性，并可用热处理方法改善其力学性能和加工性能。钢制零件毛坯可用锻造、冲压、焊接或铸造等方法取得，因此其应用极为广泛。

按照用途，钢可分为结构钢、工具钢和特殊钢。结构钢用于制造各种机械零件和工程结构件；工具钢主要用于制造各种刃具、模具和量具；特殊钢（如不锈钢、耐热钢、耐酸钢等）用于制造在特殊环境下工作的零件。按照化学成分，钢又可分为碳素钢和合金钢。碳素钢的性质主要取决于含碳量，含碳量越高则钢的强度越高，但塑性越低。为了改善钢的性能，特意加入了一些合金元素的钢称为合金钢。

（1）碳素结构钢。这类钢的含碳量一般不超过0.7%。含碳量低于0.25%的低碳钢，它的强度极限和屈服极限较低，塑性很高，且具有良好的焊接性，适于冲压、焊接，常用来制作螺钉、螺母、垫圈、轴、气门导杆和焊接构件等。含碳量为0.1%~0.2%的低碳钢还用以制造渗碳的零件，如齿轮、活塞销、链轮等。通过渗碳淬火可使零件表面硬而耐磨，心部韧而耐冲击。如果要求有更高强度和耐冲击性能时，可采用低碳合金钢。含碳量为0.3%~0.5%的中碳钢，它的综合力学性能较好，既有较高的强度，又有一定的塑性和韧性，常用作受力较大的螺栓、螺母、键、齿轮和轴等零件。含碳量为0.55%~0.7%的高碳钢，具有较高的强度和弹性，多用来制作普通的板弹簧、螺旋弹簧或钢丝绳等。

(2) 合金结构钢。钢中添加合金元素的作用在于改善钢的性能。例如,镍能提高强度而不降低钢的韧性;铬能提高硬度、高温强度、耐腐蚀性和提高高碳钢的耐磨性;锰能提高钢的耐磨性、强度和韧性;铬能提高硬度、高温强度、耐腐蚀性和提高碳钢的耐磨性;钼的作用类似于锰,其影响更大些;钒能提高韧性及强度;硅可提高弹性极限和耐磨性,但会降低韧性。合金元素对钢的影响是很复杂的,特别是当为了改善钢的性能需要同时加入几种合金元素时。应当注意,合金钢的优良性能不仅取决于化学成分,而且在更大程度上取决于适当的热处理。

(3) 铸钢。铸钢的液态流动性比铸铁差,所以用普通砂型铸造时,壁厚常不小于10mm。铸钢件的收缩率比铸铁件大,故铸钢件的圆角和不同壁厚的过渡部分均应比铸铁件大些。

选择钢材时,应在满足使用要求的条件下,尽量采用价格便宜、供应充分的碳素钢,必须采用合金钢时也应优先选用我国资源丰富的硅、锰、硼、钒类合金钢。例如,我国新颁布的齿轮减速器规范中,已采用35SiMn和ZG35SiMn等代替原用的35Cr、40CrNi等材料。

常用钢铁材料的力学性能如表5-4-1所列。

表5-4-1 常用钢铁材料的牌号及力学性能

材料		力学性能			试件尺寸/mm
类别	牌号	强度极限 σ_B/MPa	屈服极限 σ_S/MPa	延伸率 δ/%	
碳素结构钢	Q215	335~410	215	31	$d \leqslant 16$
	Q235	375~460	235	26	
	Q275	490~610	275	20	
优质碳素结构钢	20	410	245	25	$d \leqslant 25$
	35	530	315	20	
	45	600	355	16	
合金结构钢	35SiMn	883	735	15	$d \leqslant 25$
	40Cr	981	785	9	$d \leqslant 25$
	20CrMnTi	1079	864	10	$d \leqslant 15$
	65Mn	981	785	8	$d \leqslant 80$
铸钢	ZG270-500	500	270	18	$d \leqslant 100$
	ZG310-570	570	310	15	
	ZG42SiMn	600	380	12	
灰铸铁	HT150	145	—	—	壁厚10~20
	HT200	195	—	—	
	HT250	240	—	—	
球墨铸铁	QT400-15	400	250	15	壁厚30~200
	QT500-7	500	320	7	
	QT600-3	600	370	3	

3. 铜合金

铜合金有青铜和黄铜之分。黄铜是铜和锌的合金,并含有少量的锰、铝、镍等,它具有很好的塑性及流动性,故可进行辗压和铸造。青铜可分为含锡青铜和不含锡青铜两类,它们的减摩性和抗腐蚀性均较好,也可辗压和铸造。此外,还有轴承合金(或称巴氏合金),主要用于制作滑动轴承的轴承衬。

二、非金属材料

1. 橡胶

橡胶富于弹性,能吸收较多的冲击能量,常用作联轴器或减震器的弹性元件、带传动的胶带等。硬橡胶可用于制造用水润滑的轴承衬。

2. 塑料

塑料的比重小,易于制成形状复杂的零件,而且各种不同塑料具有不同的特点,如耐蚀性、绝热性、绝缘性、减摩性、摩擦因数大等,所以近年来在机械制造中其应用日益广泛。以木屑等作填充物,用热固性树脂压结而成的塑料称为结合塑料,可用来制作仪表支架、手柄等受力不大的零件。以布、薄木板等层状填充物为基体,用热固性树脂压结而成的塑料称为层压塑料,可用来制作无声齿轮、轴承衬和摩擦片等。

此外。在机械制造中也常用到其他非金属材料,如皮革、木材、纸板、棉、丝等。

设计机械零件时,选择合适的材料是一项复杂的技术经济问题。设计者应根据零件的用途、工作条件和材料的物理、化学、力学和工艺性能以及经济因素等进行全面考虑。这要求设计者在材料和工艺等方面具有广泛的知识和实践经验。前面所述,仅是一些概略的说明。

各种材料的化学成分和力学性能可在有关的国家标准、行业标准和机械设计手册中查得。

为了材料供应和生产管理上的方便,应尽量缩减材料的品种。通常,厂矿企业都对所用材料的品种、牌加以限制,并制定有适用于本地区、本企业的材料目录,供设计时选用。

第五节　机械零件的工艺性和标准化

一、机械零件工艺性概述

设计机械零件时,不仅应使其满足使用要求,即具备所要求的工作能力,同时还应当满足生产要求。否则就可能制造不出来,或虽能制造但费工费料很不经济。

机械零件的工艺性就是指要一定的生产条件下,所设计的零件能用最经济的原材料、最少的时间、劳动量以及一般的加工方法制造出来，并且装配及维修方便。

为了改善零件的工艺性，主要从零件的结构设计、毛坯选择、加工方法及零件的精度及各表面的粗糙度规定几个方面来考虑。

首先应全面考虑在零部件生产和使用中各阶段的工艺性问题，如毛坯制造、机械加工和热处理、装配调整、检验等。当各方面的要求有矛盾时，应全面考虑统一解决。其次，当生产批量、生产条件、使用情况不同时，对零件的工艺性要求也不同，应针对不同的具体情况处理。另外，新工艺、新材料、新装备的不断出现，对零件的结构设计有很大的影响，设计者应不断掌握新技术，提高设计水平。

1. 毛坯选择合理

毛坯选择与具体的生产技术条件有关，一般取决于生产批量、材料性能和加工可能性等。

实现同一功能可以采用多种结构形式。这些结构可以采用不同的方法制造，如用钢毛坯（圆钢或方钢）铣制、铸件、焊接件、薄板冲压等。由于制造方法不同，零件的结构形状也不相同。

设计铸件时首先应正确地选择铸件材料，灰铸铁是使用最为广泛的铸造材料，容易铸造成各种复杂形状，其耐磨性、吸振性好，且易于切削加工，占铸铁件的85% ~90%。为提高铸件强度，可采用球墨铸铁或可锻铸铁。对某些重要铸件可用铸钢。铸造铝合金重量轻，适用于各种轻结构；而铸造青铜则适用于要求耐磨、耐蚀的零件。

锻件的力学性能比铸件好，但要求形状简单（尤其是自由锻件），锻造后一般要经过机械加工。模锻件的非配合表面可不经过机械加工，但应按锻造工艺要求（如模锻斜度、圆角半径等）设计各部分尺寸。

冲压件常用于制造薄壁零件，材料多采用延伸率较大的低碳钢、低碳合金钢或有色金属。

铆焊连接主要用于钢结构如桥梁等，也用于机械零件和机架（如焊接床身、焊接箱体、大齿轮等），目前铆接已很少用于机械零件。

对于砂型铸造铸件，应该按制模、造型、浇铸、冷却、清理、搬运、热处理等步骤，按工艺性的要求设计其各部分的结构。

设计焊接结构，应尽可能减少焊接前的准备。安排焊缝位置时应考虑操作方便，避免立焊和仰焊。电焊条应容易接近焊接位置，焊缝周围空间不能太狭窄。焊件结构应对称，以减少焊件冷却后的变形。

冲压件常用于大量大批生产的零件，设计时应注意减少原材料的消耗，尽量减少边角料，合理选择材料和规定公差，延长模具的耐用度和增加其可靠性。

自由锻件的形状应尽量简单，避免锥形和楔形表面，不应该有加强筋、工字形断面及内部凸台。模锻件应正确选择分模面，分模面应该是水平平面，与分模面垂直的壁应该有拔模斜度，模腔深度应尽量小。

2. 结构简单合理

设计零件的结构形状时，最好采用最简单的表面（如平面、圆柱面）及其组合，同时还应当尽量使加工表面数最少和加工面积最小。

为提高机械加工和装配的工艺性，设计时应注意以下几个方面：

（1）在保证实现功能要求的前提下，尽量减少机械加工量，如用冲压件、压铸件代替铸件。

（2）机械零件在机床夹具上安装时，有足够大的夹持面。

（3）尽可能减少零件在机床上的安装次数，提高加工效率和精度。

（4）尽量减少加工表面的数量和尺寸。减少刀具种类（如一个零件的圆角半径尽量统一）、减少切削空程等都可以提高加工效率。

（5）零件应该有足够的刚度，以保证加工时不产生大的变形或振动。

（6）保证有必要的测量基准面，并保证量具能达到测量部位，容易测量。

（7）在装配的各环节——工件的存放、运送、定位、装配、调整、紧固、检验等，都应具有良好的工艺性。

（8）要使形状接近的零件有明显的差异，以免装配或运送时出现差错。

3. 规定适当的制造精度及表面粗糙度

零件的制造精度和表面粗糙度要求规定得越高，对加工设备的要求就越高，其费用随之增加，尤其是在高精度时，这种增加极为显著。因此，在没有充分根据时，不应当追求高的精度和表面粗糙度。应当注意，在某些情况下，盲目提高精度和表面粗糙度会适得其反，反而影响机械的性能。

还必须指出，设计人员必须从实际出发，方能使所设计的零件具有更好的工艺性。

二、标准化

标准化是指以制定标准和贯彻标准为主要内容的全部活动过程。标准化的原则是统一、简化、协调、优选（优化）。标准化具有如下重大意义：

（1）标准化后可以使通用零部件采用先进的工艺方法进行专业化大量生产，这既可提高产品质量又能降低成本。

（2）在设计中尽量采用标准零部件，可减轻设计工作量，使设计人员集中精力进行关键零部件的设计或从事创造性设计。

（3）在管理和维修方面，由于标准件很容易购得且具有良好的互换性，因此可减少库存量且便于更换损坏的零件。

（4）相关的技术条件和检验、试验方法标准化后，既可改进标准件的质量，又可提高其可靠性。

因此，我国正大力推进标准化进程，并已加入了国际标准化组织（ISO）。我国实行的标准分为国家标准、行业标准、地方标准和企业标准四级，其中在机械设计中最为常用的是《中华人民共和国国家标准》（代号 GB）及机械工业部标准（代号 JB）。就机械零部件而言，已颁布有连接件（如螺钉、键、铆钉等）、传动件、润滑件、密封件、轴承、联轴器等国家标准。如无特殊需要，设计时就必须采用这些标准。此外，与标准化有密切关系的还有通用化和系列化，通称“三化”。应当注意的是在军用领域，模块化设计近年来日益受到重视，已成为军用舰艇系统及设备设计的一种大趋势。

第六章　连　　接

在机械制造中,连接是指被连接件与连接件的组合。就机械零件而言,被连接件有轴与轴承上零件(如齿轮、飞轮),轮圈与轮心,箱体与箱盖,焊接零件中的钢板、型钢等。连接件又称紧固件,如螺栓、螺母、销、铆钉等。有些连接则没有专门的紧固件,如靠被连接件本身变形组成的过盈配合连接,利用分子结合力组成的焊接和粘接等。

连接有可拆的和不可拆的。允许多次装拆而无损于使用性能的连接称为可拆连接,如螺纹连接、键连接和销连接;若不损坏组成零件就不能拆开的连接则称为不可拆连接,如焊接、粘接和铆接。过盈配合连接可以做成可拆的,也可以做成不可拆的。

为了满足结构、制造、安装及检修等方面的要求,在机器和设备中广泛采用各种连接。因此,设计人员必须熟悉各种连接的结构、类型和性能,掌握它们的选用方法和设计计算方法。

第一节　螺纹参数

将一倾斜角为 λ 的直线绕在圆柱体上便形成一条螺旋线(图 6-1-1(a))。取一平面图形(图 6-1-1(b)),使它沿着螺旋线运动,运动时保持此图形通过圆柱体的轴线,就得到螺纹。按照平面图形的形状,螺纹分为三角形、梯形和锯齿形等。按照螺旋线的旋向,螺纹分为左旋和右旋。机械制造中一般采用右旋螺纹,有特殊要求时,才采用左旋螺纹。按照螺旋线的数目,螺纹还分为单线螺纹和等距排列的多线螺纹(图 6-1-2)。为了制造方便,螺纹一般不超过四线。

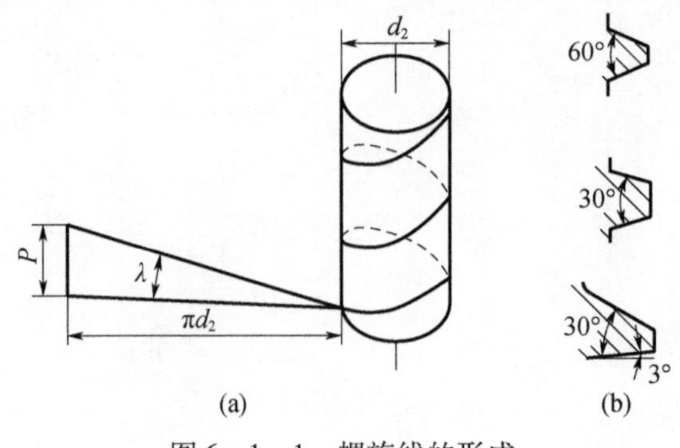

图 6-1-1　螺旋线的形成

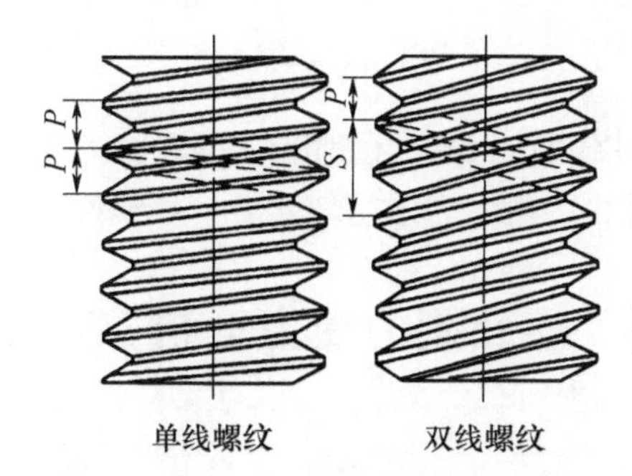

图 6－1－2　不同线数的右旋螺纹

螺纹有内螺纹和外螺纹之分，两者旋合组成螺纹副或称螺旋副。按照母体形状，螺纹分为圆柱螺纹和圆锥螺纹。现以圆柱螺纹为例，说明螺纹的主要几何参数（图 6－1－3）。

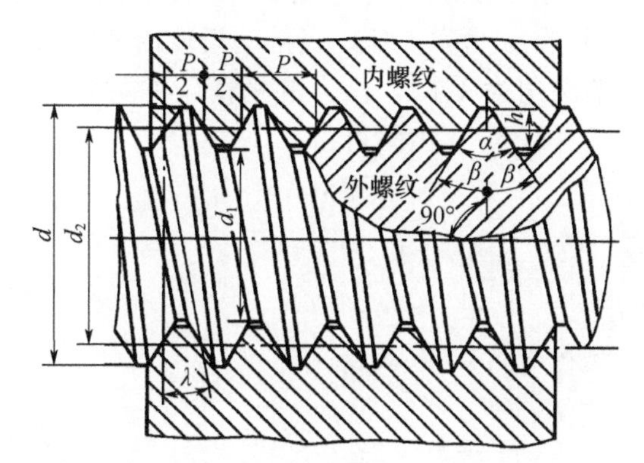

图 6－1－3　圆柱螺纹的主要几何参数

（1）大径 d[①]：与外螺纹牙顶（或内螺纹牙底）相重合的假想圆柱体的直径。

（2）小径 d_1：与外螺纹牙底（或内螺纹牙顶）相重合的假想圆柱体的直径。

（3）中径 d_2：也是一个假想圆柱的直径，该圆柱的母线上牙型沟槽和凸起宽度相等。

（4）螺距 P：相邻两牙在中径线上对应两点间的轴间距离。

（5）导程 S：同一条螺旋线上的相邻两牙在中径线上对应两点间的轴向距离。设螺旋线数为 n，则 $S = np$。

（6）升角 λ：中径 d_2 圆柱上，螺旋线的切线与垂直于螺纹轴线的平面的夹角（图 6－1－1）。

① 在普遍螺纹基本牙型中，外螺纹各直径用小写字母表示；内螺纹各直径用大写字母表示，后者本节中均未标注。

$$\tan\lambda = \frac{nP}{\pi d_2} \tag{6-1-1}$$

(7) 牙型角 α:轴向截面内螺纹牙型相邻两侧边的夹角称为牙型角。牙型侧边与螺纹轴线的垂线间的夹角称为牙型斜角 β。对于对称牙型 $\beta=\alpha/2$。

第二节 螺旋副的受力分析、效率和自锁

一、矩形螺纹

矩形螺纹的牙型斜角 $\beta=0°$[①]。

在轴向载荷作用下螺旋副相对运动时,可看作推动滑块(重物)沿螺纹运动(图6-2-1(a))。将矩形螺纹沿中径 d_2 展开可得一斜面(图6-2-1(b)),图中 λ 为螺纹升角。设 Q 为轴向载荷,F 为作用于中径处的水平推力,N 为法向反力,fN 为摩擦力,f 为摩擦因数,ρ 为摩擦角。当推动滑块沿斜面等速上升时,摩擦力向下,故总反力 R 与 Q 的夹角为 $\lambda+\rho$。由力的平衡条件可知,R、F 和 Q 三力组成力多边形封闭图(图6-2-1(b)),由图可得

$$F = Q\tan(\lambda+\rho) \tag{6-2-1}$$

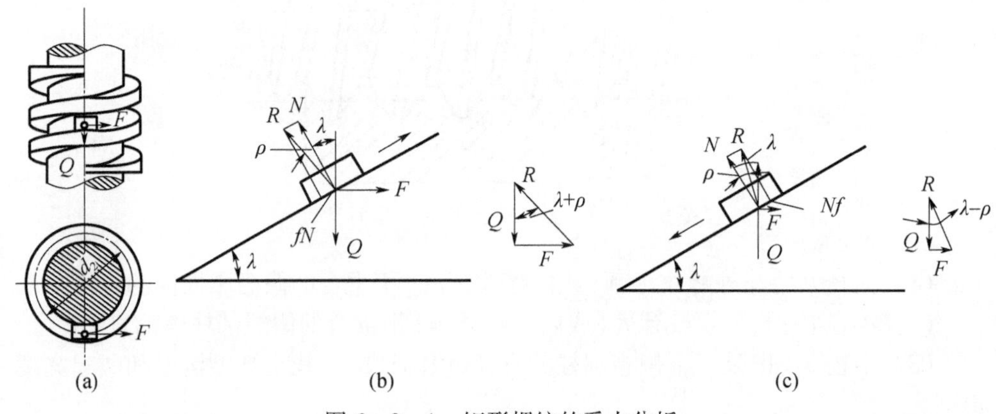

图6-2-1 矩形螺纹的受力分析

当滑块沿斜面等速下滑时,轴向载荷 Q 变为驱动力,而 F 变为支持力(图6-2-1(c))。由力多边形封闭图,可得

$$F = Q\tan(\lambda-\rho) \tag{6-2-2}$$

---

① 矩形螺纹的强度低,同轴性差,且难于精确切制,已很少采用。但用来进行力的分析则较为简便。

二、非矩形螺纹

非矩形螺纹是指牙型斜角 $\beta\neq0°$ 的三角形螺纹、梯形螺纹和锯齿形螺纹。

对比图 6-2-2(a) 和图 6-2-2(b) 可知,若略去升角的影响,在轴向载荷 Q 的作用下,非矩形螺纹的法向力比矩形螺纹大。若把法向力的增加看作摩擦因数的增加,则非矩形螺纹的摩擦阻力可写为

$$\frac{Q}{\cos\beta}f=\frac{f}{\cos\beta}Q=f'Q \tag{6-2-3}$$

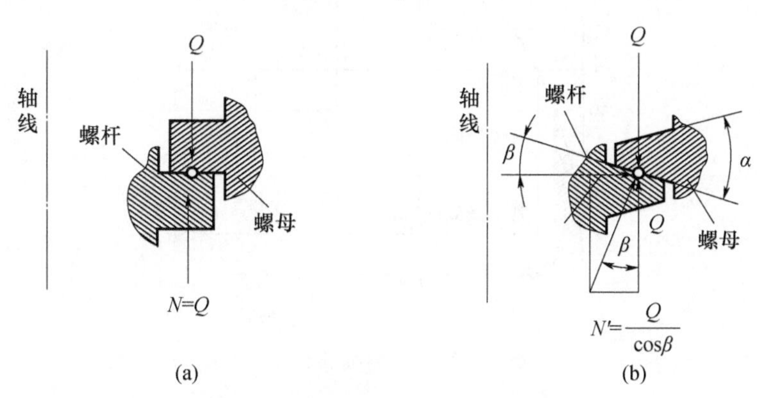

图 6-2-2　矩形螺纹与非矩形螺纹

式中:f' 为当量摩擦因数,即

$$f'=\frac{f}{\cos\beta}=\tan\rho' \tag{6-2-4}$$

式中:ρ' 为当量摩擦角;β 为牙型斜角。

因此,将图 6-2-1 的 fN 改为 $f'N$、ρ 改为 ρ',就可像矩形螺纹那样对非矩形螺纹进行力的分析。

当滑块沿非矩形螺纹等速上升时,可水平推力为

$$F=Q\tan(\lambda+\rho') \tag{6-2-5}$$

螺纹力矩为

$$T=F\frac{d_2}{2}=\frac{Qd_2}{2}\tan(\lambda+\rho') \tag{6-2-6}$$

螺纹力矩用来克服螺旋副的摩擦阻力和升起重物。

螺旋副的效率是有效功与输入功之比。若按螺旋转动一圈计算,输入功为 $2\pi T$,此时升举滑块(重物)所做的有效功为 QS,故螺旋副效率为

$$\eta=\frac{QS}{2\pi T}=\frac{\tan\lambda}{\tan(\lambda+\rho')} \tag{6-2-7}$$

由式(6－2－7)可知,当量摩擦角 $\rho'(\rho'=\arctan f')$ 一定时,效率只是升角 λ 的函数。由此可绘出螺旋副的效率曲线(图6－2－3)。令 $\frac{d\eta}{d\lambda}=0$,可求得当 $\lambda=45°-\frac{\rho'}{2}$ 时效率最高。过大的升角制造困难,且效率增高也不显著,所以一般 $\lambda\leqslant 25°$。

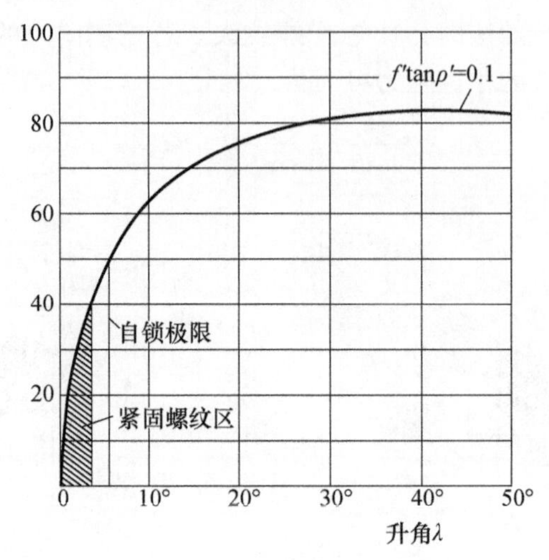

图6－2－3　螺旋副的效率

当滑块沿非矩形螺纹等速下滑时,可得

$$F=Q\tan(\lambda-\rho') \tag{6-2-8}$$

式中:F 为维持滑块等速下滑的支持力,它的方向如图6－2－1(c)所示。

由式(6－2－8)可知,当 $\lambda<\rho'$ 时 F 为负值,这就表明要使滑块下滑必须改变力 F 的方向,即必须施加推动力。否则单凭轴向载荷 Q 的作用,无论它有多大,滑块不会自动下滑。这种现象称为螺旋副的自锁。考虑到极限情况,自锁条件为

$$\lambda/\leqslant\rho' \tag{6-2-9}$$

第三节　机械制造常用螺纹

三角形螺纹主要有普通螺纹和管螺纹,前者多用于紧固连接,后者用于各种管道的紧密连接。

我国国家标准中,把牙型角 $\alpha=60°$ 的三角形米制螺纹称为普通螺纹,以大径 d 为公称直径。同一公称直径可以有多种螺距的螺纹,其中螺距最大的称为粗牙螺纹,其余都称为细牙螺纹(图6－3－1(a))。粗牙螺纹应用最广。细牙螺纹的升角小、小径大,因而自锁性能好、强度高,但不耐磨、易滑扣。适用于薄壁零件、受变载荷的连接、微调机构的调整。普通螺纹的基本尺寸如表6－3－1及表6－3－2

所列。

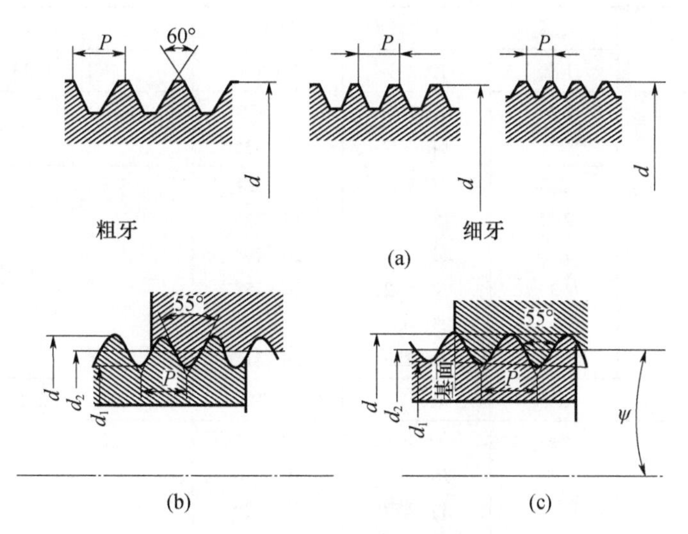

图 6-3-1　三角形螺纹

(a) 普通螺纹;(b) 非螺纹密封的管螺纹;(c) 用螺纹密封的管螺纹。

表 6-3-1　直径与螺距、粗牙普通螺纹基本尺寸

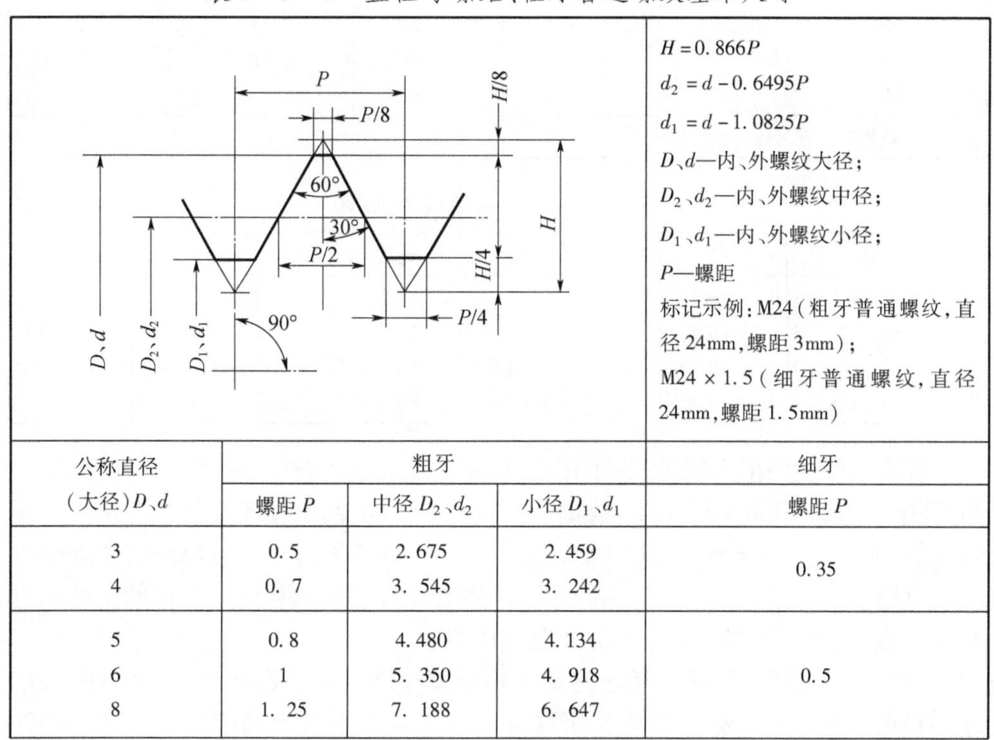

$H = 0.866P$

$d_2 = d - 0.6495P$

$d_1 = d - 1.0825P$

D、d—内、外螺纹大径;

D_2、d_2—内、外螺纹中径;

D_1、d_1—内、外螺纹小径;

P—螺距

标记示例:M24(粗牙普通螺纹,直径 24mm,螺距 3mm);

M24 × 1.5(细牙普通螺纹,直径 24mm,螺距 1.5mm)

公称直径(大径)D、d	粗牙			细牙
	螺距 P	中径 D_2、d_2	小径 D_1、d_1	螺距 P
3	0.5	2.675	2.459	0.35
4	0.7	3.545	3.242	
5	0.8	4.480	4.134	0.5
6	1	5.350	4.918	
8	1.25	7.188	6.647	

（续）

10	1.5	9.026	8.376	1.25,1,0.75
12	1.75	10.863	10.106	1.5,1.25,1,0.5
(14)	2	12.701	11.835	1.5,1
16	2	14.701	13.835	
(18)	2.5	16.376	15.294	2,1.5,1
20	2.5	18.376	17.294	
(22)	2.5	20.376	19.294	
24	3	22.052	20.752	
(27)	3	25.052	23.752	
30	3.5	27.727	26.211	
(33)	3.5	30.727	29.211	2,1.5
36	4	33.402	31.670	3,2,1.5
(39)	4	36.402	34.670	
42	4.5	39.077	37.129	
(45)	4.5	42.077	40.129	
48	5	44.752	42.588	
52	5	48.752	46.588	
56	5.5	52.428	50.046	4,3,2,1.5
(60)	5.5	56.428	54.046	
64	6	60.103	57.505	
(68)	6	64.103	61.505	
注：优先选用不带括号的公称直径				

表6－3－2　细牙普通螺纹基本尺寸　（mm）

螺距 P	中径 D_2、d_2	小径 D_1、d_1	螺距 P	中径 D_2、d_2	小径 D_1、d_1	螺距 P	中径 D_2、d_2	小径 D_1、d_1
0.35	d－1＋0.773	d－1＋0.621	1.25	d－1＋0.188	d－2＋0.647			
0.5	d－1＋0.675	d－1＋0.459	1.5	d－1＋0.026	d－2＋0.376	4	d－3＋0.402	d－5＋0.670
0.75	d－1＋0.513	d－1＋0.188	2	d－2＋0.701	d－3＋0.835	6	d－4＋0.103	d－7＋0.505
1	d－1＋0.350	d－2＋0.918	3	d－2＋0.052	d－4＋0.752			

管连接螺纹一般有四种，除了用普通细牙螺纹外，还有三种，55°圆柱管螺纹、55°圆锥管螺纹（图6－3－1（b）及6－3－1（c））和60°圆锥管螺纹（与55°圆锥管螺纹相似，但牙型角 $\alpha=60°$）。管螺纹的公称直径是管子的公称通径。圆柱管螺纹广泛应用于水、煤气、润滑管路系统中。圆锥管螺纹不用填料即能保证紧密性而且旋合迅速，适用于密封要求较高的管路连接中。

梯形螺纹和锯齿形螺纹用于传动。为了减少摩擦和提高效率，这两种螺纹的牙型斜角都比三角形螺纹小得多（图6－3－2），而且有较大的间隙以便储存润滑油。梯形螺纹的牙型斜角 $\beta = 15°$,比矩形螺纹容易切制。当采用剖分螺母时还可以消除因磨损而产生的间隙,因此应用较广。锯齿形螺纹工作面牙型斜角 $\beta = 3°$,效率比梯形螺纹高,但只适用于承受单方向的轴向载荷。

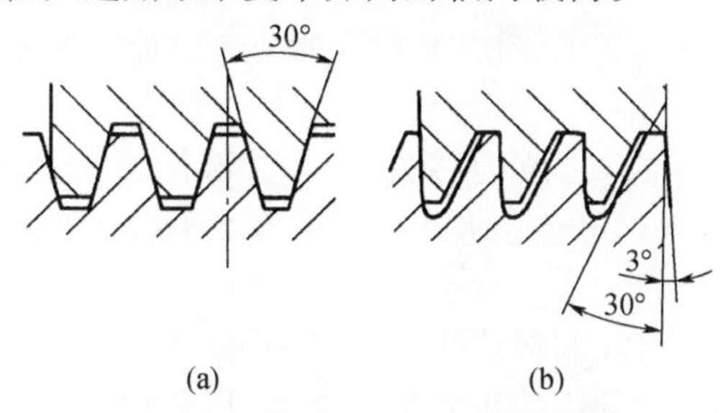

图 6-3-2　梯形螺纹和锯齿形螺纹
(a) 梯形;(b) 锯齿形。

例 6-3-1　试计算粗牙普通螺纹 M10 和 M68 的螺纹升角,并说明在静载荷下这两种螺纹能否自锁(已知摩擦因数 $f = 0.1 \sim 0.15$)。

解:(1) 螺纹升角:由表 6-3-1 查得 M10 的螺距 $P = 1.5\text{mm}$,中径 $d_2 = 9.026\text{mm}$,M68 的 $P = 6\text{mm}$,$d_2 = 64.103\text{mm}$。

对于 M10,有

$$\lambda = \arctan\frac{P}{\pi d_2} = \arctan\frac{1.5}{9.026\pi} = 3.03°$$

对于 M68,有

$$\lambda = \arctan\frac{P}{\pi d_2} = \arctan\frac{6}{64.103\pi} = 1.71°$$

(2) 自锁性能:普通螺纹的牙型斜角 $\beta = \frac{\alpha}{2} = 30°$,按摩擦因数 $f = 0.1$ 计算,相应的当量摩擦角为

$$\rho' = \arctan\frac{f}{\cos\beta} = \arctan\frac{0.1}{\cos 30°} = 6.59°$$

$\lambda < \rho'$,能自锁。

事实上,单线普通螺纹的升角约为 $1.5° \sim 3.5°$,远小于当量摩擦角。因此,在静载荷下都能保证自锁(见图 6-2-3 的紧固螺纹区)。

第四节　螺纹连接的基本类型及螺纹紧固件

一、螺纹连接的基本类型

螺纹连接有以下四种基本类型。

1. 螺栓连接

螺栓连接的结构特点是被连接件上不必切制螺纹(图 6－4－1),装拆方便,成本低,所以它的应用最广。图 6－4－1(b)采用铰制孔用螺栓,螺栓杆与孔壁之间没有间隙。这类螺栓适用于承受横向载荷(垂直于螺栓轴线方向)。

2. 双头螺柱连接

双头螺柱多用于较厚的被连接件或为了结构紧凑必须采用盲孔的连接(图 6－4－2(a))。双头螺柱连接允许多次装拆而不损坏被连接零件。

3. 螺钉连接

螺钉直接旋入被连接件的螺纹孔中,省去了螺母(图 6－4－2(b)),因此结构上比双头螺柱简单。但这种连接不宜经常装拆,以免被连接件的螺纹孔磨损而致修复困难。

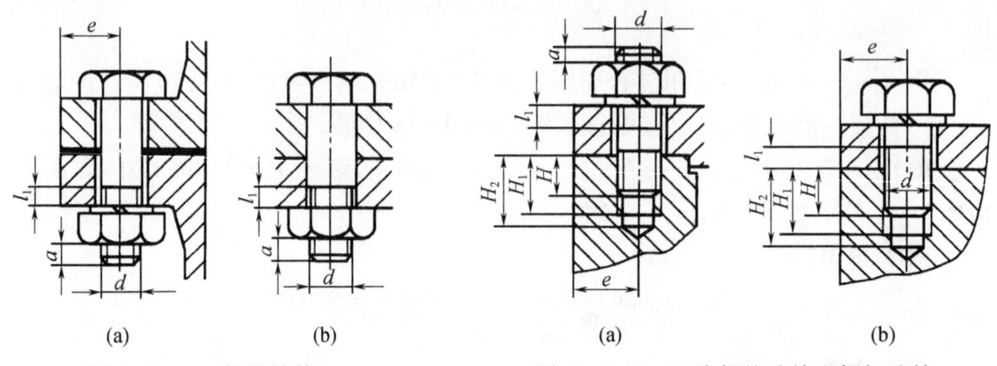

图 6－4－1　螺栓连接　　图 6－4－2　双头螺柱连接和螺钉连接

4. 紧定螺钉连接

紧定螺钉连接(图 6－4－3)常用来固定两零件的相对位置,并可传递不大的力或转矩。

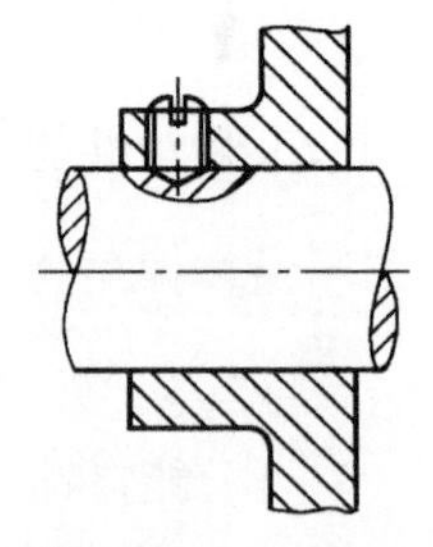

图 6－4－3　紧定螺钉连接

二、螺纹紧固件

螺纹紧固件的品种很多,大都已标准化,它是一种商品性零件。经合理选择其规格、型号后,可直接到五金交电商店购置。

1. 螺栓

螺栓的头部形状很多,但主要应用的是六角头和小六角头两种(图 6－4－4),冷镦工艺生产的小六角头螺栓具有材料利用率高,生产率高,力学性能高和成本低等优点,但由于头部尺寸较小,不宜用于装拆频繁、被连接件强度低和易锈蚀的地方。螺栓也应用于螺钉连接中(图 6－4－2(b))。

2. 双头螺柱

双头螺柱(图 6－4－5)旋入被连接件螺纹孔的一端称为座端,另一端为螺母端,其公称长度为 L。

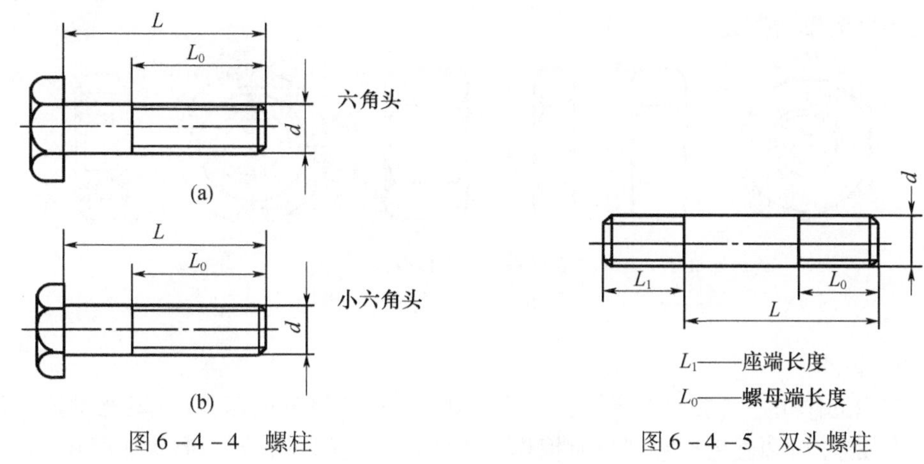

图 6-4-4　螺柱　　图 6-4-5　双头螺柱

3. 螺钉、紧定螺钉

螺钉、紧定螺钉的头部有内六角头、十字槽头(图 6-4-6(a))等多种形式,以适应不同的拧紧程度。紧定螺钉末端要顶住被连接件之一的表面或相应的凹坑,所以末端也具有各种形状(图 6-4-6(b))。

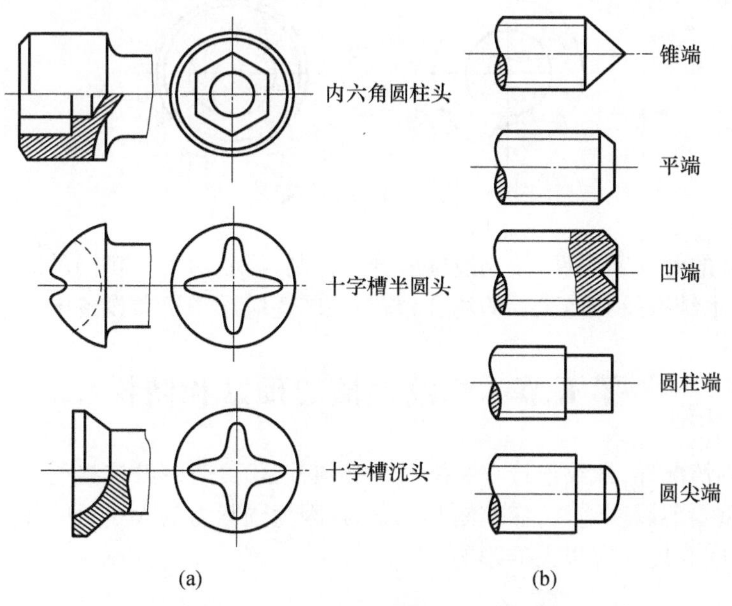

图 6-4-6　螺钉、紧定螺钉的头部和末端

4. 螺母

螺母的形状有六角的、圆的(图 6-4-7)等,六角螺母又有厚薄的不同。扁螺

母用于尺寸受到限制的地方,厚螺母用于经常装拆易于磨损之处。圆螺母常用于轴上零件的轴向固定。

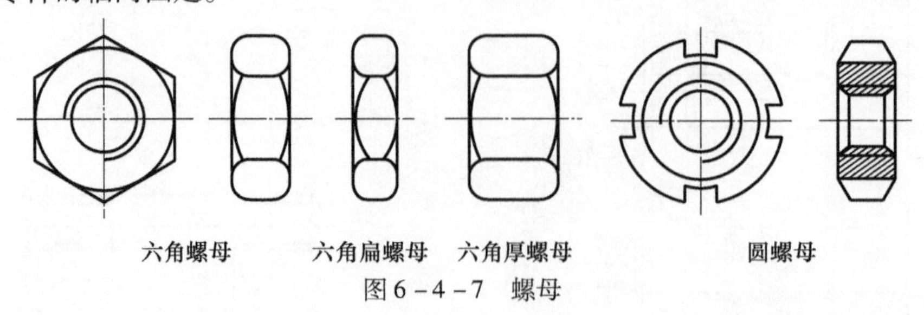

图6－4－7 螺母

5. 垫圈

垫圈的作用是增加被连接件的支承面积以减少接触处的压强(尤其当被连接件料强度较差时)和避免拧紧螺母时擦伤被连接件的表面。垫圈的形状如图6－4－8所示。有防松作用的垫圈见第五节。

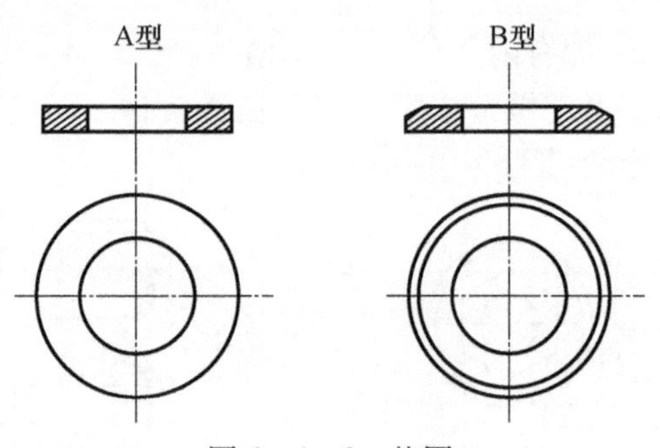

图6－4－8 垫圈

普通用的螺纹紧固件,按制造精度分为粗制、精制两类。粗制的螺纹紧固件多用于建筑,木结构及其他次要的场合,精制的广泛应用于机器设备中。

第五节 螺纹连接的预紧和防松

除个别情况外,螺纹连接在装配时都必须拧紧,这时螺纹连接受到预紧力的作用。对于重要的螺纹连接,应控制其预紧力,因为预紧力的大小对螺纹连接的可靠性、强度和密封性均有很大的影响。

一、拧紧力矩

螺纹连接的拧紧力矩 T,用来克服螺纹副相对转动的阻力矩 T_1 和螺母支承面上的摩擦阻力矩 T_2(图6－5－1),故

$$T = T_1 + T_2 = \frac{Q_0 d_2}{2}\tan(\lambda + \rho') + f_c Q_0 r_f \qquad (6-5-1)$$

式中：Q_0 为预紧力；d_2 为螺纹中径；f_c 为螺母与被连接件支承面之间的摩擦因数，无润滑时可取 $f_c = 0.15$；r_f 为支承面摩擦半径，$r_f \approx \frac{D_1 + d_0}{4}$，其中 D_1、d_0 为螺母支承面的外径和内径，如图 6-5-1 所示。

对于 M10～M68 的粗牙螺纹，若取 $f' = \tan\rho' = 0.15$ 及 $f_c = 0.15$，则式(6-5-1)可简化为

$$T \approx 0.2Q_0 d(\mathrm{N \cdot mm}) \qquad (6-5-2)$$

式中：d 为螺纹公称直径(mm)；Q_0 为预紧力(N)。

Q_0 值是由螺纹连接的要求来决定的(见第六节)，为了充分发挥螺栓的工作能力和保证预紧可靠，螺栓的预紧应力一般可达到材料屈服极限的 50%～70%。

小直径的螺栓装配时应施加小的拧紧力矩，否则就容易将螺栓杆拉断。对重要的有强度要求的螺栓连接，如无控制拧紧力矩的措施，不宜采用小于 M12～M16 的螺栓。

通常螺纹连接拧紧的程度是凭工人经验来决定的。为了能保证装配质量，重要的螺纹连接应按计算值控制拧紧力矩。较方便的方法是使用测力矩扳手，如图 6-5-2所示，较精确的方法是测量拧紧时螺栓的伸长变形量。

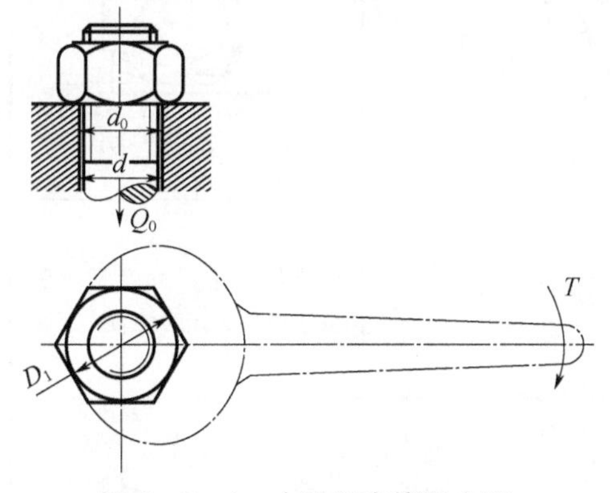

图 6-5-1　支承面摩擦阻力矩

图 6-5-2　测力矩扳手

二、螺纹连接的防松

如例 6-3-1 所述，连接用的三角形螺纹都具有自锁性，在静载荷和工作温度变化不大时不会自动松脱。但是在冲击、振动和变载的作用下，预紧力可能在某一瞬间消失，连接仍有可能松脱。高温的螺纹连接，由于温度变形差等原因，也可能发生松脱现象。因此，设计时必须考虑防松。

螺纹连接防松的根本问题在于防止螺纹副的相对转动。防松的方法很多,常用的几种方法如表6-5-1所列。

表6-5-1 常用的防松方法

利用附加摩擦力防松	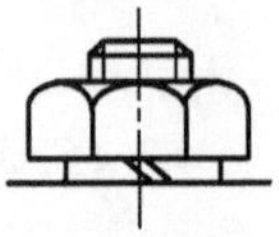 弹 簧 垫 圈	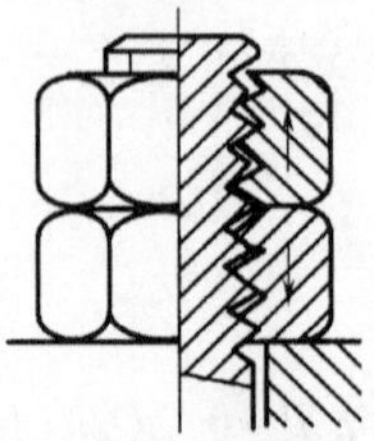 对 顶 螺 母	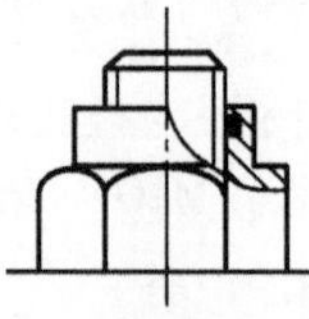 尼龙圈锁紧螺母
	弹簧垫圈材料为弹簧钢,装配后垫圈被压平,其反弹力能使螺纹间保持压紧力和摩擦力	利用两螺母的对顶作用使螺栓始终受到附加的拉力和附加的摩擦力。结构简单,可用于低速重载场合	螺母中嵌有尼龙圈,拧上后尼龙圈内孔被胀大,箍紧螺栓
采用专门防松元件防松	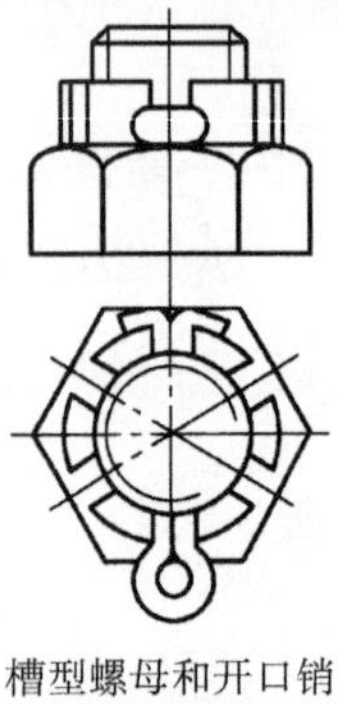 槽型螺母和开口销	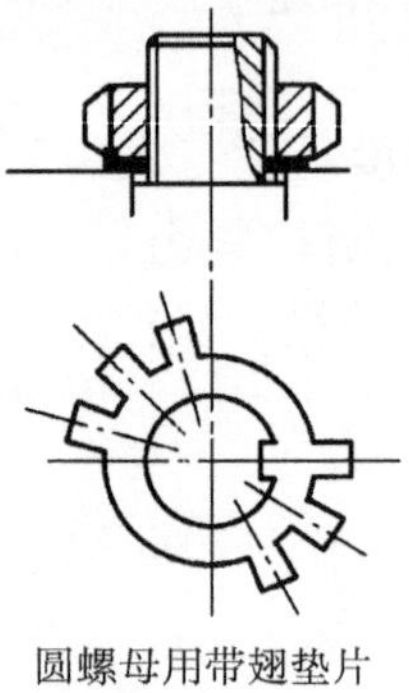 圆螺母用带翅垫片	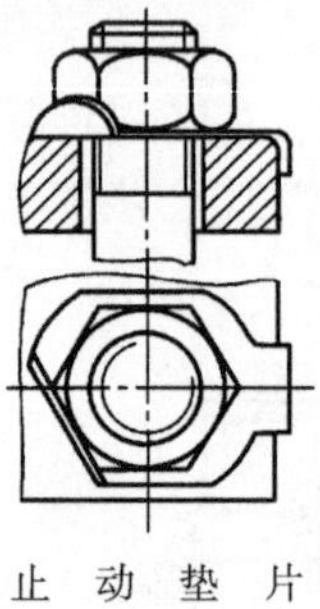 止 动 垫 片
	槽型螺母拧紧后,用开口销穿过螺栓尾部小孔和螺母的槽,也可用普通螺母拧紧后再配钻开口销孔	使垫片内翅嵌入螺栓的槽内,拧紧螺母后将垫片外翅之一折嵌于螺母的一个槽内	将垫片折边以固定螺母和被连接件的相对位置
其他方法防松	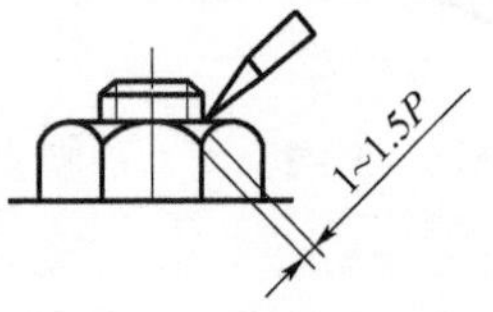 1~1.5P 冲点法防松,用冲头冲2~3点	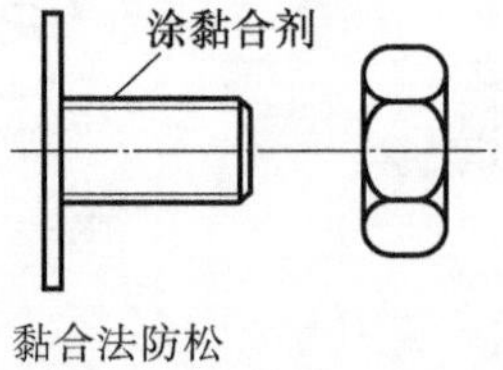 涂黏合剂 黏合法防松	用黏合剂涂于螺纹旋合表面,拧紧螺母后黏合剂能自行固化,防松效果良好

例6-5-1 一螺旋起重器如图6-5-3所示。已知最大起重量$Q=30\text{kN}$,采用单线梯形螺纹,公称直径$d=40\text{mm}$,螺距$P=6\text{mm}$;摩擦因数$f=0.08$,螺杆与托杯之间支承面的摩擦因数$f_c=0.10$,摩擦半径$r_f=\dfrac{D_i+D_0}{4}=20\text{mm}$。试求:

(1)能否自锁;

(2)举起重物所需的驱动力矩;

(3)此起重器的总效率。

解:(1)自锁性能:梯形螺纹的牙型斜角 $\beta = \alpha/2 = 15°$,故当量摩擦角为

$$\rho' = \arctan\frac{f}{\cos\beta} = \arctan\frac{0.08}{\cos15°} = 4.73°$$

由手册中查得该螺纹的中径

$d_2 = 37\text{mm}$(GB784-65),故升角为

$$\lambda = \arctan\frac{P}{\pi d_2} = \arctan\frac{6}{37\pi} = 2.95°$$

$\lambda < \rho'$,此起重器可以自锁。

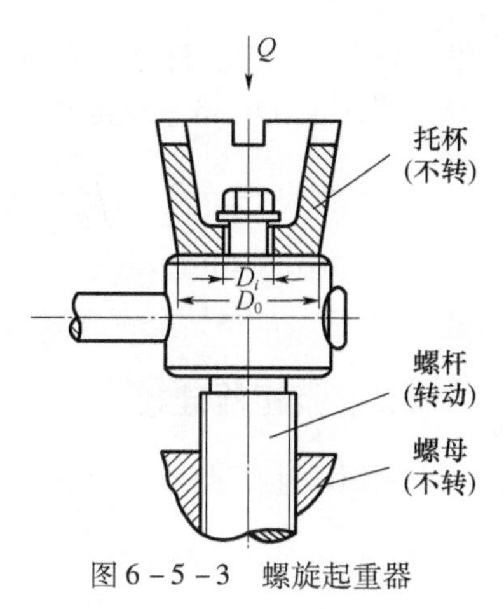

图 6-5-3　螺旋起重器

(2) 驱动力矩:$T = T_1 + T_2 = \frac{Qd_2}{2}\tan(\lambda + \rho') + Qf_e r_f = 135 \times 10^8\text{N}\cdot\text{mm}$

(3) 起重器的总效率:$\eta = \frac{QP}{2\pi T} = \frac{30 \times 10^3 \times 6}{2\pi \times 135 \times 10^3} = 21.2\%$

第六节　螺栓连接的强度计算

螺栓的主要失效形式:①螺栓杆拉断;②螺纹的压溃和剪断;③经常装拆时会因磨损而发生滑扣现象。螺栓与螺母的螺纹牙及其他各部尺寸是根据等强度原则及使用经验规定的。采用标准件时,这些部分都不需要进行强度计算。所以,螺栓连接的计算是确定螺纹小径 d_1,然后按照标准选定螺纹公称直径(大径)d 及螺距 P 等。

一、松螺栓连接

松螺栓连接装配时不需要把螺母拧紧,在承受工作载荷前,除有关零件的自重外(自重一般很小,强度计算时可略去),连接并不受力,图 6-6-1 所示吊钩尾部的连接是其应用实例。当承受轴向工作载荷 Q(N)时,其强度条件为

$$\sigma = \frac{Q}{\frac{\pi d_1^2}{4}} \leqslant [\sigma] \qquad (6-6-1)$$

式中:d_1 为螺纹小径(mm);$[\sigma]$为许用拉应力(N/mm^2)。

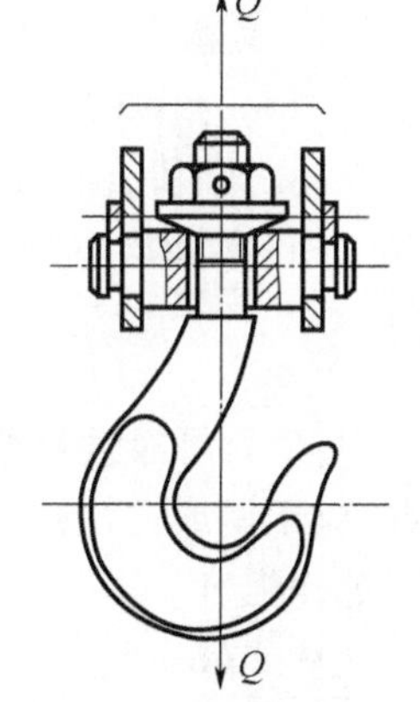

图 6-6-1　起重吊钩

例 6-6-1　如图 6-6-1 所示,已知载荷 $Q = 27\text{kN}$,

吊钩材料为 35 钢，许用拉应力$[\sigma]=60\text{N/mm}^2$，试求吊钩尾部螺纹直径。

解：由式(6－6－1)得螺纹小径为

$$d_1=\sqrt{\frac{4Q}{\pi[\sigma]}}=\sqrt{\frac{4\times 27\times 10^3}{60\pi}}=23.033(\text{mm})$$

由表 6－3－1 查得，$d=27\text{mm}$ 时 $d_1=23.752\text{mm}$，比根据强度计算求得的 d_1 值略大，合宜。故吊钩尾部螺纹可采用 M27。

二、紧螺栓连接

紧螺栓连接装配时需要拧紧，因此在承受工作载荷前，螺栓已受到预紧力 Q_0，见式(6－5－1)。这时螺栓危险截面(螺纹小径 d_1 处)除受拉应力 $\sigma=\dfrac{Q_0}{\pi d_1^2/4}$外，还受到螺纹力矩 T_1 所引起的扭切应力 $\tau=\dfrac{T_1}{\pi d_1^3/16}=\dfrac{Q_0\tan(\lambda+\rho')\cdot d_2/2}{\pi d_1^3/16}=\dfrac{2d_2}{d_1}\tan(\lambda+\rho')\dfrac{Q_0}{\pi d_1^2/4}$。对于 M10～M68 的普通螺纹，取 d_2、d_1 和 λ 的平均值，并取 $\tan\rho'=f'=0.15$，得 $\tau\approx 0.5\sigma$。按照第四强度理论(最大形变能理论)，当量应力 σ_e 为

$$\sigma_e=\sqrt{\sigma^2+3\tau^2}=\sqrt{\sigma^2+3(0.5\sigma)^2}\approx 1.3\sigma$$

故紧螺栓连接的螺栓螺纹部分强度条件为

$$\frac{1.3Q_0}{\pi d_1^2/4}\leqslant[\sigma] \tag{6－6－2}$$

式中：$[\sigma]$为螺栓的许用应力(N/mm^2)，其值见第七节。

图 6－6－2 所示为螺栓的真实危险截面，精确计算时可按此截面计算。真实危险截面的计算面积可在《机械工程手册》第 27 篇查取。

1. 受横向工作载荷的螺栓强度

图 6－6－3 所示的螺栓连接，承受垂直于螺栓轴线的横向工作载荷 R，图中螺栓与孔之间留有间隙。工作时，若接合面内的摩擦力足够大，则被连接件之间不会发生相对滑动。因此，螺栓所需的预紧力为

$$Q_0\geqslant\frac{CR}{mf} \tag{6－6－3}$$

式中：C 为可靠性系数，通常取 $C=1.1\sim1.3$；m 为接合面数目；f 为接合面摩擦因数，对于钢或铸铁被连接件可取 $f=0.1\sim0.15$。求出 Q_0值后，可按式(6－6－2)计算螺栓强度。

从式(6－6－3)来看，当 $f=0.15$、$C=1.2$、$m=1$ 时，$Q_0\geqslant 8R$。即预紧力应为横向工作载荷的 8 倍，所以螺栓连接靠摩擦力来承担横向载荷时，其尺寸是较大的。为了避免上述缺点，可用键、套筒或销承担横向工作载荷，而螺栓仅起连接作用

(图6-6-4)。这种具有减载装置的连接,其连接强度是按键、套筒或销的强度条件进行核算,并不计螺栓预紧力的作用。

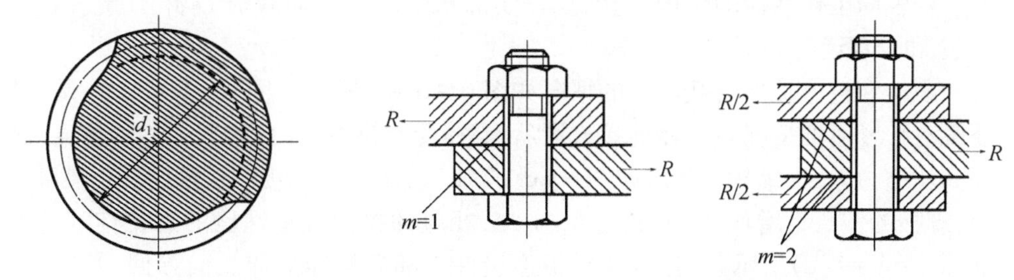

图6-6-2　螺栓的真实截面　　图6-6-3　受横向截荷的螺栓连接

此外,也可采用铰制孔用螺栓承受横向载荷(图6-6-5)。其强度条件为

$$\tau = \frac{R}{m\frac{\pi d_0^2}{4}} \leqslant [\tau] \qquad (6-6-4)$$

$$\sigma_p = \frac{R}{d_0\delta} \leqslant [\sigma_p] \qquad (6-6-5)$$

式中:d_0 为螺栓剪切面的直径(mm);δ 为螺栓杆与被连接件孔壁间接触受压的最小轴向长度(mm);m 为螺栓剪切面的数目;$[\tau]$ 为螺栓许用切应力(N/mm^2);$[\sigma_p]$ 为螺栓或孔壁的许用挤压应力(N/mm^2)。$[\tau]$ 和 $[\sigma]$ 的值见第七节。

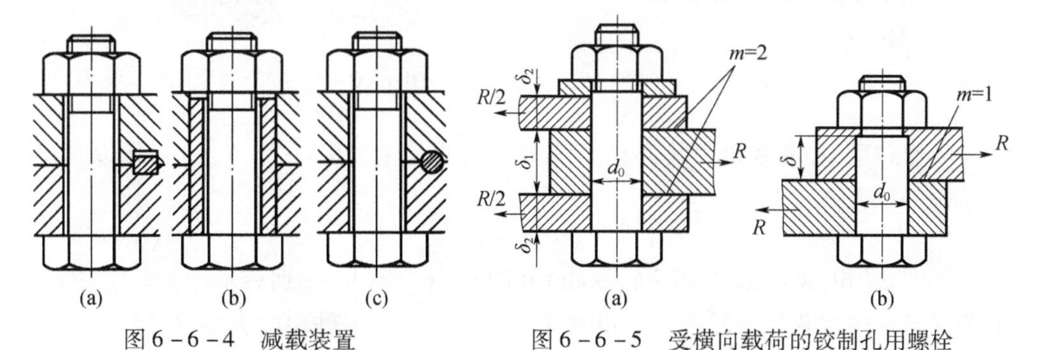

图6-6-4　减载装置　　图6-6-5　受横向载荷的铰制孔用螺栓

2. 受轴向工作载荷的螺栓强度

在图6-6-6所示的缸体中,设流体压力为 p,螺栓数为 z[①],则缸体周围每个

① 为保证容器接合面密封可靠,允许的螺栓最大间距 $l(\pi D_0/z)$ 为:$l \leqslant 7d$(当 $p \leqslant 1.6N/mm^2$ 时);$l \leqslant 4.5d$(当 $p = 1.6 \sim 10N/mm^2$ 时);$l \leqslant (4 \sim 3)d$(当 $p = 10 \sim 30N/mm^2$ 时),式中:d 为螺栓公称直径。确定螺栓数 z 时,应使其满足上述条件。

螺栓平均承受的轴向工作载荷为 $Q_e=\dfrac{p\cdot\pi D^2/4}{z}$。

受轴向工作载荷的螺栓连接，螺栓实际承受的总拉伸载荷 Q 并不等于 Q_0 与 Q_e 之和。现说明如下：

螺栓和被连接件受载前后的情况如图 6-6-7 所示。图 6-6-7(a)是连接还没有拧紧时的情况。螺栓连接拧紧后，螺栓受到拉力 Q_0 而伸长了 δ_{b0}，被连接件受到压缩力 Q_0 而缩短了 δ_{e0}，如图 6-6-7(b)所示。在连接承受轴向工作载荷 Q_e 时，螺栓的伸长量增加 $\Delta\delta$ 而成为 $\delta_{b0}+\Delta\delta$，相应的拉力就是螺栓的总拉伸载荷 Q，如图 6-6-7(c)所示。与此同时，被连接件则随着螺栓的伸长而弹回，其压缩量减少了 $\Delta\delta$ 而成为 $\delta_{c0}-\Delta\delta$，与此相应的压力就是残余预紧力 Q_r(图 6-6-7(c))。

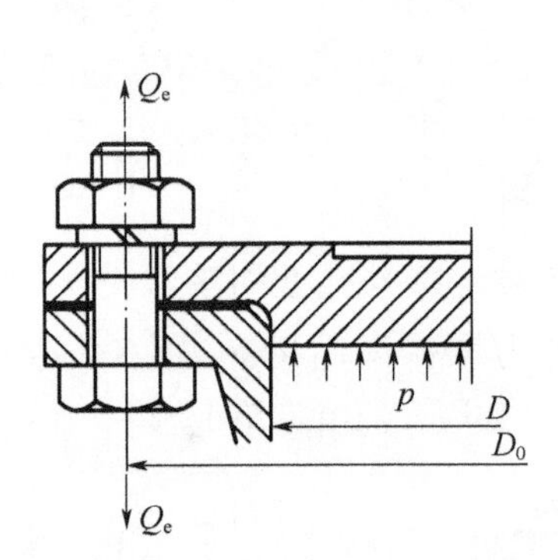

图 6-6-6 压力容器的螺栓连接

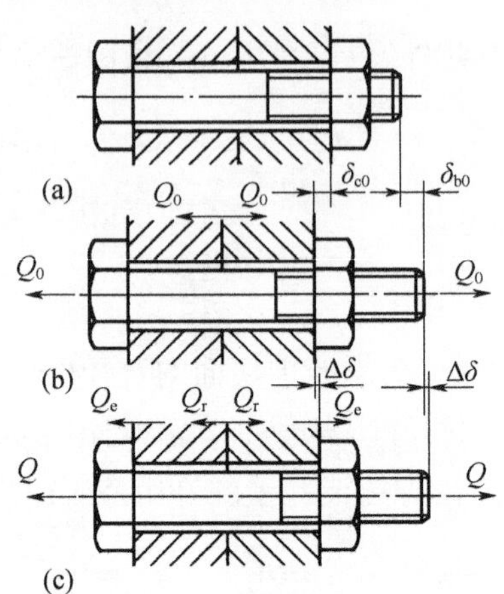

图 6-6-7 载荷与变形的示意图

工作载荷 Q_e 和残余预紧力 Q_r 一起作用在螺栓上(图 6-6-7(c))，所以螺栓的总拉伸载荷为

$$Q=Q_e+Q_r \tag{6-6-6}$$

如图 6-6-8 所示，图 6-6-8(a)和图 6-6-8(b)分别表示 Q_0 与 δ_{b0} 和 δ_{c0} 的关系。按照此载荷变形图也可得到式(6-6-6)，若零件中的应力没有超过比例极限，从图中可知，螺栓刚度 $k_b=\dfrac{Q_0}{\delta_{b0}}$，被连接件刚度 $k_c=\dfrac{Q_0}{\delta_{c0}}$。在连接未受工作载荷时，螺栓中的拉力和被连接件的压缩力都等于 Q_0，所以把图 6-6-8(a)和图 6-6-8(b)合并可得图 6-6-8(c)。

从图 6-6-8 可知，承受工作载荷 Q_e 后，螺栓的伸长量为 $\delta_{b0}+\Delta\delta$，相应的总拉伸载荷为 Q；被连接件的压缩量为 $\delta_{c0}-\Delta\delta$，相应的残余预紧力为 Q_r；而 $Q=Q_e+Q_r$，此即式(6-6-6)。

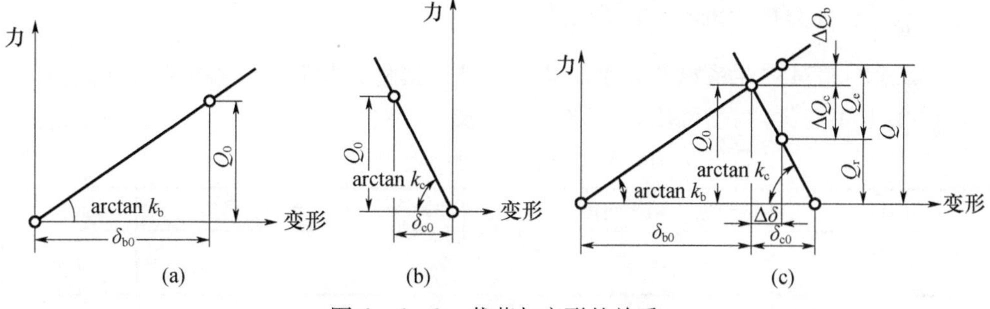

图 6-6-8　载荷与变形的关系

紧螺栓连接应能保证被连接件的接合面不出现缝隙,因此残余预紧力 Q_r 应大于零。当工作载荷 Q_e 没有变化时,可取 $Q_r=(0.2\sim0.6)Q_e$;当 Q_e 有变化时,$Q_r=(0.6\sim1.0)Q_e$;对于有紧密性要求的连接(如压力容器的螺栓连接),$Q_r=(1.5\sim1.8)Q_e$。

在一般计算中,可先根据连接的工作要求规定残余预紧力 Q_r,然后由式(6-6-6)求出总拉伸载荷 Q,则螺栓螺纹部分的强度条件为

$$\frac{1.3Q}{\pi d_1^2/4}\leqslant[\sigma] \tag{6-6-7}$$

式中:1.3 值是考虑在螺栓受轴向工作载荷时,可能需要补充拧紧(应尽量避免),此时应计入扭切应力的影响。螺栓的许用拉应力$[\sigma]$查表 6-7-2。

若轴向工作载荷 Q_e 在 $0\sim Q_e$ 间周期变化,则螺栓所受总拉伸载荷 Q 就在 $Q_0\sim Q$间变化。受变载荷螺栓的粗略计算可按总拉伸载荷 Q 进行,其强度条件仍为式(6-6-7),所不同的是许用应力应按表 6-7-2 和表 6-7-3 在变载荷项内查取。

从图 6-6-8 还可导出各力之间的关系以及螺栓刚度和被连接件刚度对这些力的影响。

$$Q=Q_0+\Delta Q_b=Q_0+k_b\Delta\delta \tag{6-6-8}$$

$$Q_r=Q_0-\Delta Q_c=Q_0-k_c\Delta\delta \tag{6-6-9}$$

而 $Q_e=\Delta Q_b+\Delta Q_c=k_b\Delta\delta+k_c\Delta\delta$,即 $\Delta\delta=\dfrac{Q_e}{k_b+k_c}$,将此代入式(6-6-8)、式(6-6-9)后得

$$Q=Q_0+Q_e\frac{k_b}{k_b+k_c} \tag{6-6-10}$$

$$Q_r=Q_0-Q_e\left(1-\frac{k_b}{k_b+k_c}\right) \tag{6-6-11}$$

式中：$\frac{k_b}{k_b+k_c}$称为螺栓的相对刚性系数。

螺栓的相对刚性系数的大小与螺栓及被连接件的材料、尺寸和结构有关，其值在0～1之间变化，一般可按表6－6－1选取。

表6－6－1 螺栓的相对刚性系数

垫片类别	金属垫片或无垫片	皮革垫片	铜皮石棉垫片	橡胶垫片
$\frac{k_b}{k_b+k_c}$	0.2～0.3	0.7	0.8	0.9

第七节 螺栓的材料和许用应力

螺栓的常用材料为A2、A3、10、35和45钢，重要和特殊用途的螺纹连接件可采用15Cr、40Cr、30CrMnSi等力学性能较高的合金钢。螺栓常用材料的力学性能如表6－7－1所列，螺纹连接的许用应力及完全系数如表6－7－2和表6－7－3所列。

表6－7－1 螺栓的常用材料及其力学性能 （N/mm^2）

钢 号	强 度 极 限 σ_B	屈 服 极 限 σ_S
10	340～420	210
A2	340～420	220
A3	410～470	240
35	540	320
45	650	360
10Cr	750～1000	650～900

表6－7－2 螺栓连接的许用应力

紧螺栓连接的受载情况		许用应力
受轴向载荷、横向载荷		$[\sigma]=\frac{\sigma_s}{S}$ 控制预紧力时$S=1.2\sim1.5$，不控制预紧力时S查表6－7－3
铰制孔螺栓受横向载荷	静 载 荷	$[\tau]=\frac{\sigma_s}{2.5}$ 被连接件为钢时：$[\sigma]=\frac{\sigma_s}{1.25}$ 被连接件为铸铁时：$[\sigma_p]=\frac{\sigma_s}{2\sim2.5}$
	变 载 荷	$[\tau]=\frac{\sigma_s}{3.5\sim5}$ $[\sigma_p]$—按静载荷的$[\sigma_p]$值降低20%～30%

表 6-7-3　紧螺栓连接的安全系数 S(不控制预紧力时)

材料	静载荷			变载荷	
	M6～M16	M16～M30	M30～M60	M6～M16	M16～M30
碳素钢	4～3	3～2	2～1.3	10～6.5	6.5
合金钢	5～4	4～2.5	4～2.5	7.5～5	5

例 6-7-1　一钢制液压油缸,油压 $p=1.6\mathrm{N/mm^2}$,$D=160\mathrm{mm}$,试计算缸盖的螺栓连接和螺栓分布圆直径 D_0(图 6-6-6)。

解:(1)决定螺栓工作载荷 Q_e,暂取螺栓数 $z=8$,则每个螺栓承受的平均轴向工作载荷 Q_e 为

$$Q_e=\frac{p\cdot\pi D^2/4}{z}=1.6\times\frac{\pi(160)^2}{4\times8}=4.02\mathrm{kN}$$

(2)决定螺栓总拉伸载荷 Q,根据前面所述,对于压力容器取残余预紧力 $Q_r=1.8Q_e$,则由式(6-6-6)可得

$$Q=Q_e+1.8Q_e=2.8\times4.02=11.3\mathrm{kN}$$

(3)求螺栓直径。选取螺栓材料为 45 钢,$\sigma_s=360\mathrm{N/mm^2}$(表 6-7-1),装配时不控制预紧力,按表 6-7-3 暂取安全系数 $S=3$,螺栓许用应力为

$$[\sigma]=\frac{\sigma_s}{S}=\frac{360}{3}=120\mathrm{N/mm^2}$$

由式(6-6-7)得螺纹的小径为

$$d_1\geqslant\sqrt{\frac{4\times1.3Q}{\pi[\sigma]}}=\sqrt{\frac{4\times1.3\times11.3\times103}{\pi\times120}}=12.5\mathrm{mm}$$

查表 6-3-1,即 M16 螺栓(小径 $d_1=13.835\mathrm{mm}$)。按照表 6-7-3 可知所取安全系数 $S=3$ 是正确的。

(4)决定螺栓分布圆直径。设油缸壁厚为 10mm,从图 6-4-1 可以决定螺栓分布圆直径 D_0 为

$$D_0=D+2e+2\times10=160+2[16+(3\sim6)]+2\times10=218\sim224\mathrm{mm}$$

取 $D_0=220\mathrm{mm}$。

螺栓间距为

$$l=\frac{\pi D_0}{z}=\frac{\pi\times220}{8}=86.4\mathrm{mm}$$

由本章第六节的脚注可知,当 $p\leqslant1.6\mathrm{N/mm^2}$ 时,$l\leqslant7d=7\times16=112\mathrm{mm}$,所以选取的 D_0 和 z 是合宜的。

在本例题中,求螺纹直径时要用到许用应力$[\sigma]$,而$[\sigma]$又与螺纹直径有关,所以常需采用试算法。这种方法在其他零件设计计算中还要经常用到。

第八节　提高螺栓连接强度的措施

螺栓连接承受轴向变载荷时，其损坏形式多为螺栓杆部分的疲劳断裂，通常都发生在应力集中较严重之处，即螺栓头部、螺纹收尾部和螺母支承平面所在处的螺纹（图 6－8－1）。以下简要说明影响螺栓强度的因素和提高强度的措施。

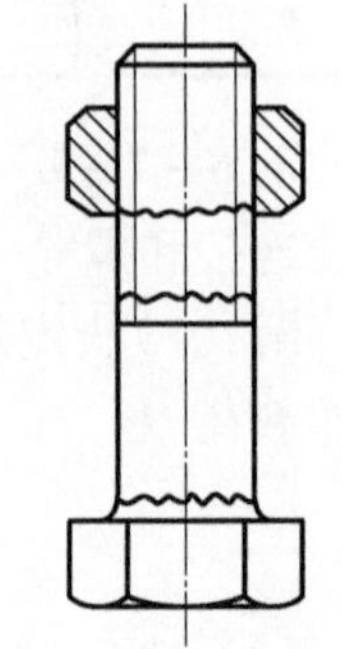

图 6－8－1　螺栓疲劳断裂的部位

一、降低螺栓总拉伸载荷 Q 的变化范围

螺栓所受的轴向工作载荷 Q_e 在 $0 \sim Q_e$ 间变化时，则从式(6－6－10)得螺栓总拉伸载荷 Q 的变化范围为 $Q_0 \sim \left(Q_0 + Q_e \dfrac{k_b}{k_b + k_c}\right)$，若减小螺栓刚度 k_b 或增大被连接件刚度 k_c 都可以减小 Q 的变化范围。这对防止螺栓的疲劳损坏是十分有利的。

从式(6－6－11)可知，减小 k_b 或增大 k_c 将使残余预紧力 Q_r 减小，这就降低连接的密封性。若在减小 k_b 或增大 k_c 的同时，适当增加预紧力 Q_0，可使 Q_r 不致减少太多或使 Q_r 保持不变。图 6－8－2(a)和图 6－8－2(b)是在 Q_e 和 Q_r 相同情况下，减小 k_b、增大 k_c 和 Q_0 后与原来载荷变化情况的比较。

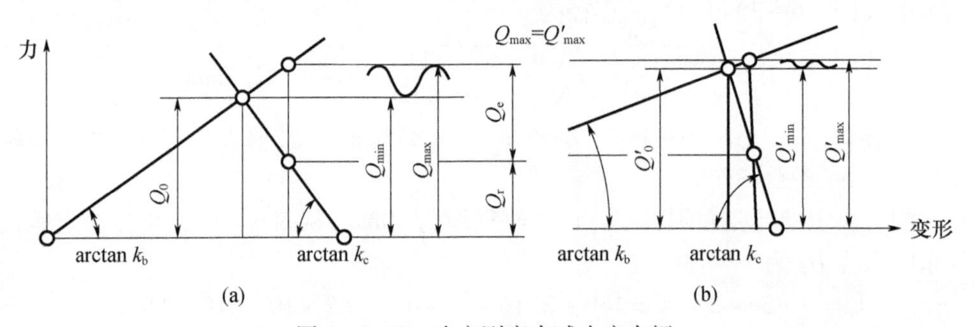

图 6－8－2　改变刚度来减小应力幅

为了减小螺栓刚度，可减小螺栓光杆部分直径或采用空心螺杆（图 6－8－3(a)和图 6－8－3(b)），有时也可增加螺栓的长度。

被连接件本身的刚度是较大的，但被连接件的接合面因需要密封而采用软垫片时（图 6－8－4(a)）将降低其刚度。若采用金属薄垫片或采用 O 形密封圈作为密封元件（图 6－8－4(b)），则仍可保持被连接件原来的刚度值。

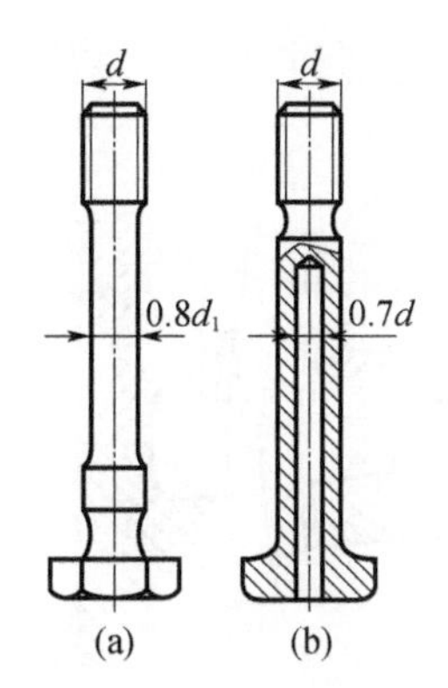

图 6-8-3　减小螺栓刚度的结构

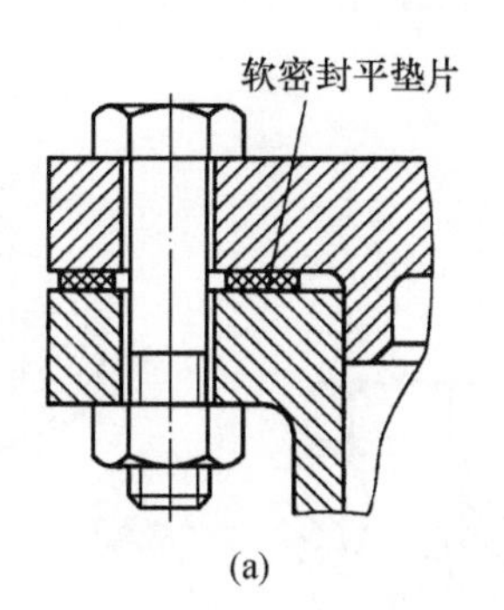

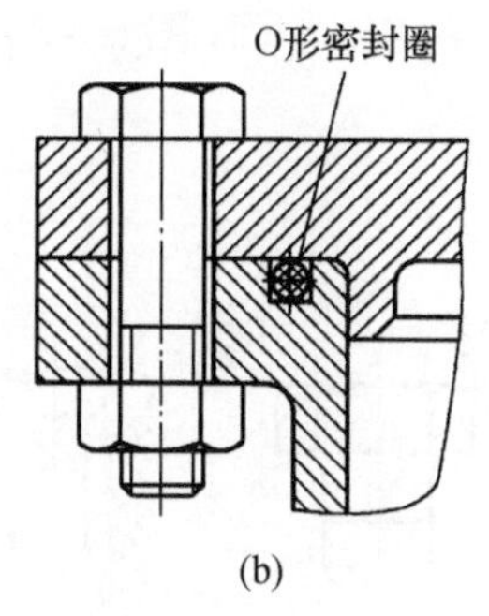

(a)　(b)

图 6-8-4　软垫片和密封

二、改善螺纹牙间的载荷分布

采用普通螺母时，轴向载荷在旋合螺纹各圈间的分布是不均匀的，如图 6-8-5(a)所示，从螺母支承面算起，第一圈受载最大，以后各圈递减。理论分析和试验证明，旋合圈数越多，载荷分布不均的程度也越显著，到第 8~10 圈以后，螺纹几乎不受载荷。所以，采用圈数多的厚螺母，并不能提高连接强度。若采用图 6-8-5(b)的悬置（受拉）螺母，则螺母锥形悬置段与螺栓杆均为拉伸变形，有助于减少螺母与栓杆的螺距变化差，从而使载荷分布比较均匀。图 6-8-5(c)为环槽螺母，其作用和悬置螺母相似。

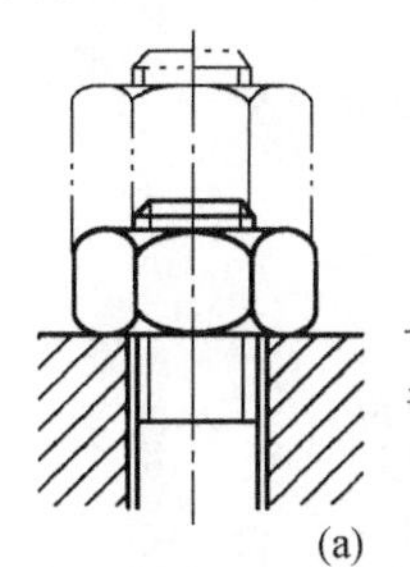

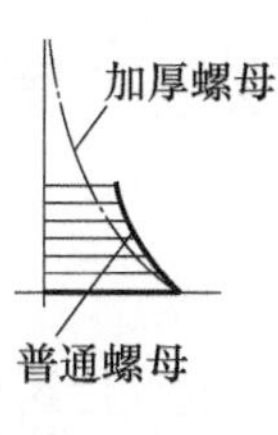

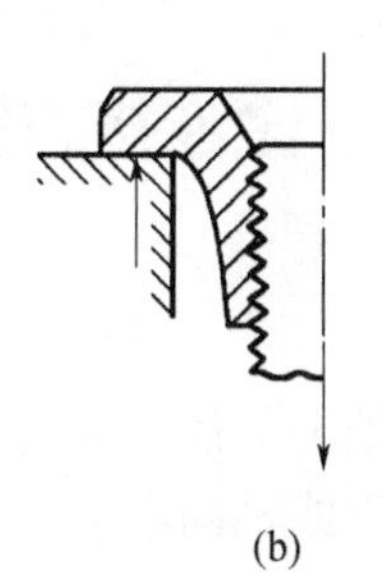

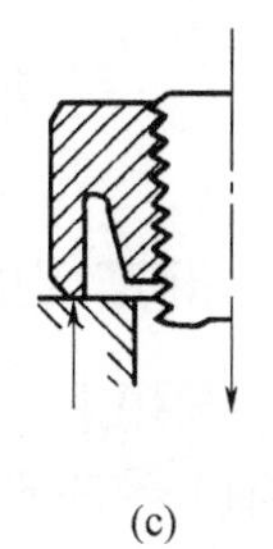

(a)　(b)　(c)

图 6-8-5　改善螺纹牙的载荷分析

使螺栓截面变化均匀是减小螺栓应力集中的有方法，增大过渡处圆角、切削卸载槽等都是常用的措施（图 6-8-6）。

三、避免或减小附加应力

还应注意，由于设计、制造或安装上的疏忽，有可能使螺栓受到附加弯曲应力（图 6-8-7），这对螺栓疲劳强度的影响很大，应设法避免。例如，在铸件或锻件等未加工表面上安装螺栓时，常采用凸台或沉头座等结构，经切削加工后可获得平整的支承面(图6-8-8)。

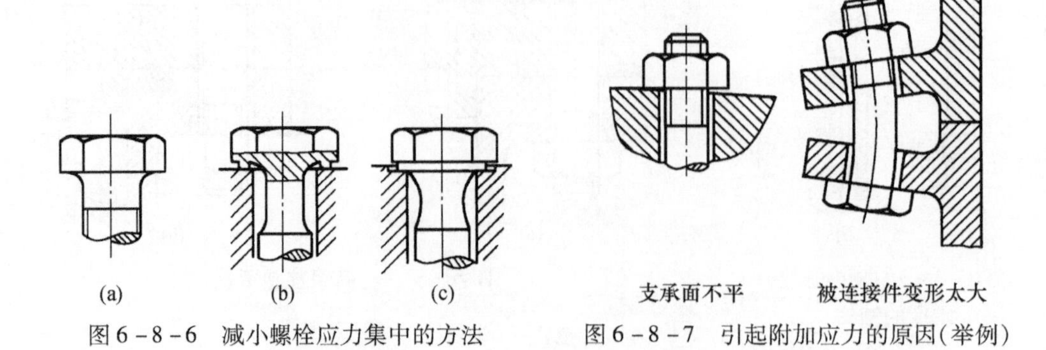

图6-8-6　减小螺栓应力集中的方法　　　图6-8-7　引起附加应力的原因(举例)

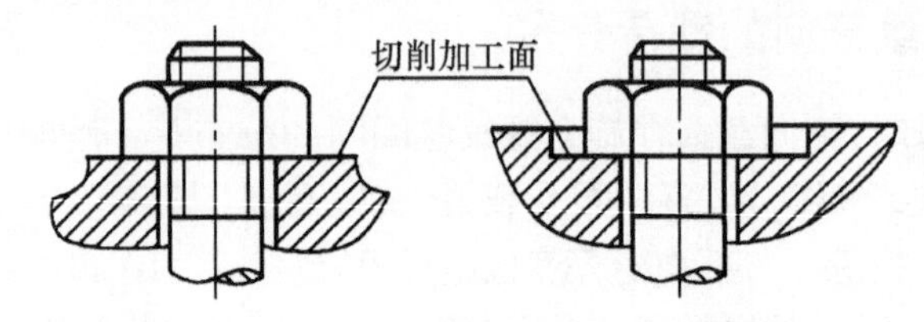

图6-8-8　避免附加应力的方法(举例)

除上述方法外，在制造工艺上采取冷镦头部和辗压螺纹的螺栓，其疲劳强度比车制螺栓约高30%；氰化、氮化等表面硬化处理也能提高疲劳强度。

第九节　键连接、花键连接及销连接

一、键连接的类型

键主要用来实现轴和轴上零件之间的周向固定以传递转矩。有些类型的键还可实现轴上零件的轴向固定或轴向移动。

键是标准件，分为平键、半圆键、楔键和切向键等。设计时应根据各类键的结构和应用特点进行选择。

1. 平键连接

平键的两侧面是工作面，上表面与轮毂槽底之间留有间隙(图6-9-1)。这种键定心性较好、装拆方便。常用的平键有普通平键和导向平键两种。

普通平键的端部形状可制成圆头(A型)、方头(B型)或单圆头(C型)。圆头键的轴槽用指形铣刀加工，键在槽中固定良好，但轴上键槽端部的应力集中较大。方头键用盘形铣刀加工，轴的应力集中较小。单圆头键常用于轴端。普通平键应

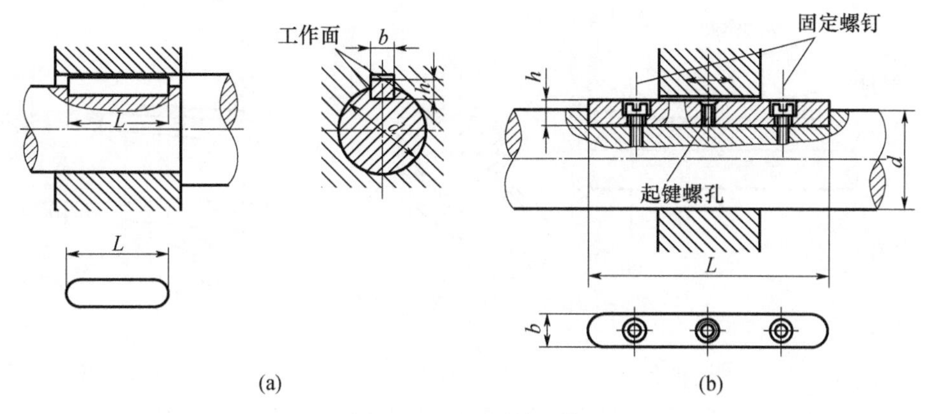

图 6－9－1　平键连接

(a) 普通平键;(b) 导向平键。

用最广。

导向平键较长,需用螺钉固定在轴槽中,为了便于装拆,在键上制出起键螺纹孔(图 6－9－1(b))。这种键能实现轴上零件的轴向移动,构成动连接。如变速箱的滑移齿轮即可采用导向平键。

2. 半圆键连接

半圆键也是以两侧面为工作面(图 6－9－2(a)),与平键一样有定心较好的优点。半圆键能在轴槽中摆动以适应毂槽底面,装配方便。它的缺点是键槽对轴的削弱较大,只适用于轻载连接。

锥形轴承端采用半圆键连接在工艺上较为方便(图 6－9－2(b))。

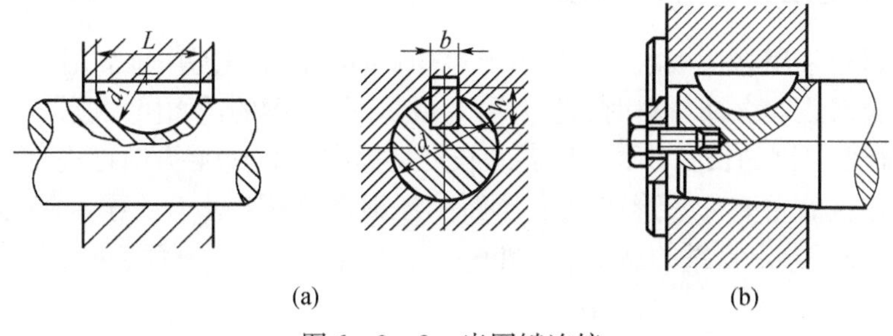

图 6－9－2　半圆键连接

3. 楔键连接和切向键连接

楔键的上、下面是工作面(图 6－9－3),键的上表面有 1 : 100 的斜度,轮毂键槽的底面也有 1 : 100 的斜度,把楔键打入轴和毂槽内时,其工作面上产生很大的预紧力 N。工作时,主要靠摩擦力 fN(f 为接触面间的摩擦系数)传递转矩 T,并能承受单方向的轴向力。

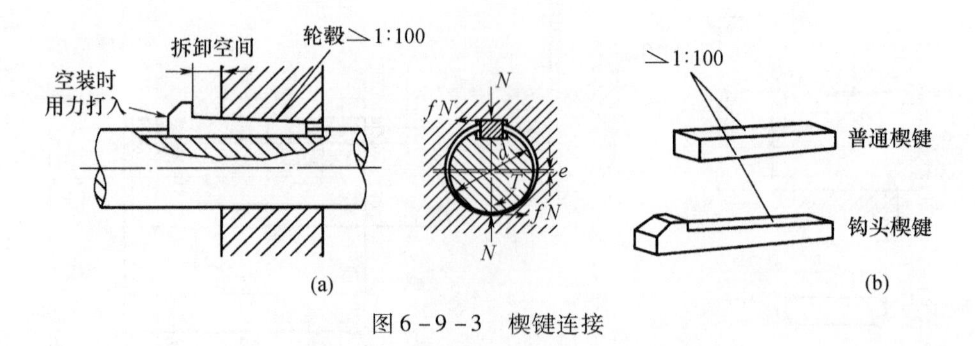

图 6-9-3　楔键连接

由于楔键打入时，迫使轴和轮毂产生偏心 e（图 6-9-3(a)），因此楔键仅适用于定心精度要求不高，载荷平衡和低速的连接。

楔键分为普通楔键和钩头楔键两种（图 6-9-3(b)）。钩头楔键的钩头是为了拆键用的。

此外，在重型机械中常采用切向键连接（图 6-9-4）。切向键是由一对楔键组成（图 6-9-4(a)），装配时将两键楔紧。键的窄面是工作面，工作面上的压力沿轴的切线方向作用，能传递很大的转矩。当双向传递转矩时，需用两对切向键并分布成 120°～130°（图 6-9-4(b)）。

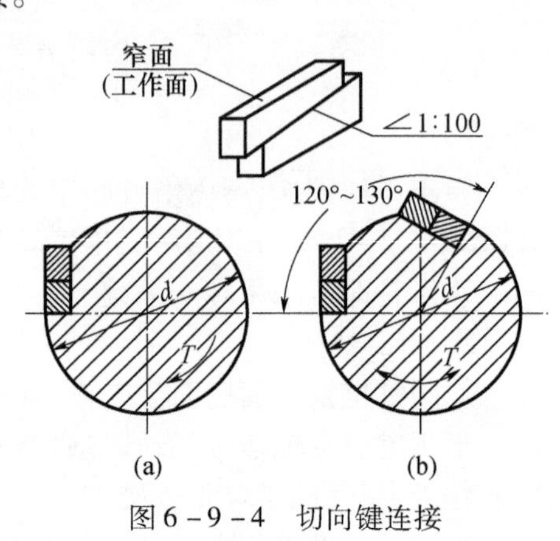

图 6-9-4　切向键连接

二、平键连接的强度校核

键的材料采用强度极限 σ_B 不小于 600N/mm^2 的碳素钢，通常用 45 钢。当轮毂用非铁金属或非金属材料时，键可用 20 或 A3 钢。键的截面尺寸应按轴径 d 从键的标准中查取。键的长度 L 要参照轮毂长度从标准中选取，必要时应进行强度校核。

平键连接的主要失效形式是工作面的压溃和磨损（对于动连接）。除非有严重过载，一般不会出现键的剪断（如图 6-9-5 所示，沿 $a-a$ 面剪断）。

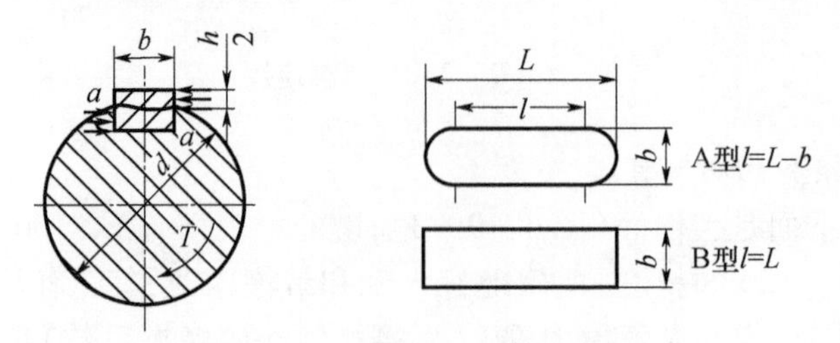

图 6-9-5　平键连接受力情况

设载荷为均匀分布，由图6－9－5可得平键连接的挤压强度条件为

$$\sigma_p=\frac{4T}{dhl}\leqslant[\sigma_p] \tag{6-9-1}$$

对于导向平键连接（动连接），计算依据是磨损，应限制压强，即

$$p=\frac{4T}{dhl}\leqslant[p] \tag{6-9-2}$$

式中：T为转矩（N·mm）；d为轴径；h为键的高度；l为键的工作长度（mm）；$[\sigma_p]$为许用挤压应力，$[p]$为许用压强（N/mm^2）（表6－9－1）。

表6－9－1　键连接的许用挤压应力和许用压强　（N/mm^2）

许用值	轮毂材料	载荷性质		
		静载荷	轻微冲击	冲击
$[\sigma_p]$	钢	125～150	100～120	60～90
	铸铁	70～80	50～60	30～45
$[p]$	钢	50	40	30
注：在键连接的组成零件（轴、键、轮毂）中，轮毂材料较弱				

若强度不够时，可采用两个键按180°布置（图6－9－6）。考虑到载荷分布的不均匀性，在强度校核中可按1.5个键计算。

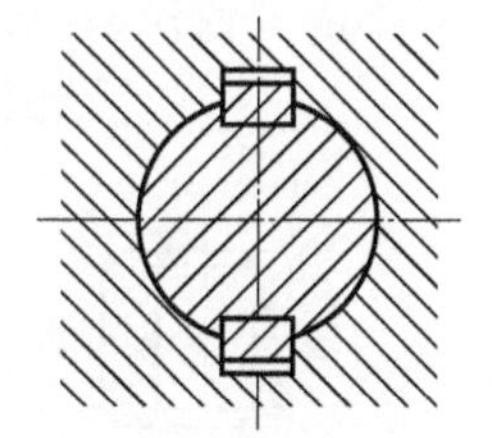
图6－9－6　两个平键组成的连接

三、花键连接

轴和轮毂孔周向均布的多个键齿构成的连接称为花键连接。齿的侧面是工作面。由于是多齿传递载荷，因此花键连接比平键连接具有承载能力高，对轴削弱程度小（齿浅、应力集中小），定心好和导向性能好等优点。它适用于定心精度要求高、载荷大或经常滑移的连接。花键连接按其齿形不同，可分为一般常用的矩形花键（图6－9－7（a）），强度高的渐开线花键（图6－9－7（b））和齿细小而多，适用于薄壁零件的三角形花键（图6－9－7（c））。

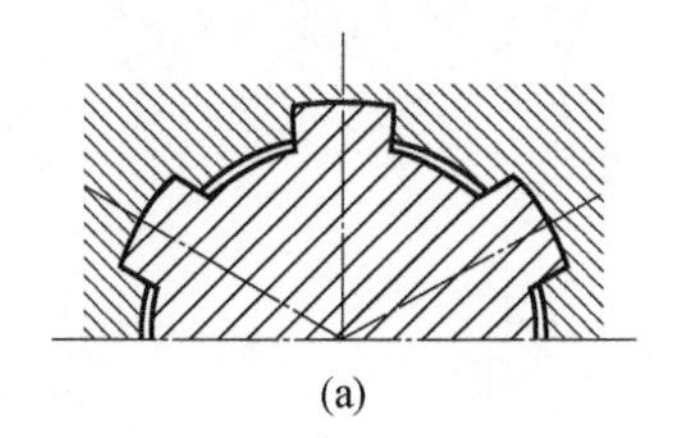
(a)

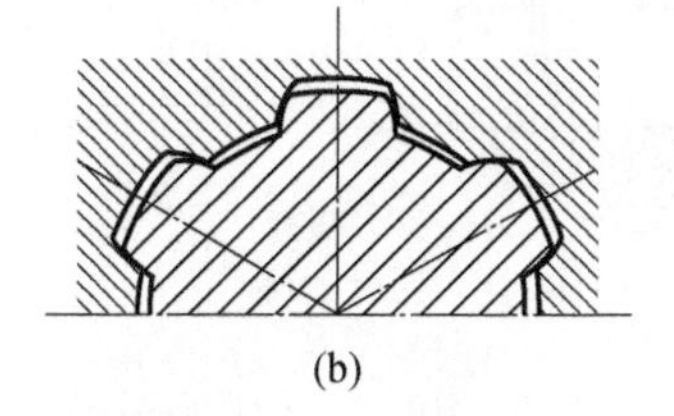
(b)

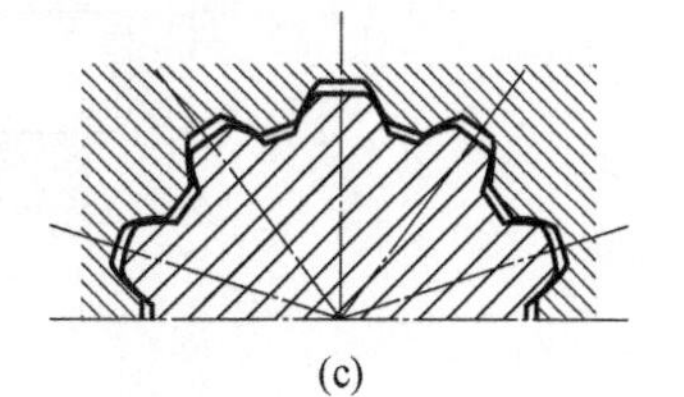
(c)

图6－9－7　花键连接

花键连接可以做成静连接，也可以做成动连接。它的选用方法和强度验算与平键连接相类似，详见机械设计手册。

第十节 销 连 接

销的主要用途是固定零件之间的相互位置，并可传递不大的载荷。

销的基本形式为圆柱销和圆锥销（图 6－10－1(a)，图 6－10－1(b)）。圆柱销经过多次装拆，其定位精度要降低。圆锥销有 1∶50 的锥度，安装比圆柱销方便，多次装拆对定位精度的影响也较小。

销的常用材料为 35、45 钢。

销还有许多特殊形式。图 6－10－1(c)是具有外螺纹的圆锥销，便于拆卸，可用于盲孔；图 6－10－1(d)是小端带外螺纹的圆锥销，可用螺母锁紧，适用于有冲击的场合。图 6－10－2(a)是带槽的圆柱销，销上有三条压制的纵向沟槽，图 6－10－2(b)是放大的俯视图，其细线表示打入销孔前的形状，实线表示打入后变形的结果，这使销与孔壁压紧，不易松脱，能承受振动和变载荷。使用这种销连接时，销孔不需要铰制，且可多次装拆。

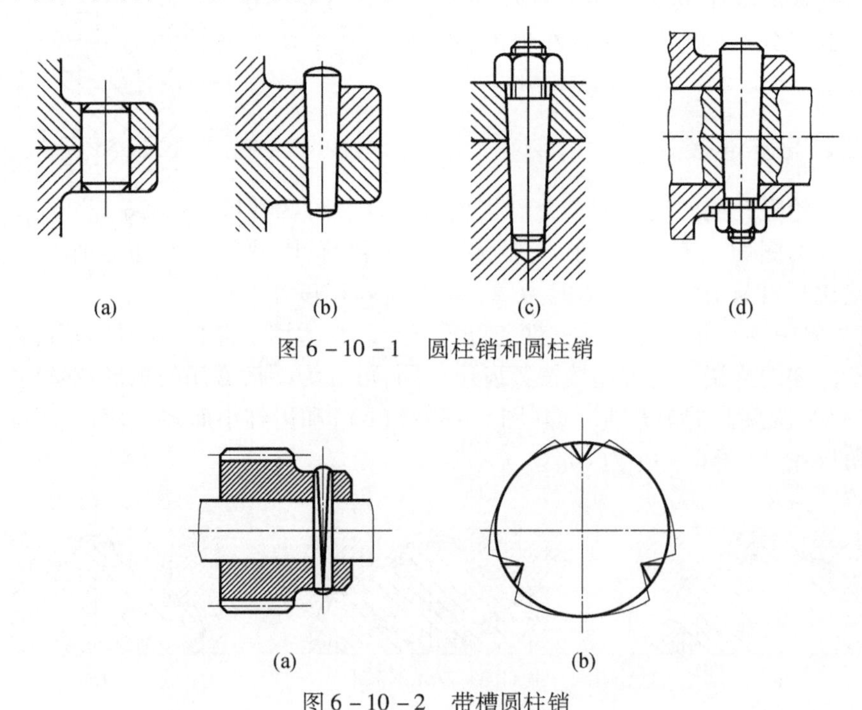

图 6－10－1 圆柱销和圆柱销

图 6－10－2 带槽圆柱销

习　题

题6－1　试证明具有自锁性的螺旋传动，其效率恒小于50%。

题6－2　试计算M20、M20×1.5螺纹的升角，并指出哪种螺纹的自锁性较好。

题6－3　如题6－3图所示，一升降机构承受载荷Q为100kN，采用梯形螺纹，$d=70\text{mm}$，$d_2=65\text{mm}$，$P=10\text{mm}$，线数$n=4$。支承面采用推力球轴承，升降台的上、下移动处采用导向滚轮，它们的摩擦阻力近似为零。试计算：

（1）工作台稳定上升时的效率，已知螺旋副当量摩擦因数为0.10。

（2）稳定上升时加于螺杆上的力矩。

（3）若工作台以800mm/min的速度上升，试按稳定运转条件求螺杆所需转速和功率。

（4）欲使工作台在载荷Q作用下等速下降，是否需要制动装置？加于螺杆上的制动力矩应为多少？

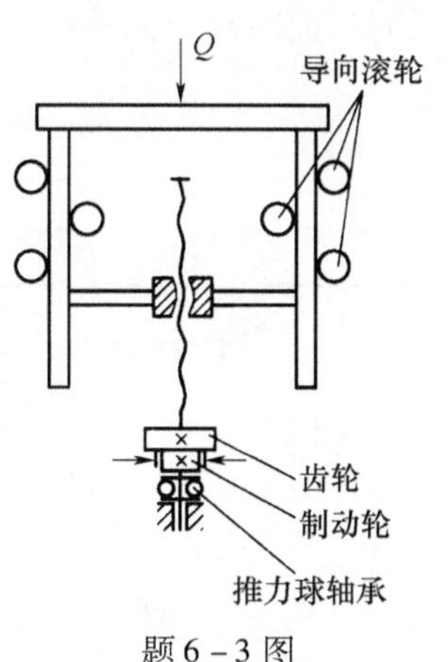

题6－3图

题6－4　如题6－4图所示，用两个M10的螺钉固定一牵曳钩，若螺钉材料为A3钢，装配时控制预紧力，接合面摩擦因数$f=0.15$，求其允许的牵曳力。

题6－5　一凸缘联轴器，允许传递的最大转矩T为1500N·m（静载荷），材料为HT250。联轴器用4个M16铰制孔螺栓联成一体，螺栓材料为45钢，试选取合宜的螺栓长度，并校核其剪切和挤压强度。

题6－6　题6－5图中凸缘联轴器若采用M16螺栓联成一体，以摩擦力来传递转矩，螺栓材料为45钢，接合面摩擦因数$f=0.15$，安装时不控制预紧力，试决定螺栓数（螺栓数常取偶数）。

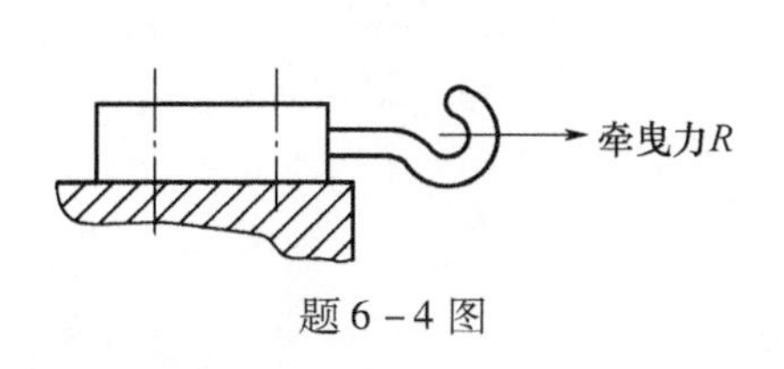

题6－4图

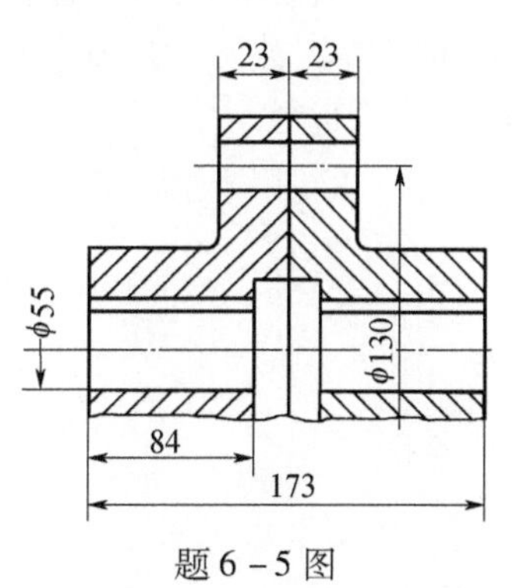

题6－5图

题6－7　如题6－7图所示，十个钢制液压油缸，油压 $p=3\text{N/mm}^2$，油缸内径 $D=160\text{mm}$。为保证气密性要求，螺柱间距 l 不得大于 $4.5d$（d 为螺柱大径），试计算此油缸的螺柱连接和螺柱分布圆直径 D_0。

题6－8　如题6－8图所示，1个托架用4个螺栓固定在钢柱上，已知静载荷 $F=3\text{kN}$，距离 $l=150\text{mm}$，结合面摩擦因数 $f=0.2$，试设计此螺栓连接（提示：在力 F 作用下托架不应滑移，在翻转力矩 Fl 作用下，托架有绕螺栓组形心轴线 $O-O$ 翻转的趋势，此时结合面不应出现缝隙）。

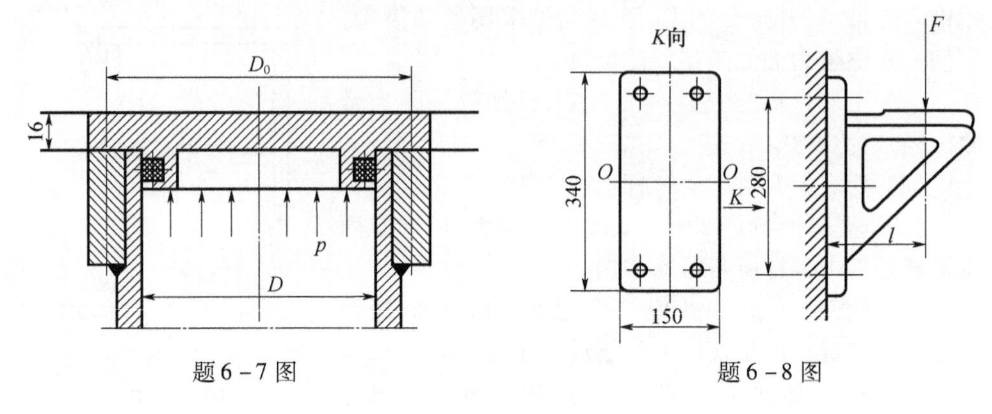

题6－7图　　　　题6－8图

题6－9　试计算一起重器的螺杆和螺母的主要尺寸，已知起重量 $Q=30\text{kN}$，最大举起高度 $l=550\text{mm}$，螺杆用45号钢，螺母用铝铁青铜ZQA19－4。

题6－10　如题6－10图所示，一个小型压力机的最大压力为25kN，螺旋副采用梯形螺纹，螺杆取45钢正火 $[\sigma]=80\text{N/mm}^2$，螺母材料为ZQA19－4（铸造铝青铜）。设压头支承面平均直径 D_m = 螺纹中径 d_2，操作时螺旋副当量摩擦因数 $f'=0.12$，压头支承面摩擦因数 $f_c=0.10$。试求螺纹参数（要求自锁）和手轮直径。

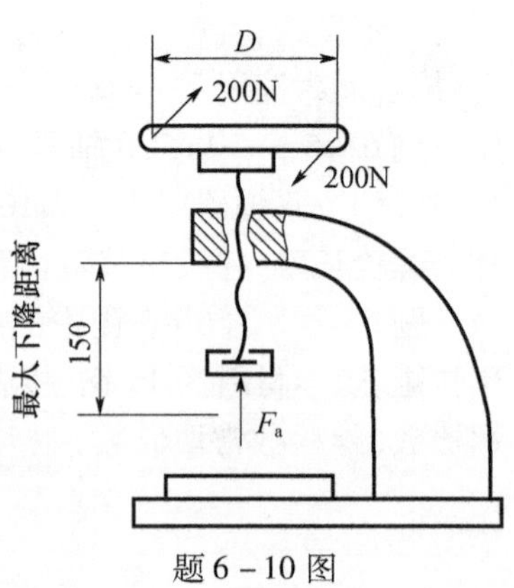

题6－10图

第七章　齿轮传动

大多数齿轮传动不仅用来传递运动,而且还要传递动力。因此,齿轮传动除须运转平稳,还必须具有足够的承载能力。有关齿轮机构的原理已在第二章论述。本章是以上述知识为基础,着重论述齿轮传动的失效形式、强度计算、结构特点等。

按照工作条件,齿轮传动可分为闭式传动和开式传动两种。闭式传动的齿轮封闭在刚性的箱体内,因而能保证良好的润滑和工作条件。舰船上重要的齿轮传动都采用闭式传动。开式传动的齿轮是外露的,不能保证良好的润滑,而且易落入灰尘、杂质,故齿面易磨损,只宜用于低速传动,在舰船上应用较少,一般用在一些较为简单的甲板机械中。

第一节　轮齿的失效形式

保证机器正常工作、防止失效是设计的核心目标,是机械能够持续使用的前提,是机械需要维护保养的出发点和落脚点。进行失效分析,一方面是要掌握可能发生的主要失效形式及其机理,为确立合理有效的设计准则提供依据;另一方面是要寻找实际发生失效的原因,为机器的维修和后续使用提供指导,避免类似的失效再次发生。因此,失效分析对于设计和使用都具有重要的意义。

齿轮的轮齿是传递运动和动力的关键部位,也是齿轮的薄弱部位,故齿轮的失效主要发生在轮齿。轮齿的失效形式主要有以下五种。

1. 轮齿折断

轮齿折断一般发生在齿根部分(图 7 - 1 - 1),因为轮齿受力时齿根弯曲应力最大,而且有应力集中。

轮齿因短时意外严重过载而引起的突然折断,称为过载折断。用淬火钢或铸铁制成的齿轮容易发生这种断齿。

防止发生过载折断的主要措施包括:对于脆性材料的齿轮设计时应适当增加安全系数,要严格按照规程使用机械,不得野蛮操作,一旦出现意外的过载应立即停机,保护设备。

在载荷的多次重复作用下,弯曲应力超过弯曲疲劳极限时,齿根部分将产生疲劳裂纹。裂纹的逐渐扩展,最终将引起断齿,这种折断称为疲劳折断。若轮齿单侧工作时,根部弯曲应力一侧为拉伸,另一侧为压缩。轮齿脱离啮合时,弯曲应力为零,因此就任一侧而言,其应力都是按脉动循环变化。若轮齿双侧工作时,则弯曲应力按对称循环变化。

提高齿轮抗疲劳折断的措施有:增大齿根过渡圆角半径及降低表面粗糙度以减小齿根应力集中;采用喷丸、滚压等工艺对齿根处作强化处理;适当增加小齿轮的齿数,使其远离发生根切的最少齿数;采用高弯曲疲劳强度的齿轮材料和相关的热处理方法等。

2. 齿面点蚀

轮齿工作时,其工作表面上任一点所产生的接触应力从零(该点未进入啮合时)增加到一最大值(该点啮合时),即齿面接触应力是按脉动循环变化的。若齿面接触应力超出材料的接触疲劳极限时,在载荷的多次重复作用下,齿面表层就会产生细微的疲劳裂纹,裂纹的蔓延扩展会使金属微粒剥落下来而形成疲劳点蚀,使轮齿啮合情况恶化而报废。实践表明,疲劳点蚀首先出现在齿根表面靠近节线处(图7-1-2)。齿面抗点蚀能力主要与齿面硬度有关,齿面硬度越高则抗点蚀能力也越强。

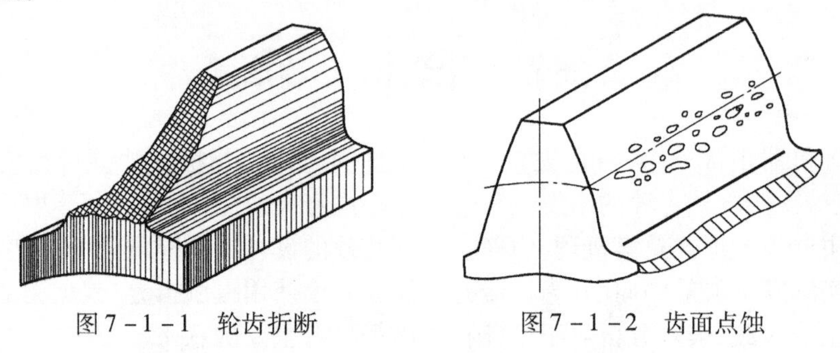

图7-1-1　轮齿折断　　　图7-1-2　齿面点蚀

软齿面(硬度≤350HB)的闭式齿轮传动常因齿面点蚀而失效。在开式传动中,由于齿面磨损较快,点蚀还来不及出现或扩展即被磨掉,因此一般看不到点蚀现象。

提高抗齿面点蚀的主要措施有:设计中增大综合曲率半径,降低齿面上的接触应力,提高齿面的硬度并降低表面粗糙度;使用黏度较高的润滑油也有一定的效果。

3. 齿面胶合

在高速重载传动中,常因啮合区温度升高而引起润滑失效,致使两齿面金属直接接触并相互粘连,当两齿面相对运动时,较软的齿面沿滑动方向被撕下而形成沟纹(图7-1-3),这种现象称为齿面胶合。在低速重载传动中,由于局部齿面啮合处压力大,且速度低不易形成润滑油膜,使两接触表面间的表面膜被刺破而产生黏着,也可能产生胶合破坏。

提高齿面硬度和减小表面粗糙度能增强抗胶合能力，对于低速传动采用黏度较大的润滑油；对于高速传动采用含抗胶合添加剂的润滑油也很有效。

4. 齿面磨损

齿面磨损通常有磨粒磨损和跑合磨损两种。由于灰尘、硬屑粒等进入齿面间而引起的磨粒磨损，在开式传动中是难以避免的。过度磨损后（图7-1-4），工作齿面材料大量被磨掉，齿廓形状被破坏，常导致严重噪声和振动，最终使传动失效。

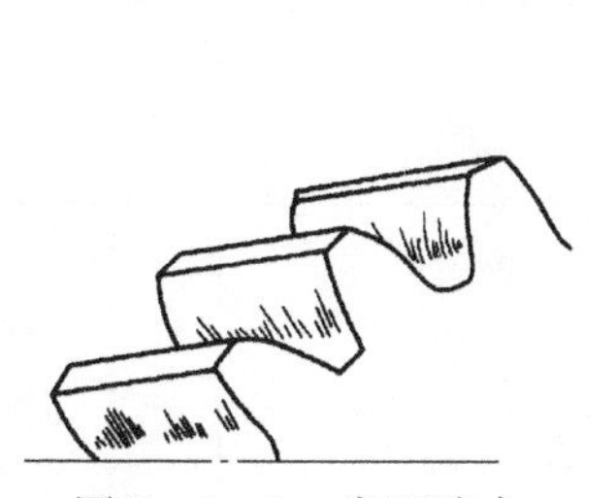

图7-1-3　齿面胶合

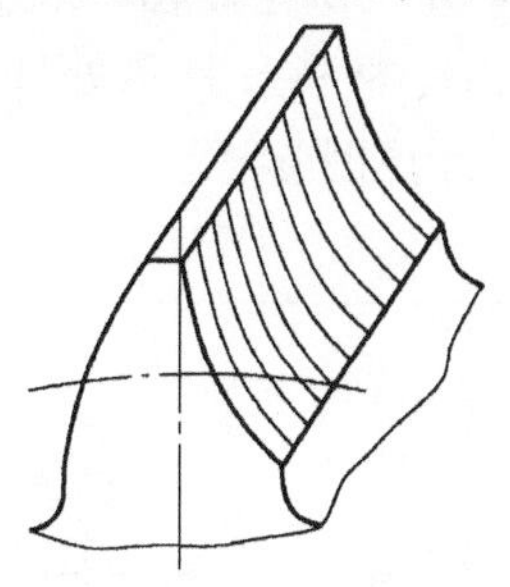

图7-1-4　过渡磨损

采用闭式传动、减小齿面粗糙度和保持良好的润滑可以防止或减轻这种磨损。

新的齿轮副，由于加工后表面具有一定的粗糙度，受载时实际上只有部分峰顶接触。接触处压强很高，因而在运转初期，磨损速度和磨损量都较大。磨损到一定程度后，摩擦面逐渐光洁，压强减小、磨损速度缓慢，这种磨损称为跑合磨损。人们有意地使新齿轮副在轻载下进行跑合，可为随后的正常磨损创造有利条件。但应注意，跑合结束后，必须重新更换润滑油。

5. 齿面塑性变形

在重载下，较软的齿面上可能产生局部的塑性变形，使齿面失去正确的齿形。这种损坏常在过载严重和起动频繁的传动中遇到。提高齿面硬度是防止发生齿面塑性变形的主要措施。

第二节　齿轮材料及热处理

通过上述对轮齿主要失效形式的分析，可以发现，为避免失效齿面应具有较高的抗点蚀、耐磨损、抗胶合以及抗塑性变形的能力，齿根要有较高的抗折断能力，因此，齿轮材料应具有齿面硬度高、齿芯韧性好的基本性能。同时，还应具有良好的工艺性能，以便获得较高的表面质量和精度。

由于齿轮应用十分广泛，设计和使用要求范围十分宽泛，因此，可用作齿轮的材料很多，可以是各种金属材料，也可采用非金属材料，如尼龙、聚甲醛等。在常见的机器设备中，钢铁是最主要的齿轮材料，而在舰船机械设备中，钢、合金钢使用比较普遍。

必须注意的是,对于金属材料而言,材料的性能与热处理是紧密关联的,因此,在机械设计中选择材料和确定热处理方式是不能相互分割的。

常用的齿轮材料是各种牌号的优质碳素钢、合金结构钢、铸钢和铸铁等。一般多采用锻件或轧制钢材。当齿轮较大(如直径大于400~600mm)而轮坯不易锻造时,可采用铸钢;开式低速传动可采用灰铸铁;球墨铸铁有时可代替铸钢。表7-2-1列出了常用的齿轮材料及其热处理后的硬度、接触疲劳极限和弯曲疲劳极限等力学性能,供设计计算时参考。

表7-2-1 常用的齿轮材料及其力学性能

材料牌号	热处理方式	硬度	接触疲劳极限 σ_{Hlim}/MPa	弯曲疲劳极限 σ_{FE}/MPa
45	正火	156~217HBS	350~400	280~340
	调质	197~286HBS	550~620	410~480
	表面淬火	40~50HRC	1120~1150	680~700
40Cr	调质	217~286HBS	650~750	560~620
	表面淬火	48~55HRC	1150~1210	700~740
40CrMnMo	调质	229~363HBS	680~710	580~690
	表面淬火	45~50HRC	1130~1150	690~700
35SiMn	调质	207~286HBS	650~760	550~610
	表面淬火	45~50HRC	1130~1150	690~700
40MnB	调质	241~286HBS	680~760	580~610
	表面淬火	45~55HRC	1130~1210	690~720
38SiMnMo	调质	241~286HBS	680~760	580~610
	表面淬火	45~55HRC	1130~1210	690~720
	氮碳共渗	57~63HRC	880~950	790
38CrMoAlA	调质	255~321HBS	710~790	600~640
	表面淬火	45~55HRC	1130~1210	690~720
20CrMnTi	渗氮	>850HV	1000	715
	渗碳淬火回火	56~62HRC	1500	850
20Cr	渗碳淬火回火	56~62HRC	1500	850
ZG310-570	正火	163~197HBS	280~330	210~250
ZG340-640	正火	179~207HBS	310~340	240~270

（续）

材料牌号	热处理方式	硬度	接触疲劳极限 σ_{Hlim}/MPa	弯曲疲劳极限 σ_{FE}/MPa
ZG35SiMn	调质	241～269HBS	590～640	500～520
	表面淬火	45～53HRC	1130～1190	690～720
HT300	时效	187～255HBS	330～390	100～150
QT500－7	正火	170～230HBS	450～540	260～300
QT600－3	正火	190～270HBS	490～580	280～310
注：表中的 σ_{Hlim}、σ_{FE}数值是根据 GB/T 3840—1997 提供的线图，依材料的硬度值查得，它适用于材质和热处理质量达到中等要求时				

齿轮常用的热处理方法有以下几种。

1. 表面淬火

一般用于中碳钢和中碳合金钢，如 45 钢、40Cr 等。表面淬火后轮齿变形不大，可不磨齿，齿面硬度可达 52～56HRC。由于齿面接触强度高，耐磨性好，而齿芯部未淬硬仍有较高的韧性，故能承受一定的冲击载荷。表面淬火方法有高频淬火和火焰淬火等。

2. 渗碳淬火

渗碳钢为含碳量 0.15%～0.25% 的低碳钢和低碳合金钢，如 20 钢、20Cr 等。渗碳淬火后齿面硬度可达 56～62HRC，齿面接触强度高，耐磨性好，而齿芯部仍保持有较高的韧性，常用于受冲击载荷的重要齿轮传动。通常渗碳淬火后要磨齿。

3. 调质

调质一般用于中碳钢和中碳合金钢，如 45 钢、40Cr、35SiMn 等。调质处理后齿面硬度一般为 220～286HBS。因硬度不高，故可在热处理以后精切齿形，且在使用中易于跑合。

4. 正火

正火能消除内应力、细化晶粒、改善力学性能和切削性能。机械强度要求不高的齿轮可用中碳钢正火处理。大直径的齿轮可用铸钢正火处理。

5. 渗氮

渗氮是一种化学热处理。渗氮后不再进行其他热处理，齿面硬度可达 60～62HRC，因氮化处理温度低，齿的变形小，故适用于难以磨齿的场合，如内齿轮。但由于氮化层很薄，且容易压碎，其承载能力不及渗碳淬火，也不适于受冲击载荷和会产生严重磨损的场合。常用的渗氮钢为 38CrMoAlA。

上述五种热处理中,调质和正火两种处理后的齿面硬度较低(硬度≤350HBS),为软齿面;其他三种(硬度>350HBS)为硬齿面。软齿面的工艺过程较简单,适用于一般传动。

当大小齿轮都是软齿面时,考虑到小齿轮齿根较薄,弯曲强度较低,且受载次数较多,故在选择材料和热处理时,一般使小齿轮齿面硬度比大齿轮高20~50HBS。硬齿面齿轮的承载能力较高,但需专门设备磨齿,常用于要求结构紧凑或生产批量大的齿轮。

当大小齿轮都是硬齿面时,小齿轮的硬度应略高,也可和大齿轮相等。

齿轮传动装置在制造安装过程中不可避免地会产生误差,会影响到传递运动的准确性、传动的平稳性和载荷分布的均匀性。

GB/T 10095—1998 对圆柱齿轮和齿轮副规定了1~12级共12个精度等级,其中1级的精度最高,12级的精度最低,常用的是6~9级精度。舰船上重要的齿轮传动中常采用5级以及更高精度的硬齿面齿轮。以前对于大尺寸齿轮,由于没有大型高精度磨齿机,而不得已采用调质处理的软齿面齿轮,现国内已能磨4m直径的齿轮,且精度可达3级。

表7-2-2列出了精度等级的荐用范围,供设计时参考。

表7-2-2 齿轮传动精度等级的选择和应用

精度等级	圆周速度 v/(m/s)			应用
	直齿圆柱齿轮	斜齿圆柱齿轮	直齿锥齿轮	
6级	≤15	≤30	≤12	高速重载的齿轮传动,如飞机、汽车和机床中的重要齿轮,分度机构的齿轮传动
7级	≤10	≤15	≤8	高速中载或中速重载的齿轮传动,如标准系列减速器中的齿轮,汽车和机床中的齿轮
8级	≤6	≤10	≤4	机械制造中对精度无特殊要求的齿轮
9级	≤2	≤4	≤1.5	低速及对精度要求低的传动

第三节 直齿圆柱齿轮传动的作用力及计算载荷

一、轮齿上的作用力

轮齿上的作用力是进行轮齿强度分析、轴和轴承设计的必要前提条件。

设一对标准直齿圆柱齿轮按标准中心距安装,其齿廓在点 C 接触(图7-3-1(a)),如果略去摩擦力,则轮齿间相互作用的总压力为法向力 F_n,其方向沿啮合

线。如图 7－3－1(b)所示，F_n 可分解为两个分力

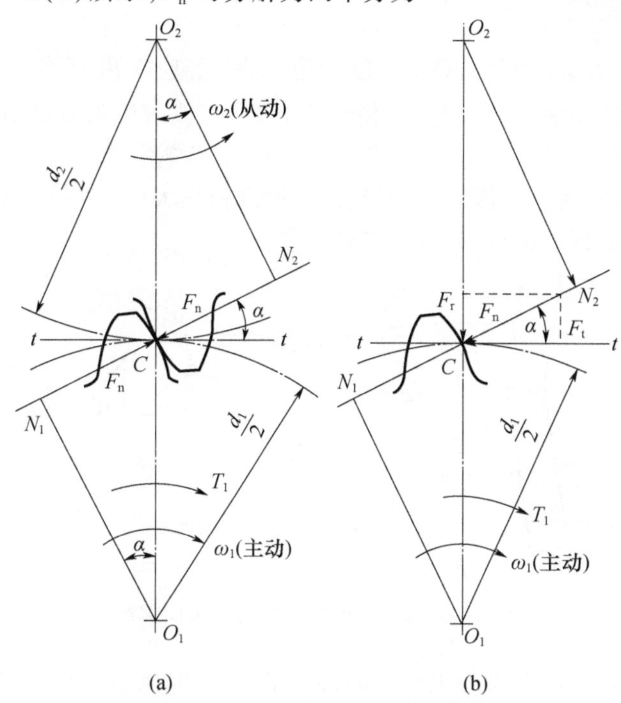

图 7－3－1　直齿圆柱齿轮传动的作用力

圆周力：

$$F_t = \frac{2T_1}{d_1} \quad (\text{N}) \tag{7-2-1}$$

径向力：

$$F_r = F_t \tan\alpha \quad (\text{N}) \tag{7-2-2}$$

法向力：

$$F_n = \frac{F_t}{\cos\alpha} \quad (\text{N}) \tag{7-2-3}$$

式中：T_1 为小齿轮上的转矩，$T_1 = 10^6 \dfrac{P}{\omega_1} = 9.55 \times 10^6 \dfrac{P}{n_1}$(N · mm)，$P$ 为传递的功率(kW)，ω_1 为主动齿轮的角速度，$\omega_1 = \dfrac{2\pi n_1}{60} = \dfrac{n_1}{9.55}$(rad/s)，$n_1$ 为小齿轮的转速(r/min)；d_1 为小齿轮的分度圆直径(mm)；α 为压力角。

圆周力 F_t 的方向在主动轮上与运动方向相反，在从动轮上与运动方向相同。径向力 F_r 的方向对两轮都是由作用点指向轮心。

二、计算载荷

上述的法向力 F_n 为名义载荷。从理论上讲，F_n 应沿齿宽均匀分布，但由于轴和轴承的变形、传动装置的制造、安装误差等原因，载荷沿齿宽的分布并不是均匀的，即出现载荷集中现象。如图 7－3－2(a)所示，齿轮位置对轴承不对称时，由于轴的弯曲变形齿轮将相互倾斜，这时轮齿左端载荷增大（图 7－3－2(b)）。轴和轴承的刚度越小、齿宽 b 越宽，载荷集中越严重。

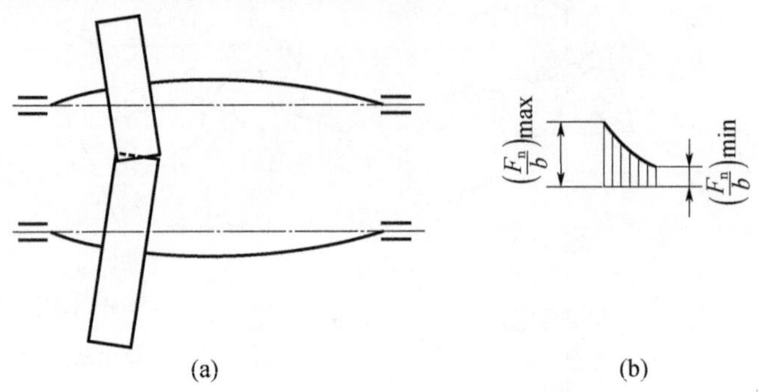

图 7－3－2　轴的弯曲引起的齿向偏载

此外，由于各种原动机和工作机的特性不同、齿轮制造误差以及轮齿变形等原因，还会引起附加动载荷。精度越低、圆周速度越高，附加动载荷就越大。因此，计算齿轮强度时，通常用计算载荷 KF_n 代替名义载荷 F_n，以考虑载荷集中和附加动载荷的影响。K 为载荷系数，其值可由表 7－3－1 查取。

表 7－3－1　载荷系数 K

原动机	工作机械的载荷特性		
	均匀	中等冲击	大的冲击
电动机	1～1.2	1.2～1.6	1.6～1.8
多缸内燃机	1.2～1.6	1.6～1.8	1.9～2.1
单缸内燃机	1.6～1.8	1.8～2.0	2.2～2.4
注：斜齿、圆周速度低、精度高、齿宽系数小时取小值；直齿、圆周速度高、精度低、齿宽系数大时取大值。齿轮在两轴承之间对称布置时取小值，齿轮在两轴承之间不对称布置及悬臂布置时取大值			

第四节　直齿圆柱齿轮传动

一、齿面接触强度计算

齿轮强度计算是根据齿轮可能出现的失效形式来进行的。在一般闭式齿轮传动中,轮齿的主要失效形式是齿面接触疲劳点蚀和轮齿弯曲疲劳折断,所以本章只介绍 GB/T 3840—1997 规定的两种强度计算方法,为了便于理解,进行了适当的简化。

齿面疲劳点蚀与齿面接触应力的大小有关,可近似地用赫兹公式进行计算,即

$$\sigma_{H}=\sqrt{\frac{F_{n}}{\pi b}\cdot\frac{\frac{1}{\rho_{1}}\pm\frac{1}{\rho_{2}}}{\frac{1-\mu_{1}^{2}}{E_{1}}+\frac{1-\mu_{2}^{2}}{E_{2}}}}$$

式中:正号用于外啮合,负号用于内啮合,各符号的意义见第五章第三节。

实践表明,齿根部分靠近节线处最易发生点蚀,故常取节点处的接触应力为计算依据。由图 7-3-1(a)可知,节点处的齿廓曲率半径为

$$\rho_{1}=N_{1}C=\frac{d_{1}}{2}\sin\alpha,\rho_{2}=N_{2}C=\frac{d_{2}}{2}\sin\alpha$$

令 $u=d_{2}/d_{1}=z_{2}/z_{1}$,可得

$$\frac{1}{\rho_{1}}\pm\frac{1}{\rho_{2}}=\frac{\rho_{2}\pm\rho_{1}}{\rho_{1}\rho_{2}}=\frac{2(d_{2}\pm d_{1})}{d_{1}d_{2}\sin\alpha}=\frac{u\pm1}{u}\cdot\frac{2}{d_{1}\sin\alpha}$$

在节点处,一般仅有一对齿啮合,即载荷由一对齿承担,故

$$\sigma_{H}=\sqrt{\frac{F_{n}\cdot\frac{2}{d_{1}\sin\alpha}\cdot\frac{u\pm1}{u}}{\pi b\left(\frac{1-\mu_{1}^{2}}{E_{1}}+\frac{1-\mu_{2}^{2}}{E_{2}}\right)}}=\sqrt{\frac{\frac{F_{t}}{\cos\alpha}\cdot\frac{2}{d_{1}\sin\alpha}\cdot\frac{u\pm1}{u}}{\pi b\left(\frac{1-\mu_{1}^{2}}{E_{1}}+\frac{1-\mu_{2}^{2}}{E_{2}}\right)}}$$

令 $Z_{E}=\sqrt{\frac{1}{\pi\left(\frac{1-\mu_{1}^{2}}{E_{1}}+\frac{1-\mu_{2}^{2}}{E_{2}}\right)}}$,称为弹性系数,其数值与材料有关,如表 7-4-1 所列。

表 7-4-1 弹性系数 Z_{E}

材料	灰铸铁	球墨铸铁	铸钢	锻钢	夹布胶木
锻钢	162.0	181.4	188.9	189.8	56.4
铸钢	161.4	180.5	188.0	—	—
球墨铸铁	156.6	173.9	—	—	—
灰铸铁	143.7	—	—	—	—

令 $Z_{H}=\sqrt{\frac{2}{\sin\alpha\cos\alpha}}$,称为区域系数,对于标准齿轮,$Z_{H}=2.5$,得

$$\sigma_H = Z_E Z_H \sqrt{\frac{F_t}{bd_1^2}\frac{u \pm 1}{u}}$$

以 KF_t 取代 F_t，且 $F_t = \frac{2T_1}{d_1}$，得齿面接触强度验算公式为

$$\sigma_H = Z_E Z_H \sqrt{\frac{2KT_1}{bd_1^2}\frac{u \pm 1}{u}} \leqslant [\sigma_H] \quad (7-4-1)$$

式中：b 为齿的宽度(mm)；T_1 为齿轮 1 上的扭矩(N·mm)；d_1 为齿轮 1 的分度圆直径(mm)。

在进行设计时，由于齿宽 b 以及齿轮 1 的分度圆直径 d_1 均未知，无法同时求得，因此引入齿宽系数 $\phi_d = b/d_1$，得到设计公式，用于计算满足齿轮接触强度所需的最小的 d_1 值，即

$$d_1 \geqslant \sqrt[3]{\frac{2KT_1}{\phi_d} \cdot \frac{u \pm 1}{u} \cdot \left(\frac{Z_E Z_H}{[\sigma_H]}\right)^2} \text{(mm)} \quad (7-4-2)$$

式中：$[\sigma_H]$ 应取配对齿轮中的较小的许用接触应力(MPa)。

许用接触应力可由下式计算：

$$[\sigma_H] = \frac{\sigma_{Hlim}}{S_H}\text{MPa}$$

式中：σ_{Hlim} 为试验齿轮失效概率为 1/100 时的接触疲劳强度极限值，它与齿面硬度有关，如表 7-2-1 所列；S_H 为安全系数，如表 7-4-2 所列。

表 7-4-2　最小安全系数 S_H 和 S_F 的参考值

使用要求	S_{Hlim}	S_{Flim}
高可靠度(失效概率≤1/10000)	1.5	2.0
较高可靠度(失效概率≤1/1000)	1.25	1.6
一般可靠度(失效概率≤1/100)	1.0	1.25
注：对于一般工业用齿轮，可用一般可靠度		

二、轮齿弯曲强度计算

轮齿弯曲疲劳折断主要与齿根所受弯曲应力大小有关，因此在设计时必须进行轮齿弯曲强度计算。

计算弯曲强度时，仍假定全部载荷仅有一对轮齿承担。显然，当载荷作用于齿顶时，齿根所受的弯曲力矩最大。但如第二章第五节所述，当轮齿在齿顶啮合时相邻的一对轮齿也处于啮合状态(因重合度恒大于 1)，载荷理应由两对轮齿分担。但考虑到加工和安装的误差，对一般精度的齿轮按一对轮齿承担全部载荷计算则较为安全。

计算时将轮齿看作悬臂梁(图 7－4－1)。其危险截面可用30°切线法确定,即作与轮齿对称中心线成30°夹角并与齿根圆角相切的斜线,而认为两切点连线是危险截面位置(轮齿折断的情况与此基本相符)。危险截面处齿厚为 s_F。法向力 F_n 与轮齿对称中心线的垂线的夹角为 α_F,F_n 可分解为 $F_1 = F_n\cos\alpha_F$ 和 $F_2 = F_n\sin\alpha_F$ 两个分力,F_1 在齿根产生弯曲应力,F_2 则产生压缩应力,因后者较小故通常略去不计。齿根危险截面的弯曲力矩为

$$M = KF_n h_F \cos\alpha_F$$

式中:K 为载荷系数;h_F 为弯曲力臂。

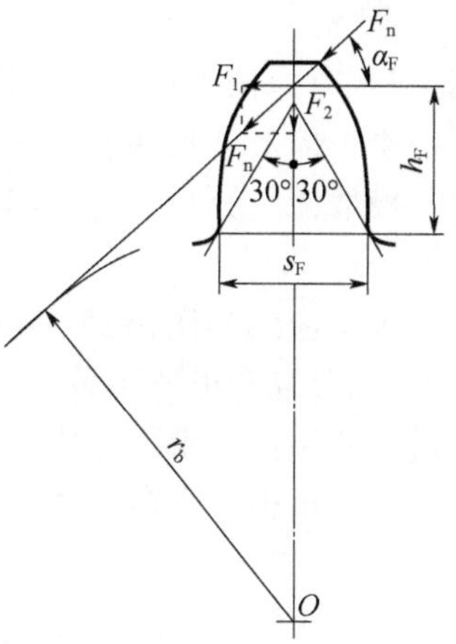

图 7－4－1　齿根危险截面

危险截面的弯曲截面系数为

$$W = \frac{bs_F^2}{6}$$

故危险截面的弯曲应力为

$$\sigma_F = \frac{M}{W} = \frac{6KF_n h_F\cos\alpha_F}{bs_F^2} = \frac{6KF_t h_F\cos\alpha_F}{bs_F^2\cos\alpha} = \frac{KF_t}{bm}\cdot\frac{6\left(\frac{h_F}{m}\right)\cos\alpha_F}{\left(\frac{s_F}{m}\right)^2\cos\alpha}$$

令

$$Y_{Fa} = \frac{6\left(\frac{h_F}{m}\right)\cos\alpha_F}{\left(\frac{s_F}{m}\right)^2\cos\alpha} \qquad (7-4-3)$$

式中:Y_{Fa}称为齿形系数。因 h_F 和 s_F 均与模数成正比,故 Y_{Fa} 只与齿形中的尺寸比例有关而与模数无关,其数值可查表 7－4－3。

表 7－4－3　齿形系数 Y_{Fa}、应力校正系数 Y_{Sa} 及复合齿形系数 Y_{FS}

$z(z_v)$	17	18	19	20	21	22	23	24	25	26	27	28	29
Y_{Fa}	2.97	2.91	2.85	2.80	2.76	2.72	2.69	2.65	2.62	2.60	2.57	2.55	2.53
Y_{Sa}	1.52	1.53	1.54	1.55	1.56	1.57	1.575	1.58	1.59	1.595	1.60	1.61	1.62
Y_{FS}	4.514	4.452	4.389	4.340	4.306	4.270	4.237	4.187	4.166	4.147	4.112	4.106	4.099
$z(z_v)$	30	35	40	45	50	60	70	80	90	100	150	200	∞
Y_{Fa}	2.52	2.45	2.40	2.35	2.32	2.28	2.24	2.22	2.20	2.18	2.14	2.12	2.06
Y_{Sa}	1.625	1.65	1.67	1.68	1.70	1.73	1.75	1.77	1.78	1.79	1.83	1.865	1.97
Y_{FS}	4.10	4.04	4.01	3.95	3.94	3.93	3.92	3.98	3.93	3.92	4.16	4.95	4.06

注:基本齿形的参数为 $\alpha = 20°$、$h_a^* = 1.0$、$c^* = 0.25$、刀具圆角半径 $\rho = 0.38m$

考虑到齿根局部有应力集中，以及弯曲应力以外的其他应力对齿根应力的影响，引入应力校正系数 Y_{Sa}，其数值可查表 7-4-3。

由于齿形系数和应力校正系数均与齿数（斜齿轮和锥齿轮用当量齿数）有关而与模数无关，因此，可以归结为一个系数：复合齿形系数为

$$Y_{FS}=Y_{Fa}Y_{Sa}$$

为了应用方便，表 7-4-3 列出了常用齿数范围内的齿形系数 Y_{Fa}、应力校正系数 Y_{Sa} 及复合齿形系数 Y_{FS}，在查表时对于未直接在表中列出的齿数（当量齿数）应进行线性插值求得相应的数值。

由此可得轮齿弯曲强度的验算公式

$$\sigma_F=\frac{2KT_1Y_{FS}}{bd_1m}=\frac{2KT_1Y_{FS}}{bm^2z_1}\leqslant[\sigma_F]\text{(MPa)} \tag{7-4-4}$$

将 $b=\phi_d d_1$ 代入式(7-4-4)，可得轮齿弯曲强度设计公式为

$$m\geqslant\sqrt[3]{\frac{2KT_1\ \ Y_{FS}}{\phi_d z_1^2\,[\sigma_F]}}\text{(mm)} \tag{7-4-5}$$

式中：$[\sigma_F]$ 为许用弯曲应力，其表达式为

$$[\sigma_F]=\frac{\sigma_{FE}}{S_F}\text{(MPa)}$$

式中：σ_{FE} 为试验轮齿失效概率为 1/100 时的齿根弯曲疲劳极限值，见表 7-2-1。对于长期双侧工作的齿轮传动，因齿根弯曲应力为对称循环，故应将表中数据乘以 0.7。S_F 为安全系数，见表 7-4-2。

用式(7-4-4)验算弯曲强度时，应对大、小齿轮分别进行验算；用式(7-4-5)计算模数 m 时，应比较 $Y_{FS1}/[\sigma_{F1}]$ 和 $Y_{FS2}/[\sigma_{F2}]$，以大值代入公式求 m。

注意：算得的 m 值是必需的最小值，还应按照表 2-4-1 圆整为标准模数才能制造出来。传递动力的齿轮，其模数不宜小于 1.5mm。选定模数后，齿轮实际的分度圆直径应由 $d=mz$ 算出。对于开式传动，为考虑齿面磨损，可将算得的 m 值加大 10%~15%。

三、设计中材料和参数的选取

1. 材料

转矩不大时，可选用碳素结构钢，若计算出的齿轮直径太大，则可选用合金钢。轮齿进行表面热处理可以提高接触疲劳强度，因而使装置较紧凑，但表面热处理后轮齿会变形，要进行磨齿。表面渗氮齿形变化小，不用磨齿，但氮化层较薄。尺寸较大的齿轮可用铸钢，但生产批量小时以锻造较经济。转矩小时，也可选用铸铁。要减小传动噪声，其中一个甚至两个可选用夹布塑料。舰船上重要齿轮以合金钢材料为常见。

2. 主要参数

(1) 齿数比 u。$u=z_2/z_1$ 由传动比 $i=n_1/n_2$ 而定,为避免大齿轮齿数过多而导致径向尺寸过大,一般应使 $i\leqslant7$。

(2) 齿数 z。为避免根切,标准齿轮的齿数应不小于17,一般可取 $z_1>17$。齿数多,有利于增加传动的重合度,使传动平稳。但当分度圆直径一定时,增加齿数会使模数减小,有可能造成轮齿弯曲强度不够。

设计时,最好使中心距 a 值为整数。因 $a=m(z_1+z_2)/2$,当模数 m 值确定后,调整 z_1、z_2 值,可达此目的。调整 z_1、z_2 值后,应保证满足接触强度和弯曲强度,并使 u 值与所要求的 i 值的误差不超过 ±3% ~5%。

(3) 齿宽系数 ϕ_d 及齿宽 b。ϕ_d 取得大,可使齿轮径向尺寸减小,但将使其轴向尺寸增大,导致沿齿向载荷分布不均。ϕ_d 的取值可参考表7-4-4。

表7-4-4 齿宽系数 ϕ_d

齿轮相对于轴承的位置	齿面硬度	
	软齿面	硬齿面
对称布置	0.8 ~1.4	0.4 ~0.9
非对称布置	0.2 ~1.2	0.3 ~0.6
悬臂布置	0.3 ~0.4	0.2 ~0.25
注:轴及其支座刚性较大时取大值,反之取小值		

齿宽可由 $b=\phi_d d_1$ 算得,b 值应加以圆整而作为大齿轮的齿宽 b_2,小齿轮的齿宽取为 $b_1=b_2+(5\sim10)\text{mm}$,从而保证轮齿有足够的啮合宽度。

3. 设计准则

齿轮传动的设计准则依其失效形式而定。对于一般用途的齿轮传动,通常只按齿根弯曲疲劳强度及齿面接触疲劳强度进行设计计算。

在闭式齿轮传动中,齿面点蚀和轮齿折断两种失效形式均可能发生,所以需计算两种强度。对于闭式软齿面齿轮传动,其抗点蚀能力比较低,所以一般先按接触疲劳强度进行设计,再校核其弯曲疲劳强度;对于闭式硬齿面齿轮传动,其抗点蚀能力较高,所以一般先按弯曲疲劳强度进行设计,再校核其接触疲劳强度。

在开式齿轮传动中,主要失效形式是齿面磨粒磨损和轮齿折断。因为目前齿面磨损尚无可靠的计算方法,所以一般只计算齿根弯曲疲劳强度,考虑磨损会使齿厚变薄,从而降低轮齿的弯曲强度,一般将计算出的模数增大10% ~15%,然后再取标准值。

由轮齿弯曲强度设计式(7-4-5)可知,在齿轮的齿宽系数、齿数、材料已选定的情况下,影响轮齿弯曲强度的主要因素是模数。模数越大,齿轮副的弯曲强度越高。

由齿面接触强度设计式(7-4-2)可知,在齿轮的齿宽系数、材料及传动比已选定的情况下,影响齿轮齿面接触强度的主要因素是齿轮的直径。小齿轮直径越大,齿轮副的齿面接触强度就越高。

例7-4-1 某两级直齿圆柱齿轮减速机用电动机驱动,单向运转,载荷有中等冲击。高速级传动比 $i=3.7$,高速轴转速 $n_1=745\text{r/min}$,传动功率 $P=17\text{kW}$,采用软齿面,试计算此高速级传动。

解:(1)选择材料及确定许用应力。小齿轮用40MnB调质,查表7-2-1,齿面硬度241~286HBS,$\sigma_{Hlim1}=730\text{MPa}$,$\sigma_{FE1}=600\text{MPa}$。大齿轮用ZG35SiMn调质,查表7-2-1,齿面硬度241~269HBS,$\sigma_{Hlim2}=620\text{MPa}$,$\sigma_{FE2}=510\text{MPa}$。由表7-4-2,取 $S_H=1.1$,$S_F=1.25$。所以

$$[\sigma_{H1}]=\frac{\sigma_{Hlim1}}{S_H}=\frac{730}{1.1}=664(\text{MPa})$$

$$[\sigma_{H2}]=\frac{\sigma_{Hlim2}}{S_H}=\frac{620}{1.1}=564(\text{MPa})$$

$$[\sigma_{F1}]=\frac{\sigma_{FE1}}{S_H}=\frac{600}{1.25}=480(\text{MPa})$$

$$[\sigma_{F2}]=\frac{\sigma_{FE2}}{S_H}=\frac{510}{1.25}=408(\text{MPa})$$

(2)按齿面接触强度设计。由于采用的是软齿面,故先按照齿面接触强度设计。

设齿轮按8级精度制造。取载荷系数 $K=1.5$(表7-3-1),齿宽系数 $\phi_d=0.8$(表7-4-4)。

小齿轮上的转矩:

$$T_1=9.55\times10^6\times\frac{P}{n_1}=9.55\times10^6\times\frac{17}{745}=2.18\times10^5\quad(\text{N}\cdot\text{mm})$$

取 $Z_E=188$(表7-4-1),按式(7-4-2)计算小齿轮直径:

$$d_1\geqslant\sqrt[3]{\frac{2KT_1}{\phi_d}\cdot\frac{u\pm1}{u}\cdot\left(\frac{Z_EZ_H}{[\sigma_H]}\right)^2}=\sqrt[3]{\frac{2\times1.5\times2.18\times10^5}{0.8}\cdot\frac{3.7+1}{3.7}\cdot\left(\frac{188\times2.5}{564}\right)^2}$$
$$=89.7(\text{mm})$$

齿数取 $z_1=32$,则 $z_2=3.7\times32\approx118$。故实际传动比 $i=\frac{118}{32}\approx3.69$。

模数为

$$m=\frac{d_1}{z_1}=\frac{89.7}{32}\approx2.8(\text{mm})$$

齿宽 $b=\phi_d d_1=0.8\times89.7=71.8\text{mm}$，取 $b_2=75\text{mm}$，$b_1=80\text{mm}$。

按表 2-4-1 取 $m=3\text{mm}$，实际的分度圆直径分别为

$$d_1=mz_1=3\times32=96(\text{mm})$$

$$d_2=mz_2=3\times118=354(\text{mm})$$

中心距为

$$a=\frac{m}{2}(z_1+z_2)=\frac{3}{2}(32+118)=225(\text{mm})$$

（3）验算轮齿弯曲强度。查表 7-4-3，进行线性插值得复合齿形系数 $Y_{\text{FS1}}=4.076$，$Y_{\text{FS2}}=4.006$。

按式(7-4-4)验算轮齿弯曲强度（按最小齿宽 $b_2=75\text{mm}$ 计算）：

$$\sigma_{\text{F1}}=\frac{2KT_1Y_{\text{FS1}}}{bm^2z_1}=\frac{2\times1.5\times2.18\times10^5\times4.076}{75\times3^2\times32}=123.4(\text{MPa})<[\sigma_{\text{F1}}]=480\text{MPa}$$

$$\sigma_{\text{F2}}=\sigma_{\text{F1}}\frac{Y_{\text{FS2}}}{Y_{\text{FS1}}}=123.4\times\frac{4.006}{4.076}=121.3(\text{MPa})<[\sigma_{\text{F2}}]=408\text{MPa}$$

安全。

（4）齿轮的圆周速度：

$$v=\frac{\pi d_1n_1}{60\times1000}=\frac{\pi\times3\times32\times745}{60\times1000}=3.74(\text{m/s})$$

对照表 7-2-2 可知选用 8 级精度是合宜的。其他计算从略。

第五节　斜齿圆柱齿轮传动

一、轮齿上的作用力

图 7-5-1 为斜齿轮轮齿受力情况。从图 7-5-1(a)可以看出，轮齿所受法向力 F_n 处于与轮齿相垂直的法面上，它可以分解为圆周力 F_t、径向力 F_r 和轴向力 F_a，由图 7-5-1(b)导出如下：

$$\begin{cases}\text{圆周力：}\quad F_t=\dfrac{2T_1}{d_1}\quad(\text{N})\\[2ex]\text{径向力：}\quad F_r=\dfrac{F_t\tan\alpha_n}{\cos\beta}\quad(\text{N})\\[2ex]\text{轴向力：}\quad F_a=F_t\tan\beta\quad(\text{N})\end{cases}\tag{7-5-1}$$

各分力的方向如下：圆周力 F_t 的方向在主动轮上与运动方向相反，在从动轮上与运动方向相同；径向力 F_r 的方向对两轮都是指向各自的轴心；轴向力 F_a 的方

向可由轮齿的工作面受压来决定,其法向压力在轴向的分量,即为所受轴向力 F_a 的方向。

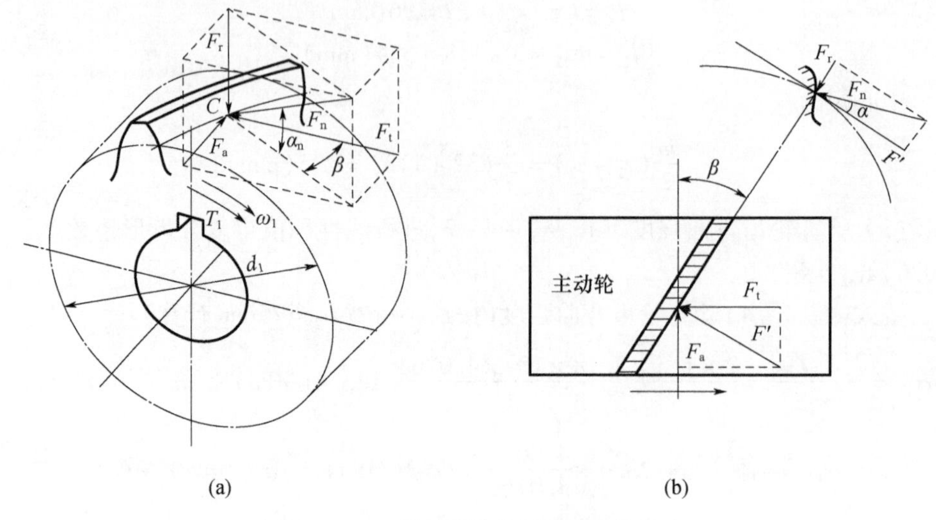

图 7-5-1　斜齿圆柱齿轮传动的作用力

对于主动轮,其工作面是转动方向的前面;对于从动轮,轮齿的工作面是转动方向的后面,如图 7-5-2 所示。

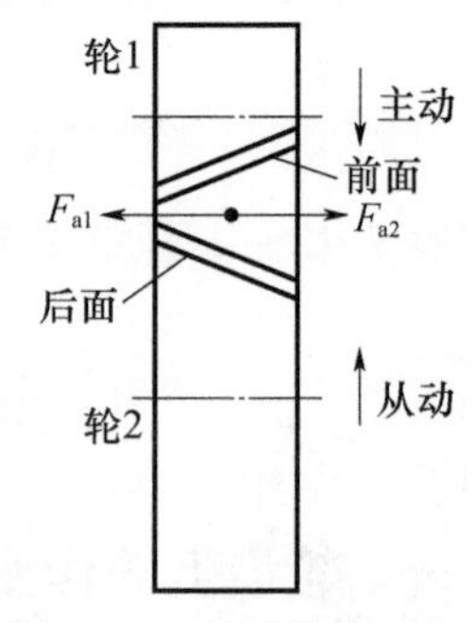

图 7-5-2　轴向力的方向

斜齿圆柱齿轮所受轴向力的方向还可用下述方法判定:对主动轮为右旋时用右手,四指与转动方向相同,大拇指所指方向即为 F_a 的方向。主动轮为左旋时,则可用左手来判断。从动轮所受的轴向力方向与主动轮相反。

β 角为螺旋角,β 角取得过大,则重合度增大,使传动平稳,但轴向力也增加,因而增加轴承的负担。一般取 $\beta = 8° \sim 20°$。

二、强度计算

斜齿圆柱齿轮传动的强度计算是按轮齿的法面进行分析的,其基本原理与直齿圆柱齿轮传动相似。但是斜齿圆柱齿轮传动的重合度较大,同时相啮合的轮齿较多,轮齿的接触线是倾斜的,而且在法面内斜齿轮的当量齿轮的分度圆半径也是较大,因此斜齿轮的接触应力和弯曲应力均比直齿轮有所降低。关于斜齿轮强度问题的详细讨论,可参阅相关教材。下面直接写出经简化处理的斜齿轮强度计算公式。

1. 齿面接触应力及其强度条件

$$\sigma_H = Z_E Z_H Z_\beta \sqrt{\frac{2KT_1}{bd_1^2}\frac{u \pm 1}{u}} \leqslant [\sigma_H](MPa) \qquad (7-5-2)$$

$$d_1 \geqslant \sqrt[3]{\frac{2KT_1}{\phi_d} \cdot \frac{u \pm 1}{u} \cdot \left(\frac{Z_E Z_H Z_\beta}{[\sigma_H]}\right)^2}(mm) \qquad (7-5-3)$$

式中:Z_E 为弹性系数,由表 7-4-1 查取;Z_H 为区域系数,标准齿轮 $Z_H = 2.5$;$Z_\beta = \sqrt{\cos\beta}$为螺旋角系数。

2. 轮齿弯曲应力及其强度条件

$$\sigma_F = \frac{2KT_1}{bd_1 m_n} Y_{FS} \leqslant [\sigma_F](MPa) \qquad (7-5-4)$$

$$m_n \geqslant \sqrt[3]{\frac{2KT_1 Y_{FS}\cos^2\beta}{\phi_d z_1^2 \quad [\sigma_F]}}(mm) \qquad (7-5-5)$$

式中:Y_{FS}为复合齿形系数,由当量齿数 $z_v = z/\cos^3\beta$ 查表 7-4-3。

例 7-5-1 某一斜齿圆柱齿轮减速器传递的功率 $P = 40kW$,传动比 $i = 3.3$,主动轴转速 $n_1 = 1470r/min$,用电动机驱动,长期工作,双向传动,载荷有中等冲击,要求结构紧凑,试计算此齿轮传动。

解:(1)选择材料及确定许用应力。因要求结构紧凑故采用硬齿面组合。查表 7-2-1 小齿轮用 20CrMnTi 渗碳淬火,齿面硬度为 56 ~ 62HRC,$\sigma_{Hlim1} = 1500MPa$,$\sigma_{FE1} = 850MPa$。大齿轮用 20Cr 渗碳淬火,齿面硬度 56 ~ 62HRC,$\sigma_{Hlim2} = 1500MPa$,$\sigma_{FE2} = 850MPa$。由表 7-4-2,取 $S_H = 1$,$S_F = 1.25$。所以

$$[\sigma_{H1}] = [\sigma_{H2}] = \sigma_{Hlim1}/S_H = 1500/1.0 = 1500(MPa)$$

$$[\sigma_{F1}] = [\sigma_{F2}] = 0.7\sigma_{FE1}/S_H = 0.7 \times 850/1.25 = 476(MPa)$$

(2)按轮齿弯曲强度设计计算。由于采用硬齿面,故先按照轮齿弯曲强度进行设计。

齿轮按 8 级精度制造。取载荷系数 $K = 1.3$(表 7-3-1),齿宽系数 $\phi_d = 0.8$(表 7-4-4)。

小齿轮上的转矩

$$T_1 = 9.55 \times 10^6 \frac{P}{n_1} = 9.55 \times 10^6 \frac{40}{1470} = 2.6 \times 10^5 (N \cdot mm)$$

初步选择螺旋角

$$\beta = 15°$$

齿数取 $z_1 = 19$,则 $z_2 = 3.3 \times 19 \approx 63$。实际传动比 $i = \frac{63}{19} = 3.32$。

因
$$z_{v1}=\frac{19}{\cos^3 15°}=21.08,\ z_{v2}=\frac{63}{\cos^3 15°}=69.9$$

查表 7-4-3,注意进行插值,得复合齿形系数 $Y_{FS1}=4.306$,$Y_{FS2}=3.92$。

因

$$\frac{Y_{FS1}}{[\sigma_{F1}]}=\frac{4.306}{476}=0.00905>\frac{Y_{FS2}}{[\sigma_{F2}]}=\frac{3.92}{476}=0.00824$$

故应对小齿轮进行弯曲强度计算。

法向模数为

$$m_n \geqslant \sqrt[3]{\frac{2KT_1 Y_{FS1}\cos^2\beta}{\phi_d z_1^2\ [\sigma_{F1}]}}=\sqrt[3]{\frac{2\times1.3\times2.6\times10^5}{0.8\times19^2}\times0.00905\times\cos^2 15°}=2.71(\text{mm})$$

按表 2-4-1 取 $m_n=3\text{mm}$。

中心距

$$a=\frac{m_n(z_1+z_2)}{2\cos\beta}=\frac{3(19+63)}{2\cos15°}=127.34(\text{mm})$$

取 $a=130\text{mm}$。

确定螺旋角

$$\beta=\arccos\frac{m_n(z_1+z_2)}{2a}=\arccos\frac{3(19+63)}{2\times130}=18°53'16''$$

齿轮分度圆直径

$$d_1=m_n z_1/\cos18°53'16''=60.249(\text{mm})$$

齿宽

$$b=\phi_d d_1=0.8\times60.249=48.2(\text{mm})$$

取 $b_2=50\text{mm}$,$b_1=55\text{mm}$。

(3) 验算齿面接触强度。

查表 7-4-1,得 $Z_E=189.8$。取 $Z_H=2.5$,将各参数代入式(7-5-2),可得

$$\sigma_H=Z_E Z_H Z_\beta\sqrt{\frac{2KT_1}{bd_1^2}\frac{u\pm1}{u}}=189.8\times2.5\times\sqrt{\cos18°53'16''}$$

$$\times\sqrt{\frac{2\times1.3\times2.6\times10^5}{50\times60.249^2}\times\frac{4.32}{3.32}}$$

$$=917(\text{MPa})<[\sigma_{H1}]=1500\text{MPa}$$

安全。

(4) 齿轮的圆周速度:

$$v=\frac{\pi d_1 n_1}{60\times1000}=\frac{\pi\times60.249\times1470}{60\times1000}=4.6(\text{m/s})$$

对照表 7-2-2 可知选 8 级精度是合宜的。

第六节　直齿锥齿轮传动

一、轮齿上的作用力

图 7-6-1 表示直齿锥齿轮轮齿受力情况。法向力 F_n 可分解为三个分力

$$
\begin{cases}
\text{圆周力} \quad F_t = \dfrac{2T_1}{d_{m1}} \quad (\text{N}) \\
\text{径向力} \quad F_r = F_t \tan\alpha \cos\delta \quad (\text{N}) \\
\text{轴向力} \quad F_a = F_t \tan\alpha \sin\delta \quad (\text{N})
\end{cases}
\tag{7-6-1}
$$

式中:d_{m1} 为小齿轮齿宽中点的分度圆直径,由图 7-6-2 中几何关系可得

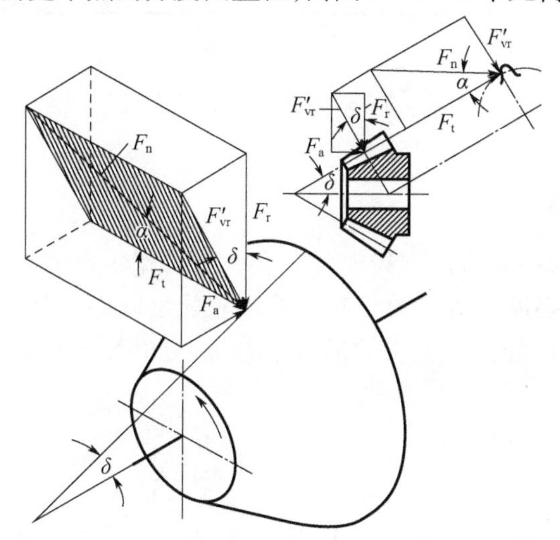

图 7-6-1　直齿锥齿轮传动的作用力

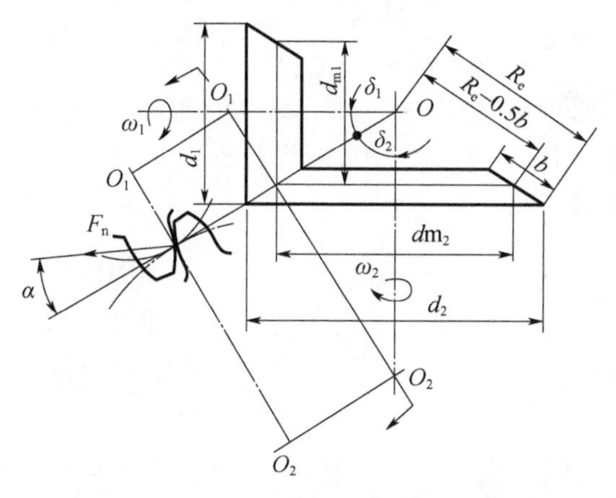

图 7-6-2　直齿锥齿轮的当量齿轮

$$d_{m1}=d_1-b\sin\delta_1 \tag{7-6-2}$$

圆周力 F_t 的方向在主动轮上与运动方向相反，在从动轮上与运动方向相同。径向力 F_r 的方向对两齿轮都是垂直指向齿轮轴线。轴向力 F_a 的方向对两个齿轮都是由小端指向大端。

当 $\delta_1+\delta_2=90°$，$\sin\delta_1=\cos\delta_2$，$\cos\delta_1=\sin\delta_2$。所以小齿轮上的径向力和轴向力在数值上分别等于大齿轮上的轴向力和径向力，但其方向相反，如图 7-6-3 所示。

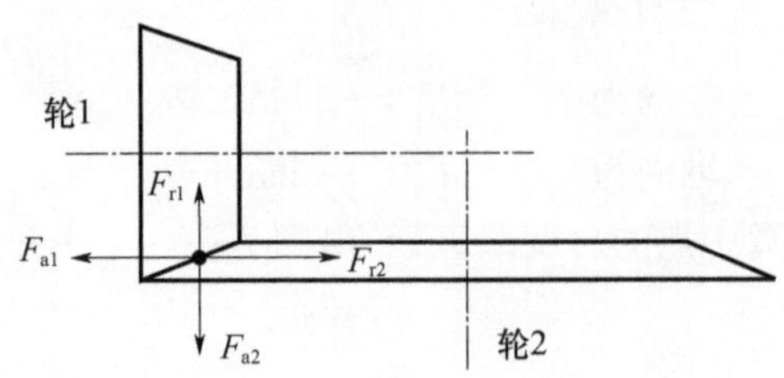

图 7-6-3　大小锥齿轮的作用力

二、强度计算

可以近似认为，一对直齿锥齿轮传动和位于齿宽中点的一对当量圆柱齿轮传动（图 7-6-2）的强度相等。关于直齿锥齿轮强度问题的详细讨论，可参阅相关教材。下面直接写出经简化处理的最常用的、轴交角 $\Sigma=90°$ 的标准直齿锥齿轮强度计算公式。

1. 齿面接触疲劳强度

$$\sigma_H=Z_E Z_H\sqrt{\frac{4KF_{t1}}{bd_1(1-0.5\phi_R)}\ \frac{\sqrt{u^2+1}}{u}}\leqslant[\sigma_H]\ (\text{MPa}) \tag{7-6-3}$$

$$d_1\geqslant\sqrt[3]{\frac{4KT_1}{\phi_R u\ (1-0.5\phi_R)^2}\cdot\left(\frac{Z_E Z_H}{[\sigma_H]}\right)^2}\ (\text{mm}) \tag{7-6-4}$$

式中：Z_E 为弹性系数，由表 7-4-1 查取；Z_H 为区域系数，标准齿轮 $Z_H=2.5$；$\phi_R=b/R_e$ 为齿宽系数，b 为齿宽，R_e 为锥距，一般取 $\phi_R=0.25\sim0.3$。

2. 轮齿弯曲疲劳强度

$$\sigma_F=\frac{2KF_{t1}}{bm(1-0.5\phi_R)}Y_{FS}\leqslant[\sigma_F]\ (\text{MPa}) \tag{7-6-5}$$

$$m\geqslant\sqrt[3]{\frac{4KT_1}{\phi_R\ (1-0.5\phi_R)^2 z_1^2\sqrt{u^2+1}}\frac{Y_{FS}}{[\sigma_F]}}\ (\text{mm}) \tag{7-6-6}$$

式中：m 为大端模数；Y_{FS} 为复合齿形系数，由当量齿数 $z_v=\dfrac{z}{\cos\delta}$ 查表 7-4-3。

第七节　齿轮的构造

直径较小的钢质齿轮,当齿根圆直径与轴径接近时,可以将齿轮和轴做成整体的,称为齿轮轴(图 7－7－1)。如果齿轮的直径比轴的直径大得多,则应把齿轮和轴分开来制造。

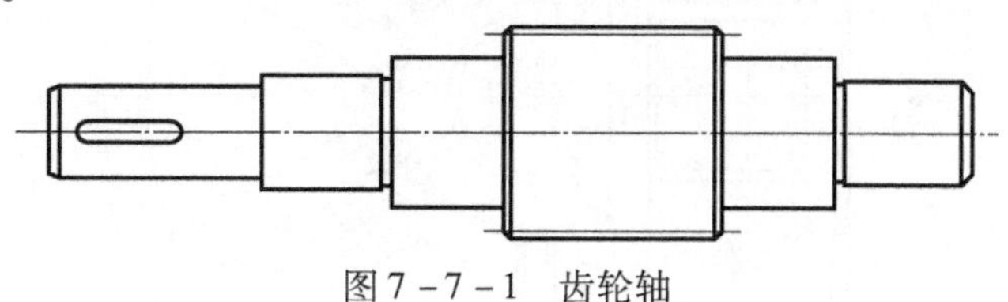

图 7－7－1　齿轮轴

齿顶圆直径 $d_a \leqslant 500$mm 的齿轮可以是锻造的或铸造的。锻造齿轮常采用图 7－7－2(a)所示的腹板式结构。直径较小的齿轮可做成实心的(图 7－7－2(b))。

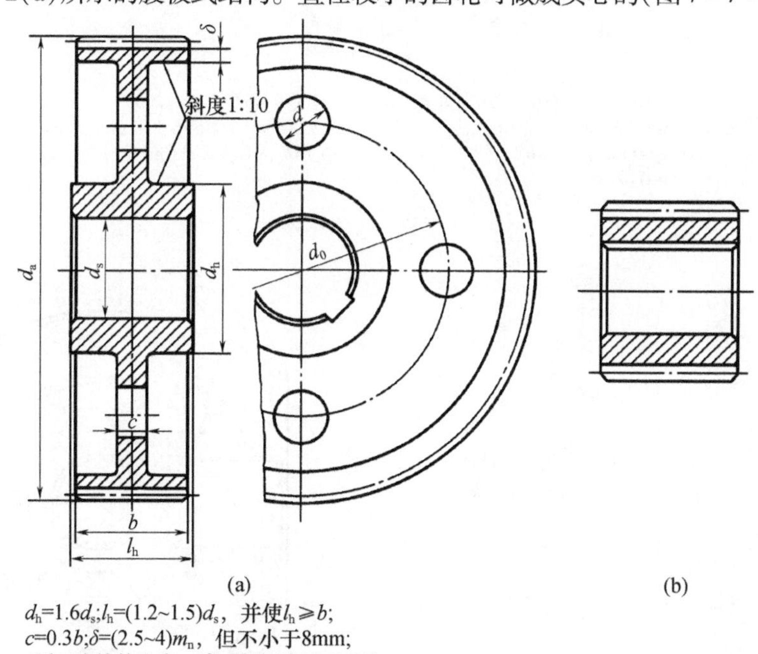

图 7－7－2　腹板式齿轮和实心式齿轮

齿顶圆直径 $d_a \geqslant 400$mm 的齿轮常用铸铁或铸钢制成,并常采用图 7－7－3 所示的轮辐式结构。

图 7－7－4(a)为腹板式锻造锥齿轮,图 7－7－4(b)为带加强肋的腹板式铸造锥齿轮。

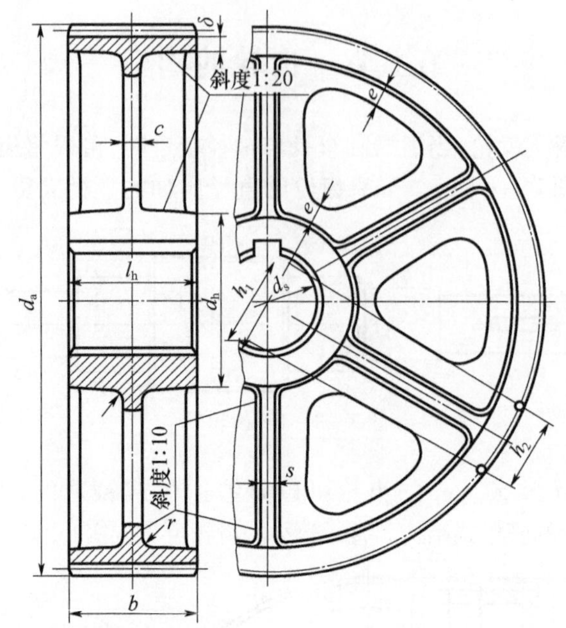

$d_h=1.6d_s$(铸钢);$d_h=1.8d_s$(铸铁)
$c=0.2b$;但不小于10mm;
$d_1=0.8d_s$;$h_2=0.8h_1$;
$e=0.8\delta$

$l_h=(1.2\sim1.5)d_s$,并使$l_h\geqslant b$;
$\delta=(2.5\sim4)m_n$,但不小于8mm;
$s=0.15h_1$,但不小于10mm

图7-7-3　轮辐式齿轮

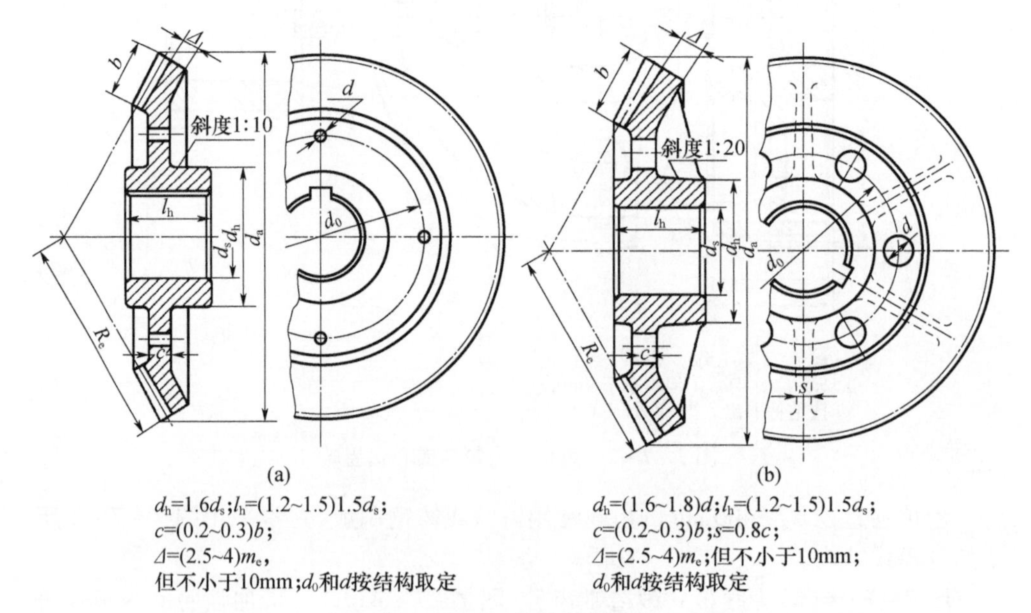

(a)
$d_h=1.6d_s$;$l_h=(1.2\sim1.5)1.5d_s$;
$c=(0.2\sim0.3)b$;
$\Delta=(2.5\sim4)m_e$,
但不小于10mm;d_0和d按结构取定

(b)
$d_h=(1.6\sim1.8)d$;$l_h=(1.2\sim1.5)1.5d_s$;
$c=(0.2\sim0.3)b$;$s=0.8c$;
$\Delta=(2.5\sim4)m_e$;但不小于10mm;
d_0和d按结构取定

图7-7-4　锥齿轮的结构

第八节 齿轮传动的润滑和效率

一、齿轮传动的润滑

润滑的作用十分重要，在机械设备的使用维护中起到十分关键的作用。

齿轮在传动时，相啮合的齿面间有相对滑动，就要发生摩擦和磨损，产生动力消耗，降低传动效率，特别是在高速传动，就更需要保证齿轮良好润滑。轮齿啮合面间加注润滑剂，可以避免金属直接接触，减小摩擦损失，还可以散热及防锈蚀。因此，对齿轮传动进行适当的润滑，可以大为改善轮齿的工作状态，确保运转正常及预期的寿命。

开式齿轮传动通常采用人工定期加油润滑，可采用润滑油或润滑脂。

一般闭式齿轮传动的润滑方式根据齿轮的圆周速度 v 的大小而定。当 $v \leq 12\mathrm{m/s}$ 时多采用油池润滑(图 7-8-1)，大齿轮浸入油池一定的深度，齿轮运转时就把润滑油带到啮合区，同时也甩到箱壁上，借以散热。当 v 较大时，浸入深度约为一个齿高；当 v 较小时(0.5~0.8m/s)，可达到齿轮半径的 1/6。

在多级齿轮传动中，当几个大齿轮直径不相等时，可以采用惰轮蘸油润滑(图 7-8-2)。

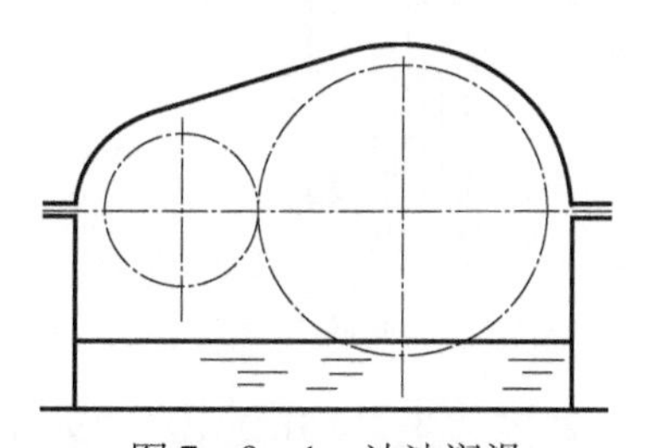
图 7-8-1 油池润滑

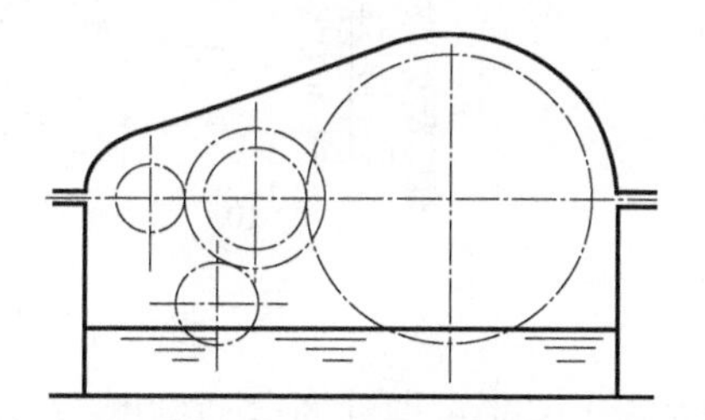
图 7-8-2 采用惰轮的油池润滑

当 $v > 12\mathrm{m/s}$ 时，不宜采用油池润滑，这是因为：①圆周速度过高，齿轮上的油大多被甩出去而达不到啮合区；②搅油过于激烈，使油的温升增加，并降低其润滑性能；③会搅起箱底沉淀的杂质，加速齿轮的磨损。故此时最好采用喷油润滑(图 7-8-3)，用油泵将润滑油直接喷到啮合区。

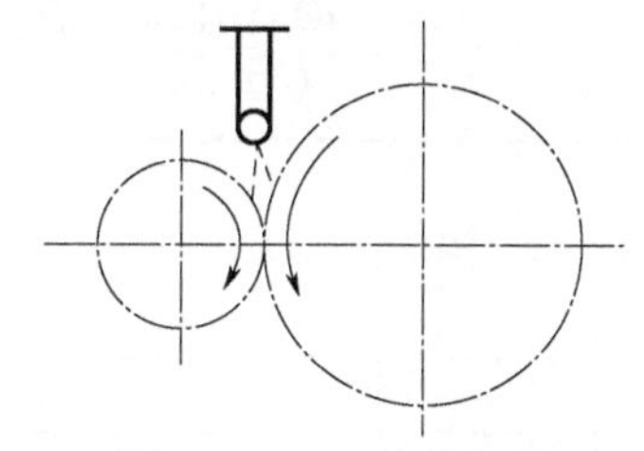
图 7-8-3 喷油润滑

1. 润滑油牌号的选择

可根据齿面接触应力大小选择，如表 7-8-1 所列。

表 7-8-1　齿轮传动润滑油牌号选择

齿面接触应力/MPa	润滑油牌号	
	闭式传动	开式传动
<500(轻负荷)	L-CKB(抗氧防锈工业齿轮油)	L-CKH
500~1100(中负荷)	L-CKC(中负荷工业齿轮油)	L-CKJ
>1100(重负荷)	L-CKD(重负荷工业齿轮油)	L-CKM

2. 润滑油运动黏度的选择

(1) 闭式传动。齿面接触应力大,则运动黏度应较大;相对速度高,则运动黏度应较小,查图 7-8-4。图中横坐标

$$\zeta = \left(\frac{6.25F_t}{bd_1}\right)/v$$

式中:F_t 为分度圆上切向力(N);b 为齿轮宽度(mm);d_1 为小齿轮分度圆直径(mm);v 为齿轮分度圆线速度(m/s)。

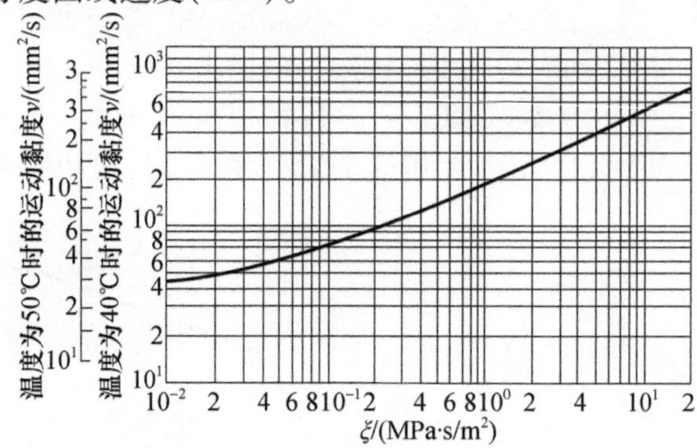

图 7-8-4　闭式齿轮传动润滑油运动黏度选择曲线

由图 7-8-4 得到的运动黏度,若环境温度在 25℃以上,每升高 10℃,运动黏度应提高 10%;若环境温度在 10℃以下,每降低 3℃,运动黏度应降低 10%。

(2) 开式传动。开式齿轮传动润滑油运动黏度可由表 7-8-2 选定。

表 7-8-2　开式齿轮传动润滑油运动黏度选择　　(mm²/s)

给油方法		推荐运动黏度(100℃)		
		环境温度/℃		
		-15~17	5~38	22~48
油浴		150~220*	16~22	22~26
涂刷	热	193~257	193~257	386~536
	冷	22~26	32~41	193~257
手刷		150~220*	22~26	32~41
注:带*号位 40℃黏度				

二、齿轮传动的效率

齿轮传动的功率损耗主要包括:①啮合中的摩擦损耗;②搅动润滑油的油阻损耗;③轴承中的摩擦损耗。计入上述损耗时,齿轮传动(采用滚动轴承)的平均效率如表7-8-3所列。

表7-8-3 齿轮传动的平均效率

传动装置	6级或7级精度的闭式传动	8级精度的闭式传动	开式传动
圆柱齿轮	0.98	0.97	0.95
锥齿轮	0.97	0.96	0.93

习　题

题7-1　有一直齿圆柱齿轮传动,原设计传递功率P,主动轴转速n_1。若其他条件不变,轮齿的工作应力也不变,当主动轴转速提高1倍,即$n'_1=2n_1$时,该齿轮传动能传递的功率P'应为多少?

题7-2　有一直齿圆柱齿轮传动,允许传递功率P,若通过热处理方法提高材料的力学性能,使大、小齿轮的许用应力$[\sigma_{H1}]$、$[\sigma_{H2}]$各提高30%,试问此传动在不改变工作条件及其他设计参数的情况下,抗疲劳点蚀允许传递的扭矩和允许传递的功率可提高多少。

题7-3　单级闭式直齿圆柱齿轮传动中,小齿轮的材料为45钢调质处理,大齿轮的材料为ZG310-570正火,$P=4\text{kW}$,$n_1=720\text{r/min}$,$m=4\text{mm}$,$z_1=25$,$z_2=73$,$b_1=84\text{mm}$,$b_2=78\text{mm}$,单向转动,载荷有中等冲击,用电动机驱动,试验算此单级传动的强度。

题7-4　已知开式直齿圆柱齿轮传动$i=3.5$,$P=3\text{kW}$,$n_1=50\text{r/min}$,用电动机驱动,单向转动,载荷均匀,$z_1=21$,小齿轮为45钢调质,大齿轮为45钢正火,试确定合理的d、m值。

题7-5　已知闭式直齿圆柱齿轮传动的传递比$i=4.6$,$P=30\text{kW}$,$n_1=730\text{r/min}$,长期双向转动,载荷带中等冲击,要求结构紧凑。$z_1=27$,大小齿轮都用40Cr表面淬火,试确定合理的d、m值。

题7-6　斜齿圆柱齿轮的齿数z与其当量齿数z_v有什么关系?在下列几种情况下应分别采用哪一种齿数:

(1)计算斜齿圆柱齿轮传动的角度比;

(2)用成型法切制斜齿轮时选盘形铣刀;

(3) 计算斜齿轮的分度圆直径;

(4) 弯曲强度计算时查取复合齿形系数。

题7－7 设斜齿圆柱齿轮传动的转动方向及螺旋线方向如题7－7图所示,试分别画出轮1为主动时和轮2为主动时轴向力 F_{a1} 和 F_{a2} 的方向。

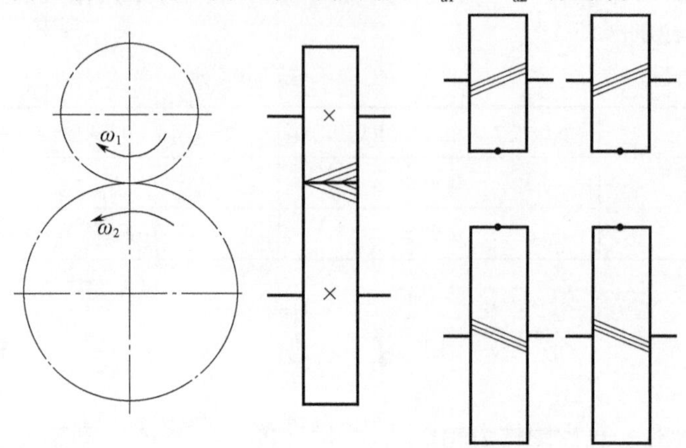

题7－7图

题7－8 在题7－7图中,当轮2为主动时,试画出作用在轮2上的圆周力 F_{t2}、轴向力 F_{a2} 和径向力 F_{r2} 的作用线和方向。

题7－9 设两级斜齿圆柱齿轮减速器的已知条件如题7－9图所示,试问:

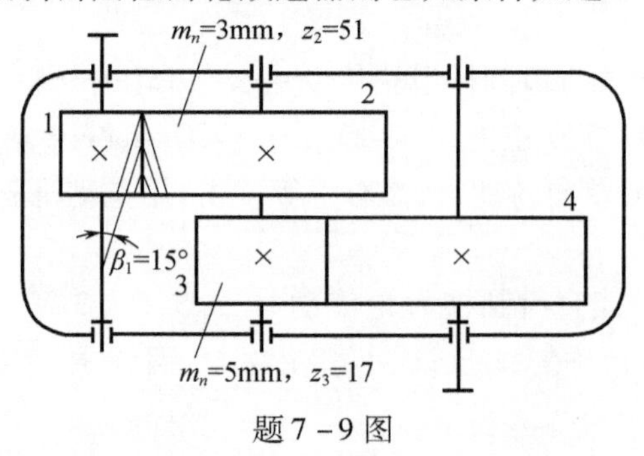

题7－9图

(1) 低速级斜齿轮的螺旋线方向应如何选择才能使中间轴上两齿轮的轴向力方向相反?

(2) 低速级螺旋角 β 应取多大数值才能使中间轴的轴向力互相抵消?

题7－10 已知单级斜齿圆柱齿轮传动的 $P = 22\text{kW}$, $n_1 = 1470\text{r/min}$,双向转动,电动机驱动,载荷平稳,$z_1 = 21$, $z_2 = 107$, $m_n = 3\text{mm}$, $\beta = 16°15'$, $b_1 = 85\text{mm}$, $b_2 = 80\text{mm}$,小齿轮材料为40MnB调质,大齿轮材料为35SiMn调质,试校核此闭式传动

的强度。

题7－11　已知单级闭式斜齿轮传动 $P=10\text{kW}$，$n_1=1210\text{r/min}$，$i=4.3$，电动机驱动，双向传动，中等冲击载荷，设小齿轮用40MnB调质，大齿轮用45钢调质，$z_1=21$，试计算此单级斜齿轮传动。

题7－12　在题7－9图所示的两级斜齿圆柱齿轮减速器中，已知 $z_1=17$，$z_2=42$，高速级齿轮传动效率 $\eta_1=0.98$，低速级齿轮传动效率为 $\eta_2=0.97$，输入功率 $P=7.5\text{kW}$，输入轴转速 $n_1=1450\text{r/min}$，若不计轴承损失，试计算输出轴和中间轴的转矩。

题7－13　已知一直齿锥—斜齿圆柱齿轮减速器布置和转向如题7－13图所示。试画出作用在斜齿轮3和锥齿轮2上的圆周力 F_t、轴向力 F_a 和径向力 F_r 的作用线和方向。

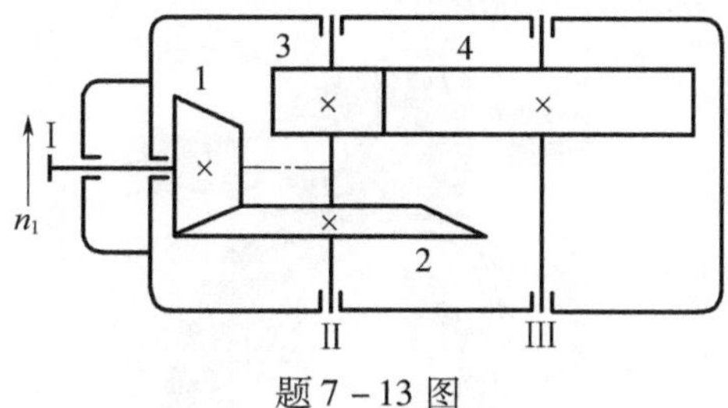

题7－13图

第八章　蜗杆传动

第一节　蜗杆传动的特点和类型

蜗杆传动是由蜗杆和蜗轮组成(图 8-1-1),它用于传递交错轴之间的回转运动和动力,通常两轴交错角为 90°。传动中一般蜗杆是主动件,蜗轮是从动件。蜗杆传动广泛应用于各种机器和仪器中。

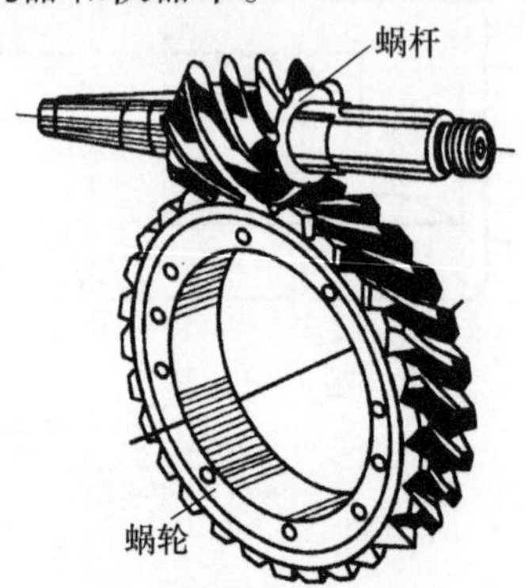

图 8-1-1　蜗杆与蜗轮

蜗杆传动的主要优点是能得到很大的传动比、结构紧凑、传动平稳和噪声较小等。在分度机构中其传动比 i 可达 1000;在动力传动中,通常 $i=8\sim80$。蜗杆传动的主要缺点是传动效率较低;为了减摩耐磨,蜗轮齿圈常需用青铜制造,成本较高。

按形状的不同,蜗杆可分为圆柱蜗杆(图 8-1-2(a))和环面蜗杆(图 8-1-2(b))。

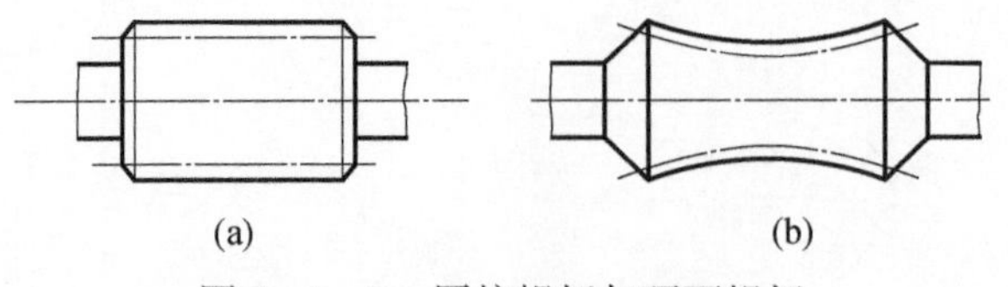

图 8-1-2　圆柱蜗杆与环面蜗杆

圆柱蜗杆按其螺旋面形状又分为阿基米德蜗杆(ZA 蜗杆)和渐开线蜗杆(ZI 蜗杆)等。

车削阿基米德蜗杆与加工梯形螺纹类似。车刀切削刃夹角 $2\alpha = 40°$,加工时切削刃的平面通过蜗杆轴线(图 8 - 1 - 3)。因此切出的齿形,在包含轴线的截面内为侧边呈直线的齿条;而在垂直于蜗杆轴线的截面内为阿基米德螺旋线。

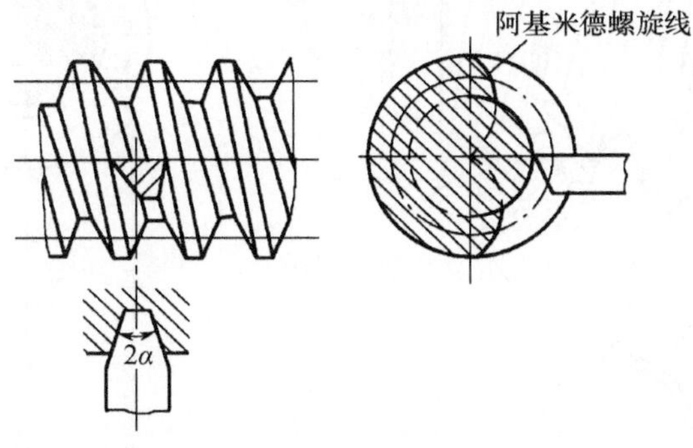

图 8 - 1 - 3 阿基米德圆柱蜗杆

渐开线蜗杆的齿形,在垂直于蜗杆轴线的截面内为渐开线,在包含蜗杆轴线的截面内为凸廓曲线。这种蜗杆可以像圆柱齿轮那样用滚刀铣切,适用于成批生产。

和螺纹一样,蜗杆有左、右旋之分,常用的是右旋蜗杆。

对于一般动力传动,常按照 7 级精度(适用于蜗杆圆周速度 $v_1 < 7.5\text{m/s}$)、8 级精度($v_1 < 3\text{m/s}$)和 9 级精度($v_1 < 1.5\text{m/s}$)制造。

第二节 圆柱蜗杆传动的主要参数和几何尺寸

一、圆柱蜗杆传动的主要参数

1. 模数 m 和压力角 α

如图 8 - 2 - 1 所示,通过蜗杆轴线并垂直于蜗轮轴线的平面,称为中间平面。由于蜗轮是用与蜗杆形状相仿的滚刀(为了保证轮齿啮合时的径向间隙,滚刀外径稍大于蜗杆顶圆直径),按范成原理切制轮齿,因此在中间平面内蜗轮与蜗杆的啮合就相当于渐开线齿轮与齿条的啮合。蜗杆传动的设计计算都以中间平面的参数和几何关系为准。它们正确啮合条件是:蜗杆轴向模数 m_{a1} 和轴向压力角 α_{a1} 应分别等于蜗轮端面模数 m_{t2} 和端面压力角 α_{t2},即

$$m_{a1} = m_{t2} = m$$

$$\alpha_{a1} = \alpha_{t2}$$

模数 m 的标准值,如表 8 - 2 - 1 所列;压力角标准值为 20°。相应于切削刀具,ZA 蜗杆取轴向压力角为标准值,ZI 蜗杆取法向压力角为标准值。

如图 8 - 2 - 1 所示,齿厚与齿槽宽相等的圆柱称为蜗杆分度圆柱(或称为中圆

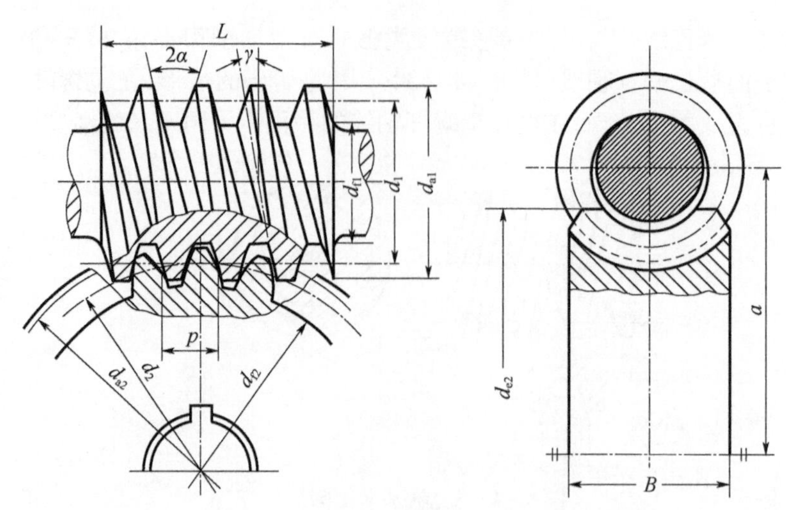

图 8－2－1　圆柱蜗杆传动的主要参数

柱)。蜗杆分度圆(或称为蜗杆中圆)直径以 d_1 表示。其值如表 8－2－1 所列。蜗轮分度圆直径以 d_2 表示。

表 8－2－1　圆柱蜗杆的基本尺寸和参数

m/mm	d_1/mm	z_1	q	m^2d_1/mm^3	m/mm	d_1/mm	z_1	q	m^2d_1/mm^3
1	18	1	18.000	18	6. 3	63	1,2,4,6	10.000	2500
1. 25	20	1	16.000	31.25		112	1	17.778	4445
	22. 4	1	17.920	35	8	80	1,2,4,6	10.000	5120
1. 6	20	1,2,4	12.500	51.2		140	1	17.500	8960
	28	1	17.500	71.68	10	90	1,2,4,6	9.000	9000
2	22. 4	1,2,4,6	11.200	89.6		160	1	16.000	16000
	35. 5	1	17.750	142	12. 5	112	1,2,4	8.960	17500
2. 5	28	1,2,4,6	11.200	175		200	1	16.000	31250
	45	1	18.000	281	16	140	1,2,4	8.750	35840
3. 15	35. 5	1,2,4,6	11.270	352		250	1	15.625	64000
	56	1	17.778	556	20	160	1,2,4	8.000	64000
4	40	1,2,4,6	10.000	640		315	1	15.750	126000
	71	1	17.750	1136	25	200	1,2,4	8.000	125000
5	50	1,2,4,6	10.000	1250		400	1	16.000	250000
	90	1	18.000	2250					

注:1. 本表取自 GB10085－1988,本表所列 d_1 数值为国标规定的优先使用值;

2. 表中同一模数有两个 d_1 值,当选取其中较大的 d_1 值时,蜗杆导程角 $\gamma<3°30'$,有较好的自锁性。

在两轴交错角为90°的蜗杆传动中，蜗杆分度圆柱上的导程角 γ 应等于蜗轮分度圆柱上的螺旋角 β，且两者的旋向必须相同，即

$$\gamma = \beta$$

2. 传动比 i、蜗杆头数 z_1 和蜗轮齿数 z_2

当蜗杆每分钟转 n_1 转时，将在轴向推进 n_1 个升距 $= n_1 z_1 p$，式中：p 为周节；与此同时，蜗轮将被推动在分度圆弧上转过相同的距离，故蜗轮每分钟相应转过的转数为 $n_2 = \dfrac{n_1 z_1 p}{z_2 p}$。因此，其传动比为

$$i = \frac{n_1}{n_2} = \frac{z_2}{z_1} \tag{8-2-1}$$

通常蜗杆头数 $z_1 = 1$、2、4。若要得到大传动比时，可取 $z_1 = 1$，但传动效率较低。传递功率较大时，为提高效率可采用多头蜗杆，取 $z_1 = 2$ 或4。

蜗轮齿数 $z_2 = iz_1$。z_1、z_2 的推荐值如表8-2-2所列。为了避免蜗轮轮齿发生根切，z_2 不应少于26，但也不宜大于80。若 z_2 过多，会使结构尺寸过大，蜗杆长度也随之增加，致使蜗杆刚度和啮合精度下降。

表8-2-2　蜗杆头数 z_1 与蜗轮齿数 z_2 的荐用值

传动比 i	7～13	14～27	28～40	>40
蜗杆头数 z_1	4	2	2、1	1
蜗轮齿数 z_2	28～52	28～54	28～80	>40

3. 蜗杆直径系数 q 和导程角 γ

切制蜗轮的滚刀，其直径及齿形参数（如模数 m、螺旋线数 z_1，和导程角 γ 等）必须与相应的蜗杆相同。如果蜗杆分度圆直径 d_1 不作必要的限制，刀具品种和数量势必太多。为了减少刀具数量并便于标准化，制定了蜗杆分度圆直径的标准系列。国标GB/T10085-1988中，每一个模数只与一个或几个蜗杆分度圆直径的标准值相对应（表8-2-1）。

如图8-2-2所示，蜗杆螺旋面和分度圆柱的交线是螺旋线。设 γ 为蜗杆分度圆柱上的螺旋线导程角，p_x 为轴向齿距，由图8-2-2得

$$\tan\gamma = \frac{z_1 p_x}{\pi d_1} = \frac{z_1 m}{d_1} = \frac{z_1}{q} \tag{8-2-2}$$

式中：$q = \dfrac{d_1}{m}$为蜗杆分度圆直径与模数的比值，称为蜗杆直径系数。

由式（8-2-2）可知，d_1 越小（或 q 越小）导程角 γ 越大，传动效率也越高，但蜗杆的刚度和强度越小。通常，转速高的蜗杆可取较小的 d_1 值，蜗轮齿数 z_2 较多时可取较大的 d_1 值。

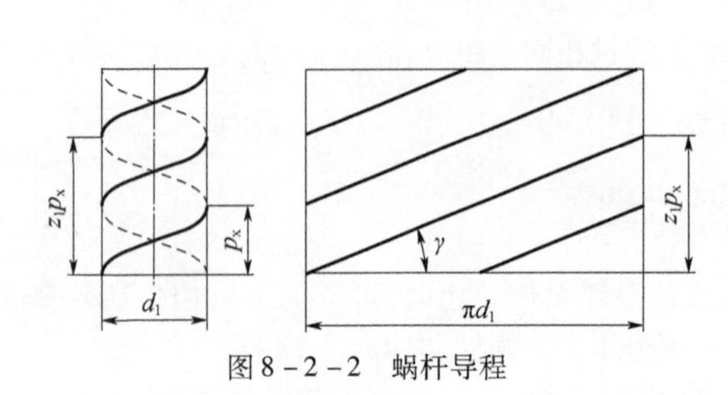

图8-2-2　蜗杆导程

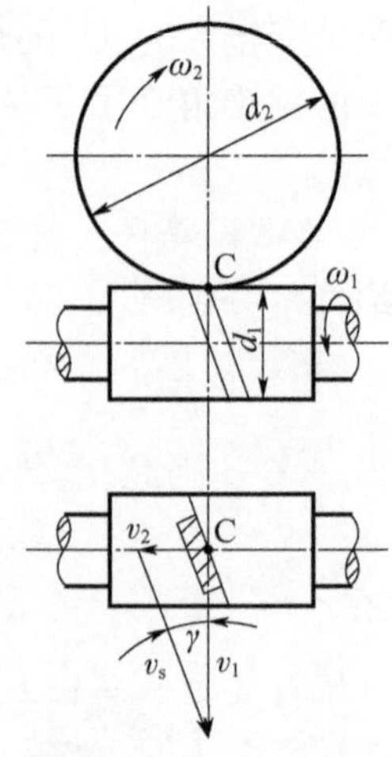

图8-2-3　滑动速度

4. 齿面间滑动速度 v_s

蜗杆传动即使在节点 C 处啮合，齿廓之间也有较大的相对滑动，滑动速度 v_s 沿蜗杆螺旋线方向。设蜗杆圆周速度为 v_1、蜗轮圆周速度为 v_2，由图 8-2-3 可得

$$v_s = \sqrt{v_1^2 + v_2^2} = \frac{v_1}{\cos\gamma} \quad (\text{m/s}) \tag{8-2-3}$$

滑动速度的大小，对齿面的润滑情况、齿面失效形式、发热以及传动效率等都有很大影响。

5. 中心距 a

当蜗杆节圆与分度圆重合时称为标准传动，其中心距计算式为

$$a = 0.5(d_1 + d_2) = 0.5m(q + z_2) \tag{8-2-4}$$

二、圆柱蜗杆传动的几何尺寸计算

设计蜗杆传动时，一般是先根据传动的功用和传动比的要求，选择蜗杆头数 z_1 和蜗轮齿数 z_2，然后再按强度计算确定中心距 a 和模数 m，上述参数确定后，即可根据表 8-2-3 计算出蜗杆、蜗轮的几何尺寸（两轴交错角为 90°、标准传动）。

表 8-2-3　圆柱蜗杆传动的几何尺寸计算（参看图 8-2-1）

名称	计算公式	
	蜗杆	蜗轮
蜗杆分度圆直径，蜗轮分度圆直径	$d_1 = mq$	$d_2 = mz_2$
齿顶高	$h_a = m$	$h_a = m$

（续）

名称	计算公式	
	蜗杆	蜗轮
齿根高	$h_f = 1.2m$	$h_f = 1.2m$
蜗杆齿顶圆直径，蜗轮喉圆直径	$d_{a1} = m(q+2)$	$d_{a2} = m(Z_2+2)$
齿根圆直径	$d_{f1} = m(q-2.4)$	$d_{f2} = m(Z_2-2.4)$
蜗杆轴向齿距，蜗轮端面齿距	$p_{a1} = p_{t2} = p_x = \pi m$	
径向间隙	$c = 0.20m$	
中心距	$a = 0.5(d_1+d_2) = 0.5m(q+z_2)$	
注：蜗杆传动中心距标准系列为：40、50、63、80、100、125、160、(180)、200、(225)、250、(280)、315、(355)、400、(450)、500mm		

例 8-2-1 在带传动和蜗杆传动组成的传动系统中，初步计算后取蜗杆模数，$m=4$mm、头数 $z_1=2$、分度圆直径 $d_1=40$mm，蜗轮齿数 $z_2=39$，试计算蜗杆直径系数 q、导程角 γ 及蜗杆传动的中心距 a。

解：(1) 蜗杆直径系数： $q=\frac{d_1}{m}=\frac{40}{4}=10$

(2) 导程角：由式(8-2-2)得

$$\tan\gamma=\frac{z_1}{q}=\frac{2}{10}=0.2$$

$$\gamma=11.3099°(\text{即 } \gamma=11°18'36'')$$

(3) 传动的中心距：$a=0.5m(q+z_2)=0.5\times4\times(10+39)\text{mm}=98\text{mm}$

讨论：(1)也可将蜗轮齿数改为 $z_2=40$，即中心距圆整为 $a=0.5\times4\times(10+40)=100$mm。由此引起的蜗杆传动传动比的变化，可在传动系统内部作适当调整。

(2) 如果是单件生产又允许采用非标准中心距，就取 $a=98$mm。

(3) 在不改变蜗杆传动传动比的情况下，若将中心距圆整为 $a=100$mm，那么滚切蜗轮时应将滚刀相对于蜗轮中心向外移动 2mm，使滚刀(相当于蜗杆)与被切蜗轮轮坯的中心距由 98mm 加到 100mm，即采用变位传动。有关变位传动的计算，见机械设计手册。

第三节　蜗杆传动的失效形式、材料和结构

一、蜗杆传动的失效形式及材料选择

蜗杆传动的主要失效形式有胶合、点蚀和磨损等。由于蜗杆传动在齿面间有

较大的相对滑动，产生热量，使润滑油温度升高而变稀，润滑条件变坏，增大了胶合的可能性。在闭式传动中，如果不能及时散热，往往因胶合而影响蜗杆传动的承载能力。在开式传动或润滑密封不良的闭式传动中，蜗轮轮齿的磨损就显得突出。

由于蜗杆传动的特点，蜗杆副的材料不仅要求有足够的强度，而更重要的是要有良好的减摩耐磨性能和抗胶合的能力。因此，常采用青铜作蜗轮的齿圈，与淬硬磨削的钢制蜗杆相配。

蜗杆一般采用碳素钢或合金钢制造，要求齿面光洁并具有较高硬度。对于高速重载的蜗杆常用20Cr，20CrMnTi（渗碳淬火到56～62HRC）；或40Cr、42SiMn，45（表面淬火到45～55HRC）等，并应磨削。一般蜗杆可采用40、45等碳素钢调质处理（硬度为220～250HBS）。在低速或人力传动中，蜗杆可不经热处理，甚至可采用铸铁。

在重要的高速蜗杆传动中，蜗轮常用10－1锡青铜ZCuSn10P1制造，它的抗胶合和耐磨性能好，允许的滑动速度可达25m/s，易于切削加工，但价格贵。在滑动速度 $v_s<12$m/s 的蜗杆传动中，可采用含锡量低的5－5－5锡青铜（ZCuSn5Pb5Zn5）。10－3铝青铜（ZCuAl10Fe3）有足够的强度、铸造性能好、耐冲击、价廉，但切削性能差，抗胶合性能不如锡青铜，一般用于 $v_s\leqslant 6$m/s 的传动。在速度较低（如 $v_s<$ 2m/s）的传动中，可用球墨铸铁或灰铸铁。蜗轮也可用尼龙或增强尼龙材料制成。

二、蜗杆和蜗轮的结构

蜗杆绝大多数和轴制成一体，称为蜗杆轴，如图8－3－1所示。

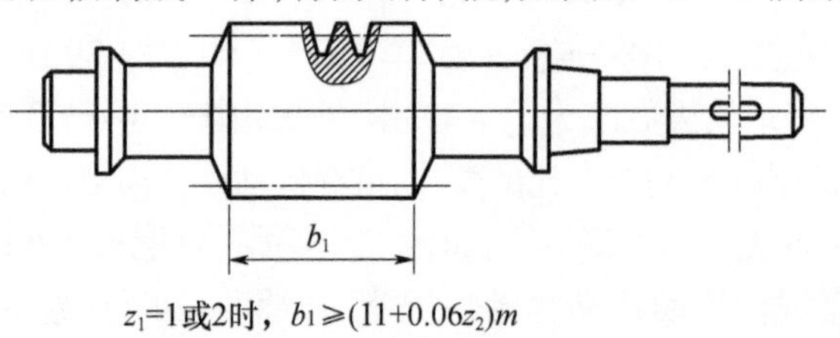

z_1=1或2时，$b_1\geqslant(11+0.06z_2)m$

z_1=4时，$b_1\geqslant(12.5+0.09z_2)m$

图8－3－1 蜗杆轴

蜗轮可以制成整体的（图8－3－2(a)）。但为了节约贵重的有色金属，对大尺寸的蜗轮通常采用组合式结构，即齿圈用有色金属制造，而轮芯用钢或铸铁制成（图8－3－2(b)）。采用组合结构时，齿圈和轮芯间可用过盈连接，为工作可靠起见，并沿接合面圆周装上4～8个螺钉。为了便于钻孔，应将螺孔中心线向材料较硬的一边偏移2～3mm。这种结构用于尺寸不大而工作温度变化又较小的地方。轮圈与轮芯也可用铰制孔用螺栓来连接（图8－3－2(c)），由于装拆方便，常用于尺寸较大或磨损后需要更换齿圈的场合。对于成批制造的蜗轮,常在铸铁轮芯上浇铸出青铜齿圈(图 8-3-2(d))。

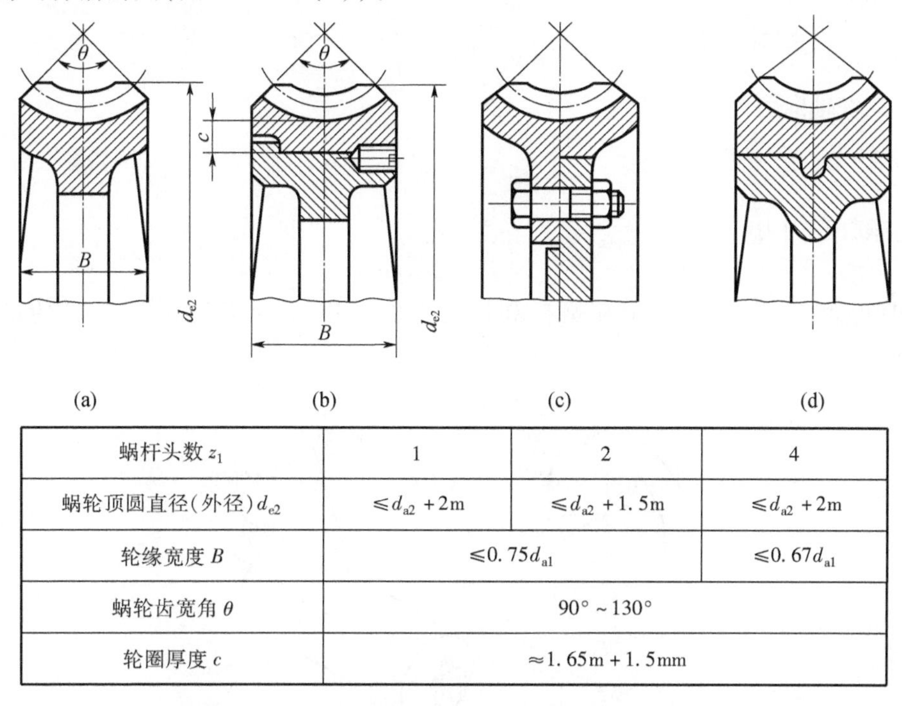

蜗杆头数 z_1	1	2	4
蜗轮顶圆直径(外径)d_{e2}	$\leqslant d_{a2}+2m$	$\leqslant d_{a2}+1.5m$	$\leqslant d_{a2}+2m$
轮缘宽度 B	$\leqslant 0.75d_{a1}$		$\leqslant 0.67d_{a1}$
蜗轮齿宽角 θ	$90^\circ \sim 130^\circ$		
轮圈厚度 c	$\approx 1.65m+1.5mm$		

图 8-3-2 蜗轮的结构

第四节 圆柱蜗杆传动的受力分析

分析蜗杆传动作用力时,可先根据蜗杆的螺旋线旋向和蜗杆旋转方向,按照第七章第五节介绍的方法确定蜗轮的旋转方向。例如,图 8-4-1 所示为蜗杆下置的传动,当蜗杆转动方向为箭头朝上时,蜗杆齿的工作面(前面)受压,蜗杆受到的轴向力指向左手方,蜗轮受反向力,指向右方,故蜗轮逆时针方向旋转。

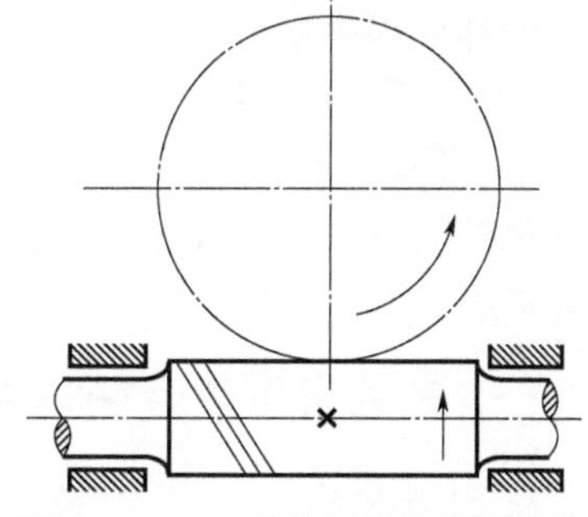

图 8-4-1 确定蜗轮的旋转方向

蜗杆传动的受力分析和斜齿轮相似,齿面上的法向力 F_n 可分解为三个相互垂直的分力:圆周力 F_t、轴向力 F_a 和径向力 F_r。上例中各分力的方向如图 8-4-2 所示。当蜗杆轴和蜗轮轴交错成 90°时,如不计摩擦力的影响,蜗杆圆周力 F_{t1} 等于蜗轮轴向力 F_{a2},但方向相反;蜗杆轴向力 F_{a1} 等于蜗轮圆周力 F_{t2},但方向相反;蜗杆径向力

F_{r1}等于蜗轮径向力F_{r2}，指向各自轴心。即

蜗杆圆周力

$$F_{t1}=F_{a2}=\frac{2T_1}{d_1} \tag{8-4-1}$$

蜗杆轴向力

$$F_{a1}=F_{t2}=\frac{2T_2}{d_2} \tag{8-4-2}$$

蜗杆径向力

$$F_{r1}=F_{r2}=F_{a1}\tan\alpha \tag{8-4-3}$$

式中：T_1 和 T_2 分别为作用在蜗杆和蜗轮上的转矩；$T_2=T_1 i\eta$，η 为蜗杆传动的效率。

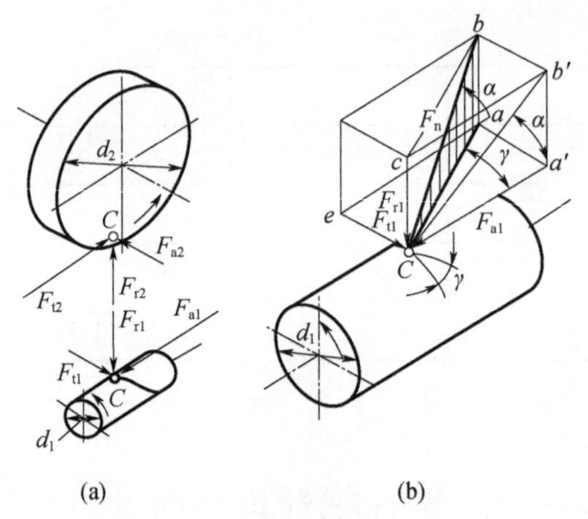

图 8-4-2 蜗杆与蜗轮的作用力

第五节 圆柱蜗杆传动的强度计算

圆柱蜗杆传动的破坏形式，主要是蜗轮轮齿表面产生胶合、点蚀和磨损，目前，在设计时用限制接触应力的办法来解决，而轮齿的弯断现象只有当 $z_2>80$ 时才发生（此时须校核弯曲强度）。对于开式传动，因磨损速度大于点蚀速度，故只需按弯曲强度进行设计计算。此外，还需校核蜗杆的刚度。对于闭式传动，还需进行热平衡计算。

一、蜗轮齿面疲劳接触强度计算

1. 计算公式

蜗轮齿面疲劳接触强度仍以赫兹公式为基础，其强度校核公式为

$$\sigma_H = z_E z_\rho \sqrt{\frac{k_A T_2}{a^3}} \leqslant [\sigma_H] \, (\text{MPa}) \tag{8-5-1}$$

设计公式为

$$a \geqslant \sqrt[3]{k_A T_2 \left(\frac{z_E z_\rho}{[\sigma_H]}\right)^2} \quad (\text{mm}) \tag{8-5-2}$$

式中：a 为中心距(mm)；z_E 为材料综合弹性系数，钢与铸锡青铜配对时，取 $z_E = 150$，钢与铝青铜或灰铸铁配对时，取 $z_E = 160$；z_ρ 为接触系数，用以考虑当量曲率半径的影响，由蜗杆分度圆直径与中心距之比(d_1/a)查图 8-5-1，一般 $d_1/a = 0.3 \sim 0.5$，取最小值时，导程角大，因而效率高，蜗杆刚性较小；k_A 为使用系数，$k_A = 1.1 \sim 1.4$。

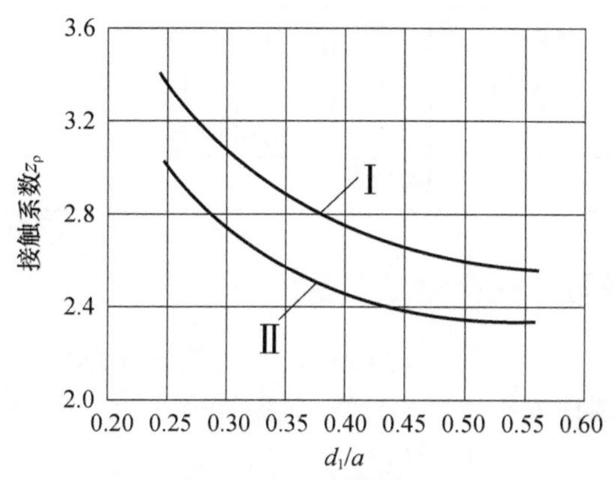

图 8-5-1 接触系数

Ⅰ—适用于 ZI、ZA、ZN 型蜗杆；Ⅱ—适用于 ZC 型蜗杆。

有冲击载荷、环境温度高($t > 35°C$)、速度较高时，取大值。

2. 许用接触应力$[\sigma_H]$

对于铸锡青铜，可由表 8-5-1 查取；对于铸铝青铜及灰铸铁，其主要失效形式是胶合而不是接触强度，而胶合与相对速度有关，其值应查表 8-5-2，上述接触强度计算可限制胶合的产生。

由式(8-5-2)算出中心距 a 后，可由下列公式粗算出蜗杆分度圆直径 d_1 和模数 m，即

$$d_1 \approx 0.68 a^{0.875}$$

$$m = \frac{2a - d_1}{z_2} \tag{8-5-3}$$

再由表 8-2-1 选定模数值。

表 8-5-1 锡青铜蜗轮的许用接触应力[σ_H] (MPa)

蜗轮材料	铸造方法	适用的滑动速度 v_s/(m/s)	蜗杆齿面硬度	
			HBS≤350	HRC>45
10-1 锡青铜	砂 型	≤12	180	200
	金属型	≤25	200	220
5-5-5 锡青铜	砂 型	≤10	110	125
	金属型	≤12	135	150

表 8-5-2 铝青铜及铸铁蜗轮的许用接触应力[σ_H] (MPa)

蜗轮材料	蜗杆材料	滑动速度 v_s/(m/s)						
		0.5	1	2	3	4	6	8
10-3 铝青铜	淬火钢①	250	230	210	180	160	120	90
HT150、HT200	渗碳钢	130	115	90	—	—	—	—
HT150	调质钢	110	90	70	—	—	—	—
注:①蜗杆未经淬火时,需将表中[σ_H]值降低20%								

二、蜗轮齿根弯曲疲劳强度计算

蜗轮的齿形比较复杂,且齿根是曲面,要精确计算蜗轮齿根弯曲应力是困难的。一般参照斜齿圆柱齿轮作近似计算,其验算公式为

$$\sigma_F=\frac{1.53k_AT_2}{d_1d_2m\cos\gamma}Y_{Fa2}\leqslant[\sigma_F]\quad(\text{MPa})\tag{8-5-4}$$

其设计公式为

$$m^2d_1\geqslant\frac{1.53k_AT_2}{z_2\cos\gamma[\sigma_F]}Y_{Fa2}\tag{8-5-5}$$

式中:γ 为蜗杆导程角,$\gamma=\arctan\frac{z_1}{q}$;[$\sigma_F$]为蜗轮许用弯曲应力(MPa),查表 8-5-3;Y_{Fa2}为蜗轮齿形系数,由当量齿数,$z_v=\frac{z_2}{\cos^3\gamma}$,查表 7-4-3。

由求得的 m^2d_1 值查表 8-2-1 可决定主要尺寸。

表 8-5-3 蜗轮的许用弯曲应力[σ_F] (MPa)

蜗轮材料	ZCuSn10P1		ZCu5Sn5Pb5Zn5		ZCuAl10Fe3		HT150	HT200
铸造方法	砂模铸造	金属模铸造	砂模铸造	金属模铸造	砂模铸造	金属模铸造	砂模铸造	
单侧工作	50	70	32	40	80	90	40	47
双侧工作	30	40	24	28	63	80	25	30

三、蜗杆的刚度计算

蜗杆较细长,支撑跨距较大,若受力后产生的挠度过大,则会影响正常啮合传动。蜗杆产生的挠度应小于许用挠度$[Y]$。

由切向力F_{t1}和径向力F_{r1}产生的挠度分别为

$$Y_{t1}=\frac{F_{t1}l^3}{48EI},\quad Y_{r1}=\frac{F_{r1}l^3}{48EI}$$

合成总挠度为

$$Y=\sqrt{Y_{t1}^2+Y_{r1}^2}\leqslant[Y]\text{mm}$$

式中:E为蜗杆材料弹性模量(MPa),钢蜗杆$E=2.06\times10^5$MPa;I为蜗杆危险截面惯性距,$I=\frac{\pi d_1^4}{64}$;l为蜗杆支点跨距(mm),初步计算时可取$l=0.9d_2$;$[Y]$为许用挠度(mm),$[Y]=d_1/1000$。

例8-5-1 试设计一由电动机驱动的单级蜗杆减速器中的蜗杆传动。电动机功率$P_1=5.5$kW,转速$n_1=960$r/min,传动比$i=21$,载荷平稳单向回转。

解:(1)选择材料并确定其许用应力。

蜗杆选用45钢,表面淬火,硬度为45~50HRC;蜗轮选用铸锡青铜ZCuSn10P1,砂模铸造。

① 许用接触应力,查表8-5-1得$\sigma_H=200$MPa;

② 许用弯曲应力,查表8-5-3得$\sigma_F=50$MPa。

(2)选择蜗杆头数z_1并估计传动效率η。

由$i=21$,查表8-2-2,选取$z_1=2$,则$z_2=iz_1=21\times2=42$;

由$z_1=2$,查表8-6-2,估计$\eta=0.8$。

(3)确定蜗轮转矩T_2。

$$T_2=9.55\times10^6\frac{P\eta}{n_2}=9.55\times10^6\frac{P\eta i}{n_1}=9.55\times10^6\frac{5.5\times0.8\times21}{960}\text{N}\cdot\text{mm}$$
$$=919188\text{N}\cdot\text{mm}$$

(4)确定使用系数k_A、综合弹性系数z_E。

取$k_A=1.2$,取$z_E=150$(钢配锡青铜)。

(5)确定接触系数z_ρ。

假定$d_1/a=0.4$,由图8-5-1,得$z_\rho=2.8$。

(6)计算中心距a,即

$$a\geqslant\sqrt[3]{K_AT_2\left(\frac{z_Ez_\rho}{[\sigma_H]}\right)^2}=\sqrt[3]{1.2\times919188\left(\frac{150\times2.8}{200}\right)^2}\text{mm}=169.44\text{mm}$$

(7) 确定模数 m、蜗轮齿数 z_2、蜗杆直径系数 q、蜗杆导程角 γ、中心距 a 等参数。由式(8－5－3)得

$$d_1 \approx 0.68a^{0.875} = 0.68 \times 169.44^{0.875}\text{mm} = 89\text{mm}$$

$$m = \frac{2a - d_1}{z_2} = \frac{2 \times 169.44 - 89}{42}\text{mm} = 5.95\text{mm}$$

由表 8－2－1,若取 $m = 6.3\text{mm}, q = 10, d_1 = 63\text{mm}$,

由式(8－2－4),得

$$a = 0.5m(q + z_2) = 0.5 \times 6.3(10 + 42)\text{mm} = 163.8\text{mm} < 169.44$$

接触强度不足。

现取 $m = 8\text{mm}, q = 10, d_1 = 80\text{mm}, d_2 = 8 \times 42\text{mm} = 336\text{mm}$

则

$$a = 0.5 \times 8(10 + 42)\text{mm} = 208\text{mm}$$

导程角为

$$\gamma = \arctan\frac{2}{10} = 11.3099^\circ$$

(8) 校核弯曲强度。

① 蜗轮齿形系数。

由当量齿数

$$z_v = \frac{z_2}{\cos^3\gamma} = \frac{42}{(\cos 11.3099^\circ)^3} = 45$$

查表 7－4－3 得　　　　　　$Y_{\text{Fa2}} = 2.4$

② 蜗轮齿根弯曲应力。

$$\sigma_F = \frac{1.53K_A T_2}{d_1 d_2 m\cos\gamma}Y_{\text{Fa2}} = \frac{1.53 \times 1.2 \times 919188}{80 \times 336 \times 8 \times \cos 11.3099^\circ} \times 2.4\text{MPa}$$

$$= 25\text{MPa} < [\sigma_F] = 50\text{MPa}$$

弯曲强度足够。

(9) 蜗杆刚度计算(略)。

第六节　蜗杆传动的效率、润滑和热平衡计算

一、蜗杆传动的效率

与齿轮传动类似,闭式蜗杆传动的效率损耗包括三部分:轮齿啮合的效率 η_1、轴承效率 η_2 以及考虑搅动润滑油阻力的效率 η_3。其中,$\eta_2\eta_3 = (0.95 \sim 0.97)$。$\eta_1$ 可根据螺旋传动的效率公式求得。

蜗杆主动时,蜗杆传动的总效率为

$$\eta=(0.95\sim0.97)\frac{\tan\gamma}{\tan(\gamma+\rho')} \tag{8-6-1}$$

式中:γ 为蜗杆导程角;ρ'为当量摩擦角,$\rho'=\arctan f'$。当量摩擦因数 f' 主要与蜗杆副材料、表面状况以及滑动速度等有关(表 8-6-1)。

表 8-6-1 当量摩擦因数 f' 和当量摩擦角 ρ'

蜗轮材料	锡青铜				无锡青铜	
蜗杆齿面硬度	HRC >45		其他情况		HRC >45	
滑动速度 v_s/(m/s)	f'	ρ'	f'	ρ'	f'	ρ'
0.01	0.11	6.28°	0.12	6.84°	0.18	10.2°
0.10	0.08	4.75°	0.09	5.14°	0.13	7.4°
0.50	0.055	3.15°	0.065	3.72°	0.09	5.14°
1.00	0.045	2.58°	0.055	3.15°	0.07	4°
2.00	0.035	2°	0.045	2.58°	0.055	3.15°
3.00	0.028	1.6°	0.035	2°	0.045	2.58°
4.00	0.024	1.37°	0.031	1.78°	0.04	2.29°
5.00	0.022	1.26°	0.029	1.66°	0.035	2°
8.00	0.018	1.03°	0.026	1.49°	0.03	1.72°
10.0	0.016	0.92°	0.024	1.37°		
15.0	0.014	0.8°	0.020	1.15°		
24.0	0.013	0.74°				

注:1. HRC >45 的蜗杆,其 f'、ρ' 值是指经过磨削和跑合并有充分润滑的情况;
2. 蜗轮材料为灰铸铁时,可按无锡青铜查取 f'、ρ'。

由式(8-6-1)可知,增大导程角 γ 可提高效率,故常采用多头蜗杆。但导程角过大,会引起蜗杆加工困难,而且导程角 $\gamma>28^\circ$ 时,效率提高很少。

$\gamma\leqslant\rho'$时,蜗杆传动具有自锁性,但效率很低($\eta<50\%$)。必须注意,在振动条件下 ρ'值的波动可能很大,因此不宜单靠蜗杆传动的自锁作用来实现制动。在重要场合应另加制动装置。

估计蜗杆传动的总效率时,可由表 8-6-2 选取。

表 8-6-2 蜗杆传动总效率 η 的概值

z_1	η	
	闭式传动	开式传动
1	0.70 ~ 0.75	0.6 ~ 0.7
2	0.75 ~ 0.82	
4	0.87 ~ 0.92	

二、蜗杆传动的润滑

蜗杆传动的润滑是个值得注意的问题，如果润滑不良，传动效率将显著降低，并且会使轮齿早期发生胶合或磨损。一般蜗杆传动用润滑油的牌号为L-CKE；重载及有冲击时用L-CKE/P。润滑油黏度可由表8-6-3选取。

表8-6-3　蜗杆传动润滑的黏度和润滑方式

滑动速度 v_s/(m/s)	≤1.5	>1.5~3.5	>3.5~10	>10
黏度 v_{40}/(mm²/s)	>612	414~506	288~352	198~242
润滑方式	v_s≤5 油浴润滑		v_s>5~10 油浴润滑或喷油润滑	v_s>10 喷油润滑

用油浴润滑，常采用蜗杆下置形式，由蜗杆带油润滑。但当蜗杆线速度 v_1>4m/s时，为减少搅油损失常将蜗杆置于蜗轮之上，形成上置式传动，由蜗轮带油润滑。

三、蜗杆传动的热平衡计算

由于蜗杆传动效率低，发热量大，若不及时散热，会引起箱体内油温升高、润滑失效，导致轮齿磨损加剧，甚至出现胶合。因此，对连续工作的闭式蜗杆传动要进行热平衡计算。

在闭式传动中，热量通过箱壳散逸，要求箱体内的油温 t(℃)和周围空气温度 t_0(℃)之差不超过允许值

$$\Delta t = \frac{1000P_1(1-\eta)}{\alpha_t A} \leqslant [\Delta t] \tag{8-6-2}$$

式中：Δt 为温度差，$\Delta t=(t-t_0)$；P_1 为蜗杆传递功率(kW)；η 为传动效率；α_t 为散热系数，根据箱体周围通风条件，一般取 $\alpha_t=10\sim17\mathrm{W/(m^2\cdot℃)}$；

A 为散热面积($\mathrm{m^2}$)，指箱体外壁与空气接触而内壁被油飞溅到的箱壳面积，对于箱体上的散热片，其散热面积按50%计算；$[\Delta t]$为温差允许值，一般为60~70℃，并应使油温 $t(=t_0+\Delta t)$ 小于90℃。

如果超过温度允许值可采用下述冷却措施：

(1) 增加散热面积。合理设计箱体结构，铸出或焊上散热片；

(2) 提高散热系数。在蜗杆轴上装置风扇(图8-6-1(a))，或在箱体油池内装设蛇形冷却水管(图8-6-1(b))，或用循环油冷却(图8-6-1(c))。

例8-6-1　试计算例8-5-1蜗杆传动的效率。若已知散热面积 $A=1.2\mathrm{m^2}$，试计算润滑的温升。

解：(1) 相对滑动速度：

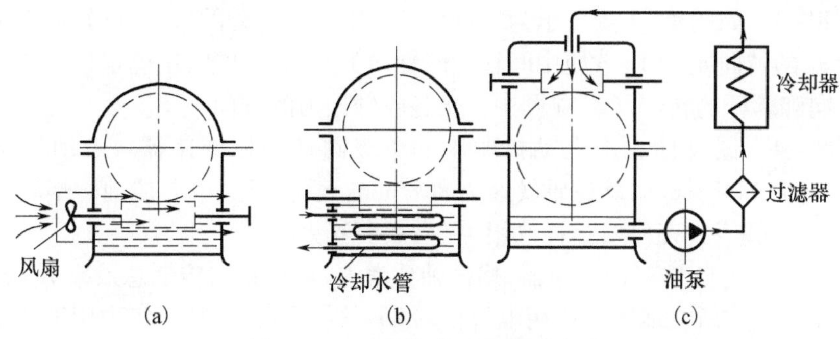

图 8-6-1 蜗杆传动的散热方法

$$v_s = \frac{\pi d_1 n_1}{60 \times 1000\cos\gamma} = \frac{\pi \times 63 \times 960}{60 \times 1000 \times \cos 11.3099^\circ}\text{m/s} = 3.23\text{m/s}$$

（2）当量摩擦角：由表 8-6-1 查得 $\rho' = 1.547°$。

（3）总传动效率：

$$\eta = 0.96\frac{\tan\gamma}{\tan(\gamma+\rho')} = 0.96\frac{\tan 11.3099°}{\tan(11.3099+1.547)} = 84\%$$

（4）散热计算：

取 $\alpha_t = 15\ \text{W/(m}^2 \cdot ℃)$

$$\Delta t = \frac{1000P_1(1-\eta)}{\alpha_t A} = \frac{1000 \times 5.5(1-0.84)}{15 \times 1.2}°\text{C} = 49°\text{C} < [\Delta t] = 60 \sim 70℃$$

合格。

习　题

题 8-1　计算例 8-2-1 的蜗杆和蜗轮的几何尺寸。

题 8-2　如题 8-2 图所示，蜗杆主动。$T_1 = 20\text{N} \cdot \text{m}$，$m = 4\text{mm}$，$z_1 = 2$，$d_1 = 50\text{mm}$，蜗轮齿数 $z_2 = 50$，传动的啮合效率 $\eta = 0.75$。试确定：（1）蜗轮的转向；（2）蜗杆与蜗轮上作用力的大小和方向。

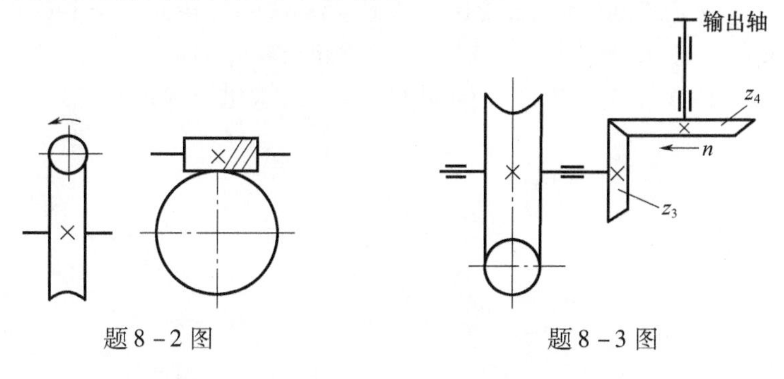

题 8-2 图　　　　题 8-3 图

题8-3　如题8-3图所示为蜗杆传动和锥齿轮传动的组合，已知输出轴上的锥齿轮 z_4 的转向 n。(1)欲使中间轴上的轴向力能部分抵消，试确定蜗杆传动的螺旋线方向和蜗杆的转向；(2)在图中标出各轮轴向力的方向。

题8-4　试设计一由电动机驱动的单级圆柱蜗杆减速器。电动机功率为7kW，转速为1440r/min，蜗轮轴转速为80r/min，载荷平稳，单向传动。蜗轮材料选ZCuSn10Pb1锡青铜，砂型；蜗杆选用40Cr；表面淬火。

题8-5　一圆柱蜗杆减速器，蜗杆轴功率 $P_1=100\text{kW}$，传动总效率 $\eta=0.8$，三班制工作。试按所在地区工业用电价格(每小时若干元)计算5年中用于功率损耗的费用。

题8-6　手动铰车采用圆柱蜗杆传动，如题8-6图所示。已知 $m=8\text{mm}$，$z_1=1$，$d_1=80\text{mm}$，$z_2=40$，卷筒直径 $D=200\text{mm}$。问：(1)欲使重物 W 上升1m，蜗杆应转多少转？(2)蜗杆与蜗轮间的当量摩擦因数 $f'=0.18$，该机构能否自锁？(3)若重物 $W=5\text{kN}$，手摇时施加的力 $F=100\text{N}$，手柄转臂的长度 l 应是多少？

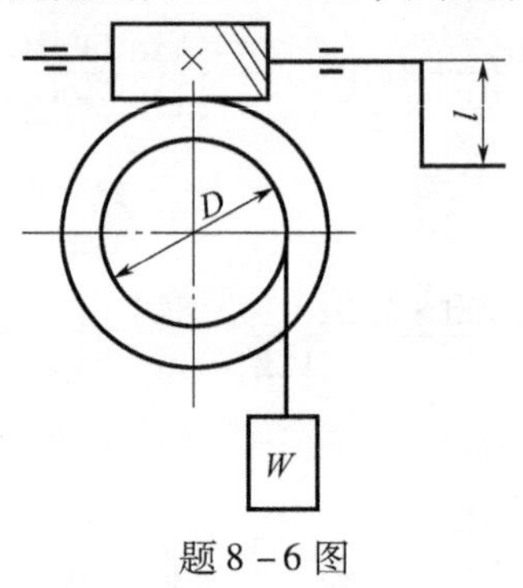

题8-6图

题8-7　计算例8-5-1的蜗杆与蜗轮的几何尺寸。设蜗轮轴的直径 $d_s=70\text{mm}$，试绘制蜗轮的工作图。

题8-8　一单级蜗杆减速器输入功率 $P_1=3\text{kW}$，$z_1=2$，箱体散热面积约为 1m^2，通风条件较好，室温20℃，试验算油温是否满足要求。

题8-9　一开式蜗杆传动，传递功率 $P=5\text{kW}$，蜗杆转速 $n_1=1460\text{r/min}$，传动比 $i=21$，载荷平稳，单向传动，试选择蜗杆、蜗轮材料并确定其主要尺寸参数。(提示：可由表8-2-1初定 q 值，以便由式(8-2-2)求出导程角 γ。)

第九章　带传动和链传动

带传动和链传动都是在主动轮、从动轮之间通过中间挠性件(带和链)来传递运动和动力的,和其他机械传动相比,具有结构简单,成本低廉,适用于远距离传动的优点,因此在工程上得到了广泛的应用。

第一节　带传动概述

一、带传动的组成、工作原理及带的类型

带传动通常是由主动带轮 1(固联于主动轴上)、从动带轮 2(固联于从动轴上)和紧套在两轮上的传动带 3 组成,如图 9-1-1 所示。带与轮的接触表面存在着正压力,当原动机驱动主动轮 1 回转时,在带与轮缘接触表面间便产生摩擦力,正是借助于这种摩擦力,主动轮才能拖动带,继而带又拖动从动轮,从而将主动轴上的转矩和运动传给从动轴。

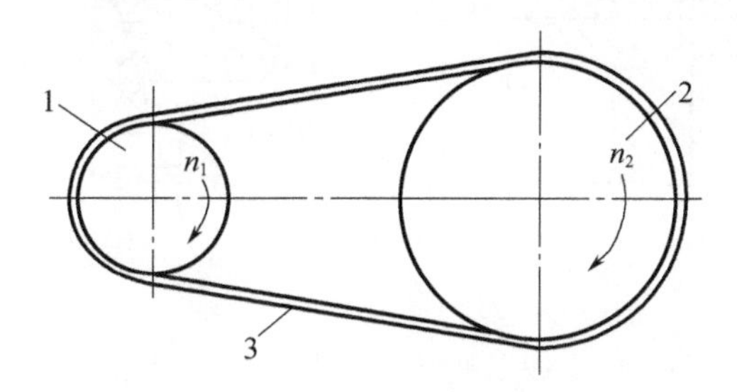

图 9-1-1　带传动示意图

1—主动轮;2—从动轮;3—封闭环形带。

按照横截面形状不同,带可分为平带、V 带、圆带、多楔带、同步带等多种类型,如图 9-1-2 所示。

1. 平带传动

平带由多层胶帆布构成,其横截面为扁平矩形,工作面是与带轮表面相接触的内表面,如图 9-1-2(a)所示。平带传动结构简单,带轮制造容易,带长可根据需要剪截后用接头接成封闭环形。在传动中心距较大情况下,应用较多。

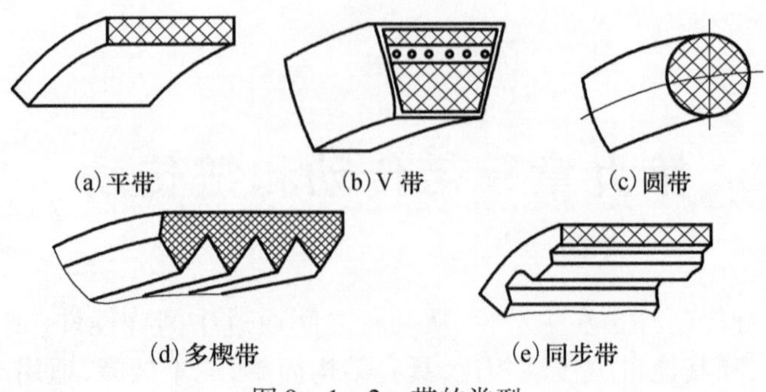

(a)平带　(b)V 带　(c)圆带

(d)多楔带　(e)同步带

图 9-1-2　带的类型

2. V 带传动

V 带的横截面为等腰梯形,带轮上也制出相应的轮槽。传动时,V 带的两个侧面和轮槽相接触,而 V 带与轮槽槽底不接触。与平带传动相比,在相同的张紧力下,V 带传动具有更大的传动能力。如图 9-1-3 所示,若带对带轮的压紧力均为 F_Q,平带工作面和 V 带工作面的正压力分别为

$$F_N = F_Q \text{ 和 } F'_N = \frac{F_Q}{2\sin\frac{\varphi}{2}} \tag{9-1-1}$$

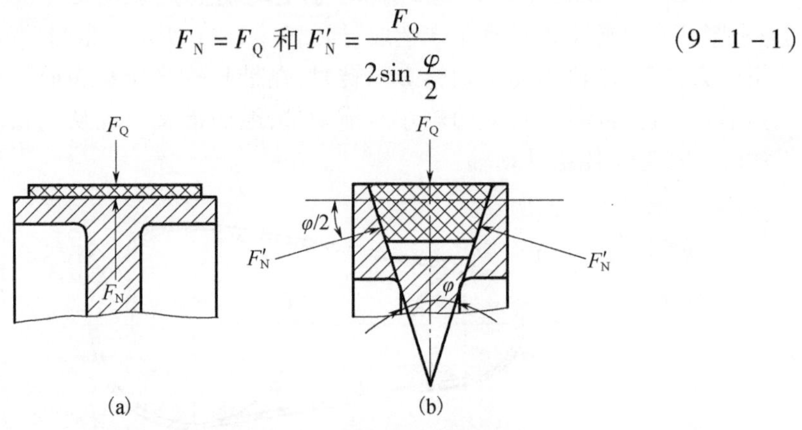

(a)　(b)

图 9-1-3　平带与 V 带传动的受力比较

工作时,平带传动和 V 带传动产生的极限摩擦力分别为

$$F_\mu = \mu F_N = \mu F_Q, F'_\mu = 2\mu F'_N = 2\mu \frac{F_Q}{2\sin\frac{\varphi}{2}} = \frac{\mu}{\sin\frac{\varphi}{2}} F_Q = \mu_v F_Q \tag{9-1-2}$$

式中:φ 为 V 带轮轮槽角,一般 $\varphi = 32°、34°、36°、38°$;$\mu_v$ 为当量摩擦因数,$\mu_v = \frac{\mu}{\sin\frac{\varphi}{2}}$,将 $\varphi = 32° \sim 38°$代入则得 $\mu_v = (3.63 \sim 3.07)\mu$。

显然,$F'_\mu > F_\mu$,V 带传递功率的能力比平带传动大得多。在传递相同的功率

时,若采用V带传动将得到比较紧凑的结构。在一般机械中,多采用V带传动,但V带传动只能用于开口传动。

3. 圆带传动

圆带横截面为圆形,如图9-1-2(c)所示。圆带传动仅用于载荷很小的传动,如用于缝纫机和牙科医疗器械上。

4. 多楔带传动

多楔带相当于多条V带组合而成,工作面是楔形的侧面,如图9-1-2(d)所示,兼有平带挠曲性好和V带摩擦力大的优点,并且克服了V带传动各根带受力不均的缺点,故适用于传递功率较大且要求结构紧凑的场合。

5. 同步带传动

同步带是带齿的环形带,如图9-1-2(e)所示,与之相配合的带轮工作表面也有相应的轮齿。工作时带齿与轮齿互相啮合,它除了具有摩擦带传动能吸振、缓冲的优点外,还具有传递功率大,传动比准确等优点,故多用于要求传动平稳,传动精度较高的场合。

二、带传动的特点及应用

带传动的主要优点是:①带具有弹性,能缓冲、吸振,传动平稳,噪声小;②当过载时,传动带会在带轮上打滑,可以防止其他零件损坏,起过载保护作用;③结构简单,维护方便,且制造与安装精度要求不高,成本低。④单级可实现较大中心距的传动。其主要缺点是:①带在带轮上有相对滑动,不能保证准确的传动比;②传动效率较低,带的寿命较短;③带作用在轴上的力及外廓尺寸均较大;④不宜用在高温、易燃、易爆及有油、水等场合。

根据上述特点,带传动多用于两轴中心距较大,传动比要求不严格的机械中。一般带传动传递功率$p \leqslant 50\text{kW}$,带速$v = 5 \sim 25\text{m/s}$,传动效率$\eta = 0.90 \sim 0.96$,允许的传动比$i_{max} = 7$(一般为2~4)。在多级传动系统中,带传动常被放在高速级。

三、普通V带的结构和规格

V带有普通V带、窄V带、大楔角V带、齿形V带、联组V带和接头V带等多种类型,其中普通V带应用最广。

标准普通V带都制成无接头的环形。其横截面呈等腰梯形,楔角$\varphi = 40°$,带高与节宽之比(h/b_p)为0.7(表9-1-1)。它由顶胶、抗拉体、底胶和包布等部分组成,如图9-1-4所示。顶胶和底胶分别在带弯曲时作拉伸和压缩变形,抗拉体是承受拉力的主体,用橡胶帆布制成的包布包在带的外面。按照抗拉体的结构,V带分为帘布芯(图9-1-4(a))和绳芯(图9-1-4(b))两种。绳芯V带比较柔软,弯曲疲劳性能也比较好,但抗拉强度低,通常仅适用于载荷不大、小直径带轮和转速较高场合。

表 9-1-1 V 带和带轮轮槽截面的基本尺寸及参数

尺寸 \ V带截型		Y	Z	A	B	C	D	E	V带截面
顶宽 b		6.0	10.0	13.0	17.0	22.0	32.0	38.0	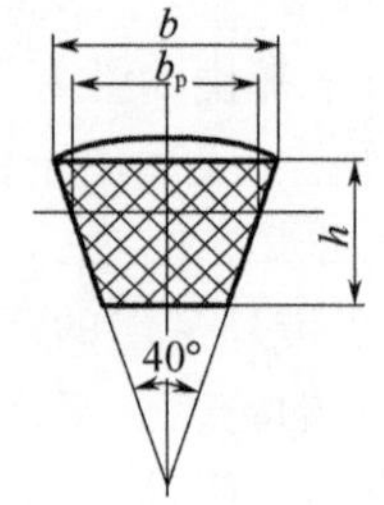
节宽 b_p		5.3	8.5	11.0	14.0	19.0	27.0	32.0	
高度 h		4.0	6.0	8.0	11.0	14.0	19.0	25.0	
楔角 α		40°							
单位长度质量 $q/(\mathrm{kg\cdot m^{-1}})$		0.02	0.06	0.10	0.17	0.30	0.63	0.92	
基准宽度 b_d		5.3	8.5	11.0	14.0	19.0	27.0	32.0	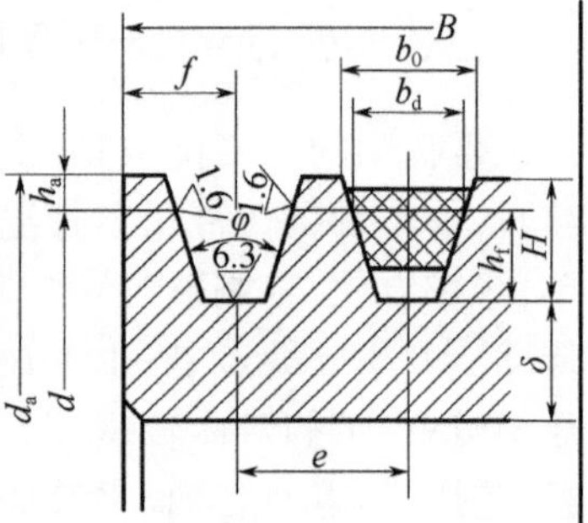
顶宽 $b\approx$		6.3	10.1	13.2	17.2	23.0	32.7	38.7	
基准线上槽高 h_{amin}		1.6	2.0	2.75	3.5	4.8	8.1	9.6	
基准线下槽高 h_{fmin}		4.7	7.0	8.7	10.8	14.3	19.9	23.4	
槽间距 e		8±0.3	12±0.3	15±0.3	19±0.4	25.5±0.5	37±0.6	44.5±0.7	
第一槽对称面至轮端面的距离 f_{min}		7±1	8±1	10^{+2}_{-1}	12.5^{+2}_{-1}	17^{+2}_{-1}	23^{+2}_{-1}	29^{+4}_{-1}	
轮缘厚度 δ_{min}		5	5.5	6	7.5	10	12	15	
轮槽角 φ 32°	相应的基准直径 d	≤60	—	—	—	—	—	—	
34°		—	≤80	≤118	≤190	≤315	—	—	
36°		>60	—	—	—	—	≤475	≤600	
38°		—	>80	>118	>190	>315	>475	>600	
极限偏差		±1°				±30			
带轮的外径 d_a		$d_a=d_d+2h_a$							

普通 V 带的尺寸已标准化，按截面尺寸由小到大的顺序分别为 Y 、 Z 、 A 、 B 、 C 、 D 、 E 七种型号(表 9－1－1)。

当 V 带在带轮上弯曲时，在带中保持原长度不变的周线称为节线，如图 9－1－5(a)所示。由全部节线构成的面称为节面，如图 9－1－5(b)所示。带的节面宽度称为节宽，以 b_p 表示。带在弯曲时，节宽保持不变。

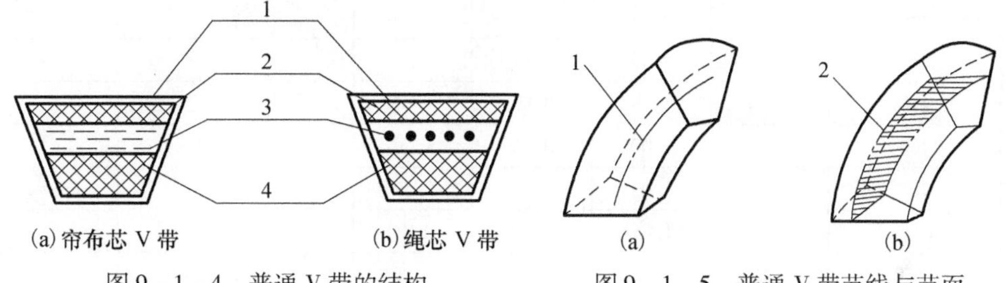

(a)帘布芯 V 带　(b)绳芯 V 带

图 9－1－4　普通 V 带的结构

1—包布；2—顶胶；3—抗拉体；4—底胶。

(a)　(b)

图 9－1－5　普通 V 带节线与节面

1—节线；2—节面。

V 带的节线长度称为基准长度，以 L_d 表示。每种截面型号的普通 V 带都有多种基准长度，以满足不同中心距的需要。普通 V 带各种截面型号的基准长度如表 9－1－2 所列。

表 9－1－2　普通 V 带基准长度及长度修正系数

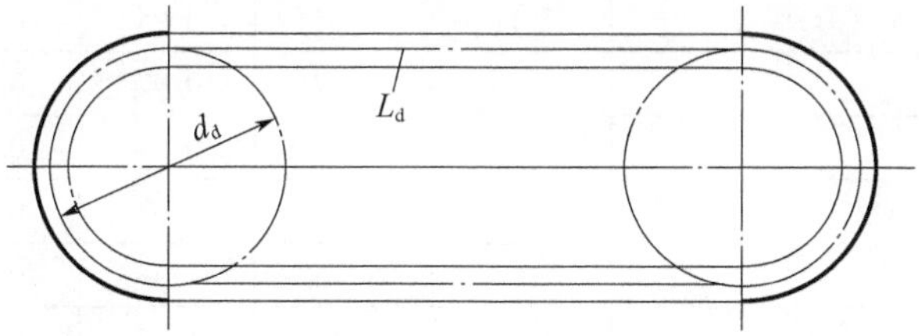

基准长度 L_d/mm	带长修正系数 K_L						
	Y	Z	A	B	C	D	E
200	0.81						
244	0.82						
250	0.84						
280	0.87						
315	0.89						
355	0.92						
400	0.96	0.87					

（续）

基准长度 L_d/mm	带长修正系数 K_L						
	Y	Z	A	B	C	D	E
450	1.00	0.89					
500	1.02	0.91					
560		0.94					
630		0.96	0.81				
710		0.99	0.83				
800		1.00	0.85				
900		1.03	0.87	0.82			
1000		1.06	0.89	0.84			
1120		1.08	0.91	0.86			
1250		1.11	0.93	0.88			
1400		1.14	0.96	0.90			
1600		1.16	0.99	0.92	0.83		
1800		1.18	1.01	0.95	0.86		
2000			1.03	0.98	0.88		
2240			1.06	1.00	0.91		
2500			1.09	1.03	0.93		
2800			1.11	1.05	0.95	0.83	
3150			1.13	1.07	0.97	0.86	
3550			1.17	1.09	0.99	0.89	
4000			1.19	1.13	1.02	0.91	
4500				1.15	1.04	0.93	0.90
5000				1.18	1.07	0.96	0.92
5600					1.09	0.98	0.95
6300					1.12	1.00	0.97
7100					1.15	1.03	1.00
8000					1.18	1.06	1.02
9000					1.21	1.08	1.05
10000					1.23	1.11	1.07
11200						1.14	1.10
12500						1.17	1.12
14000						1.20	1.15
16000						1.22	1.18

普通 V 带标记由带型、带长和标准号组成。

例如,B－1600GB/T11544－1989(B 型普通 V 带,基准长度为 1600mm)。

通常将带的型号及基准长度压印在带的外表面上,以便选用识别。

四、V 带轮的材料和结构

带轮最常用的材料是灰铸铁,当带速 $v \leqslant 30\mathrm{m/s}$,用 HT150 或 HT200;当 $v \leqslant 25 \sim 40\mathrm{m/s}$ 时宜采用球墨铸铁或铸钢,也可采用钢板冲压焊接;小功率传动可用铸铝或工程塑料等材料。在 V 带轮上,与所配用的 V 带节宽 b_p 相对应的带轮直径称为基准直径,以 d_d 表示(简称为带轮直径)。我国标准已规定了基准直径系列,如表 9－1－3 所列。

表 9－1－3　V 带轮的基准直径系列　(mm)

28	31.5	35.5	40	45	50	56	63
(106)	112	(118)	125	132	140	150	160
(265)	280	(300)	315	(335)	355	(375)	400
630	(670)	716	(750)	800	(900)	1000	1050
71	75	80	(85)	90	(95)	100	
(170)	180	200	(210)	224	(236)	250	
(425)	450	(475)	500	(530)	560	(600)	
1120	1250	1400	1500	1600	(1800)	2000	
注:括号内的直径尽量不用							

带轮的结构如图 9－1－6 所示,它通常由轮缘、轮毂和轮辐组成。轮缘是带轮安装传动带的外缘环形部分。V 带轮轮缘制有与带的根数、型号相对应的轮槽。轮缘尺寸见表 9－1－1。轮毂是带轮与轴相配的包围轴的部分。轮缘与轮毂之间的相连部分称为轮辐。当带轮基准直径 $d_d \leqslant (2.5 \sim 3)d$($d$ 为轴的直径)时,带轮的轮缘与轮毂直接相连,不再有轮辐部分,称为实心式带轮,如图 9－1－6(a)所示;$d_d \leqslant 300\mathrm{mm}$ 时,可采用腹板式(当 $d_d - d_1 \leqslant 100\mathrm{mm}$ 时,为了便于安装起吊和减轻质量,可采用孔板式);$d_d > 300\mathrm{mm}$ 时,可采用轮辐式。

V 带轮其他尺寸可按下面经验公式确定,或查阅机械设计手册。

$$\begin{cases} d_1 = (1.8 \sim 2)d \\ d_2 = d_a - 2(h_a + h_f + \delta) \\ L = (1.5 \sim 2)d \\ B = (z-1)e + 2f \end{cases} \tag{9-1-3}$$

式中:z 为 V 带根数。

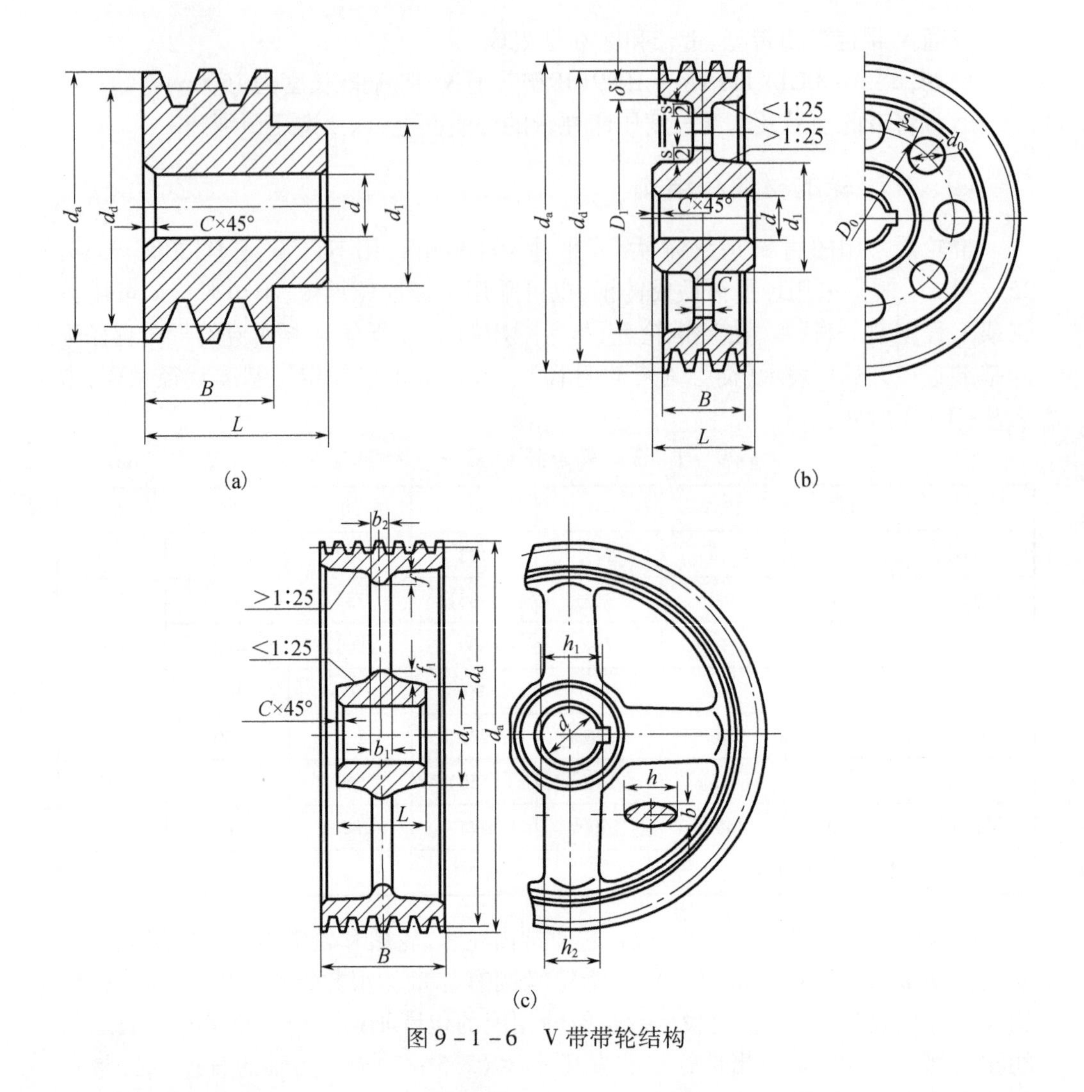

图 9-1-6 V 带带轮结构

应该指出,各种型号的 V 带楔角 φ 均为 40°。但 V 带在不同直径的带轮上弯曲时,其截面形状发生变化,外边(宽边)受拉而变窄,内边(窄边)受压而变宽,因而使 V 带的楔角变小。带轮直径越小,这种作用越显著。为使带能有效地紧贴在轮槽的两侧面上,特将 V 带轮轮槽角规定为 32°、34°、36°、38°(表 9-1-1)。

带轮是带传动中的重要零件,它必须满足下列要求:

(1) 具有足够的强度和刚度,铸造和焊接时的内应力要小;

(2) 质量小且分布均匀,结构工艺性好,便于制造;

(3) 带轮轮槽的工作面要精细加工,以减轻带的磨损;

(4) 高速带轮要进行动平衡。

第二节　带传动的工作原理

一、带的受力分析

1. 有效圆周力

在带传动中，带紧套在两个带轮上，静止时，带轮两边的拉力相等，均为初拉力 F_0，如图 9-2-1(a)所示。由于带与带轮接触面间摩擦力的作用，带进入主动轮的一边被进一步拉紧，拉力由 F_0 增大到 F_1，称为紧边；另一边则被放松，拉力由 F_0 减小为 F_2，称为松边，如图 9-2-1(b)所示。假定带工作时的总长度不改变，则紧边拉力的增加量 F_1-F_0 等于松边拉力的减少量 F_0-F_2，即

$$\begin{cases}F_1-F_0=F_0-F_2\\F_1+F_2=2F_0\end{cases}\tag{9-2-1}$$

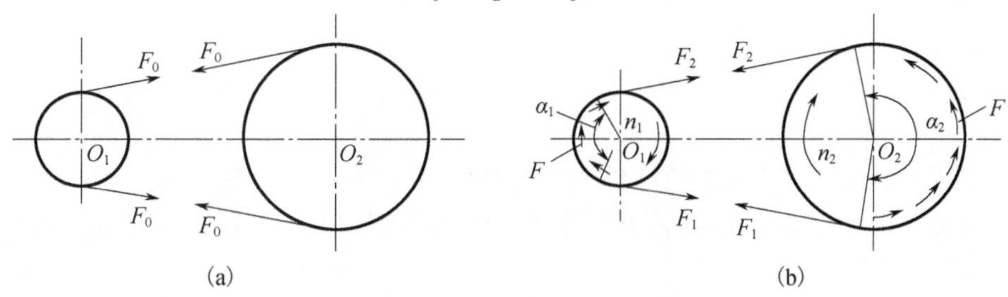

图 9-2-1　带传动的受力分析

两边拉力之差称为带传动的有效圆周力 F，其值等于带和带轮接触面上各点摩擦力的总和 $\sum F_\mu$，即带的有效圆周力 F 为

$$F=F_1-F_2=\sum F_\mu\tag{9-2-2}$$

有效圆周力 F(N)、速度 v(m/s)和带传递动率 P(kW)之间的关系为

$$P=\frac{Fv}{1000}\tag{9-2-3}$$

由式(9-2-3)可知，当带传递功率 P 一定时，带速 v 越大，有效圆周力 F 就越小，为了减小整体尺寸、振动和冲击，故常将带传动放在高速级。一般 $v\geqslant 5$m/s。

2. 弹性滑动

传动带在拉力作用下要产生弹性伸长，工作时，由于紧边和松边的拉力不同，因而弹性伸长量也不同。如图 9-2-2 所示，当带从紧边 a 点转到松边 c 点的过程中，拉力由 F_1 逐渐减小到 F_2，使得弹性伸长量随之逐渐减少，因而带沿主动轮的运动是一面绕进，一面向后收缩。而带轮是刚性体，不产生变形，所以主动轮的圆周速度 v_1 大于带的圆周速度 v，这就说明带在绕经主动轮的过程中，在带与主动轮

之间发生了相对滑动。相对滑动现象也要发生在从动轮上，根据同样的分析，带的速度 v 大于从动轮的速度 v_2。这种由于带的弹性变形而引起的带与带轮间的微小相对滑动，称为弹性滑动。弹性滑动除了使从动轮的圆周速度 v_2 低于主动轮的圆周速度 v_1 外，还将使传动效率降低，带的温度升高，磨损加快。

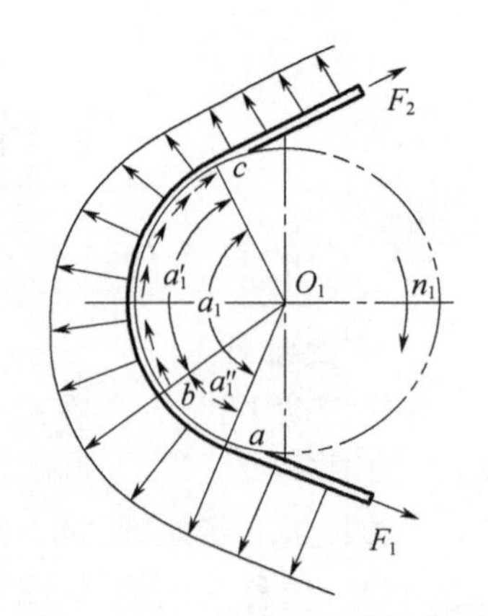

图 9-2-2　带传动的弹性滑动

通常将从动轮与主动轮圆周速度的相对降低率称为滑动率，用 ε 来表示，即

$$\varepsilon=\frac{v_1-v_2}{v_1}=1-\frac{n_2 d_{d_2}}{n_1 d_{d_1}} \qquad (9-2-4)$$

由此得带传动的传动比

$$i=\frac{n_1}{n_2}=\frac{d_{d_2}}{d_{d1}(1-\varepsilon)} \qquad (9-2-5)$$

于是从动轮转速为

$$n_2=n_1(1-\varepsilon)\frac{d_{d_1}}{d_{d_2}} \qquad (9-2-6)$$

带传动的滑动率 ε 通常为 1% ~2%，数值很小，在一般计算中可不考虑。

带传动由于存在有滑动率，因此其传动比不准确，故只能用于传动比要求不十分准确的场合。

在带传动中由于摩擦力使带的两边发生不同程度的拉伸变形，造成紧、松边接力，而摩擦力是带传动所必须的，弹性滑动是由紧、松边接力差引起的，所以弹性滑动是带传动的固有特性，只能设法降低，不能避免。

3. 打滑

一般来说，并不是在带与带轮全部接触弧上都产生弹性滑动。接触弧可分成有相对滑动（滑动弧）和无相对滑动（静弧）两部分，如图 9-2-2 所示，两弧段所对应的中心角，分别称为滑动角（α_1'）和静角（α_1''）。实践证明，静弧总是出现在带进入带轮的这一边上。带不传递载荷时，滑动角为零，随着载荷的增加，滑动角 α_1' 逐渐增大，而静角 α_1'' 则逐渐减小，当滑动角 α_1' 增大到 α_1 时，达到极限状态。带传动的有效圆周力（即带与带轮间所能产生的摩擦力）达到最大值。若传递的外载荷超过最大有效圆周力，带就在带轮上发生显著的相对滑动现象，即打滑。出现打滑现象时，从动轮转速急剧降低，甚至使传动失效，而且使带严重磨损。因此，打滑是带传动的主要失效形式。带在小轮上的包角小于大轮上的包角，带与小带轮的接触弧长较大带轮短，所能产生的最大摩擦力小，所以打滑总是在小带轮上先开始。

弹性滑动和打滑是两个完全不同的概念，弹性滑动是由于带的弹性和拉力差引起的,是带传动不可避免的现象,而打滑是由于过载而产生的,是可以而且必须避免的。

4. 最大有效拉力

前已述及,当滑动角 α'_1 增大到包角 α_1 时,带传动处于打滑的临界状态,此时摩擦力达到最大值,即有效圆周力达到最大值。略去离心力的影响,由柔韧体摩擦欧拉公式得平带传动中,带的紧边拉力 F_1 与松边拉力 F_2 二者的临界值间的关系为

$$F_1 = F_2 e^{\mu\alpha} \tag{9-2-7}$$

式中:e 为自然对数的底,e = 2.718;μ 为摩擦因数(对于 V 带,用当量摩擦因数 μ_V 代替 μ);α 为带与带轮接触弧所对的中心角(rad),又称包角。

由式(9-2-1)、式(9-2-2)、式(9-2-4)可得不打滑条件下带的最大有效圆周力为

$$F_{ec} = 2F_0 \frac{e^{\mu\alpha} - 1}{e^{\mu\alpha} + 1} \tag{9-2-8}$$

由式 9-2-8 可知,带传动的最大有效圆周力 F_{ec} 随着初拉力 F_0、带轮包角 α 及摩擦因数 μ 三者的增大而增大,但是初拉力 F_0 增大是有限制的,F_0 过大将使带张紧过度而很快松弛,寿命大为降低。当上述条件不变时,最大有效圆周力为一定值,它限制着带传动的传动能力。

5. 不打滑条件

将式(9-2-8)代入式(9-2-2),对 V 带传动用当量摩擦因数 μ_V 代替平面摩擦因数 μ,同时以小带轮包角 α_1 代替 α,可得出 V 带传动在有打滑趋势时的最大有效圆周力 F_{ec}(即带与带轮间所能产生的最大摩擦力 $F_{\mu_{max}}$)为

$$F_{ec} = F_1\left(1 - \frac{1}{e^{\mu\alpha}}\right) \tag{9-2-9}$$

由式(9-2-3),由于外载荷,带传动需要传递的有效圆周力为

$$F = \frac{1000p}{v} \tag{9-2-10}$$

显然,带传动不发生打滑的条件为

$$F_1\left(1 - \frac{1}{e^{\mu\alpha}}\right) \geqslant \frac{1000p}{v} \tag{9-2-11}$$

二、带的应力分析

1. 应力分析

带传动工作时,带中的应力有以下三部分组成:

(1) 由紧边和松边的拉力产生的拉应力

$$
\begin{cases}
\text{紧边拉应力} & \sigma_1 = \dfrac{F_1}{A} \\
\text{松边拉应力} & \sigma_2 = \dfrac{F_2}{A}
\end{cases}
\tag{9-2-12}
$$

式中:A 为带的横截面面积(mm^2)。

(2) 由离心力产生的拉应力

$$\sigma_c = \frac{F_c}{A} = \frac{qv^2}{A} \tag{9-2-13}$$

式中:q 为传动带单位长度的质量(kg/m)(表 9-1-1);v 为带的线速度(m/s)。

(3) 带绕过带轮时将产生弯曲应力,弯曲应力只产生在带绕过带轮的部分,由材料力学知弯曲应力为

$$\sigma_b = \frac{2EY}{d_d} \tag{9-2-14}$$

式中:E 为带的弹性模量(MPa);d_d为带轮基准直径(mm);Y 为带的最外层到节面(中性层)的距离(mm),一般常用 $h/2$ 近似代替 Y。

由式(9-2-14)可知,带轮直径 d_d越小,带越厚,则带的弯曲应力越大。所以同一条带绕过小带轮时的弯曲应力 σ_{b_1}大于绕过大带轮时的弯曲应力 σ_{b_2}。为了避免过大的弯曲应力,对各种型号 V 带都规定了最小带轮直径(表 9-1-3 中每种型号小带轮直径系列值中的第一个值),设计时应使 $d_{d_1} \geqslant d_{d_{min}}$。

图 9-2-3 所示为带传动工作时带的应力分布情况。其中,小带轮为主动轮,各截面应力的大小用自该点所作的径向线长短来表示。由图可以看出:最大应力发生在紧边开始绕上小带轮处的横截面上,其值为

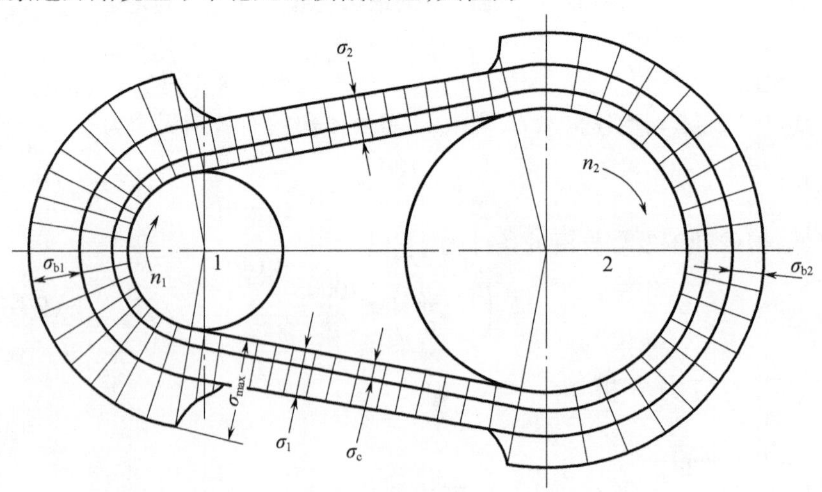

图 9-2-3 带的应力分布

$$\sigma_{max}=\sigma_1+\sigma_{b_1}+\sigma_c \tag{9-2-15}$$

2. 带的疲劳破坏

又由图9-2-3可以看出,带传动中,带的任一横截面上的应力,将随着带的运转而循环变化,即带是处于变应力状态下工作的。当应力循环达到一定次数,即带使用一段时间后,传动带的局部将出现帘布(或线绳)与橡胶脱离,造成该处松散以至断裂,从而发生疲劳破坏,丧失传动能力。所以,带的疲劳破坏是带传动的又一主要失效形式。

3. 具有一定疲劳强度的条件

为了使带不过早地发生疲劳破坏,必须使带具有一定的疲劳强度和寿命。为此,在设计时要求 $\sigma_{max}\leqslant[\sigma]$,即

$$\sigma_{max}=\sigma_1+\sigma_{b_1}+\sigma_c\leqslant[\sigma] \tag{9-2-16(a)}$$

当 $\sigma_{max}=[\sigma]$ 时,带传动将发挥最大效能,则得

$$\sigma_1=[\sigma]-\sigma_{b_1}+\sigma_c \tag{9-2-16(b)}$$

式中:$[\sigma]$ 为在一定条件下,由带的疲劳强度决定的许用拉应力。

由式9-2-16(b)看出,在传动带材料一定的情况下,为了减小紧边拉应力 σ_1,小带轮上的弯曲应力 σ_{b_1}、离心拉应力 σ_c 均不能太大,所以,在设计中应使 $d_{d_1}\geqslant d_{d_{min}}$ 及 $v\leqslant 25\text{m/s}$。

三、单根V带的额定功率

由前面的分析可知,带传动的主要失效形式是打滑和带的疲劳破坏。因此,带传动的设计准则应为:在保证不打滑的条件下,使带具有一定的疲劳强度和寿命。

将 $F_1=\sigma_1 A$ 代入式(9-2-9)得

$$F_{ec}=\sigma_1 A\left(1-\frac{1}{e^{\mu\alpha_1}}\right) \tag{9-2-17}$$

将式(9-2-9)、式(9-2-16(b))代入式(9-2-3),即可得出单根V带既不打滑又有一定疲劳强度时所能传递的功率为

$$P_0=\frac{([\sigma]-\sigma_{b_1}-\sigma_c)\left(1-\frac{1}{e^{\mu\alpha_1}}\right)Av}{1000} \tag{9-2-18}$$

式中:P_0 的单位为kW,其余各符号的意义和单位同前。

在包角 $\alpha_1=\alpha_2=180°(i=1)$、特定带长、工作平稳条件下,根据式(9-2-18)计算得到的各种型号单根V带的基本额定功率列于表9-2-1中。也可查阅有关机械设计手册。

表9-2-1 单根普通V带的基本额定功率P_0值

截型	小带轮基准直径d_{d1}/mm	小带轮转速n_1/(r·min^{-1})										
		200	300	400	500	600	730	800	980	1200	1460	1600
Y	20	—	—	—	—	—	—	—	0.02	0.02	0.02	0.03
	31.5	—	—	—	—	—	0.03	0.04	0.04	0.05	0.06	0.06
	40	—	—	—	—	—	0.04	0.05	0.06	0.07	0.08	0.09
	50	—	—	0.05	—	—	0.06	0.07	0.08	0.09	0.11	0.12
Z	71	—	—	0.09	—	—	0.17	0.20	0.23	0.27	0.31	0.33
	50	—	—	0.06	—	—	0.09	0.10	0.12	0.14	0.16	0.17
	63	—	—	0.08	—	—	0.13	0.15	0.18	0.22	0.25	0.27
	80	—	—	0.14	—	—	0.20	0.22	0.26	0.30	0.36	0.39
	90	—	—	0.14	—	—	0.22	0.24	0.28	0.33	0.7	0.40
A	75	0.16	—	0.27	—	—	0.42	0.45	0.52	0.60	0.68	0.73
	90	0.22	—	0.39	—	—	0.63	0.68	0.79	0.93	1.07	1.15
	100	0.26	—	0.47	—	—	0.77	0.83	0.97	1.14	1.32	1.42
	125	0.37	—	0.67	—	—	1.11	1.19	1.40	1.66	1.93	2.07
	160	0.51	—	0.94	—	—	1.56	1.69	2.00	2.36	2.74	2.94
B	125	0.48	—	0.84	—	—	1.34	1.44	1.67	1.93	2.20	2.33
	160	0.74	—	1.32	—	—	2.16	2.32	2.72	3.17	3.64	3.86
	200	1.02	—	1.85	—	—	3.06	3.30	3.86	4.50	5.15	5.46
	250	1.37	—	2.50	—	—	4.14	4.46	5.22	6.04	6.85	7.20
	280	1.58	—	2.89	—	—	4.77	5.13	5.93	6.90	7.78	8.13
D	355	5.31	7.35	9.24	10.90	12.39	14.04	14.83	16.30	17.25	16.70	15.63
	450	7.90	11.02	13.85	16.40	19.67	21.12	22.25	24.16	24.84	26.42	19.59
	560	10.76	15.07	18.95	22.38	25.32	28.28	29.55	31.00	29.67	22.08	15.13
	710	14.55	20.35	25.45	39.74	33.18	35.97	36.87	35.58	27.88	—	—
	800	16.76	23.39	29.08	33.72	37.13	39.26	39.55	35.26	21.32	—	—

（续）

截型	小带轮基准直径 d_{d1}/mm	小带轮转速 n_1/(r·min^{-1})										
		200	300	400	500	600	730	800	980	1200	1460	1600
E	500	10.86	14.96	18.55	21.65	24.21	26.62	27.57	28.52	25.53	16.25	—
	630	15.65	21.69	26.95	31.36	34.83	37.64	38.52	37.14	29.17	—	—
	800	21.70	30.05	37.05	42.53	46.26	47.79	47.38	39.08	16.46	—	—
	900	25.15	34.71	42.49	48.20	51.48	51.13	49.21	34.01	—	—	—
	1000	28.52	39.17	47.52	53.12	55.45	52.26	48.19	—	—	—	—

第三节　带传动的张紧与安装维护

一、带传动的张紧装置

普通 V 带不是完全弹性体，在张紧状态下工作一定时间后，会因塑性变形而松弛，使带传动的初拉力减小，传动能力下降，严重时会产生打滑。为保证带传动正常工作，必须设置张紧装置。常见的张紧装置按中心距是否可调分为两类。

1. 中心距可调张紧装置

在水平或倾斜不大的传动中，可用图 9-3-1(a) 的方法，将装有带轮的电动机装在滑槽上，当带需要张紧时，通过调整螺栓改变电动机的位量，加大传动中心距，使带获得所需的张紧力。在垂直的或接近垂直的传动中，可用图 9-3-1(b) 的方法，将装有带轮的电动机安装在可调的摆架上，利用调整螺栓来调整中心距使带张紧。也可用图 9-3-1(c) 所示方法，将装有带轮的电动机安装在浮动的摆架上。利用电动机和摆架的自身重量来自动张紧，但这种方法多用在小功率的传动中。

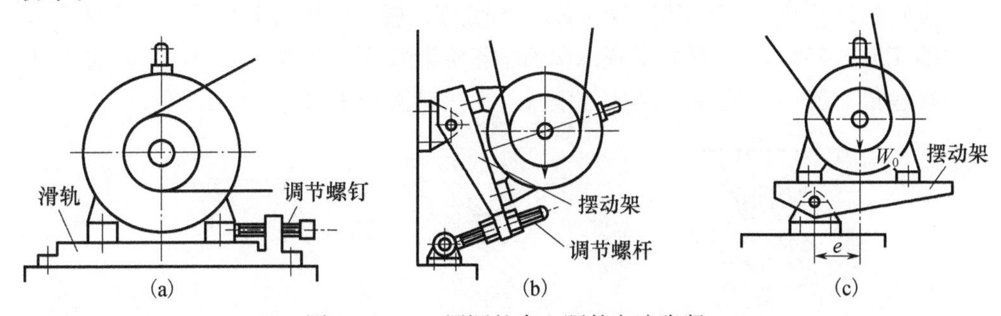

图 9-3-1　用调整中心距的方法张紧

2. 中心距不可调张紧装置

中心距不可调时，可用张紧轮来实现张紧。图 9－3－2(a)为定期张紧装置，将张紧轮装在松边内侧靠近大带轮处，既避免了带的双向弯曲又不使小带轮包角减小过多。图 9－3－2(b)为自动张紧装置，将张紧轮装在松边、外侧，靠近小带轮处，可以增大小带轮包角提高传动能力，但会使带受到反向弯曲，降低带的寿命。

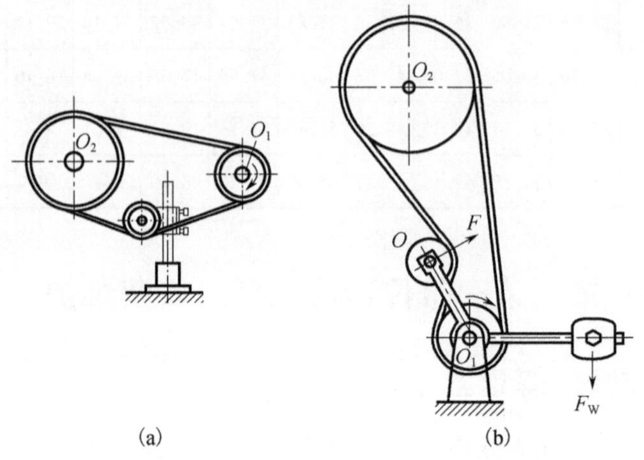

图 9－3－2　中心距不可调张紧装置

二、带传动的安装与维护

正确地安装与维护是保证 V 带正常工作和延长寿命的有效措施，因此必须注意以下几点：

(1) 安装时，主、从动轮的中心线应与轴中心线重合，两轮中心线必须保持平行，两轮的轮槽必须调整在同一平面内，否则会引起 V 带的扭曲和两侧面过早磨损。

(2) 必须保证 V 带在轮槽中的正确位置，如图 9－3－3 所示。V 带的外边缘应和带轮的外缘相平(新安装时可略高于轮缘)，这样 V 带的工作面与轮槽的工作面才能充分地接触。如果 V 带嵌入太深，将使带底面与轮槽底面接触，失去 V 带楔面接触传动能力大的优点；如位置过高，则接触面减少，传动能力降低。

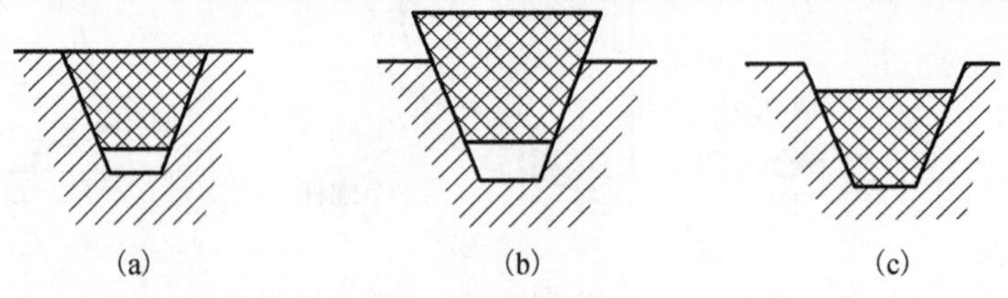

图 9－3－3　V 带在轮槽中的位置

(a)正确；(b)错误；(c)错误。

(3) 安装V带时,应按规定的 F_0 张紧。在中等中心距的情况下,张紧程度以大拇指能按下1.5mm左右为宜。

(4) 带传动装置外面应加防护罩,以保证安全。

(5) 带不宜与酸、碱、油一类介质接触;工作温度一般不超过60℃,以防带的迅速老化。

(6) 应定期检查胶带,多根带并用时,若发现其中一根过度松弛或疲劳损坏时,必须全部更换新带,不能新旧并用,以免长短不一而受力不均,加速新带磨损。

第四节 链传动概述

一、链传动的组成、类型、特点和应用

1. 链传动的组成

链传动主要由两个或两个以上链轮和链条组成,如图9-4-1所示。工作时靠链轮轮齿与链条啮合把主动链轮的运动和转矩传给从动链轮,因此,链传动属于带有中间挠性件的啮合传动。

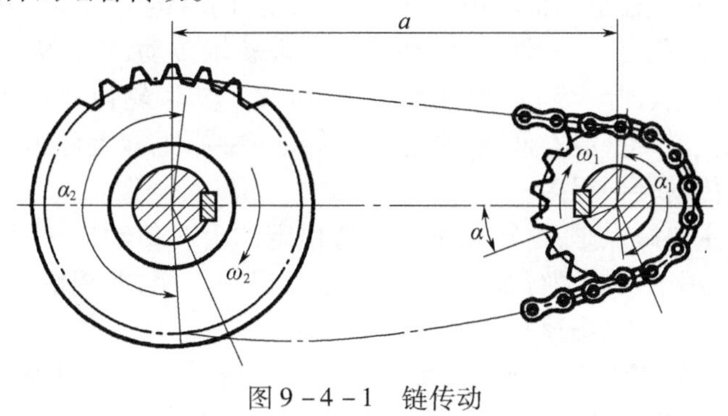

图9-4-1 链传动

2. 链传动的类型

按照用途的不同,链可分为传动链、起重链和曳引链。起重链和曳引链主要用在起重机械和运输机械中,而在一般机械传动中,常用的是传动链。

按照链的结构和链与链轮齿廓接触部位的不同,传动链可分为套筒滚子链、套筒链、齿形链和成型链等,如图9-4-2所示。

套筒滚子链在链传动中应用最广,并且已标准化。

3. 链传动的特点和应用

链传动的主要优点是:与带传动相比,链传动无弹性滑动和打滑现象,因而能保持准确的传动比(平均传动比),功率损失较小,传动效率较高;又因链传动是啮合传动链条不像带传动那样张得很紧,所以作用在轴上的压力较小;在同样使用条

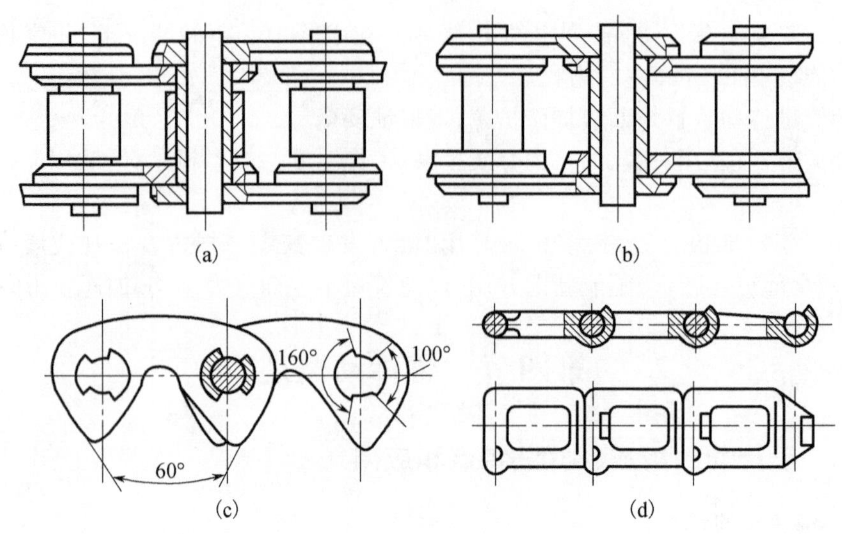

图 9-4-2 传动链的类型
(a)套筒滚子链;(b)套筒链;(c)齿形链;(d)成型链。

件下,链轮宽度和直径也比带轮小,因而结构紧凑;同时链传动能在速度较低、工作温度较高的情况下工作。此外,链传动易于实现多轴传动,对恶劣的工作环境(如淋水、油污、多粉尘、泥浆等)适应性强,工作可靠。与齿轮传动相比,链传动的制造、安装精度要求较低,成本低廉;在远距离传动(中心距最大可达 10 多米)时,其结构要比齿轮传动轻便得多。

链传动的主要缺点是:运转时不能保持恒定的瞬时传动比,平稳性较差,工作时有噪声;只能用于两根平行轴间传动;无过载保护作用;安装精度比带传动要求高;不宜在载荷变化大、高速和急速反转中应用。

链传动广泛应用于农业、矿山、冶金、建筑、交通运输和石油等各种机械中,通常链传动传递的功率 $P \leqslant 100\mathrm{kW}$,链速 $v \leqslant 15\mathrm{m/s}$,传动比 $i \leqslant 6$,常用 $i = 2 \sim 3.5$ 为宜。

二、套筒滚子链的结构

套筒滚子链的结构是由滚子 1、套筒 2、销轴 3、内链板 4 和外链板 5 所组成。如图 9-4-3 所示,套筒与内链板之间、销轴与外链板之间均采用过盈配合固定,而销轴与套筒之间、套筒与滚子之间均为间隙配合,使滚子可绕套筒转动,套筒可绕销轴转动。工作时,滚子沿链轮齿廓滚动,因而磨损较小。为了减小链的质量和运动时的惯性力,同时使链板各个横截面具有接近相等的抗拉强度,链板常制成 8 字形。链的磨损主要发生在销轴与套筒的接触面上,因此,内、外链板间应留少许间隙,以便润滑油渗入套筒与销轴的摩擦面间。

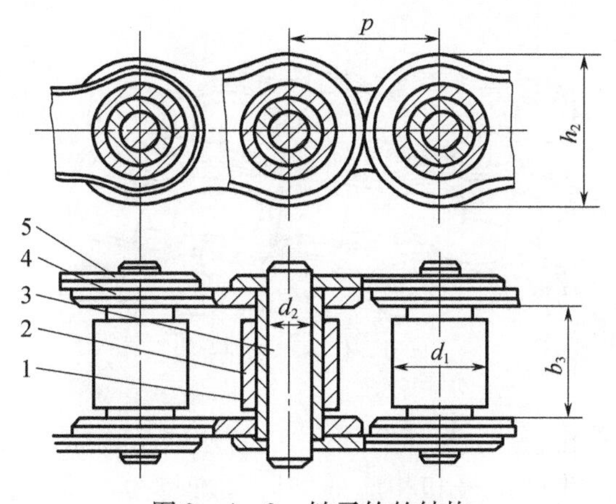

图 9-4-3 链子轮的结构

1—滚子;2—套筒;3—销轴;4—内链板;5—外链板。

链条长度以链节数表示。链节数 L_P 一般宜取偶数,使链条联成封闭环形时正好是外链板与内链板相接,接头处可用开口销与弹簧卡片(图 9-4-4(a)、9-4-4(b))来锁定。一般前者用于大节距,后者用于小节距。当采用弹簧卡片时,必须使其开口端的方向与链条前进方向相反,以免在运转中受到碰撞而脱落。若链节数为奇数时,则需采用过渡链节,如图 9-4-4(c)所示,该链节受拉时有附加弯矩作用,使强度降低,所以在一般情况下最好不用奇数链节的闭合链。

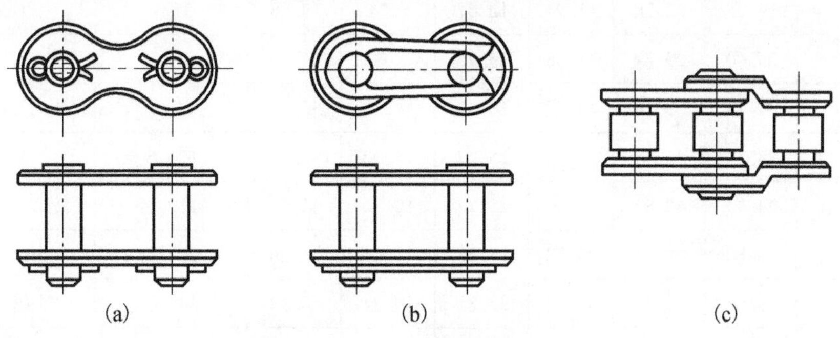

图 9-4-4 滚子链的接头形式

节距是链条基本特征参数。在链条拉直消除滚子与套筒间的间隙情况下,相邻两滚子同侧母线之间的距离,称为链条的节距,以 P 表示。通常以相邻两销轴的中心距来表示链条节距 P。如图 9-4-3 所示,节距 P 越大,链的各元件的尺寸也越大,承载能力也越高。冲击和振动也随之增加。

在需要传递较大功率时,可采用双排链或多排链,如图 9-4-5 所示。多排链相当于 n 条单排链用长销轴连接起来构成,其承载能力与排数成正比。但排数过多时难以保证制造和装配精度,易产生载荷分布不均匀现象,故排数不宜过多,一般最多为4排。

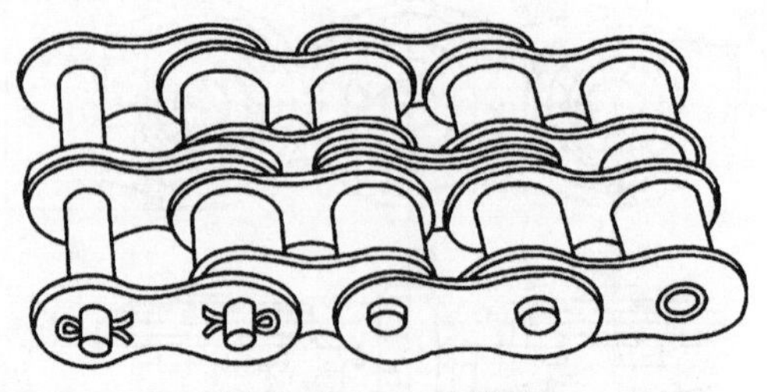

图9-4-5 多排链

滚子链已经标准化,分为A、B两种系列,常用的是A系列,其尺寸及主要参数如表9-4-1所列。表中链号和相应的国际标准链号一致,链号数乘以25.4/16即为节距值(mm)。后缀A表示A系列。

表9-4-1 滚子链的主要尺寸和极限拉伸载荷

链号	节距 p	排距 P_1	滚子外径 d_1	内链节内宽 b_1	销轴直径	内链板高度 h_2	极限拉伸载荷(单排)F_{lim}①	每米质量(单排) q
	mm						kN	kg/m
08A	12.70	14.38	7.95	7.85	3.96	12.07	13.8	0.06
10A	15.875	18.11	10.06	9.04	5.08	15.09	21.8	1.00
12A	19.05	22.78	11.91	12.57	5.94	18.08	31.1	1.50
16A	25.40	29.29	15.88	15.75	7.92	24.13	55.6	2.60
20A	31.75	35.76	19.05	18.90	9.53	30.18	86.7	3.80
24A	38.10	45.44	22.23	25.22	11.10	36.20	124.6	5.60
28A	44.45	48.87	25.40	25.22	12.70	42.24	169.0	7.50
32A	50.80	58.55	28.58	31.55	14.27	48.26	222.4	10.10
40A	63.65	71.55	39.68	37.85	19.84	60.33	347.0	16.10
48A	76.20	87.83	47.63	47.35	23.80	72.39	500.4	22.60

注:① 过渡链节取 F_{lim} 值的80%

滚子链的标记为:链号—列数×链节数　　标准编号

例如,08A-1×68　GB/T1243-1997 表示12.7mm、A系列、单排、68节的滚子链

三、套筒滚子链链轮的结构及常用材料

1. 链轮的结构

对链轮的基本要求是:链节能顺利地啮入就位和退出啮合,与链条接触良好、

受力均匀，不易发生脱链，能容许节距有较大的伸长率以延长传动的使用寿命，且应该形状简单，便于加工。目前，应用较广的滚子链链轮端面齿形是三圆弧（aa、ab、cd）一直线（bc）齿形（或称凹齿形），如图9－4－6所示。这种齿形能满足上述对链轮的基本要求，而且国家规定有标准齿形刀具，当选用此齿形并用相应的标准刀具加工时，只需在零件工作图上注明链轮的基本参数和主要尺寸，如齿数z、节距P、滚子直径d_1、分度圆直径d、齿顶圆直径d_a及齿根圆直径d_f，并注明“齿形按3RGB/T1243－1997规定制造”即可，而不需画出端面齿形。

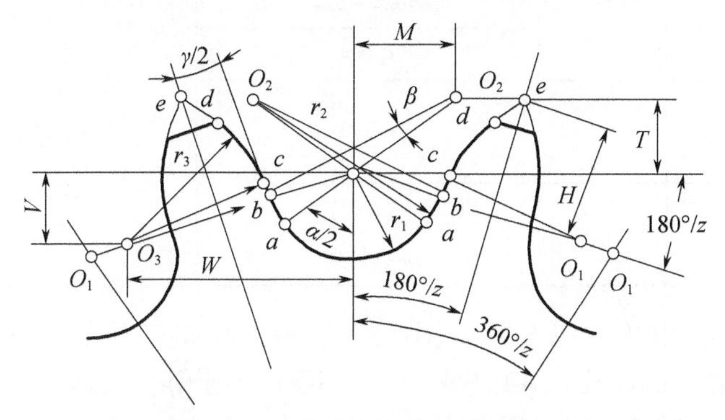

图9－4－6　滚子链链轮端面齿形

链轮上链条销轴中心所在的圆称为分度圆。链轮的主要尺寸计算公式为

$$
\begin{cases}
d = \dfrac{p}{\sin \dfrac{180^\circ}{z}} \\
d_f = d - d_1 \\
d_a = p\left(0.54 + \cos \dfrac{180^\circ}{z}\right)
\end{cases}
\tag{9-4-1}
$$

链轮轴面齿形及尺寸应符合GB/T1243－1997的规定，参见图9－4－7及表9－4－2。链轮的轴面齿形则需在工作图上画出。

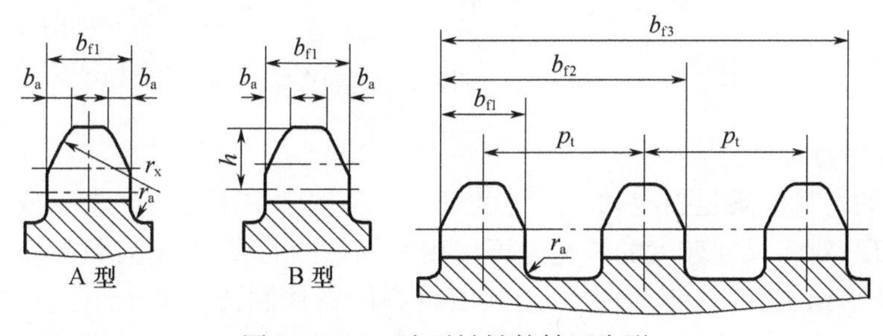

图9－4－7　滚子链链轮轴面齿形

表 9-4-2　滚子链链轮轴面齿廓尺寸

名称		代号	计算公式		备注
			$P \leqslant 12.7$	$p > 12.7$	
齿宽	单排	b_{f_1}	$0.93b_1$	$0.95b_1$	$P > 12.7$ 时，经制造厂同意，也可使用 $P \leqslant 12.7$ 时的齿宽。b_1 为内链节齿宽，见表 9-4-1
	双排、三排		$0.91b_1$	$0.93b_1$	
	四排以上		$0.88b_1$	$0.93b_1$	
倒角宽		b_a	$b_a = 0.1 \sim 0.15P$		
倒角半径		r_x	$r_x \geqslant p$		
齿侧凸缘（或排间槽）圆角半径		r_a	$r_a \approx 0.04p$		
链轮齿总宽		b_{rn}	$b_{rn} = (n-1)p_t + b_{f1}$ n 为排数		

链轮的结构如图 9-4-8 所示，小尺寸链轮可制成实心式（图 9-4-8(a)），中等尺寸的链轮可制成孔板式（图 9-4-8(b)），由于链轮的损坏主要是轮齿的磨损，因此大尺寸的链轮最好采用齿圈可以更换的组合式（图 9-4-8(c)）。

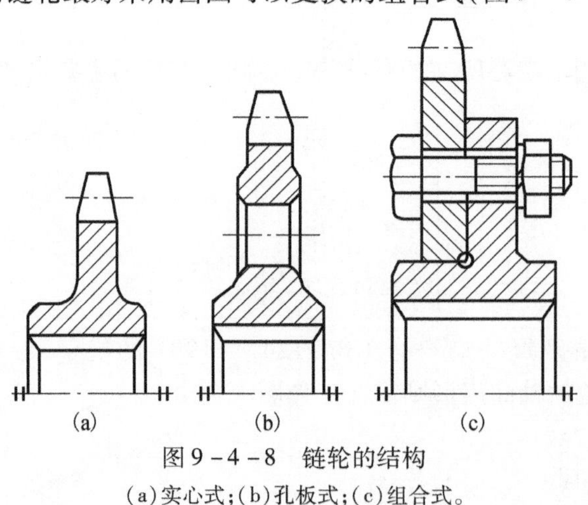

图 9-4-8　链轮的结构

(a)实心式；(b)孔板式；(c)组合式。

2. 链轮的材料

链轮的材料应满足强度和耐磨性的要求。一般常采用优质碳素钢或合金钢并进行热处理；对于尺寸较大的链轮也可用碳素钢焊接而成；对于齿数较多的从动链轮，在载荷平稳、速度较低时，也可用强度较高的铸铁制造。由于小链轮轮齿的啮合次数多于大链轮，所受冲击也较严重，故小链轮的材料应优于大链轮。常用的链轮材料及应用范围如表 9-4-3 所列。

表 9-4-3 链轮常用材料及应用

材料	热处理	齿面硬度	应用
15、20	渗碳、淬火、回火	50~60HRC	$z \leq 25$,由冲击载荷的链轮
35	正火	160~200HBS	$z > 25$ 的链轮
45、50ZG310-570	淬火、回火	40~50HRC	无剧烈振动及冲击载荷的链轮
15Cr、20Cr	渗碳、淬火、回火	50~60HRC	$z < 25$ 的大功率链轮
40Cr、35SiMn、35CrMo	淬火、回火	40~50HRC	重要的,使用 A 系列链条的链轮
Q235、Q255	焊接后退火	≈140HBS	中低速、中等功率、直径较大的链轮
HT150	淬火、回火	260~280HBS	$z > 25$ 的从动链轮

第五节 链传动的运动特性和受力分析

一、链传动的运动特性

因为链是由刚性链节通过销轴铰接而成,当链绕在链轮上时,曲折成正多边形的一部分(图 9-5-1)链轮回轮一周,将带动链条移动一正多边形周长的距离。设 z_1、z_2、n_1、n_2分别为小链轮、大链轮的齿数和转速(r/min),p 为链条节距(mm),则链条的平均速度 v 为

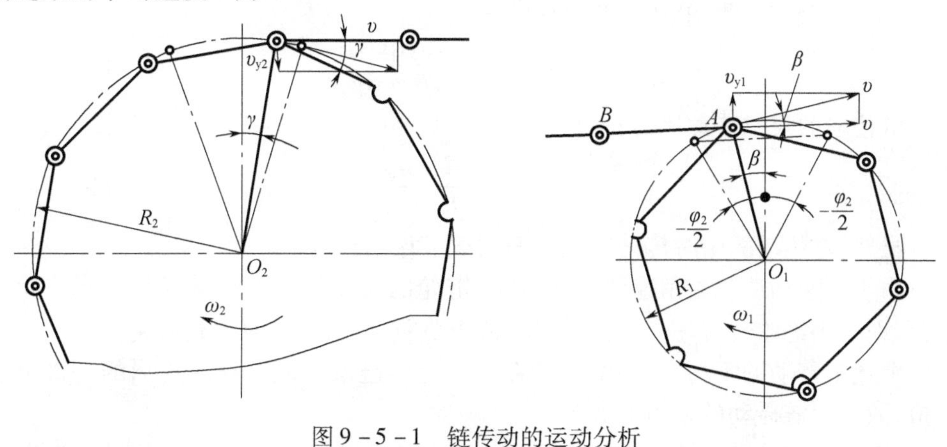

图 9-5-1 链传动的运动分析

$$v = \frac{z_1 n_1 p}{60 \times 1000} = \frac{z_2 n_2 p}{60 \times 1000} \quad (\text{mm}) \qquad (9-5-1)$$

由此得链传动的平均传动比

$$i=\frac{n_1}{n_2}=\frac{z_2}{z_1} \tag{9-5-2}$$

实际上,即使主动轮(小轮)做等角速度转动,链条的瞬时速度和瞬时传动比都是变化的。

为了便于分析,设链传动在工作时主动边始终处于水平位置,如图9-5-1所示。铰链的销轴A的圆周速度v_1可分解为沿链条前进方向的水平分速度v_x和做上下运动的垂直分速度v_{y1},其值分别为

$$\begin{cases}v_x=v_1\cos\beta=R_1\omega_1\cos\beta\\v_{y1}=v_1\sin\beta=R_1\omega_1\sin\beta\end{cases} \tag{9-5-3}$$

式中:β是销轴A的圆周速度v_1与水平分速度v_x的夹角,由于链条绕上主动链轮后,销轴位置总是随着链轮的转动而不断地改变,所以是变化的。由图9-5-1可知,从销轴A进入啮合位置到销轴B也进入啮合位置为止,β角是在$-\frac{\varphi_1}{2}\sim\frac{\varphi_1}{2}$之间变化的($\varphi_1$为小链轮上一个链节距所对的中心角,$\varphi=360°/z_1$)。

当$\beta=\pm\varphi_1/2$时,$v_x=v_{x_{min}}=R_1\omega_1 180°/z_1$;当$\beta=0°$时,$v_x=v_{x_{min}}=R_1\omega_1$。可见,链条前进的瞬时速度是由小变大,又由大变小,每转过一个链节,就重复一次上述的变化,从而导致了链条的忽慢忽快运动。而且小链轮齿数越少,β角的变化范围就越大,链速的不均匀性就越严重。

在相同的周期内,链条在垂直于其前进方向的分速度v_{y1}是由大变小,又由小变大,在作周期性地变化,从而使链条在运动中不断上下抖动。

由图9-5-1知,从动轮的角速度为

$$\omega_2=\frac{v_x}{R_2\cos\gamma}=\frac{R_1\omega_1\cos\beta}{R_2\cos\gamma} \tag{9-5-4}$$

链传动的瞬时传动比为

$$i_5=\frac{\omega_1}{\omega_2}=\frac{R_2\cos\gamma}{R_1\cos\beta} \tag{9-5-5}$$

显然,链传动的瞬时传动比在一般情况下得不到恒定值。

由于链速和从动轮角速度都随时间(链轮的转动)而变化,从而使传动产生动载荷,而且小链轮转速越高,齿数越少,链条节距越大,工作时动载荷越大。

上述链传动的不均性,是由于绕在链轮上的链条形成了正多边形的一部分所造成,故称为链传动的多边形效应。

此外,当链节啮上链轮轮齿的瞬间,如图9-5-2所示,做直线运动的链节铰链和以角速度ω做圆周运动的链轮轮齿,将以一定的相对速度突然相互啮合(根据相对运动原理,把链轮看成静止的,链节的铰链就以$-\omega$的角速度与轮齿接触,发生冲击),从而使链条和链轮发生冲击。链速在铅垂方向的变化使链产生

上、下抖动以及链在起动、制动、反转等情况下出现的惯性冲击，也将使传动产生动载荷。

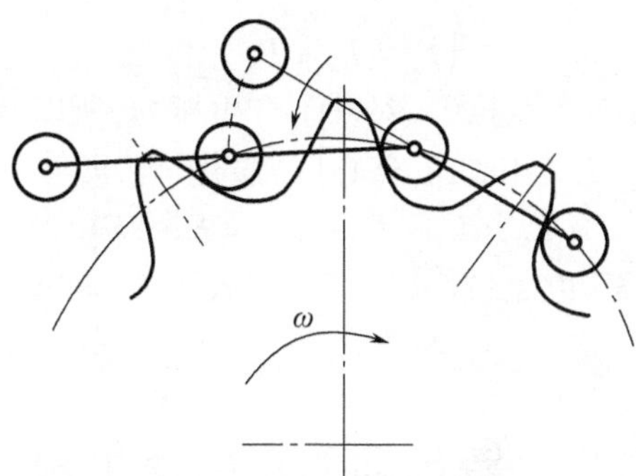

图 9－5－2　链条和链轮啮合瞬间的冲击

二、链传动的受力分析

链传动过程中，紧边与松边的拉力不同，若不考虑动载荷，作用在链上的力有以下几种。

1. 工作拉力 F

工作拉力作用在链条的紧边上，其值为

$$F=\frac{1000P}{v} \tag{9-5-6}$$

式中：P 为传递的功率（kW）；v 为链速（m/s）。

2. 离心拉力 F_c

链条随链轮转动时，离心力产生的拉力作用于整个链条上，其值为

$$F_c=qv^2 \tag{9-5-7}$$

式中：q 为每米链长质量（kg/m），可查表 9－4－1。

3. 悬垂拉力 F_γ

链条的自重产生的悬垂拉力作用于整个链条上，其值为

$$F_\gamma=K_\gamma qga \tag{9-5-8}$$

式中：K_γ 为垂直系数，即下垂量 $\gamma=0.02a$ 时的拉力系数，可查表 9－5－1；g 为重力加速度（m/s²）；a 为链传动中心距（m）。

表 9－5－1　垂直系数

α/(°)	0（水平布置）	30	60	75	90（垂直布置）
K_γ	7	6	4	2.5	1

由上述可知，链的紧边拉力 F_1 和松边拉力 F_2 分别为

$$\begin{cases} F_1 = F + F_c + F_\gamma \\ F_2 = F_c + F_\gamma \end{cases} \tag{9-5-9}$$

因为离心力只在链中产生拉力，对轴不产生压力，所以链传动作用在轴上的载荷 F_Q 可近似取为两边拉力之和减去离心拉力的影响，即

$$F_Q = F_1 + F_2 - 2F_c = F + 2F_\gamma \tag{9-5-10}$$

实际上，悬垂拉力 F_γ 也比较小，故可近似取为 $F_Q = (1.2 \sim 1.3)F$，外载荷有冲击和振动时取大值。

第六节　链传动的正确使用和维护

一、链传动的润滑

链传动的润滑十分重要，良好的润滑可缓和冲击，减轻磨损，延长使用寿命。润滑油推荐采用牌号 L－AN32、L－AN46、L－AN68 和 L－AN100 的全损耗系统用油。环境温度高或载荷大时，宜选用黏度高的润滑油，反之选用黏度较低的润滑油。对于不便使用润滑油的场合，可用脂润滑，但应定期清洗与涂抹。

图 9－6－1 所推荐的润滑方法和供油量如表 9－6－1 所列。

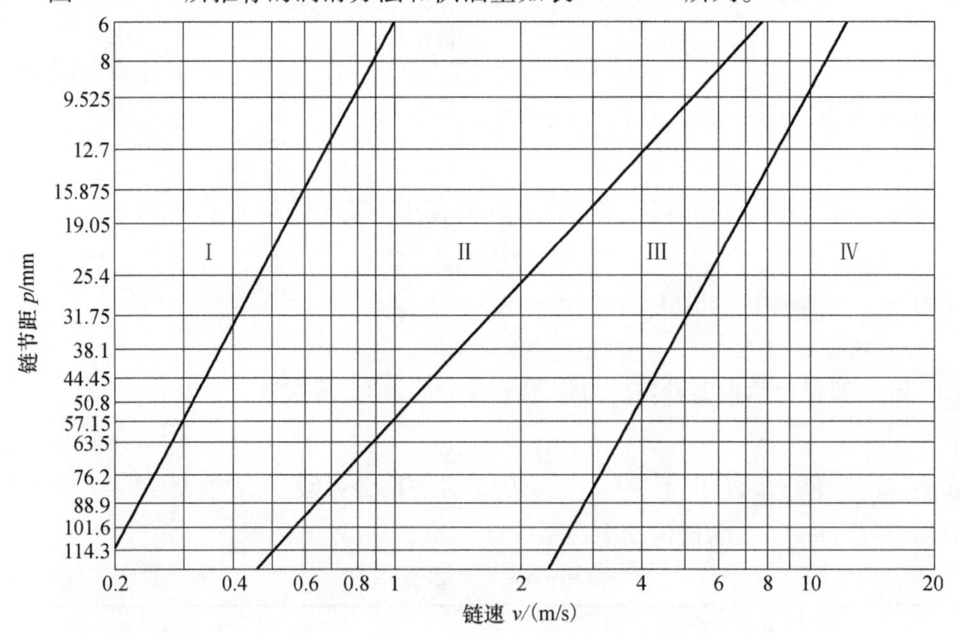

图 9－6－1　推荐使用的润滑方式

Ⅰ—人工定期润滑；Ⅱ—滴油润滑；Ⅲ—油浴或飞溅润滑；Ⅳ—压力喷油润滑。

表 9-6-1　套筒滚子链的润滑方法和供油量

方式	润滑方法	供油量
人工润滑	用刷子或油壶定期在链条松边内、外链板间隙中注油	每班注油 1 次
滴油润滑	装有简单外壳,用油杯滴油	单排链,每分钟供油 5～20 滴,速度高时取大值
油浴供油	采用不漏油的外壳,使链条从油槽中通过	链条浸入油面过深,搅油损失大,油易发热变质。一般浸油深度为 6～12mm
飞溅润滑	采用不漏油的外壳,在链轮侧边安装甩油盘,飞溅润滑,甩油盘圆周速度 $v>3\text{m/s}$。当链条宽度大于 125mm 时,链轮两侧各装一个甩油盘	甩油盘浸油深度为 12～35mm
压力供油	采用不漏油的外壳,油泵强制供油,喷油管口设在链条啮入处,循环油可起冷却作用	每个喷油口供油量可根据链节距及链速大小查阅有关手册
注:开式传动和不易润滑的链传动,可定期拆下用煤油清洗,干燥后,浸入 70～80℃ 润滑中,待铰链间隙中充满油后安装使用		

二、链传动的布置

链传动的布置是否合理,对传动的工作质量和使用寿命都有较大的影响。链传动合理布置的原则是:

(1) 两链轮的回转平面必须在同一铅垂平面内(一般不允许在水平平面或倾斜平面内),以免脱链和不正常磨损。

(2) 两轮中心连线最好水平布置或中心连线与水平线夹角在 45°以下,尽量避免铅垂布置,以免链条磨损后与下面的链轮啮合不良。

(3) 一般应使紧边在上,松边在下,以免松边在上时,因下垂量过大而发生链条与链轮的干涉。

链传动的布置情况列于表 9-6-2 中。

表9-6-2　链传动的布置

传动参数	正确布置	不正确布置	说明
$i=2\sim3$ $a=(30\sim50)p$ （i与a较佳场合）	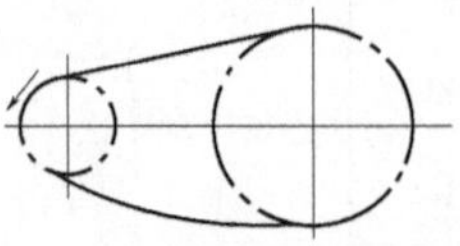 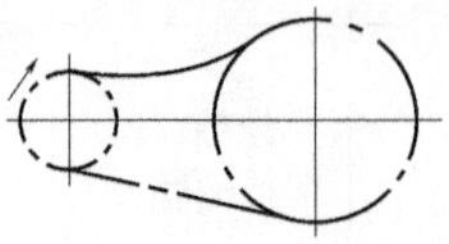		两轮轴线在同一水平面，紧边在上在下都可以，但在上好些
$i>2$ $a<30p$ （i大a小场合）	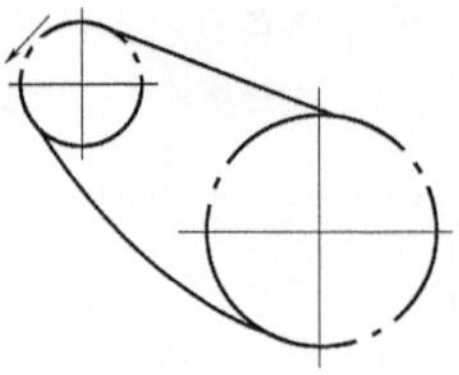	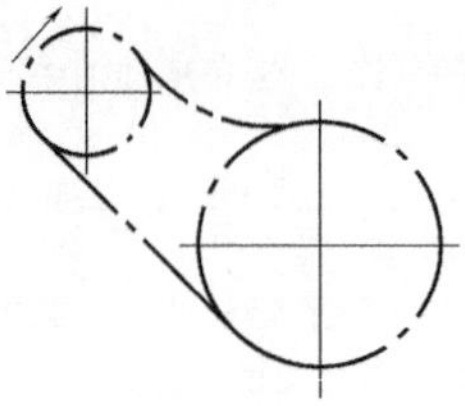	两轮轴线不在同一水平面，松边应在下面，否则松边下垂量增大后，链条易与链轮卡死
$i<1.5$ $a>60p$ （i小a大场合）	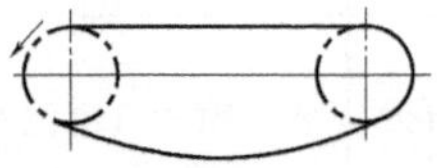 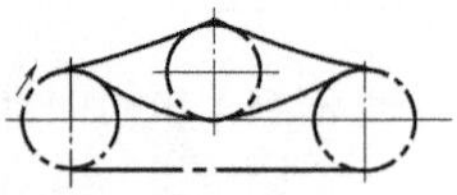	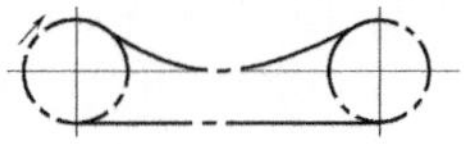	两轮轴线在同一水平面，松边应在下面，否则松边下垂量增大后，松边会与紧边相碰，需经常调整中心距

三、链传动的张紧

链传动张紧的目的是为了减小链条松边的垂度，防止啮合不良和链条的上、下抖动，同时也为了增加链条与小链轮的啮合包角。当两轮中心连线与水平线的倾角大于60°时，必须设置张紧装置。

当链传动的中心距可调整时，常通过移动链轮的位置增大两轮中心距的方法张紧。当中心距不可调整时，可用张紧轮定期或自动张紧，如图9-6-2所示。张紧轮应装在松边靠近小链轮处。张紧轮分为有齿和无齿两种，直径与小链轮的直径相近。定期张紧可利用螺旋、偏心等装置调整，自动张紧多用弹簧、吊重等装置。另外，还可以用压板和托板张紧，如图9-6-2(e)所示，特别是中心距大的链传动，用托板控制垂度更为合理。

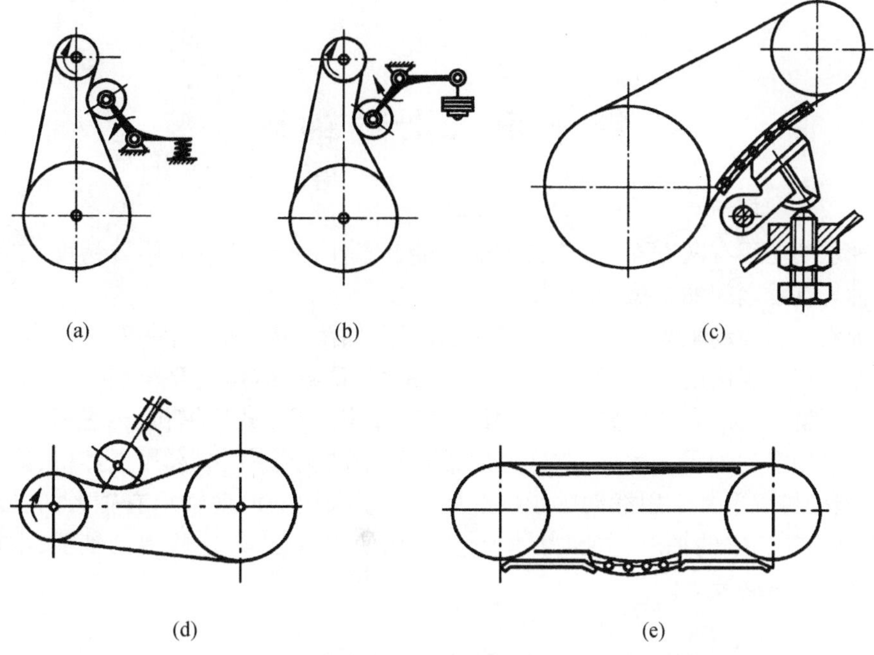

图9-6-2 链传动的张紧装置

习 题

题9-1 由双速电机与V带传动组成传动装置,靠改变电机转速输出轴可以得出两种转速250r/min和500r/min。若输出轴功率不变,带传动应按哪种转速设计?为什么?

题9-2 V带传动所传递的功率$P=7.5\text{kW}$,带速$v=10\text{m/s}$。现测得张紧力$F_0=1125\text{N}$,试求紧边拉力F_1和松边拉力F_2。

题9-3 带式运输机采用两根B型普通V带传动,已知$n_1=1450\text{r/min}$、$n_2=600\text{r/min}$,$d_{d_1}=180\text{mm}$,中心距$a=800\text{mm}$,冲击载荷较小,一天运转16h(两班制)。试求该传动所能传递的最大功率。

题9-4 已知主动链轮转速$n_1=720\text{r/min}$,齿数$z_1=21$,从动链轮齿数$z_2=63$,中心距$a=750\text{mm}$,滚子链极限拉伸载荷31.1kN,工作情况系数$K_A=1.2$。试求该链条所能传递的功率。

第十章　滑动轴承

轴承的功用有两方面:一是支承轴及轴上零件,并保持轴的旋转精度;二是减少转轴与支承之间的摩擦和磨损。

轴承分为滚动轴承和滑动轴承两大类。虽然滚动轴承有着一系列优点,在一般机器中获得了广泛应用,但是在高速、高精度、重载、结构上要求剖分等场合下,滑动轴承就显示出它的优异性能。因此,在汽轮机、离心式压缩机、内燃机、大型电机中多采用滑动轴承。此外,在低速而带有冲击的机器中,如水泥搅拌机、滚筒清砂机、破碎机等也常采用滑动轴承。舰船上大量采用的滑动轴承有轴系的支承轴承、大型齿轮箱中的轴承、主推力轴承,要正确使用、维护好这些滑动轴承,掌握其结构原理非常必要。

第一节　摩擦的种类和基本性质

滑动轴承的摩擦状态(也称润滑状态)对轴颈与轴承间的摩擦因数以及轴承的磨损有很大的影响。按表面润滑情况,可将摩擦分为干摩擦、边界摩擦(也称边界润滑)、液体摩擦(也称液体润滑)和混合摩擦(也称混合润滑)四种状态,如图 10-1-1所示。

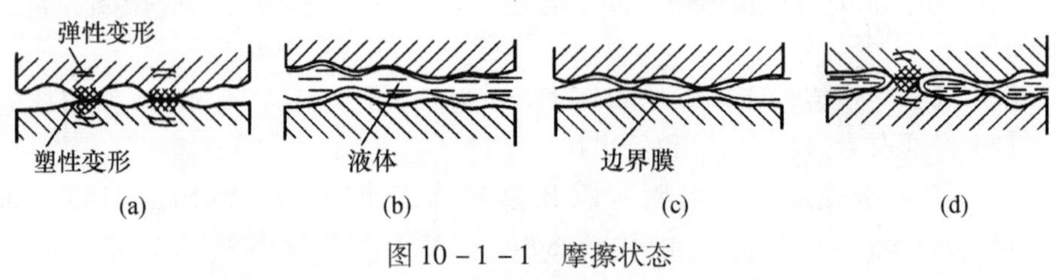

图 10-1-1　摩擦状态

(a)干摩擦;(b)液体摩擦;(c)边界摩擦;(d)混合摩擦。

一、干摩擦

当两摩擦表面间无任何润滑剂或保护膜时,即出现固体表面间直接接触的摩擦(图 10-1-1(a)),工程上称为干摩擦。此时,必有大量的摩擦和严重的磨损。在滑动轴承中则表现为强烈的升温,使轴与轴瓦产生胶合。所以,在滑动轴承中不允许出现干摩擦。

二、液体摩擦(液体润滑)

若两摩擦表面间有充足的润滑油,而且能满足一定的条件,则在两摩擦面间可形成厚度达几十微米的压力油膜。它能将相对运动着的两金属表面分隔开(图10-1-1(b)),此时只有液体之间的摩擦,称为液体摩擦。换言之,形成的压力油膜可以将重物托起,使其浮在油膜之上。由于两摩擦表面被油隔开而不直接接触,摩擦因数很小($f=0.001\sim0.01$),因此显著地减少了摩擦和磨损。

三、边界摩擦(边界润滑)

两摩擦表面间有润滑油存在,由于润滑油中的极性分子与金属表面的吸附作用,因而在金属表面上形成极薄的边界油膜(图10-1-1(c))。边界油膜的厚度小于1μm,不足以将两金属表面分隔开,所以相互运动时,两金属表面微观的高峰部分仍将互相挤压摩擦,这种状态称为边界摩擦。一般而言,金属表层覆盖一层边界油膜后,虽不能绝对消除表面的磨损,却可以起着减轻磨损的作用,这种摩擦状态的摩擦因数$f=0.1\sim0.3$。

四、混合摩擦(混合润滑)

在实际工程应用中,有较多的摩擦表面处于边界摩擦和液体摩擦的混合状态,称为混合摩擦(图10-1-1(d))。在这种状态下,摩擦表面仍有磨损存在,但摩擦因数比边界摩擦小得多。边界摩擦和混合摩擦能有效地降低阻力,减轻磨损、提高承载能力和延长零件的使用寿命,摩擦副应以维持这两种摩擦状态为最低要求。

对滑动轴承而言,液体润滑是最理想的情况。汽轮机等长期高速旋转的机器,应该确保其轴承在液体润滑下工作。实现液体润滑的滑动轴承可分为液体动压滑动轴承和静压轴承两类。在一般机器中,则可使用处于混合摩擦状态的非液体摩擦滑动轴承。

图10-1-2为摩擦副的摩擦特性曲线,这条曲线是由试验得到的。图中纵坐标为轴承的摩擦因数f;无量纲参数$\frac{\eta n}{p}$称为轴承特性数,其中η为润滑油的动力黏度,n为轴每秒转速,p为轴承的压强。随着$\frac{\eta n}{p}$的不同,摩擦副分别处于边界摩擦、混合摩擦和液体摩擦状态。

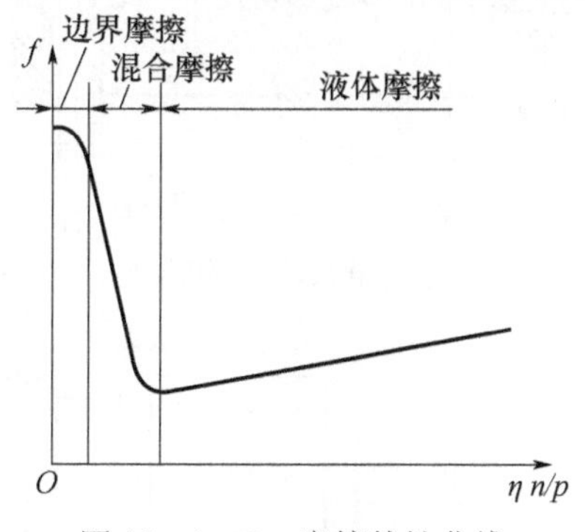

图10-1-2 摩擦特性曲线

第二节　滑动轴承的结构形式

滑动轴承按照承受载荷的方向主要分为:①向心滑动轴承,又称径向滑动轴承,主要承受径向载荷;②推力滑动轴承,主要承受轴向载荷。

一、向心滑动轴承

图10－2－1所示是一种普通的剖分式轴承。它是由轴承盖1、轴承座2、剖分轴瓦3和连接螺栓4等所组成。轴承中直接支承轴颈的零件是轴瓦。为了安装时容易对心,在轴承盖与轴承座的中分面上做出阶梯形的榫口。轴承盖应当适度压紧轴瓦,使轴瓦不能在轴承孔中转动。轴承盖上制有螺纹孔,以便安装油环或油管。

向心滑动轴承的类型很多,如有轴承间隙可调节的滑动轴承、轴瓦外表面为球面的自位轴承等,可参阅有关手册。

轴瓦是滑动轴承中的重要零件。如图10－2－2所示,向心滑动轴承的轴瓦内孔为圆柱形。若载荷方向向下,则下轴瓦为承载区、上轴瓦为非承载区。润滑油应由非承载区引入,所以在顶部开进油孔。在轴瓦内表面,以进油口为中心沿纵向、斜向或横向开有油沟,以利于润滑油均匀分布在整个轴颈上。油沟的形式很多,如图10－2－3所示。一般油沟离端面保持一定距离。

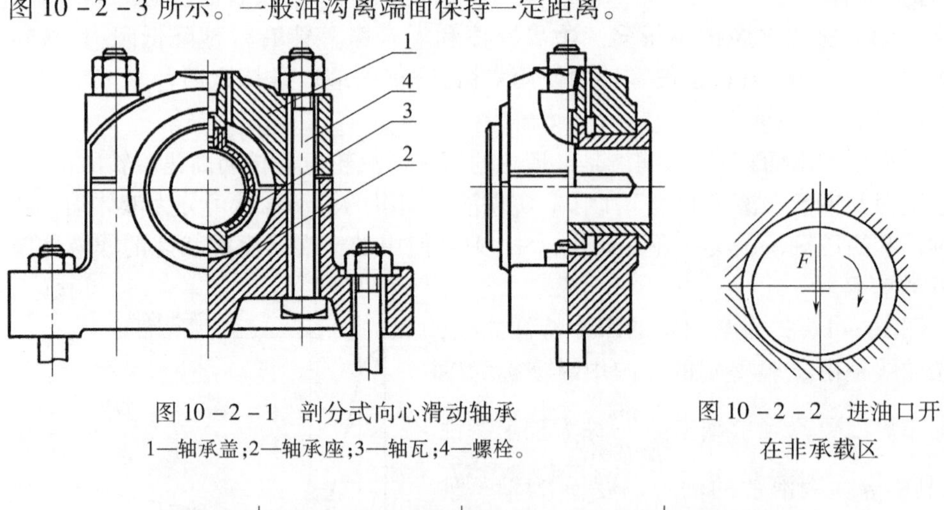

图10－2－1　剖分式向心滑动轴承

1—轴承盖;2—轴承座;3—轴瓦;4—螺栓。

图10－2－2　进油口开在非承载区

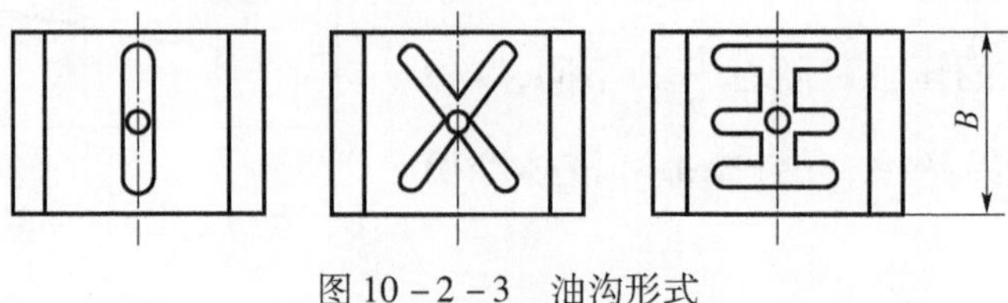

图10－2－3　油沟形式

当载荷垂直向下或略有偏斜时,轴承中分面常为水平方向。若载荷方向有较大偏斜时,则轴承的中分面也斜着布置(通常倾斜45°),使中分面垂直于或接近垂直于载荷(图10-2-4)。

图10-2-5所示为润滑油从两侧导入的结构,常用于大型的液体润滑的滑动轴承中。一侧油进入后被旋转着的轴颈带入楔形间隙中形成动压油膜,另一侧油进入后覆盖在轴颈上半部,起着冷却作用,最后油从轴承的两端泄出。图10-2-6所示的轴瓦两侧面镗有油室,这种结构可以使润滑油顺利地进入轴瓦与轴颈的间隙。

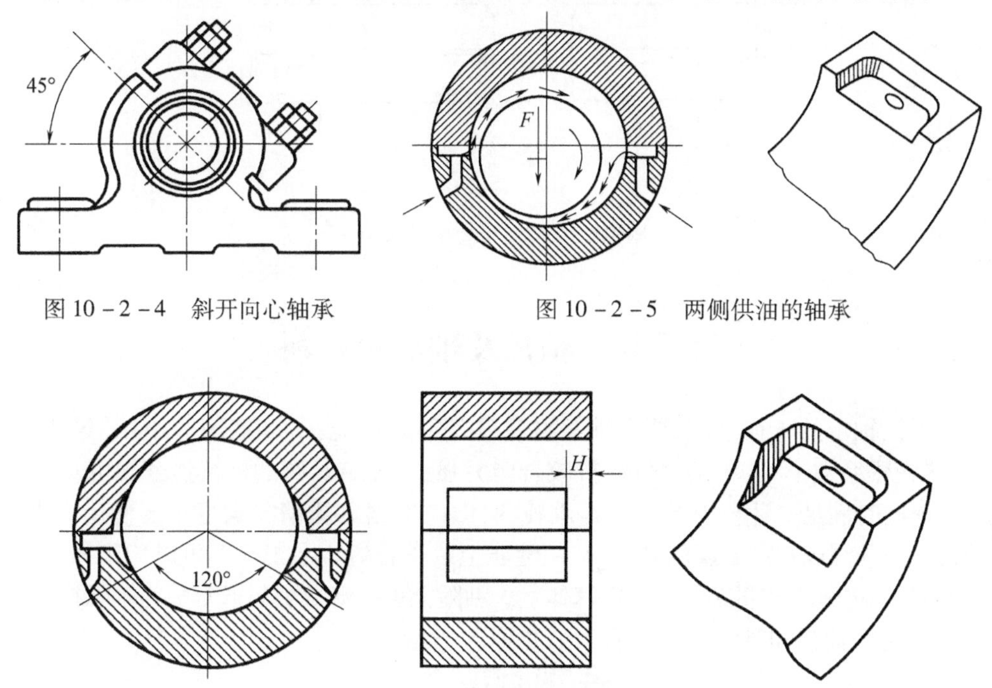

图10-2-4　斜开向心轴承

图10-2-5　两侧供油的轴承

图10-2-6　轴瓦侧开设油室

轴瓦宽度与轴颈直径之比B/d称为宽径比,它是向心滑动轴承中的重要参数之一。对于液体摩擦的滑动轴承,常取$B/d=0.5\sim1$;对于非液体摩擦的滑动轴承,常取$B/d=0.8\sim1.5$,有时可以更大些。

二、推力滑动轴承

轴上所受的轴向力应采用推力轴承来承受。止推面可以利用轴的端面,也可在轴的中段做出凸肩或装上推力圆盘。后面将论述两平行平面之间是不能形成动压油膜的,因此须沿轴承止推面按一块块扇形面积开出楔形。如图10-2-7(a)所示,为固定式推力轴承,其楔形的倾斜角固定不变,在楔形顶部留出平台,用来承受停车后的轴向载荷。图10-2-7(b)为可倾式推力轴承,其扇形块的倾斜角能随载荷、转速的改变而自行调整,因此性能更为优越。

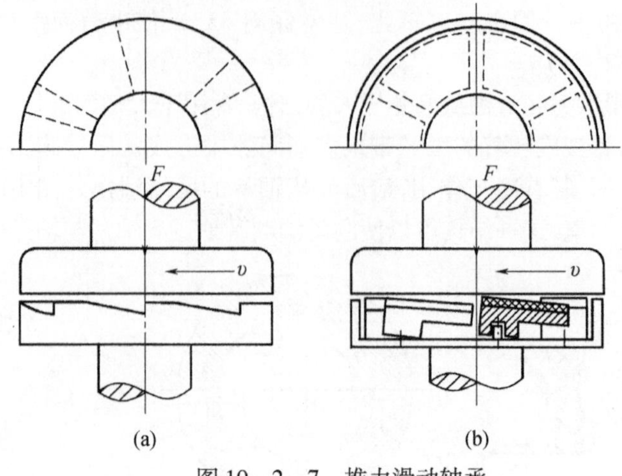

图 10-2-7 推力滑动轴承

第三节 轴瓦及轴承衬材料

根据轴承的工作情况,要求轴瓦材料具备下述性能:①摩擦因数小;②导热性好,热膨胀系数小;③耐磨、耐蚀、抗胶合能力强;④要有足够的机械强度和可塑性。

能同时满足上述要求的材料是难找的,但应根据具体情况满足主要使用要求。较常见的是做成双层金属的轴瓦,以便性能上取长补短。在工艺上可以用浇铸或压合的方法,将薄层材料粘附在轴瓦基体上。粘附上去的薄层材料通常称为轴承衬。

常用的轴瓦和轴承衬材料有下列几种。

一、轴承合金(又称白合金、巴氏合金)

轴承合金应既软又硬,组织的特点是:在软基体上分布硬质点,或者在硬基体上分布软质点。若轴承合金的组织是软基体上分布硬质点,则运转时软基体受磨损而凹坑能储存润滑油,可降低轴和轴瓦之间的摩擦因数,减少轴和轴承的磨损。另外,软基体能承受冲击和振动,使轴与轴瓦能很好地结合,并能起到嵌藏外来小硬物(杂质)的作用,保证轴瓦不被擦伤。

轴承合金有锡锑轴承合金和铅锑轴承合金两大类。

锡锑轴承合金的摩擦因数小,抗胶合性能良好,对油的吸附性强,耐蚀性好,易跑合,是优良的轴承材料,常用于高速、重载的轴承。但价格较贵且机械强度较差,因此只能作为轴承衬材料而浇铸在钢、铸铁(图 10-3-1(a)及 10-3-1(b))或青铜轴瓦上(图 10-3-1(c))。用青铜作轴瓦基体是取其导热性良好。这种轴承合金在

110℃开始软化，为了安全，在设计、运行中常将温度控制在比110℃低30～40℃。

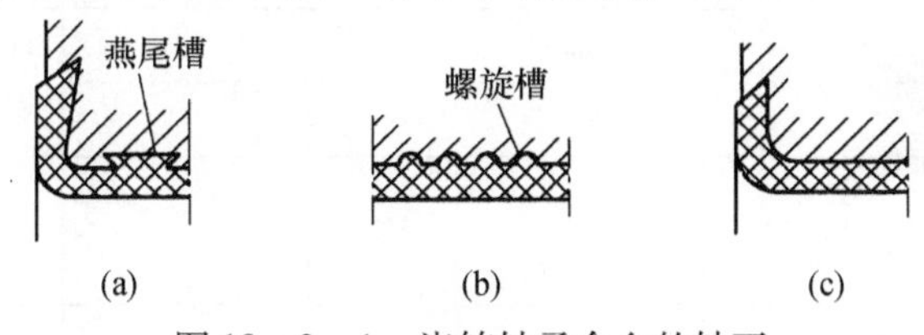

图10－3－1　浇铸轴承合金的轴瓦

铅锑轴承合金的各方面性能与锡锑轴承合金相近，价格较便宜，但这种材料较脆，不宜承受较大的冲击载荷。一般用于中速、中载的轴承上。

二、青铜

青铜的强度高，承载能力大，耐磨性与导热性能都优于轴承合金，它可以在较高的温度(250℃)下工作。但它的可塑性差，不易跑合，与之相配的轴颈必须淬硬。

青铜可以单独做成轴瓦。为了节省有色金属，也可将青铜浇铸在钢或铸铁轴瓦内壁上。用作轴瓦材料的青铜，主要有锡青铜、铅青铜和铝青铜。在一般情况下，它们分别用于中速重载、中速中载和低速重载的轴承上。

三、具有特殊性能的轴承材料

用粉末冶金法(经制粉、成型、烧结等工艺)做成的轴承，具有多孔性组织，孔隙内可以储存润滑油，常称为含油轴承。运转时，轴瓦温度升高，由于油的膨胀系数比金属大，因而自动进入摩擦表面以润滑轴承。含油轴承加一次油可以使用较长时间，常用于加油不方便的场合。

在不重要的或低速轻载的轴承中，也常采用灰铸铁或耐磨铸铁作为轴瓦材料。

橡胶轴承具有较大的弹性，能减轻振动使运转平稳，可以用水润滑，常用于潜水泵、砂石清洗机、钻机等有泥沙场合。

塑料轴承具有摩擦因数低，可塑性、跑合性良好、耐磨、耐蚀，可以用水、油及化学溶液润滑等优点。但它的导热性差，膨胀系数较大，容易变形。为改善此缺陷，可将薄层塑料作为轴承衬材料粘附在金属轴瓦上使用。常用轴瓦及轴承衬材料的性能如表10－3－1所列。

表10－3－1　常用轴瓦及轴承衬材料的性能

材料及其代号	[p]/MPa		[pv]/(MPa·m/s)	HB		最高工作温度/℃	轴颈硬度
				金属型	砂型		
铸锡锑轴承合金 ZSnSb11Cu6	平稳	25	20	27		110	HB150
	冲击	20	15				

(续)

材料及其代号	[p]/MPa	[pv]/(MPa · m/s)	HB		最高工作温度/℃	轴颈硬度
			金属型	砂型		
铸铅梯轴承合金 ZPbSb16Sn16Cu2	15	10	30		120	HB150
铸锡青铜 ZCuSn10P1	15	15	90	80	250	HRC45
铸锡青铜 ZCuSn5Pb5Zn5	8	10	65	60	250	HRC45
铸铝青铜 ZCuAl10Fe3	30	12	110	100	300	HRC45
注:[pv]值为非液体摩擦下的许用值						

第四节　润滑剂和润滑装置

一、润滑剂

轴承润滑的目的在于降低摩擦功耗,减少磨损,同时还起到冷却、吸振、防锈等作用。轴承能否正常工作,和选用润滑剂正确与否有很大关系。

润滑剂分为:液体润滑剂——润滑油;半固体润滑剂——润滑脂;固体润滑剂等。

在润滑性能上润滑油一般比润滑脂好,应用最广。但润滑脂具有不易流失等优点,也常用。固体润滑剂除在特殊场合下使用外,目前正在逐步扩大使用范围,下面分别作一简单介绍。

1. 润滑油

目前使用的润滑油大部分为石油系润滑油(矿物油)。在轴承润滑中,润滑油最重要的物理性能是黏度,它也是选择润滑油的主要依据。黏度表征液体流动的内摩擦性能。如图 10-4-1 所示,有两块平板 A 及 B,两板之间充满着液体。设板 B 静止不动,板 A 以速度 v 沿 x 轴运动。由于液体与金属表面的吸附作用(称为润滑油的油性),因此板 B 表层的液体与板 B 一致而静止不动,板 A 表层的液体随板 A 以同样的速度 v 一起运动。两板之间液体的速度分布如图 10-4-1(a)所示,也可以看为两板间的液体作一层层的错动,如图 10-4-1(b)所示。因此,层与层间存在着液体内部的摩擦剪应力 τ,根据试验结果得到以下关系式:

$$\tau = -\eta \frac{du}{dy} \tag{10-4-1}$$

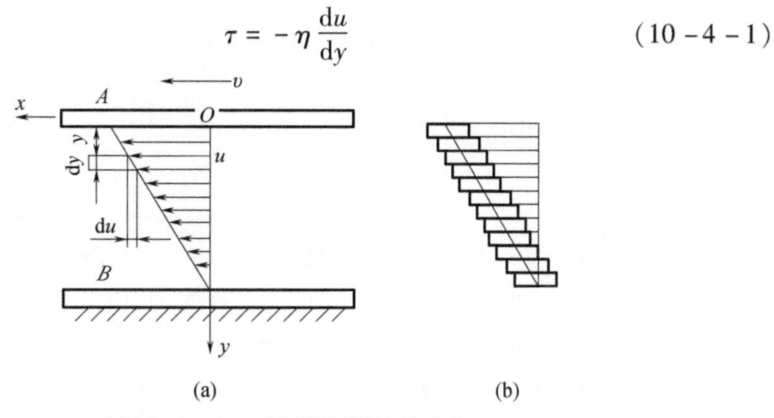

图 10－4－1 平行平板间油的流动

此式称为牛顿液体流动定律。式中：u 是油层中任一点的速度；$\frac{du}{dy}$是该点的速度梯度；η 是比例系数，即液体的动力黏度，常简称为黏度。

根据上式可知，动力黏度的量纲是力·时间/长度^2，它的单位在国际制中是 N·s/m^2（即 Pa·s）。动力黏度的物理单位是 P（Poise，中文称为泊），1P = 1dyn·s/cm^2。

此外，还有运动黏度 ν，它等于动力黏度 η 与液体密度 ρ 的比值，即

$$\nu = \frac{\eta}{\rho} \tag{10-4-2}$$

ν 的单位在国际单位制中是 m^2/s。实用上这个单位嫌大，故常采用它的物理单位 St（Stokes，中文称斯），或 cSt（厘斯），1St = 1cm^2/s = 100cSt。我国石油产品是用运动黏度（单位：cSt）标定的，如表 10－4－1 所列。

表 10－4－1 常用润滑油的主要性质

名称	代号	40℃时的黏度 ν mm^2/s	凝点 ≤℃	闪点（开式）≥℃	主要用途
全损耗系统用油机械油	L－AN7	6.12～7.48	－10	110	用于高速低负荷机械、精密机床，及纺织纱绽的润滑和冷却
	L－AN10	9.0～11.0		125	
	L－AN15	13.5～16.5	－15	165	普通机床的液压油，用于一般滑动轴承、齿轮、蜗轮的润滑
	L－AN32	28.8～35.2	－15	170	
	L－AN46	41.4～50.6	－10	180	
	L－AN68	61.2～74.8	－10	190	用于重型机床导轨、矿山机械的润滑
	L－AN100	90.0～110	0	210	

（续）

名称	代号	40℃时的黏度 ν mm²/s	凝点 ≤℃	闪点（开式）≥℃	主要用途
汽轮机油	L－TSA32	28.8～35.2	－7	180	用于汽轮机、发电机等高速高负荷轴承和各种小型流体润滑轴承
	L－TSA46	41.4～50.6			

例 10－4－1 试求 L－TSA32 号汽轮机油的动力黏度。

解：按表 10－4－1 查得 32 号汽轮机油在 40℃时，其运动黏度 $\nu=32\text{cSt}$，即 $v=32\ \text{mm}^2/\text{s}=32\times10^{-6}\text{m}^2/\text{s}$。一般油的密度 $\rho=900\ \text{kg/m}^3$。由式（10－3－2）知：

在 40℃时油的动力黏度 $\eta=\nu\rho=32\times10^{-6}\times900=0.028\text{N}\cdot\text{s/m}^2=0.028\text{Pa}\cdot\text{s}$。

润滑油的黏度并不是不变的，它随着温度的升高而降低，这对于运行着的轴承来说，必须加以注意。描述黏度随温度变化情况的线图称为黏温图，如图 10－4－2所示。

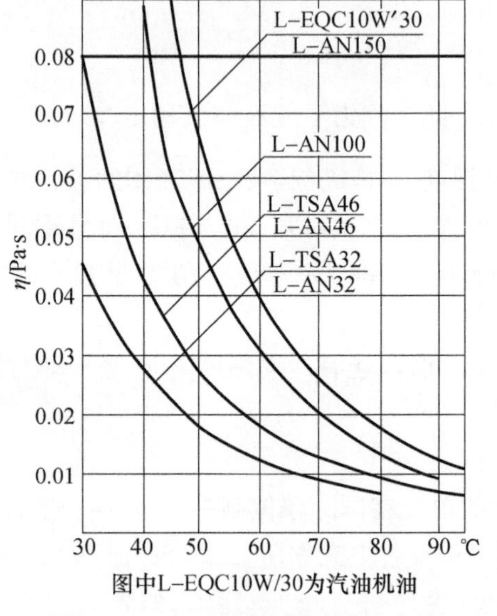

图 10－4－2 几种润滑油黏温曲线

润滑油的黏度还随着压力的升高而增大，但压力不太高时（如小于 100 个大气压），变化极微，可略而不计。

选用润滑油时，要考虑速度、载荷和工作情况。对于载荷大、温度高的轴承宜选黏度大的油。载荷小、速度高的轴承宜选黏度较小的油。

2. 润滑脂

润滑脂是由润滑油和各种稠化剂（如钙、钠、铝、锂等金属皂）混合稠化而成。润滑脂密封简单，不须经常加添，不易流失，所以在垂直的摩擦表面上也可以应用。润滑脂对载荷和速度的变化有较大的适应范围，受温度的影响不大，但摩擦损耗较大，机械效率低，故不宜用于高速。且润滑脂易变质，不如油稳定。总的来说，一般参数的机器，特别是低速而带有冲击的机器，都可以使用润滑脂润滑。

目前，使用最多的是钙基润滑脂，它有耐水性，常用于 60℃以下的各种机械设备中轴承的润滑。钠基润滑脂可用于 115～145℃以下，但不耐水。锂基润滑脂性能优良，耐水，在－20～150℃范围内广泛适用，可以代替钙基、钠基润滑脂。

3. 固体润滑剂

固体润滑剂有石墨、二硫化钼（MoS_2）、聚氟乙烯树脂等多种品种。一般在超出润滑油使用范围之外才考虑使用，如在高温介质中，或在低速重载条件下。目前其应用已逐渐广泛,如可将固体润滑剂调和在润滑油中使用,也可以涂覆、烧结在摩擦表面形成覆盖膜,或者用固结成型的固体润滑剂嵌装在轴承中使用,或者混入金属或塑料粉末中一并烧结成型。

石墨性能稳定,在350℃以上才开始氧化,并可在水中工作。聚氟乙烯树脂摩擦因数低,只有石墨的一半。二硫化钼与金属表面吸附性强,摩擦因数低,使用温度范围也广(-60~300℃),但遇水则性能下降。

二、润滑装置

滑动轴承的给油方法多种多样。图10-4-3(a)是针阀式油杯,平放手柄1时,针杆3借弹簧的推压而堵住底部油孔。直立手柄时,针杆被提起,油孔敞开,于是润滑油自动滴到轴颈上。在针阀油杯的上端面开有小孔,供补充润滑油用,平时由簧片4遮盖。图中5是观察孔,6是滤油网,螺母2可调节针杆下端油口大小,以控制供油量。图10-4-3(b)是油芯式油杯(弹簧盖油杯),依靠毛线或棉纱的毛细管作用,将油杯中的润滑油滴入轴承。虽然给油是自动且连续的,但不能调节给油量,油杯中油面高时给油多,油面低时供油少,停车时仍在继续给油,直到流完为止。图10-4-3(c)是润滑脂用的油杯,油杯中填满润滑脂,定期旋转杯盖,使空腔体积减小而将润滑脂注入轴承内,它只能间歇润滑。

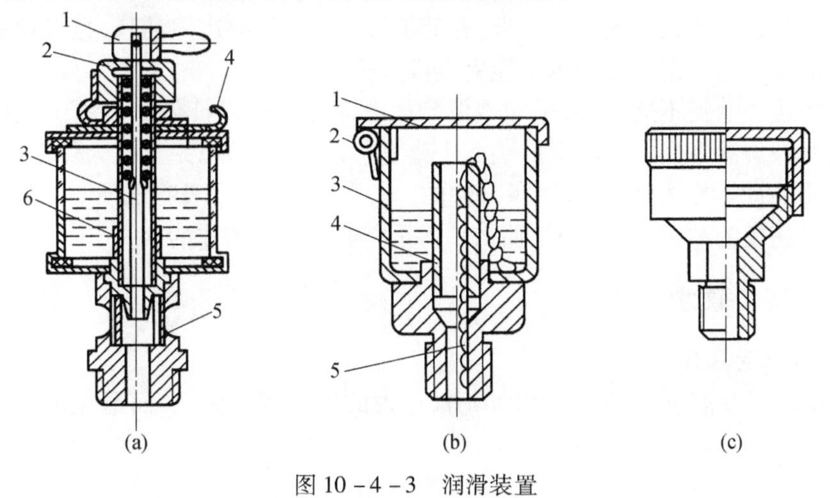

图10-4-3 润滑装置

1—手柄;2—螺母;3—针杆;4—簧片;5—观察孔;6—滤油网。

图10-4-4为油环润滑,在轴颈上套一油环,油环下部浸入油池中,当轴颈旋转时,靠摩擦力带动油环旋转,把油引入轴承。油环浸在油池内的深度约为直径的1/4时,给油量已足以维持液体润滑状态的需要。它常用于大型电机的滑动轴承中。

最完善的供油方法是利用油泵循环给油，给油量充足，供油压力只需 5×10^4 N/m^2(0.05MPa)，在油的循环系统中常配置过滤器、冷却器。还可以设置油压控制开关，当管路内油压下降时可以报警，或启动辅助油泵、或指令主机停车。所以这种供油方法安全可靠，但设备费用较高，常用于高速且精密的重要机器中。

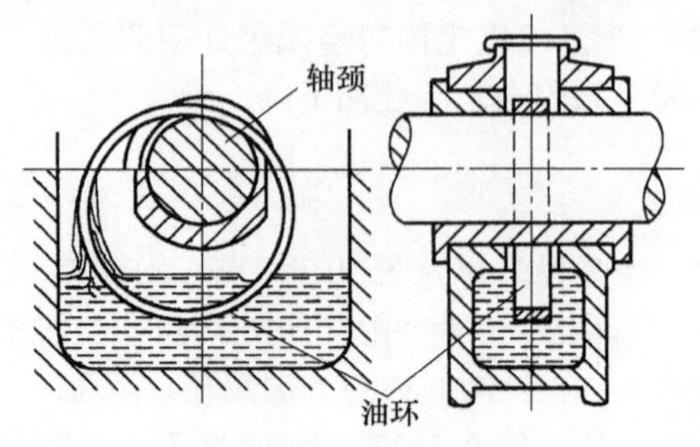

图 10－4－4　油环润滑

第五节　非液体摩擦滑动轴承的计算

非液体摩擦滑动轴承可用润滑油，也可用润滑脂润滑。在润滑油、润滑脂中加入少量鳞片状石墨或二硫化钼粉末，有助于形成更坚韧的边界油膜，且可填平粗糙表面而减少磨损。但这类轴承不能完全排除磨损。

维持边界油膜不遭破裂，是非液体摩擦滑动轴承的设计依据。由于边界油膜的强度和破裂温度受多种因素影响而十分复杂，其规律尚未完全被人们掌握，因此目前采用的计算方法是间接的、条件性的。实践证明，若能限制压强 $p\leqslant[p]$，压强与轴颈线速度的乘积 $pv\leqslant[pv]$，那么轴承是能够很好地工作的。

一、向心轴承

1. 轴承的压强

限制轴承压强 p，以保证润滑油不被过大的压力所挤出，从而避免轴瓦产生过度的磨损。即

$$p=\frac{F}{Bd}\leqslant[p] \tag{10-5-1}$$

式中：F 为轴承径向载荷(N)；B 为轴瓦宽度(mm)；d 为轴颈直径(mm)；$[p]$为轴瓦材料的许用压强(MPa)(表 10－3－1)。

2. 轴承的 pv 值

pv 值简略地表征轴承的发热因素，它与摩擦功率损耗成正比。pv 值越高，轴承温升越高，容易引起边界油膜的破裂。pv 值的验算式为

$$pv=\frac{F}{Bd}\cdot\frac{\pi dn}{60\times1000}=\frac{Fn}{19100B}\leqslant[pv] \qquad (10-5-2)$$

式中：n 为轴的转速（r/min）；$[pv]$为轴瓦材料的许用值（MPa · m/s）（表 10－3－1）。

二、推力轴承

由图 10－5－1 可知，推力轴承应满足：

$$p=\frac{F}{\frac{\pi}{4}(d^2-d_0^2)z}\leqslant[p] \qquad (10-5-3)$$

$$pv_{\mathrm{m}}\leqslant[pv] \qquad (10-5-4)$$

式中：F 为轴向载荷；d、d_0分别为接触面积的外径和内径；z 为轴环数。推力环的平均速度 $v_{\mathrm{m}}=\frac{\pi d_m n}{60\times1000}$，平均直径 $d_m=\frac{d+d_0}{2}$。

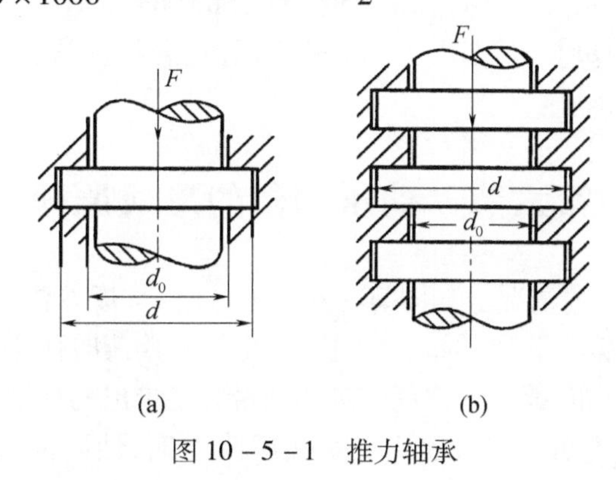

图 10－5－1　推力轴承

例 10－5－1　试按非液体摩擦状态设计电动绞车中卷筒两端的滑动轴承。钢绳拉力 W 为 20kN，卷筒转速为 25r/min，结构尺寸如图 10－5－2（a）所示，其中轴

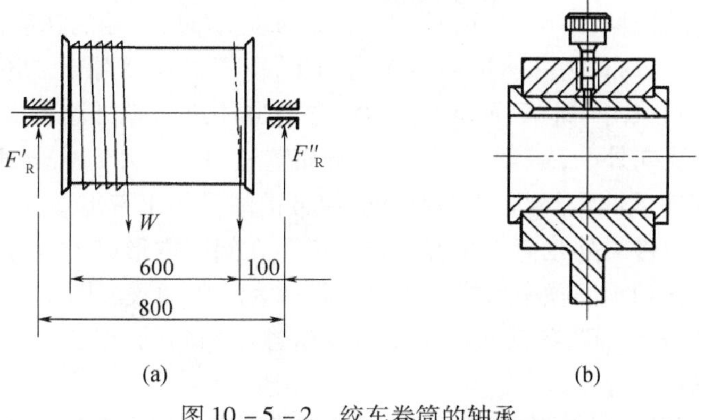

图 10－5－2　绞车卷筒的轴承

颈直径 $d=60\text{mm}$。

解:(1) 求滑动轴承上的径向载荷 F。

当钢绳在卷筒中间时,两端滑动轴承受力相等,且为钢绳上拉力之半。但是,当钢绳绕在卷筒的边缘时,一侧滑动轴承上受力达最大值,为

$$F=R_B=W\times\frac{700}{800}=20000\times\frac{7}{8}=17500\text{N}$$

(2) 取宽径比 $B/d=1.2$,则 $B=1.2\times60=72\text{mm}$

(3) 验算压强 p:$p=\frac{F}{Bd}=\frac{17500}{72\times60}=4.05\text{MPa}$

(4) 验算 pv 值:

$$pv=\frac{Fn}{19100B}=\frac{17500\times25}{19100\times72}=0.32\text{MPa}\cdot\text{m/s}$$

根据上述计算,可知选用铸锡青铜(ZCuSn5Pb5Zn5)作为轴瓦材料是足够的,其$[p]=8\text{MPa}$,$[pv]=10\text{MPa}\cdot\text{m/s}$,并选用润滑脂润滑,用油杯加脂,结构如图 10-4-3(b)所示。

第六节　动压润滑的形成原理

先分析两平行板的情况。如图 10-6-1(a)所示,板 B 静止不动,板 A 以速度 v 向左运动,板间充满润滑油。如前所述,当板上无载荷时两平行板之间液体各流层的速度呈三角形分布,板 A、B 之间带进的油量等于带出的油量,因此两板间油量保持不变,即板 A 不会下沉。但若板 A 上承受载荷 F 时,油向两侧挤出(图 10-6-1(b)),于是板 A 逐渐下沉,直到与板 B 接触。这就说明两平行板之间是不可能形成压力油膜的。

如果板 A 与板 B 不平行,板间的间隙沿运动方向由大到小呈收敛的楔形,板 A 上承受载荷 F,如图 10-6-1(c)所示。在板 A 运动时,两端的速度曲线若按照虚线所示的三角形分布,则必然进油多而出油少,由于液体实际上是不可压缩的,液体分子必将在间隙内"拥挤"而形成压力,也将迫使进口端的速度曲线向内凹,出口端的速度曲线向外凸,不会再是三角形分布。进口端间隙 h_1 大则速度曲线内凹,出口端 h_2 小而速度曲线外凸,于是有可能使带进油量等于带出油量。同时,间隙内形成的液体压力将与外载荷 F 平衡。这就说明在间隙内形成了压力油膜。这种借助相对运动而在轴承间隙中形成的压力油膜称为动压油膜。图 10-6-1(c)还表明从截面 aa 到 cc 之间,各截面的速度曲线是各不相同的,但必有一截面 bb,油的速度曲线呈三角形分布。

根据以上分析可知,形成动压油膜的必要条件是:①两工作表面间必须有楔形

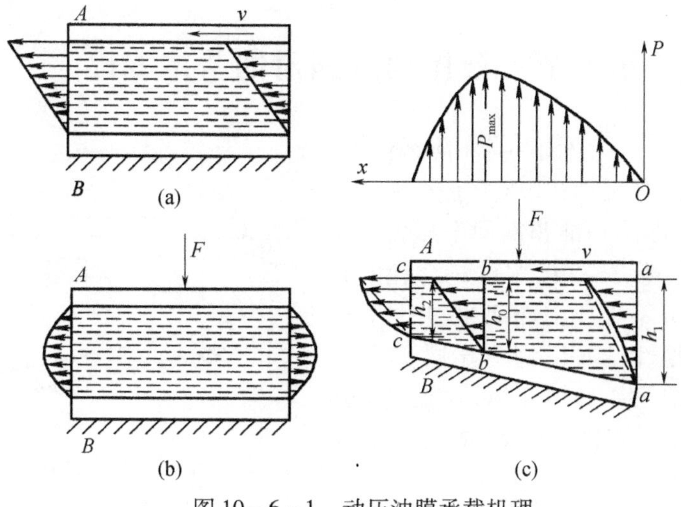

图 10－6－1　动压油膜承载机理

间隙；②两工作表面间必须连续充满润滑油或其他黏性流体；③两工作表面间必须有相对滑动速度，其运动方向必须保证润滑油从大截面流进，从小截面流出。此外，对于一定的载荷 F，必须使速度 v，黏度 η 及间隙等匹配恰当。

现进一步观察向心滑动轴承形成动压油膜的过程。图 10－6－2(a)表示停车状态，轴颈沉在下部。开始起动时轴颈沿轴承孔内壁向上爬，如图 10－6－2(b)所示。当转速继续增加时，楔形间隙内形成的油膜压力将轴颈推开而与轴承脱离接触，如图 10－6－2(c)所示，但此情况不能持久，因油膜内各点压力的合力有向左推动轴颈的分力存在，因而轴颈继续向左移动。最后，当达到机器的工作转速时，轴颈则处于图 10－6－2(d)所示的位置。此时油膜内各点的压力，其垂直方向的合力与载荷 F 平衡，其水平方向的压力，左右自行抵消。于是轴颈就稳定在此平衡位置上旋转。从图中可以明显看出，轴颈中心 O_1 与轴承孔中心 O 不重合，$OO_1 = e$，称为偏心距。其他条件相同时，工作转速越高，e 值越小，即轴颈中心越接近轴承孔中心。

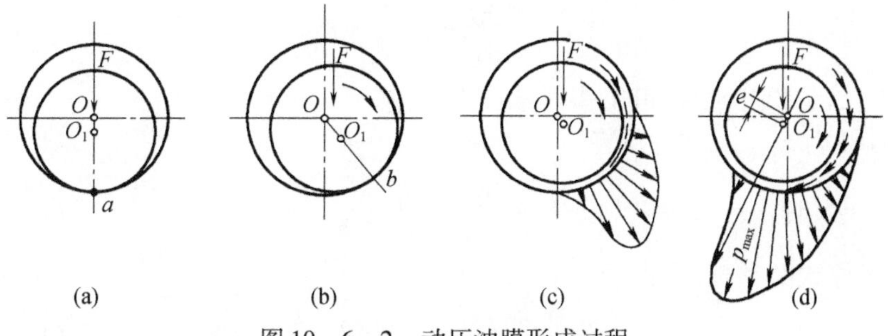

图 10－6－2　动压油膜形成过程

第七节　液体动压润滑的基本方程

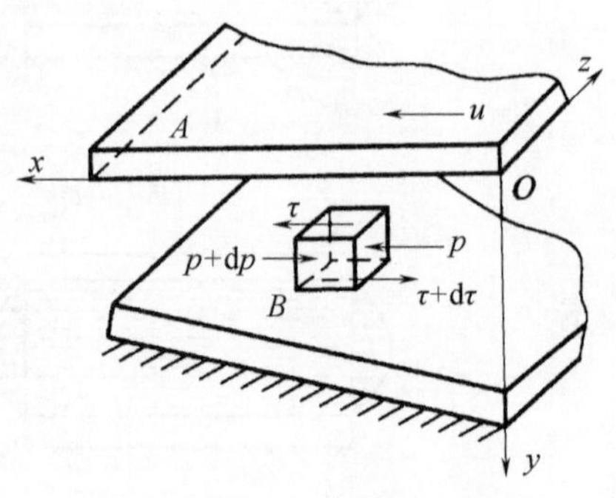

图 10－7－1　液体动压分析

对照图 10－7－1，假设：①z 向无限长，润滑油在 z 向没有流动；②压力 p 不随 y 值的大小而变化，即同一油膜截面上压力为常数（由于油膜很薄，故这样假设是合理的）；③润滑油黏度 η 不随压力而变化，并且忽略油层的重力和惯性；④润滑油处于层流状态。

在油膜中取出一微单元体，它承受油压 p 和内摩擦剪应力 τ（图 10－7－1）。根据平衡条件，可得

$$p\mathrm{d}y\mathrm{d}z-(\tau+\mathrm{d}\tau)\mathrm{d}x\mathrm{d}z-(p+\mathrm{d}p)\mathrm{d}y\mathrm{d}z+\tau\mathrm{d}x\mathrm{d}z=0$$

整理后，得

$$\frac{\mathrm{d}p}{\mathrm{d}x}=-\frac{\mathrm{d}\tau}{\mathrm{d}y}$$

由式（10－4－1）知

$$\tau=-\eta\frac{\mathrm{d}u}{\mathrm{d}y}$$

因此

$$\frac{\mathrm{d}p}{\mathrm{d}x}=\eta\frac{\mathrm{d}^2u}{\mathrm{d}y^2} \tag{10－7－1}$$

此式表明，任意一点的油膜压力 p 沿 x 方向的变化率$\frac{\mathrm{d}p}{\mathrm{d}x}$，与该点速度梯度（$y$ 向）的导数有关。

将式（10－7－1）对 y 积分，此时根据假设（2）可认为$\frac{\mathrm{d}p}{\mathrm{d}x}$是一常数，因此得

$$u=\frac{1}{2\eta}\frac{\mathrm{d}p}{\mathrm{d}x}y^2+C_1y+C_2$$

式中：C_1、C_2是积分常数，可由边界条件来确定。

当 $y=0$ 时，$u=v$，所以　　$C_2=v$

当 $y=h$ 时，$u=0$，所以　　$C_1=-\frac{1}{2\eta}\frac{\mathrm{d}p}{\mathrm{d}x}h-\frac{v}{h}$

代回原式并整理，可得

$$u=\frac{1}{2\eta}\frac{\mathrm{d}p}{\mathrm{d}x}(y^2-hy)-\frac{y+h}{h}v \tag{10－7－2}$$

根据流体的连续性原理，流过不同截面的流量应该是相等的，为此先求任意截面上的流量（z 方向取单位长）：

$$Q_x = \int_0^h u\mathrm{d}y = -\frac{1}{12\eta}\frac{\mathrm{d}p}{\mathrm{d}x}h^3 + \frac{hv}{2}$$

再求特定截面上的流量，现取图 10－6－1(c)上的 bb 截面，该处速度呈三角形分布，间隙厚度为 h_0，故

$$Q_x = \frac{1}{2}vh_0$$

因流经两个截面上的流量相等，故

$$\frac{\mathrm{d}p}{\mathrm{d}x} = 6\eta v\frac{h-h_0}{h^3} \tag{10-7-3}$$

此式称为雷诺(Reynolds)方程，是计算动压轴承的基本方程。在式(10－7－3)中，当 $h=h_0$(即图 10－6－1(c)中 bb 截面处)时，$\frac{\mathrm{d}p}{\mathrm{d}x}=0$，$p$ 有极大值 $p_{\max}$，所以 b 点是对应于 $p_{\max}$处的特定点。又$\frac{\mathrm{d}p}{\mathrm{d}x}=0$，即$\frac{\mathrm{d}^2u}{\mathrm{d}y^2}=0$，所以速度梯度$\frac{\mathrm{d}u}{\mathrm{d}y}$必须是常量，即 bb 截面处的速度曲线呈三角形分布。

雷诺方程中，如能找到 h 与 x 之间的函数关系，那么通过对 x 的一次积分，就能找出油膜压力 p 的函数表达式，再根据油膜压力的合力，便可确定油膜的承载能力。

第八节　液体动压向心轴承的设计计算

一、承载量

图 10－8－1 为轴承工作时轴颈的位置，轴承和轴颈的连心线 OO_1与外载荷 F 的方向形成一偏位角 φ_a。轴承孔和轴颈的直径分别用 D 和 d 表示，则轴承直径间隙为

$$\Delta = D - d \tag{10-8-1}$$

半径间隙为

$$\delta = \Delta/2 \tag{10-8-2}$$

直径间隙与轴颈直径 d 之比称为相对间隙 ψ，即

$$\psi = \frac{\Delta}{d} = \frac{\delta}{r} \tag{10-8-3}$$

轴在稳定运转时，轴颈中心 O 偏离孔中心 O_1的距离，称为偏心距，用 e 表示。偏心距与半径间隙之比称为偏心率，以χ 表示，即

$$\chi = \frac{e}{\delta}$$

由图 10-8-1 可见,最小油膜厚度为

$$h_{min} = \delta - e = \delta(1-\chi) = r\psi(1-\chi) \quad (10-8-4)$$

由于轴承为圆柱形,因此用极坐标描述较为方便。取轴承与轴颈的连心线 OO_1 为极坐标轴,坐标原点取在 O_1 点,φ_1 和 φ_2 分别为动压油膜的起始角和终止角。将雷诺方程转换为极坐标形式时,用 $r\varphi$ 取代 x,因而 $r\mathrm{d}\varphi = \mathrm{d}x$。

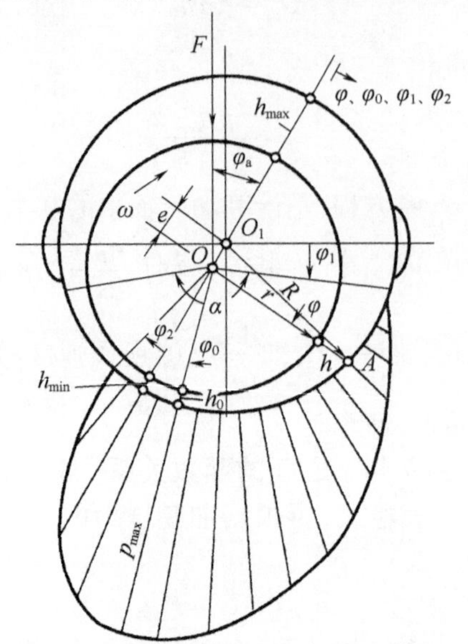

图 10-8-1 单油楔向心轴承的几何参数及油压分布

如前所述,首先设法找出任意点处的油膜厚度 h 与极坐标 r、φ 之间的函数关系,则通过积分即可求出 p 沿圆周方向的分布规律。

设 A 为动压油膜(在轴瓦上)的任意点,在 $\triangle OO_1A$ 中,根据余弦定律可得

$$R^2 = e^2 + (r+h)^2 - 2e(r+h)\cos\varphi$$

解上式可得任意角 φ 处的油膜厚度 h 近似表示为

$$h = \delta(1+\chi\cos\varphi) = r\psi(1+\chi\cos\varphi) \quad (10-8-5)$$

在油膜压力最大处 p_{max} 的油膜厚度为

$$h_0 = \delta(1+\chi\cos\varphi_0) \quad (10-8-6)$$

式中:h_0、φ_0 为最大油膜压力 p_{max} 处的油膜厚度及相应的位置角,将式(10-8-5)、式(10-8-6)及 $\mathrm{d}x = r\mathrm{d}\varphi$,$v = r\omega$ 的函数关系式一并代入式(10-7-3)中,得

$$\frac{\mathrm{d}p}{\mathrm{d}\varphi} = 6\eta\frac{\omega\chi}{\psi^2}\frac{(\cos\varphi - \cos\varphi_0)}{(1+\chi\cos\varphi)^3} \quad (10-8-7)$$

将式(10－8－7)从油膜压力起始角 φ_1 到任意角 φ 进行积分，可得任意位置(φ 处)的压力 p_φ 为

$$p_\varphi = 6\eta \frac{\omega}{\psi^2}\int_{\varphi_1}^{\varphi}\frac{\chi(\cos\varphi - \cos\varphi_0)}{(1+\chi\cos\varphi)^3}\mathrm{d}\varphi \tag{10-8-8}$$

把所有 p_φ 在外载荷方向的分量相加(积分)，即可得单位宽度的油膜承载能力。再把全宽度上的承载能力相加(积分)，可得总承载能力 F。考虑轴承有端泄，即两端的油压为零，油压沿宽度呈抛物线分布，且最大油压也有所降低。由此可得

$$F = \frac{\eta\omega \mathrm{d}B}{\psi^2}C_\mathrm{p} \tag{10-8-9}$$

或

$$C_\mathrm{p} = \frac{F\psi^2}{\eta\omega dB} = \frac{F\psi^2}{2\eta v B} \tag{10-8-10}$$

式中：C_p 为承载量系数；F 为轴承承载能力，即外载荷(N)；η 为润滑油在轴承平均工作温度下的动力黏度(MPa·s)；v 为轴承圆周速度(m/s)；B 为轴承宽度(m)。C_p 其值等于三重积分总值，与参数 χ、$\frac{B}{d}$ 及轴承包角 α 有关，由于求积分通解较困难，可用数值积分法求解，并作成相应的线图或表格供设计使用，如表10－8－1所列。

表10－8－1 有限宽轴承的承载量系数 C_p(180°包角)

B/d	偏心率 χ											
	0.3	0.4	0.5	0.6	0.7	0.75	0.8	0.85	0.9	0.95	0.975	0.99
	承载量系数 C_p											
0.3	0.0522	0.0826	0.128	0.203	0.347	0.475	0.699	1.122	2.074	5.73	15.15	50.52
0.4	0.0893	0.141	0.216	0.339	0.573	0.776	1.079	1.775	3.195	8.393	21.00	65.26
0.5	0.133	0.209	0.317	0.493	0.819	1.098	1.572	2.428	4.261	10.706	25.62	75.86
0.6	0.182	0.283	0.427	0.655	1.070	1.418	2.001	3.036	5.214	12.64	29.17	83.21
0.7	0.234	0.361	0.538	0.816	1.312	1.720	2.399	3.580	6.029	14.14	31.88	88.90
0.8	0.287	0.439	0.647	0.972	1.538	1.965	2.754	4.053	6.721	15.37	33.99	92.89
0.9	0.339	0.515	0.754	1.118	1.745	2.248	3.067	4.459	7.294	16.37	35.66	96.35
1.0	0.391	0.589	0.853	1.253	1.929	2.469	3.372	4.808	7.772	17.18	37.00	98.95
1.1	0.440	0.658	0.947	1.377	2.097	2.664	3.580	5.106	8.186	17.86	38.12	101.15
1.2	0.487	0.723	1.033	1.489	2.247	2.838	3.787	5.364	8.533	18.43	39.04	102.90
1.3	0.529	0.784	1.111	1.590	2.379	2.990	3.968	5.586	8.831	18.91	39.81	104.42
1.5	0.610	0.891	1.248	1.763	2.600	3.242	4.266	5.947	9.304	19.68	41.07	106.84
2.0	0.763	1.091	1.483	2.070	2.981	3.671	4.778	6.545	10.091	20.97	43.11	110.79

二、最小油膜厚度 h_{min}

在其他条件不变的情况下，h_{min} 越小，则 χ 越大，C_p 也越大，即轴承的承载能力 F 也越大。然而，最小油膜厚度 h_{min} 是不能无限缩小的，因为它受到轴颈和轴瓦表面粗糙度、轴的刚度及几何形状误差等的限制。为保证轴承能处于完全液体摩擦状态，应使最小油膜厚度足以使轴颈与轴瓦分开，即

$$h_{min} \geqslant S(R_{z1} + R_{z2}) \tag{10-8-11}$$

式中：R_{z1}、R_{z2} 分别为轴颈、轴瓦表面粗糙度的轮廓最大高度，如表 10-8-2 所列；S 为安全系数，通常取 $S \geqslant 2$。

表 10-8-2　常用加工方法能够达到的表面粗糙度 *Ra* 和 *Rz*

加工方法		精车、精镗、中等磨光		铰、精磨		钻石刀头镗、镗磨		研磨、抛光、超精加工		
表面粗糙度	*Ra*/μm	3.2	1.6	0.8	0.4	0.2	0.1	0.05	0.025	0.012
	Rz/μm	10	6.3	3.2	1.6	0.8	0.4	0.2	0.1	0.05

三、轴承润滑油的温升

当滑动轴承在完全液体摩擦状态下工作时，仍然存在着由于液体内摩擦（黏性）而造成的摩擦功耗。这部分摩擦功转化成热量，引起轴承升温。它能使油的黏度降低，巴氏合金软化，从而导致轴承不能正常工作，甚至产生抱轴（或烧瓦）事故。因此，在设计时有必要研究轴承的热平衡，借以控制温升。

由摩擦功所产生的热量，一部分由润滑油从轴承两端泄漏而被带走，另一部分由轴承座向周围空气散发。若单位时间内发热量与散热量相平衡，得

$$fFv = C\rho Q_z \Delta t + SK\Delta t_m \tag{10-8-12}$$

式中：F 为轴承的承载能力，即外载荷（N）；v 为轴颈的线速度（m/s）；f 为摩擦因数；C 为润滑油的比热，一般为 1680～2100J/(kg·℃)；ρ 为润滑油密度，通常为 850～900kg/m^3；Q_z 为端泄的总体积流量（m^3/s）；S 为轴承的散热面积（m^2）；K 为轴承的散热系数，约为 50～140J/(m^2·s·℃)；Δt 为润滑油的出油温度 t_2 和进油温度 t_1 之差值，$\Delta t = t_2 - t_1$（℃）；Δt_m 为润滑油的平均温度和外界环境温度之差值℃。

对于利用油泵循环的供油系统，绝大部分热量被端泄的润滑油所带走，相比之下，后一项向周围散发的热量甚微，可以略去不计。因此公式简化为

$$\Delta t = \frac{fFv}{C\rho Q_z} \tag{10-8-13}$$

因平均温度 t_m 为

$$t_m = \frac{t_2 + t_1}{2} \tag{10-8-14}$$

所以

$$t_1 = t_m - \frac{\Delta t}{2}, t_2 = t_m + \frac{\Delta t}{2} \qquad (10-8-15)$$

一般平均温度不应超过75℃。通常由于冷却设备的限制，进油温度 t_1 一般控制在35～45℃之间。

习　题

题10－1　校核铸件清理滚筒上的一对滑动轴承，已知装载量加自重为18000N，转速为40r/min，两端轴颈的直径为120mm，轴瓦宽径比为1.2，材料为锡青铜（ZCuSn5Pb5Zn5），用润滑脂润滑。

题10－2　一液体动压滑动轴承的轴颈直径为40mm，宽度为24mm，相对间隙0.002，径向载荷为1.6kN，用L－AN32号机械油润滑，轴承包角为180°，润滑油平均温度为50℃，当轴的转速分别为1000r/min、2000r/min、3000r/min和4000r/min时，求每秒钟发热量和轴颈偏心距 e，并画出曲线，表示发热量和轴颈偏心距与轴颈转速的关系。

题10－3　计算一液体摩擦的滑动轴承，已知 $F = 15000\text{N}$，$n = 1500\text{r/min}$，$d = 1500\text{mm}$，$B = 100\text{mm}$，ψ 取0.002，润滑油用L－TSA32号汽轮机油，轴颈和轴瓦的表面粗糙度为 $Rz_1 = Rz_2 = 3.2\mu\text{m}$，试计算其油膜厚度 $h_{\min}$，并问油膜的安全系数 S 为多少？温升如何？

题10－4　一车床的主轴前轴承为单油楔轴承。已知 $d = 100\text{mm}$，$B = 120\text{mm}$，$\Delta = 0.03\text{mm}$，用L－AN32号机械油（$t_m = 65$℃）轴颈表面粗糙度 $Rz_1 = 1.6\mu\text{m}$，轴瓦表面粗糙度 $Rz_2 = 3.2\mu\text{m}$，当 $n = 38\text{r/min}$ 时，$F = 15\text{kN}$，问：此时能否形成液体摩擦？

题10－5　试设计某机械一转轴上的非液体摩擦向心滑动轴承。已知轴颈直径为55mm，轴瓦宽度为44mm，轴颈的径向载荷为24200N，轴的转速为300r/min。

题10－6　一向心滑动轴承，轴颈角速度为 ω，直径为 d，相对间隙为 ψ。假定工作时轴颈与轴承同心，间隙内充满油，油的黏度为 η，轴承宽度为 B。试证明油作用在轴颈上的阻力矩为

$$T_f = \frac{\pi d^2 B}{2} \cdot \frac{\eta \omega}{\psi}$$

题10－7　题10－6中，若定义阻力 $F_f = \dfrac{T_f}{d/2} = \pi dB\dfrac{\eta\omega}{\psi}$，并沿用摩擦因数的习惯定义，摩擦因数为阻力与压力之比（设压力为 F），试证明摩擦因数：$f = \dfrac{2\pi^2}{\psi} \cdot \dfrac{\eta n}{p}$，式中 n 为轴颈转速（r/s），$p = \dfrac{F}{dB}$ 为压强。

第十一章　滚动轴承

滚动轴承一般是由外圈1、内圈2、滚动体3和保持架4组成(图11－0－1)。内圈装在轴颈上,外圈装在机座或零件的轴承孔内。内外圈上有滚道,当内外圈相对旋转时,滚动体将沿着滚道滚动。保持架的作用是把滚动体均匀地隔开。

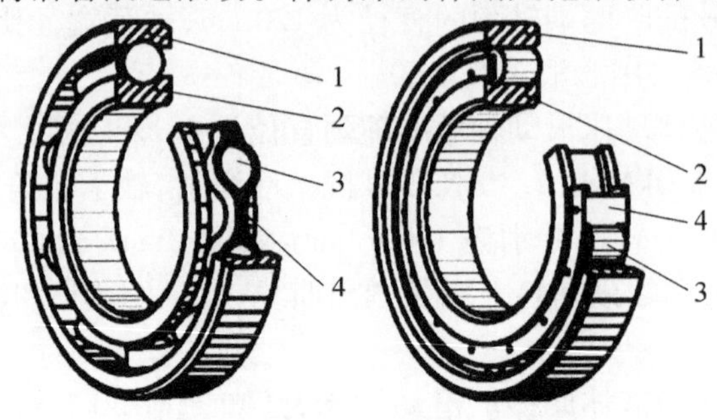

图11－0－1　滚动轴承的构造

1—外圈;2—内圈;3—滚动体;4—保持架。

滚动体与内外圈的材料应具有高的硬度和接触疲劳强度、良好的耐磨性和冲击韧性。一般用含铬合金钢制造,经热处理后硬度可达61～65HRC,工作表面须经磨削和抛光。保持架一般用低碳钢板冲压制成,高速轴承的保持架多采用有色金属或塑料。

与滑动轴承相比,滚动轴承具有摩擦阻力小、起动灵敏、效率高、润滑简便和易于互换等优点,所以获得广泛应用。它的缺点是抗冲击能力较差,高速时出现噪声,工作寿命也不及液体摩擦的滑动轴承。

由于滚动轴承已经标准化,并由轴承厂大批生产,因此使用者的任务主要是熟悉标准、正确选用。

第一节　滚动轴承的基本类型和特点

一、接触角

滚动体与外圈接触处的法线与垂直于轴承轴心线的平面之间的夹角称为公称接触角,简称接触角。接触角是滚动轴承的一个主要参数,轴承的受力分析和承载能力等都与接触角有关。公称接触角越大,轴承承受轴向载荷的能力也越大。表 11-1-1 列出各类轴承的公称接触角。

表 11-1-1　各类轴承的公称接触角

轴承种类	向心轴承		推力轴承	
	径向接触	角接触	角接触	轴向接触
公称接触角 α	$\alpha=0°$	$0°<\alpha\leqslant45°$	$45°<\alpha<90°$	$\alpha=90°$
图例 (以球轴承为例)		α	α	α

二、类型

滚动轴承通常按其承受载荷的方向(或接触角)和滚动体的形状分类。

滚动轴承按其承受载荷的方向或公称接触角的不同,可分为:①向心轴承,主要用于承受径向载荷,其公称接触角为 0°~45°;②推力轴承,主要用于承受轴向载荷,其公称接触角为 45°~90°(表 11-1-1)。

按照滚动体形状,滚动轴承可分为球轴承(图 11-1-1(a))和滚子轴承。滚子又分为圆柱滚子(图 11-1-1(b))、圆锥滚子(图 11-1-1(c))、球面滚子(图 11-1-1(d))和滚针(图 11-1-1(e))等。

按照工作时能否调心,滚动轴承可分为刚性轴承和调心轴承。能阻抗滚道间轴心线不准位的轴承称为刚性轴承。滚道是球面形的,能适应两滚道轴心线间的角偏差及角运动的轴承(图 11-1-2)称为调心轴承。

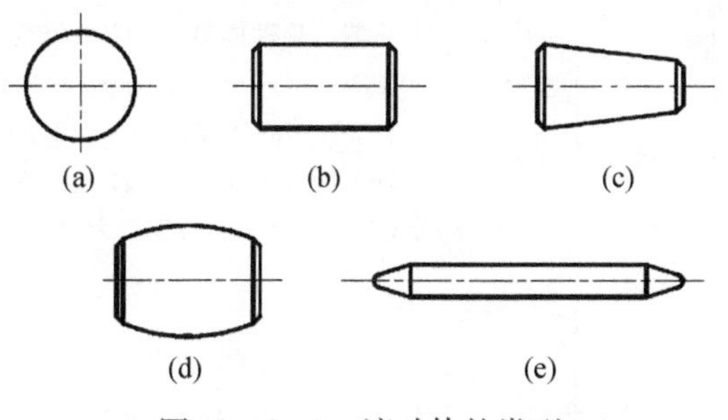

图 11-1-1　滚动体的类型

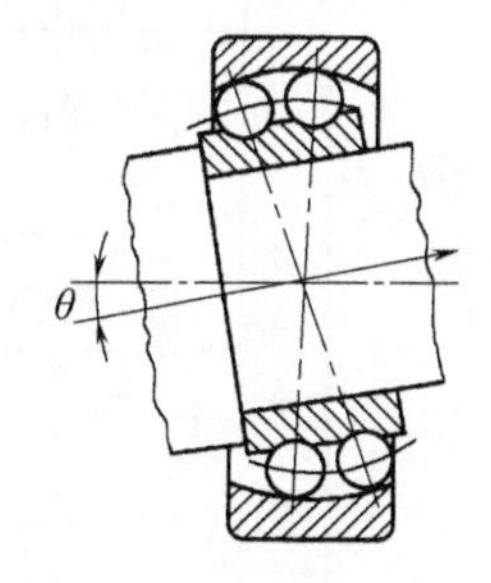

图 11-1-2　调心轴承

三、特性

我国机械工业中常用滚动轴承的类型和特性,如表 11 -1 -2 所列。

表 11 -1 -2 滚动轴承的主要类型和特性

轴承名称 类型代号	结构 简图	承载 方向	极限转速	允许 角偏差	主要特性和应用
调心球轴承 10000	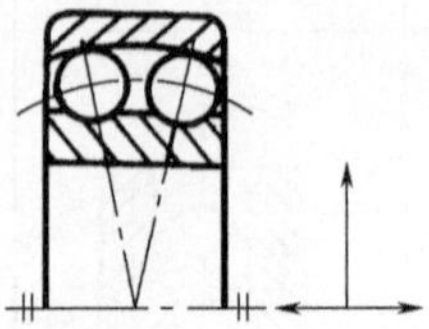		中	2°~3°	主要承受径向载荷,同时也能承受少量轴向载荷。因外圈滚道表面是以轴承中点为中心的球面,故能调心,适用于多支点和弯曲刚度不够的轴
调心滚子轴承 20000	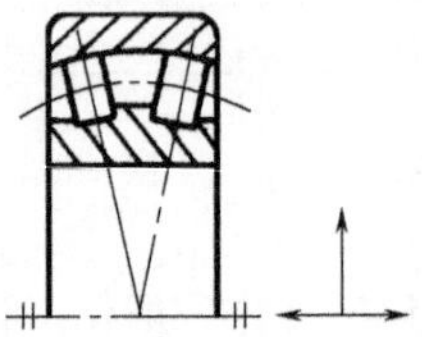		中	1.5°~2°	其特点是滚动体为双列鼓形滚子,能承受很大的径向载荷和少量轴向载荷。承载能力大,具有调心性能
圆锥滚子轴承 30000	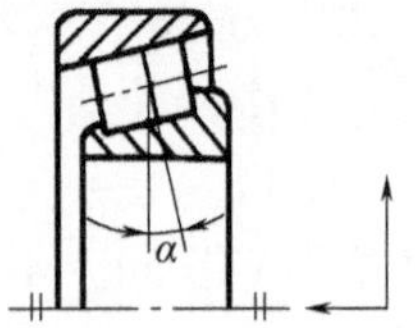 α		中	2′	能同时承受较大的径向、轴向联合载荷。因线性接触,承载能力大,内外圈可分离,装拆方便,一般成对使用
推力球轴承 50000	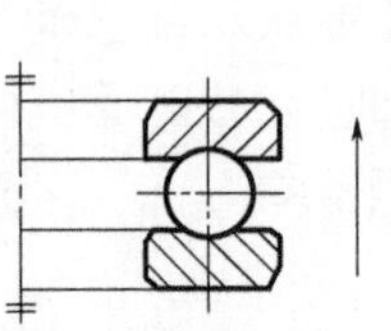 单向 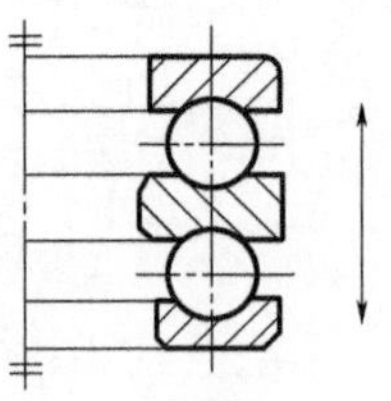 双向		低	不允许	只能承受轴向载荷,且作用线必须与轴线重合。分为单、双向两种。高速时,因滚动体离心力大,球与保持架摩擦发热严重,寿命较低,可用于轴向载荷大、转速不高之处

（续）

轴承名称 类型代号	结构 简图	承载 方向	极限转速	允许 角偏差	主要特性和应用
深沟球轴承 60000	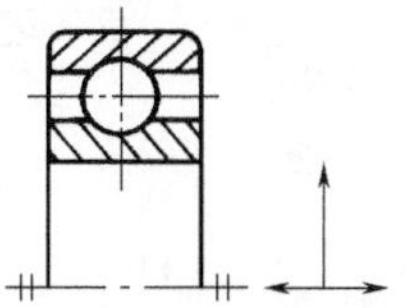		高	8′~16′	能同时承受径向、轴向联合载荷。允许极限转速高，应用广泛
角接触球轴承 70000C（$\alpha=15°$） 70000AC（$\alpha=25°$） 70000B（$\alpha=40°$）	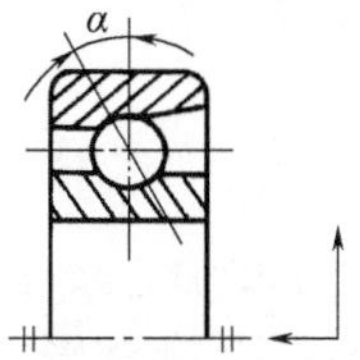		较高	2′~10′	能同时承受较大的径向、轴向联合载荷。接触角 α 有三种，角度越大，承载能力越大。通常成对使用，对称安装
圆柱滚子轴承 N0000	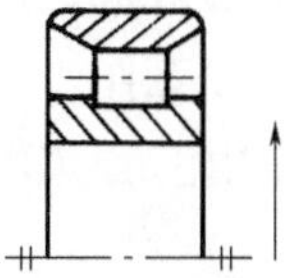		较高	2′~4′	能承受较大的径向载荷。因线接触，内外圈只允许有小的相对偏转，外圈可分离。除U结构外，还有内圈无挡边（NU）、外圈单挡边（NF）、内圈单挡边（NJ）等形式
滚针轴承 NA0000	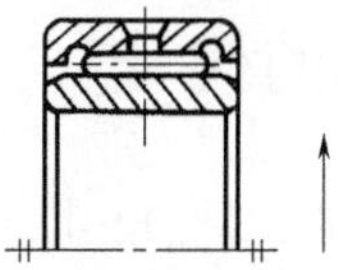		低	不允许	只能承受径向载荷。承载能力大，径向尺寸特小。一般无保持架，因而滚针间有摩擦，极限转速低

由于结构的不同，各类轴承的使用性能也不相同，说明如下。

1. 承载能力

在同样外形尺寸下，滚子轴承的承载能力约为球轴承的1.5~3倍。所以，在载荷较大或有冲击载荷时宜采用滚子轴承。但当轴承内径 $d \leqslant 20$mm 时，滚子轴承和球轴承的承载能力已相差不多，而球轴承的价格一般低于滚子轴承，故可优先选用球轴承。

由于接触角的存在，角接触轴承可同时承受径向载荷和轴向载荷。公称接触角小的，如角接触向心轴承（$0° < \alpha < 45°$），主要用于承受径向载荷；公称接触角大的，如角接触推力轴承（$45° < \alpha < 90°$），主要用于承受轴向载荷。轴向接触推力轴承（$\alpha = 90°$）只能承受轴向载荷。径向接触向心轴承（$\alpha = 0°$），当以滚子为滚动体时，只能承受径向载荷；当以球为滚动体时，因内外滚道为较深的沟槽，除主要承受径向载荷外，也能承受一定量的双向轴向载荷。受轴向载荷时轴承内外圈间将产生轴向相对位移，实际上形成一个不大的接触角 α，如图11-1-3所示。深沟球

轴承结构简单,价格便宜,应用最为广泛。

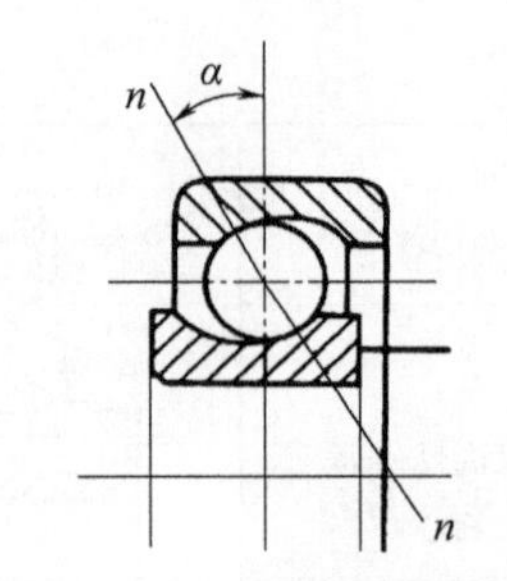

图 11－1－3　径向轴承受轴向力产生的接触角

2. 极限转速

滚动轴承转速过高会使摩擦面间产生高温,润滑失效,从而导致滚动体回火或胶合破坏。

滚动轴承在一定载荷和润滑条件下,允许的最高转速称为极限转速,其具体数值见有关手册。各类轴承极限转速的比较,如表 11－1－2 所列。

如果轴承极限转速不能满足要求,可采取提高轴承精度、适当加大间隙、改善润滑和冷却条件、选用青铜保持架等措施,以提高极限转速。

3. 角偏差

轴承由于安装误差或轴的变形等都会引起内外圈中心线发生相对倾斜。其倾斜角 θ 称为角偏差,如图 11－1－2 所示。角偏差较大时会影响轴承正常运转,故在这种场合应采用调心轴承。调心轴承(图 11－1－2)的外圈滚道表面是球面,能自动补偿两滚道轴心线的角偏差,从而保证轴承正常工作。滚针轴承对轴线偏斜最为敏感,应尽可能避免在轴线有偏斜的情况下使用。各类轴承的允许角偏差如表 11－1－2 所列。

第二节　滚动轴承的代号

滚动轴承的类型很多,而各类轴承又有不同的结构、尺寸、精度和技术要求,为便于组织生产和选用,规定了滚动轴承的代号。我国滚动轴承的代号由基本代号、前置代号和后置代号构成,其排列顺序如表 11－2－1 所列。

表 11－2－1　滚动轴承代号的排列顺序

<table>
<tr><td rowspan="2">前置代号(□)</td><td colspan="5">基本代号</td><td colspan="5">后置代号(□或×)</td></tr>
<tr><td>×(□)</td><td>×</td><td>×</td><td>×</td><td>×</td><td rowspan="3">内部结构代号</td><td rowspan="3">密封与防尘结构代号</td><td rowspan="3">保持架及其材料代号</td><td rowspan="3">公差等级代号</td><td rowspan="3">游隙代号</td></tr>
<tr><td rowspan="2">轴承分部件代号</td><td rowspan="2">类型代号</td><td colspan="2">尺寸系列代号</td><td colspan="2" rowspan="2">内径尺寸系列代号</td></tr>
<tr><td>宽(高)系列代号</td><td>直径系列代号</td></tr>
<tr><td colspan="11">注:□—字母,×—数字</td></tr>
</table>

一、前置代号

用字母表示成套轴承的分部件。前置代号及其含义可参阅机械设计手册。

二、基本代号

表示轴承的基本类型、结构和尺寸，是轴承代号的基础。按照国家标准生产的滚动轴承的基本代号，由轴承类型代号、尺寸系列代号和内径尺寸系列代号构成，如表 11－2－1 所列。

基本代号左起第一位为类型代号，用数字或字母表示，见表 11－2－1 第二列。若代号为“0”（双列角接触球轴承）则可省略。

基本代号左起第二位和第三位为尺寸系列代号，由轴承的宽（高）度系列代号和直径系列代号组合而成。

宽度系列表示对内外径尺寸都相同的轴承，配以不同的宽度。由于通常所采用的轴承多为正常结构，且对宽度无特殊要求，代号为 0，故可省略。

直径系列表示内径相同而直径不同的外径系列。为了适应不同承载能力的需要，同一内径尺寸的轴承，可使用不同大小的滚动体，因而使轴承的外（直）径和宽度也随着改变。图 11－2－1 所示为内径相同，而直径系列不同的四种轴承的对比，外廓尺寸大则承载能力强。向心轴承和推力轴承的常用尺寸系列代号如表 11－2－2 所列。

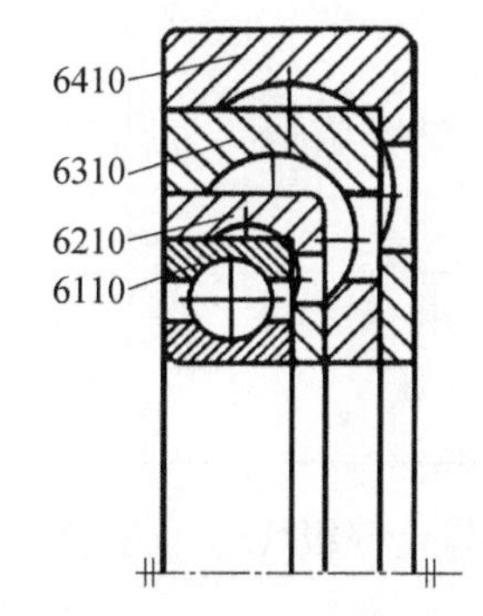

图 11－2－1　直径系列的对比

表 11－2－2　尺寸系列代号

代号	7	8	9	0	1	2	3	4	5	6
宽度系列	--------	特窄	--------	窄	正常	宽	特宽			
直径系列	超特轻	超轻		特轻		轻	中	重	--------	
注:1. 宽度系列代号为 0 时可略去（但 2、3 类轴承除外）；有时宽度代号为 1、2 也被省略。 2. 特轻、轻、中、重以及窄、正常、宽等称呼为旧标准中的相应称呼										

基本代号左起第四、五位为轴承内径公称内径尺寸，按表 11－2－3 的规定标注。

表 11－2－3　轴承的内径尺寸系列代号

内径代号	00	01	02	03	04～99
轴承内径尺寸/mm	10	12	15	17	数字×5
注：对于内径小于 10mm 和大于 495mm 的轴承内径尺寸代号另有规定					

三、后置代号

用字母或数字表示，置于基本代号右边，并与基本代号空半个汉字距离或用符号“-”、“/”分隔。轴承后置代号排列顺序如表11-2-1所列。

内部结构代号如表11-2-4所列。例如，角接触球轴承等随其不同公称接触角而标注不同代号。

表11-2-4 轴承内部结构常用代号

轴承类型	代号	含义	示例
角接触球轴承	B	$\alpha=40°$	7210B
	C	$\alpha=15°$	7005C
	AC	$\alpha=25°$	7210AC
圆锥滚子轴承	B	接触角增大	32310B
	E	加强型	N207E

公差等级代号列于表11-2-5中。

表11-2-5 公差等级代号

代号	省略	/P6	/P6x	/P5	/P4	/P2
公差等级符合标准规定的	0级	6级	6x级	5级	4级	2级
示例	6203	6203/P6	30210/P6x	6203/P5	6203/P4	6203/P2
注：公差等级中0级为普通级，向右依次增高，2级最高。P6x适用于2、3类轴承						

游隙代号：C1、C2、C3、C4、C5分别表示轴承径向游隙，游隙量依次由小到大。C0为基本组游隙，常被优先采用，在轴承代号中可不标出。

例11-2-1 试说明轴承代号62203和7312AC/P62的意义。

解：(1) 6——类型代号：深沟球轴承；2——尺寸系列代号：宽系列，轻；2——尺寸系列代号：直径系列，宽；03——轴承内径 $d=17$mm。

(2) 7——类型代号：角接触球轴承；{(0)——尺寸系列代号：宽系列，窄(可省)；}3——尺寸系列代号：直径系列，中；12 轴承内径 $d=12\times5=60$mm；AC——公称接触角 $\alpha=25°$；/P6——公差等级：6级；2——游隙代号：第2组。

注：当游隙与公差同时表示时，符号C可省。

第三节　滚动轴承的失效形式及选择计算

一、失效形式

滚动轴承在通过轴心线的轴向载荷(中心轴向载荷)F_a作用下,可认为各滚动体所承受的载荷是相等的。当轴承受纯径向载荷 F_r作用时(图 11-3-1),情况就不同了。假设在 F_r作用下,内圈不变形,那么内圈沿 F_r方向下移一段距离 δ,上半圈滚动体不承受载荷,而下半圈各滚动体承受不同的载荷(由于各接触点上的弹性变形量不同)。处于 F_r作用线最下位置的滚动体承载最大(F_{max}),而远离作用线的各滚动体,其承载就逐渐减小。对于 $\alpha=0°$ 的向心轴承可以导出

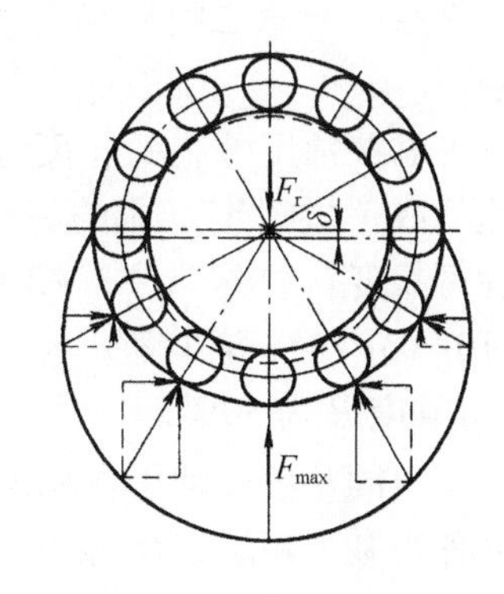

图 11-3-1　径向载荷的分析

$$F_{max}\approx\frac{5F_r}{z}$$

式中:z 为轴承的滚动体的总数。

滚动轴承的失效形式主要有:

1. 疲劳破坏

滚动轴承工作过程中,滚动体相对内圈(或外圈)不断地转动,滚动体与滚道接触表面受变应力。如图 11-3-1 所示,此变应力可近似地看作按脉动循环变化。由于脉动接触应力的反复作用,首先在滚动体或滚道的表面下一定深度处产生疲劳裂纹,继而扩展到接触表面,形成疲劳点蚀,致使轴承不能正常工作。通常,疲劳点蚀是滚动轴承的主要失效形式。

2. 永久变形

当轴承转速很低或间歇摆动时,一般不会产生疲劳损坏。但在很大的静载荷或冲击载荷作用下,会使轴承滚道和滚动体接触处产生永久变形(滚道表面形成变形凹坑),从而使轴承在运转中产生剧烈振动和噪声,以致轴承不能正常工作。

此外,由于使用维护和保养不当或密封润滑不良等因素,也能引起轴承早期磨损、胶合、内外圈和保持架破损等不正常失效现象。

二、轴承寿命

轴承的一个套圈或滚动体的材料出现第一个疲劳扩展迹象前,一个套圈相对于另一个套圈的总转数,或在某一转速下的工作小时数,称为轴承的寿命。

对一组同一型号的轴承，由于材料、热处理和工艺等很多随机因素的影响，即使在相同条件下运转，寿命也不一样，有的相差几十倍。因此对一个具体轴承，很难预知其确切的寿命。但大量的轴承寿命试验表明，轴承的可靠性与寿命之间有如图 11-3-2 所示的关系。

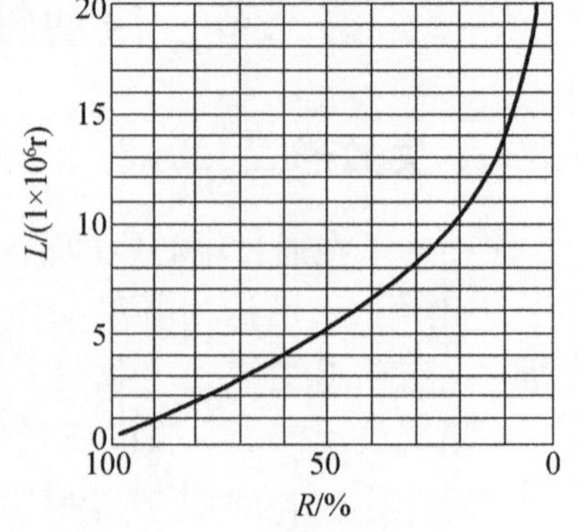

图 11-3-2 轴承寿命曲线

可靠性常用可靠度 R 度量。一组相同轴承能达到或超过规定寿命的百分率，称为轴承寿命的可靠度。如图 11-3-2 所示，当寿命 L 为 1×10^6r(转)时，可靠度 R 为 90%；L 为 5×10^6r 时，可靠度 R 为 50%。

一组同一型号轴承在相同条件下运转，其可靠度为 90% 时，能达到或超过的寿命称为基本额定寿命，记作 L(单位为百万转，即 10^6r)或 L_h(单位为 h)。换言之，即 90% 的轴承在发生疲劳点蚀前能达到或超过的寿命，称为基本额定寿命。对单个轴承来讲，能够达到或超过此寿命的概率为 90%。

三、额定动载荷及寿命计算

当一套轴承进入运转并且基本额定寿命为 100 万转时，轴承所能承受的载荷，称之为基本额定动载荷，用 C 表示。对于向心轴承，由于它是在纯径向载荷下进行寿命试验的，因此基本额定动载荷通称为径向基本额定动载荷，记作 C_r；对于推力轴承，它是在纯轴向载荷下进行试验的，故称之为轴向基本额定动载荷，记作 C_a。大量试验表明，滚动轴承的基本额定寿命 $L(10^6\mathrm{r})$ 与基本额定动载荷 C(N)、当量动载荷 P(N)间的关系为

$$L=\left(\frac{C}{P}\right)^{\varepsilon}\quad(10^6\mathrm{r})\tag{11-3-1}$$

式中：ε 为寿命指数，对于球轴承 $\varepsilon=3$，滚子轴承 $\varepsilon=\frac{10}{3}$；C 为基本额定动载荷，对向心轴承为 C_r，对推力轴承为 C_a。C_r、C_a 可在滚动轴承产品样本或有关手册中查得。

实际计算时，用小时表示轴承寿命比较方便，如用 n 代表轴承的转速(r/min)，则上式可写为

$$L_h=\frac{10^6}{60n}\left(\frac{C}{P}\right)^{\varepsilon}(\mathrm{h})\tag{11-3-2}$$

式(11-3-1)和式(11-3-2)中的 P 称为当量动载荷。P 为一恒定径向(或轴向)载荷，在该载荷作用下，滚动轴承具有与实际载荷作用下相同的寿命。P 的确定方法将在下一节阐述。

考虑到轴承在温度高于100℃下工作时，轴承的额定动载荷 C 有所降低，故引进温度系数 f_T（$f_T \leq 1$），对 C 值予以修正，f_T 可查表11－3－1。考虑到很多机械在工作中有冲击、振动、使轴承寿命降低，为此又引进载荷系数 f_P 对载荷 P 值进行修正，f_P 可查表11－3－2。

表11－3－1　温度系数 f_T

轴承工作温度/℃	100	125	150	200	250	300
温度系数 f_T	1	0.95	0.90	0.80	0.70	0.60

表11－3－2　载荷系数 f_p

载荷性能	无冲击或轻微冲击	中等冲击	强烈冲击
f_p	1.0～1.2	1.2～1.8	1.8～3.0

作了上述修正后，寿命计算式可写为

$$L_h = \frac{10^6}{60n}\left(\frac{f_T C}{f_P P}\right)^{\varepsilon} \quad \text{(h)}$$

$$\text{或} \quad C = \frac{f_P P}{f_T}\left(\frac{60n}{10^6}L_h\right)^{1/\varepsilon} \quad \text{(N)} \qquad (11-3-3)$$

以上两式是设计计算时经常用到的轴承寿命计算式，由此可确定轴承的寿命或型号。各类机器中轴承预期寿命 L_h 的参考值，如表11－3－3所列。

表11－3－3　轴承预期寿命 L_h 参考值

使用场合	L_h/h
不经常使用的仪器和设备	500
短时间或间断使用，中断时不致引起严重后果	4000～8000
间断使用，中断会引起严重后果	8000～12000
每天8h工作的机械	12000～20000
24h连续工作的机械	40000～60000

例11－3－1　试求N207E圆柱滚子轴承允许的最大径向载荷。已知工作转速 $n = 200$r/min、工作温度 $t < 100$℃、寿命 $L_h = 10000$h，载荷平稳。

解：对向心轴承，由式（11－3－3）知径向额定动载荷为

$$C_r = \frac{f_P P}{f_T}\left(\frac{60n}{10^6}L_h\right)^{1/\varepsilon}$$

由机械设计手册查得，N207E 圆柱滚子轴承的径向额定动载荷 $C_r=46500$N，由表 11－3－2 查得 $f_P=1$，由表 11－3－1 查得 $f_T=1$，对滚子轴承取 $\varepsilon=\frac{10}{3}$。将以上有关数据代入上式，得

$$46500=\frac{1\times P}{1}\left(\frac{60\times 200}{10^6}\times 10^4\right)^{\frac{3}{10}}$$

即

$$P=\frac{46500}{120^{0.3}}=11059\text{N}$$

故在本题规定的条件下，N207E 轴承可承受的最大径向载荷为 11059N。

四、当量动载荷的计算

滚动轴承的额定动载荷是在一定条件下确定的。如前所述，对向心轴承是指承受纯径向载荷；对推力轴承是指承受中心轴向载荷。如果作用在轴承上的实际载荷是既有径向载荷又有轴向载荷，则必须将实际载荷换算为与上述条件相同的载荷后，才能和基本额定动载荷进行比较。换算后的载荷是一种假定的载荷，故称为当量动载荷。

$$P=XF_r+YF_a \tag{11-3-4}$$

式中：F_r、F_a分别为轴承的径向及轴向载荷（N）；X 为径向动载荷系数；Y 为轴向动载荷系数。对于向心轴承，可分别按 $F_a/F_r>e$ 或 $F_a/F_r\leqslant e$ 两种情况，由表 11－3－4查得。

表 11－3－4　向心轴承当量动载荷的 X、Y 值

轴承类型	$\frac{F_a}{C_{0r}}$	e	$F_a/F_r>e$		$F_a/F_r\leqslant e$	
			X	Y	X	Y
向心球轴承（60000）	0.014	0.19	0.56	2.30	1	0
	0.028	0.22		1.99		
	0.056	0.26		1.71		
	0.084	0.28		1.55		
	0.11	0.30		1.45		
	0.17	0.34		1.31		
	0.28	0.38		1.15		
	0.42	0.42		1.04		
	0.56	0.44		1.00		

（续）

轴承类型		$\frac{F_a}{C_{0r}}$	e	$F_a/F_r>e$		$F_a/F_r\le e$	
				X	Y	X	Y
角接触向心球轴承	70000C（$\alpha=15°$）	0.015	0.38	0.44	1.47	1	0
		0.029	0.40		1.40		
		0.058	0.43		1.30		
		0.087	0.46		1.23		
		0.12	0.47		1.19		
		0.17	0.50		1.12		
		0.29	0.55		1.02		
		0.44	0.56		1.00		
		0.58	0.56		1.00		
	70000AC（$\alpha=25°$）	—	0.68	0.41	0.87	1	0
	70000B（$\alpha=40°$）	—	1.14	0.35	0.57	1	0
圆锥滚子轴承（单列）（30000）		—	$1.5\tan\alpha$	0.4	$0.4\cot\alpha$	1	0
调心球轴承（10000）		—	$1.5\tan\alpha$	0.65	$0.65\cot\alpha$	1	$0.42\cot\alpha$

当 $F_a/F_r\le e$ 时，轴向力的影响可以忽略不计（这时表中的 $Y=0,X=1$）。参数 e 反映了轴向载荷对轴承承载能力的影响，列于轴承标准中，其值与轴承类型和 F_a/C_{0r} 比值有关（C_{0r} 是轴承的径向额定静载荷）。以上 X、Y、e、C_{0r} 诸值由制定轴承标准的部门根据试验确定。

向心轴承只承受径向载荷时：

$$P=F_r \tag{11-3-5}$$

推力轴承[①]（$\alpha=90°$）只能承受轴向载荷，其轴向当量动载荷为

$$P=F_a \tag{11-3-6}$$

① 角接触推力轴承（$45°<\alpha<90°$）的当量动载荷计算见 GB 6391—86《滚动轴承额定动负荷和额定寿命的计算方法》。

五、角接触向心轴承轴向载荷的计算

角接触向心轴承由于结构上存在公称接触角 α。当它承受径向载荷 F_r时，承载区内滚动体的法向力分解后，产生一个轴向分力 S，即作用在承载区内第 i 个滚动体上的法向力 F_i可分解为径向分力 R_i和轴向分力 S_i（图 11－3－3(a)为滚子轴承，11－3－3(b)为球轴承）。该轴向分力是在径向载荷作用下产生的轴向力，所以称为内部轴向力，其值由表 11－3－5 计算。方向由外圈宽边指向窄边。

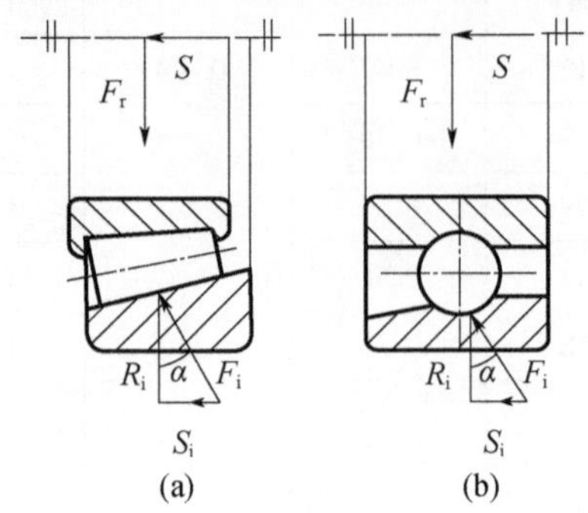

图 11－3－3　径向载荷产生的轴向分量

表 11－3－5　角接触向心球轴承内部轴向力 S

轴承类型 / 内部轴向力	角接触向心球轴承(70000)			圆锥滚子轴承
	$\alpha=15°$	$\alpha=25°$	$\alpha=40°$	
S	eF_r	$0.68F_r$	$1.14F_r$	$F_r/2Y$ （Y 是$\frac{F_a}{F_r}>e$ 时的轴向系数）

为了使角接触向心轴承的内部轴向力得到平衡，以免轴产生串动，通常都要成对使用，对称安装。安装方式有两种：图 11－3－4 所示为两外圈窄边相对（正装/面对面安装），图 11－3－5 是两外圈宽边相对（反装/背对背安装）。图中 K_a为轴向外载荷，计算轴承的轴向载荷 F_a时还应将由径向载荷 F_r产生的内部轴向力 S 考虑进去。图中 O_1及 O_2点分别为轴承 1 和轴承 2 的压力中心，即支反力作用点。O_1、O_2与轴承端面的距离 a_1、a_2可由轴承样本或有关手册查得。但为了简化计算，通常可认为支反力作用在轴承宽度的中点上。

若把轴和内圈视为一体，并以它为脱离体考虑轴系的轴向平衡，就可确定各轴承承受的轴向载荷。例如，在图 11－3－4 中，有两种受力情况：

(1) 若 $K_a+S_2>S_1$，由于轴承 1 的右端已固定，轴不能向右移动，即轴承 1 被压紧，由力的平衡条件得

$$\begin{cases}\text{轴承 1(压紧端)承受的轴向载荷:} F_{a1}=S_2+K_a \\ \text{轴承 2(放松端)承受的轴向载荷:} F_{a2}=S_2\end{cases} \quad (11-3-7)$$

(2) 若 $K_a+S_2<S_1$,即 $S_1-K_a>S_2$,则轴承 2 被压紧,由力的平衡条件得

$$\begin{cases}\text{轴承 1(放松端)承受的轴向载荷:} F_{a1}=S_1 \\ \text{轴承 2(压紧端)承受的轴向载荷:} F_{a2}=S_1-K_a\end{cases} \quad (11-3-8)$$

显然,放松端轴承是轴向载荷等于本身的内部轴向力,压紧端轴承的轴向载荷等于除本身内部轴向力外其余轴向力的代数和。当轴向外载荷 K_a 与图 11-3-4 所示的方向相反时,K_a 应取负值。

为了对图 11-3-5 所示反装结构能同样适用式(11-3-7)和式(11-3-8)来计算轴承的轴向载荷,只需将图中左边轴承定位轴承 1(即轴向外载荷 K_a 与内部轴向力 F_s 的方向相反的轴承),右边为轴承 2。

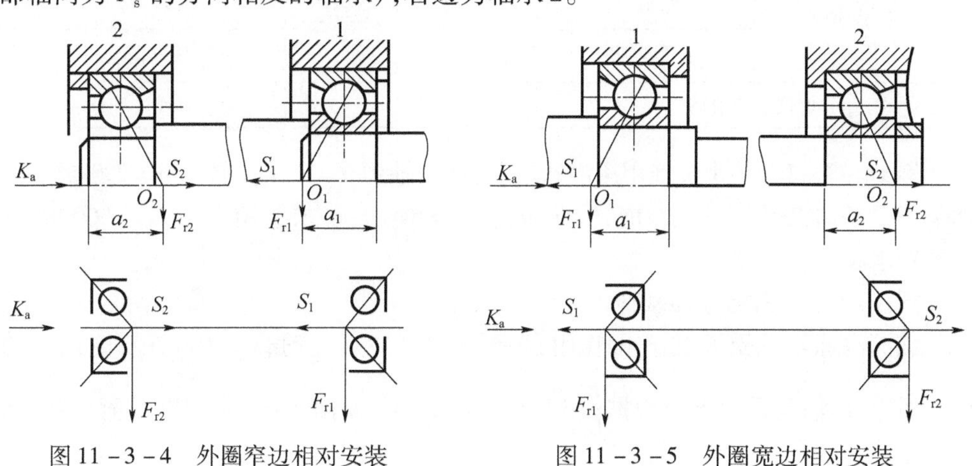

图 11-3-4　外圈窄边相对安装　　图 11-3-5　外圈宽边相对安装

六、滚动轴承的静强度校核

对于转速很低($n\leqslant10$r/min)或缓慢摆动的滚动轴承,一般不会产生疲劳点蚀,但为了防止滚动体和内、外圈产生过大的塑性变形,即为限制滚动轴承在过载和冲击载荷下产生永久变形,应进行静强度校核。

在纯径向载荷或中心轴向载荷作用下,应力最大的滚动体和滚道接触处总的永久变形量不超过滚动体直径的万分之一时,尚不致影响到轴承工作性能。因此,使轴承产生上述永久变形的静载荷就称为额定静载荷。

GB/T4662-1993 规定,使受载最大的滚动体与内外圈滚道接触处的接触应力达到某一定值的载荷成为基本额定静载荷 C_0,径向和轴向额定静载荷分别用 C_{0r} 和 C_{0a} 表示,其值可查设计手册。

当轴承既承受径向力又受轴向力时，可将它们折合成当量静载荷 P_0，应满足

$$P_0 = X_0 F_r + Y_0 F_a \leqslant \frac{C_0}{S_0} \tag{11-3-9}$$

式中：X_0、Y_0分别是径向、轴向静载荷系数，可查表 11-3-6；S_0为静强度安全系数，对于旋转精度与平稳性要求高或承受大冲击载荷时，取 $S_0 = 1.2 \sim 2.5$，相反情况则取 0.5 ~ 0.8，一般情况取 0.8 ~ 1.2。

表 11-3-6　静载荷系数 X_0 与 Y_0

轴承类型		X_0	Y_0
深沟球轴承		0.6	0.5
角接触球轴承	70000C	0.5	0.4
	70000AC		0.38
	70000B		0.2
圆锥滚子轴承		0.5	查设计手册

例 11-3-2　某水泵选用深沟球轴承，已知轴颈 $d = 35$mm，转速 $n = 2900$r/min，轴承所受径向载荷 $F_r = 2300$N，轴向载荷 $F_a = 540$N，要求使用寿命 $L_h = 5000$h，试选择轴承型号。

解：(1) 先求出当量动载荷 P。

该深沟球轴承受 F_r和 F_a的作用，必须求出径向当量动载荷 P。计算时用到的径向系数 X，轴向系数 Y 要根据$\frac{F_a}{C_{0r}}$值查取，而 C_{0r}是轴承的径向额定静载荷，在轴承型号未选出前暂不知道，故用试算法。据表 11-3-4，暂$\frac{F_a}{C_{0r}} = 0.028$，则 $e = 0.22$。

因$\frac{F_a}{F_r} = \frac{540}{2300} = 0.235 > e$，由表 11-3-4 查得 $X = 0.56$，$Y = 1.99$。

由式(11-3-4)得

$$P = XF_r + YF_a = 0.56 \times 2300 + 1.99 \times 540 \approx 2360\text{N}$$

(2) 计算所需的径向额定动载荷值。

由式(11-3-3)，$C_r = \frac{f_F P_r}{f_T}\left(\frac{60n}{10^6}L_h\right)^{1/\varepsilon}$

上式中 $f_F = 1.1$（查表 11-3-2），$f_T = 1$（查表 11-3-1，因工作温度不高）。

所以　$$C_r = \frac{1.1 \times 2360}{1}\left(\frac{60 \times 2900}{10^6} \times 5000\right)^{1/3} \approx 24800\text{N}$$

(3) 选择轴承型号。查手册或选 6207 轴承，其 $C_r = 25500\text{N} > 24800\text{N}$，$C_{0r} =$

15200N，故 6207 轴承的$\frac{F_a}{C_{0r}}=\frac{540}{15200}=0.0335$，与原估计接近，适用。

例 11-3-3 某工程机械传动装置中的轴，根据工作条件决定采用一对角接触向心球轴承（图 11-3-6），并暂定轴承型号为 7208AC。已知轴承载荷 $Fr_1=1000N$，$Fr_2=2060N$，$K_a=880N$，转速 $n=5000r/min$，运转中受中等冲击，预期寿命 $L_h=2000h$，试问所选轴承型号是否恰当。

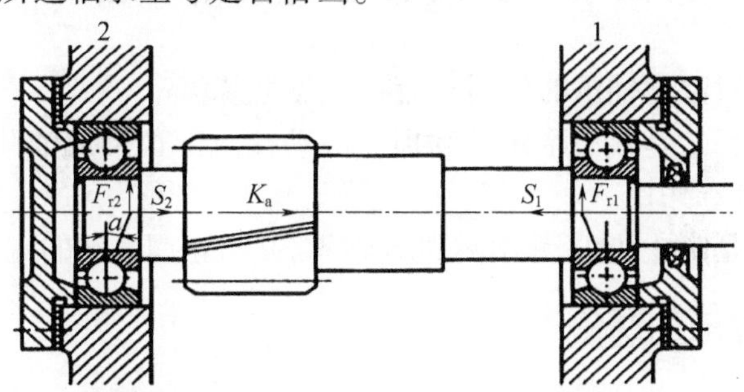

图 11-3-6 例 11-3-3 的轴承装置

解：(1) 先计算轴承 1、2 的轴向力 F_{a1}、F_{a2}。

由表 11-3-5 查得轴承的内部轴向力为

$$S_1=0.68F_{r1}=0.68\times1000=680\text{（方向如图 11-3-6 所示）}$$

$$S_2=0.68F_{r2}=0.68\times2060=1400\text{（方向如图 11-3-6 所示）}$$

因为 $S_2+K_a=1400+880=2280N>S_1$（轴承 1 被压紧）

所以 $F_{a1}=S_2+K_a=2280N$，$F_{a2}=S_2=1400N$

(2) 计算轴承 1、2 的当量动载荷。

由表 11-3-4 查得 70000AC 型轴承 $e=0.68$，而

$$\frac{F_{a1}}{F_{r1}}=\frac{2280}{1000}=2.28>e$$

$$\frac{F_{a2}}{F_{r2}}=\frac{1400}{2060}=0.68=e$$

查表 11-3-4 可得 $X_1=0.41$，$Y_1=0.87$；$X_2=1$，$Y_2=0$。故径向当量动载荷为

$$P_1=X_1F_{r1}+Y_1F_{a1}=0.41\times1000+0.87\times2280=2394N$$

$$P_2=X_2F_{r2}+Y_2F_{a2}=1\times2060+0\times1400=2060N$$

(3) 计算所需的径向额定动载荷 C_r。

因轴的结构要求两端选择同样尺寸的轴承，故应以轴承 1 的径向当量动载荷 P_1 为计算依据。因受中等冲击载荷，查得 11-3-2 得 $f_p=1.5$；工作温度正常，查表 11-3-1 得 $f_T=1$。

所以

$$C_{r1}=\frac{f_F P_1}{f_T}\left(\frac{60n}{10^6}L_h\right)^{1/3}=\frac{1.5\times2394}{1}\left(\frac{60\times5000}{10^6}\times2000\right)^{1/3}\approx30290\text{N}$$

(4) 由手册查得 7208 轴承的径向额定动载荷 $C_r=35200\text{N}$。因为 $C_{r1}<C_r$，故所选 7208AC 轴承合适。

第四节　滚动轴承的润滑和密封

润滑和密封对滚动轴承的使用寿命有重要意义。

润滑的主要目的是减小摩擦与磨损。滚动接触部位形成油膜时，还有吸收振动、降低工作温度等作用。

密封的目的是防止灰尘、水分等进入轴承，并阻止润滑剂的流失。

一、滚动轴承的润滑

滚动轴承的润滑剂可以是润滑脂、润滑油或固体润滑剂。一般情况下，轴承采用润滑脂润滑，但在轴承附近已经具有润滑油源时（如变速箱内本来就有润滑齿轮的油），也可采用润滑油润滑。具体选择可按速度因数 dn 值来定，d 代表轴承内径（mm）；n 代表轴承转速（r/min），dn 值间接地反映了轴颈的圆周速度，当 $dn<(1.5\sim2)\times10^5\text{mm}\cdot\text{r/min}$ 时，一般滚动轴承可采用润滑脂润滑，超过这一范围宜采用润滑油润滑。

脂润滑因不易流失，故便于密封和维护，且一次充填润滑脂可运转较长时间。油润滑的优点是比脂润滑摩擦阻力小，并能散热，主要用于高速或工作温度较高的轴承。

如图 11-4-1 所示，润滑油的黏度可按轴承的速度因数 dn 和工作温度 t 来确定。油量不宜过多，如果采用浸油润滑则油面高度不超过最低滚动体的中心，以免产生过大的搅油损耗和热量。高速轴承通常采用滴油或喷雾方法润滑。

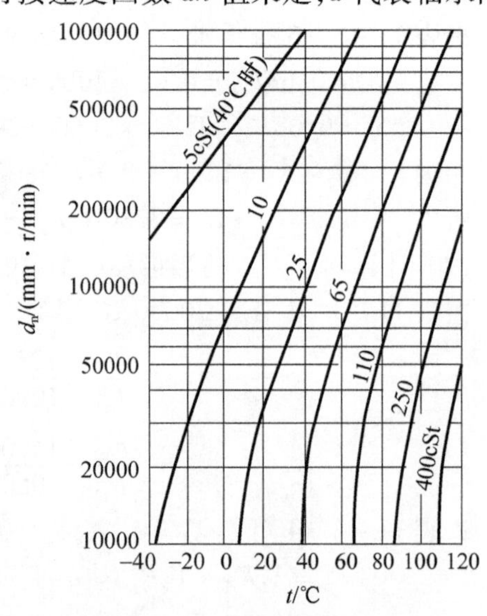

图 11-4-1　润滑油黏度的选择

二、滚动轴承的密封

滚动轴承密封方法的选择与润滑的种类、工作环境、温度、密封表面的圆周速度有关。密封方法可分两大类：接触式密封和非接触式密封。

它们的密封形式、适用范围和性能,可参阅表 11-4-1。

表 11-4-1 常用滚动轴承密封形式

类型	图例		适用场合	说明
接触式密封	毛毡圈密封	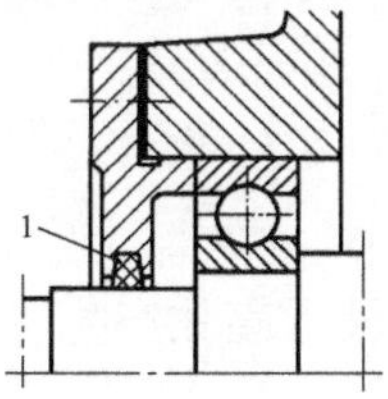 1	脂润滑。要求环境清洁,轴颈圆周速度 v 不大于 4~5m/s,工作温度不超过 90℃	矩形断面的毛毡圈 1 被安装在梯形槽内,它对轴产生一定的压力而起到密封作用
接触式密封	皮碗密封	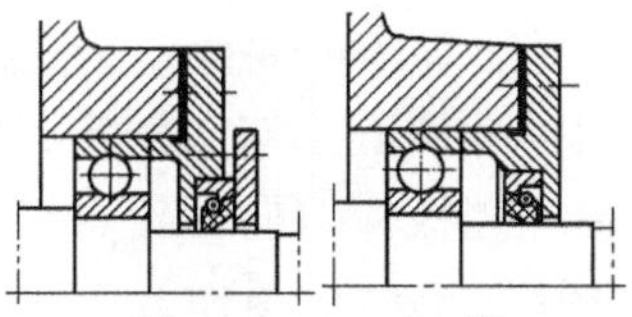 (a) (b)	脂或油润滑。轴颈圆周速度 $v<7$m/s,工作温度范围:40~100℃	皮碗用皮革、塑料或耐用油橡胶制成,有的具有金属骨架,有的没有骨架,皮碗是标准件。图(a)密封唇朝里,目的防漏油;图(b)密封唇朝外,主要目的防灰尘、杂质进入
非接触式密封	间隙密封	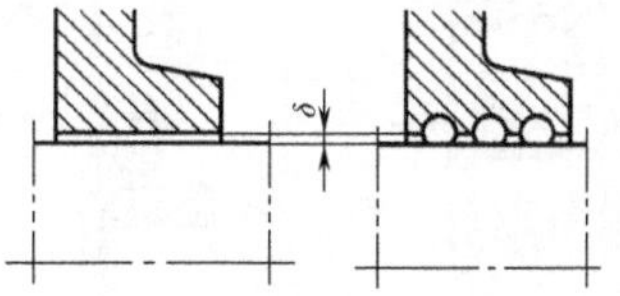 δ	脂润滑。干燥清洁环境	靠轴与盖间的细小环形间隙密封,间隙越小越长,效果越好,间隙 δ 取 0.1~0.3mm
非接触式密封	迷宫式密封	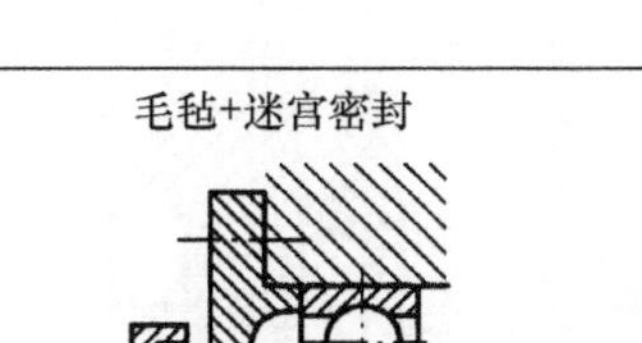 δ (a) (b)	脂润滑或油润滑。工作温度不高于密封用脂的滴点。这种密封效果可靠	将旋转件与静止件之间的间隙做成迷宫(曲路)形式,在间隙中充填润滑油或润滑脂以加强密封效果。分径向、轴向两种:图(a)径向曲路,径向间隙 δ 不大于 0.1~0.2mm;图(b)轴向曲路,因考虑到轴要伸长,间隙取大些,$\delta=1.5\sim2$mm
组合密封	毛毡+迷宫密封 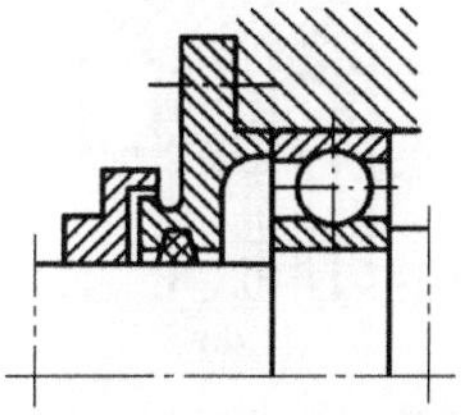		适用于脂润滑或油润滑	这是组合密封的一种形式,毛毡加迷宫,可充分发挥各自优点,提高密封效果。组合方式很多,不一一列举

第五节　滚动轴承的组合设计

为保证轴承在机器中正常工作,除合理选择轴承类型、尺寸外,还应正确进行轴承的组合设计,处理好轴承与其周围零件之间的关系。也就是要解决轴承的布置、轴向位置固定、间隙调整、装拆和润滑、密封等一系列问题。

一、滚动轴承内外圈的轴向固定

为了防止轴承在承受轴向载荷时,相对于轴和轴承座孔产生轴向移动,轴承内圈与轴、外圈与座孔必须进行轴向固定。

1. 轴承内圈常用的轴向固定方法

如图 11－5－1 所示,图 11－5－1(a)为利用轴肩作单向固定,它能承受大的单向轴向力;图 11－5－1(b)为利用轴肩和轴用弹性挡圈作双向固定,挡圈能承受中等的轴向力;图 11－5－1(c)为利用轴肩和轴端挡板作双向固定,挡板能承受中等的轴向力;图 11－5－1(d)为利用轴肩和圆螺母、止动垫圈作双向固定,能承受大的轴向力。

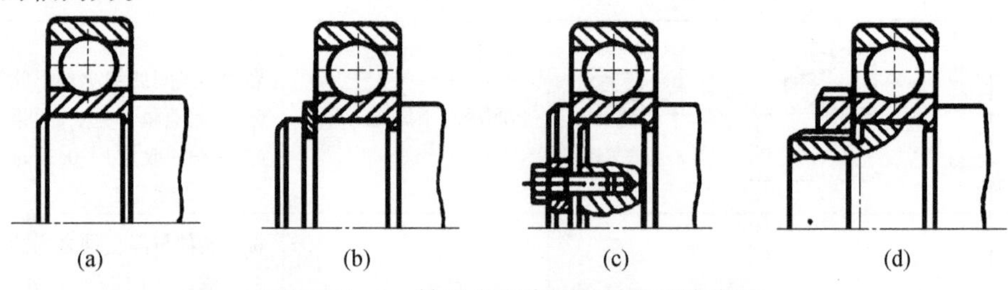

图 11－5－1　轴承内圈常用的轴向固定方法

2. 轴承外圈常用的轴向固定方法

如图 11－5－2 所示,图 11－5－2(a)为利用轴承盖作单向固定,能承受大的轴向力;图 11－5－2(b)为利用孔内凸肩和孔用弹性挡圈作双向固定,挡圈能承受的轴向力不大;图 11－5－2(c)为利用孔内凸肩和轴承盖作双向固定,能承受大的轴向力。

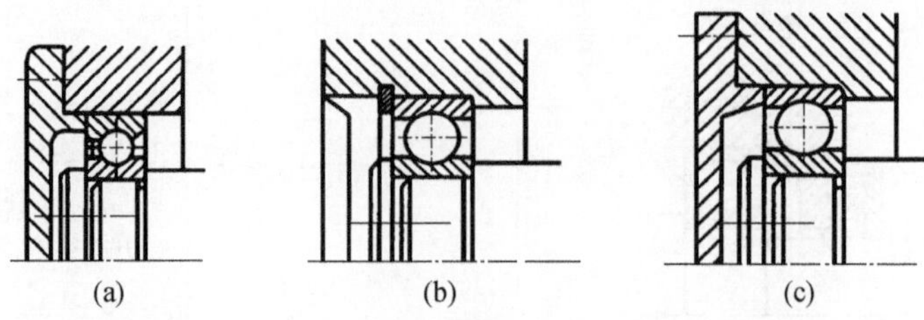

图 11－5－2　轴承外圈常用的轴向固定方法

二、滚动轴承组合的轴向固定

轴承组合的轴向固定的目的是防止轴工作时发生轴向窜动，保证轴上零件有确定的工作位置。

1. 两端固定

如图 11－5－3 所示，轴的两个支点中每一个支点都能限制轴的单向移动，两个支点合起来就限制了轴的双向移动，这种固定方式称为两端固定。它适用于工作温度变化不大的短轴。考虑到轴因受热伸长，对于深沟球轴承，可在轴承盖与外圈端面之间留出补偿间隙 c，c 一般取 0.2～0.3mm；对于角接触球轴承，在装配时将补偿间隙留在轴承内部。

2. 一端固定、一端游动

当轴较长或者工作温度较高时，其热膨胀量大，应采用一端双向固定、一端游动的结构，如图 11－5－4 所示，只有左端支点限制轴的双向移动，为固定端。右端可做轴向移动的支承称为游动支承，显然它不能承受轴向载荷，其外圈和机座孔之间为动配合，以保证轴伸长或缩短时能在座孔内自由移动。

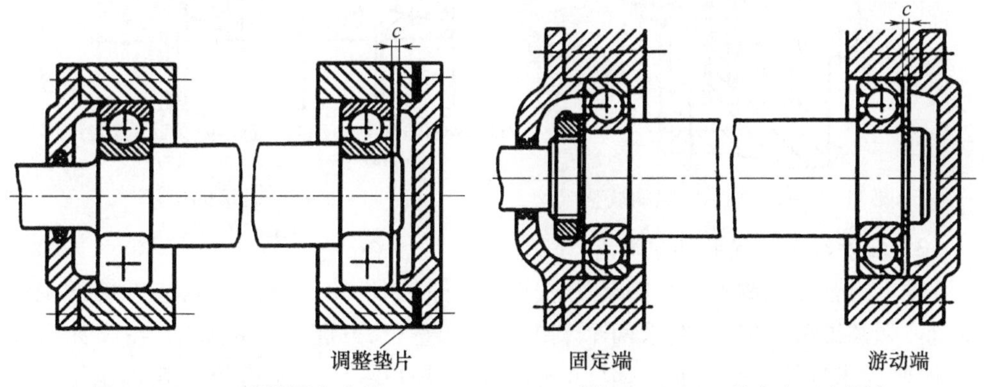

图 11－5－3　两端固定支承　　图 11－5－4　单支点双向固定

选用向心球轴承作为游动支承，应在轴承外圈与端盖间留适当间隙(图 11－5－4)；选用圆柱滚子轴承，则轴承外圈应作双向固定，以免内外圈同时移动，造成过大错位。这种固定方式，适用于温度变化较大的长轴。

三、滚动轴承组合的调整

1. 轴承间隙的调整

轴承在装配时一般要留有适当的间隙，以利于轴承的正常运转。常用的调整方法有：

（1）靠加减轴承盖与机座之间的垫片厚度进行调整，如图 11－5－3 所示（右轴承盖)；

(2) 利用螺钉 1 通过轴承外圈压盖 3 移动外圈位置进行调整,如图 11 -5 -5 所示。调整后,用螺母 2 锁紧放松。

2. 轴承的预紧

轴承预紧的目的是为了提高轴承的精度和刚度,以满足机器的要求。对某些可调游隙式轴承,在安装时要加一定的轴向压力(预紧力)以消除内部原始游隙,并使滚动体和内外圈接触处产生弹性预变形。其常用方法为:

(1) 在一对轴承内圈之间加用金属垫片,如图 11 -5 -6(a)所示;

(2) 磨窄套圈,如图 11 -5 -6(b)所示。

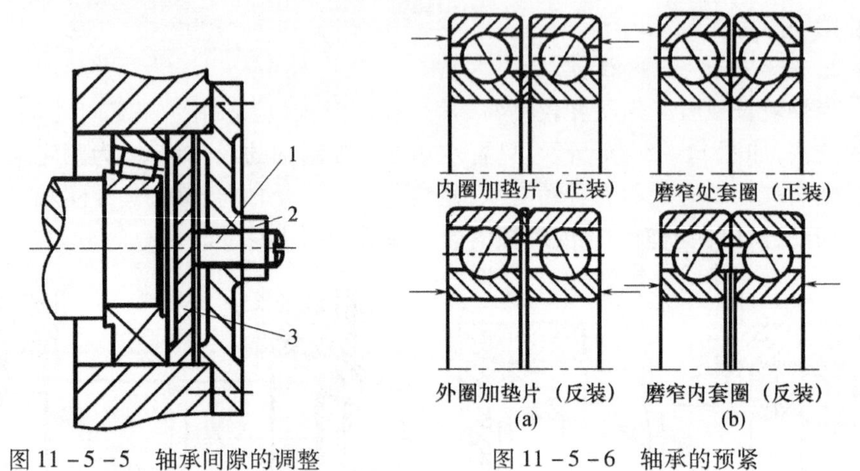

图 11 -5 -5　轴承间隙的调整

图 11 -5 -6　轴承的预紧

3. 轴承组合位置的调整

轴承组合位置调整的目的是使轴上的零件(如齿轮、带轮等)具有准确的工作位置。如圆锥齿轮传动,要求两个节锥顶点相重合,方能保证正确啮合;又如蜗杆传动,则要求蜗轮主平面通过蜗杆的轴线等。图 11 -5 -7 为圆锥齿轮轴承组合位

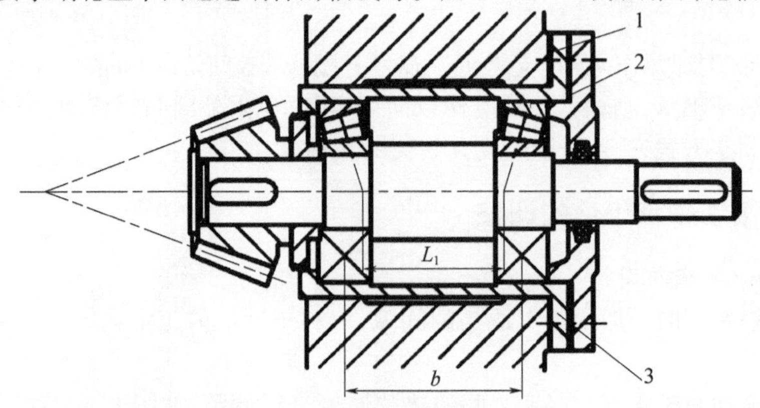

图 11 -5 -7　轴承组合位置的调整

置的调整，套杯与机座间的垫片1用来调整锥齿轮轴的轴向位置，而垫片2则用来调整轴承间隙。

四、滚动轴承的配合

由于滚动轴承是标准件，为了便于互换及适应大量生产，轴承内圈孔与轴的配合采用基孔制，轴承外圈与轴承座孔的配合则采用基轴制。

选择配合时，应考虑载荷的方向、大小和性质，以及轴承类型、转速和使用条件等因素。当外载荷方向不变时，转动套圈应比固定套圈的配合紧一些。一般情况下是内圈随轴一起转动，外圈固定不转，故内圈与轴常取具有过盈的过渡配合，如轴的公差采用k6、m6；外圈与座孔常取较松的过渡配合，如座孔的公差采用H7、J7或Js7。当轴承作游动支承时，外圈与座孔应取保证有间隙的配合，如座孔公差采用G7。

五、轴承的装拆

在进行轴承的组合设计时，应考虑轴承便于装拆，以便在拆卸过程中不致损坏轴承和其他零件。滚动轴承的拆卸应采用专用拆卸工具（图11－5－8(a)）或压力机（图11－5－8(b)）进行。

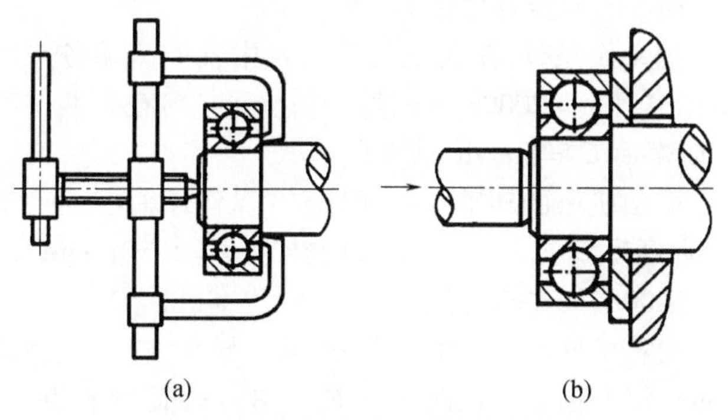

图11－5－8　用钩爪器拆卸轴承

装拆力直接对称或均匀地施加在被装拆的套圈端面，不得通过滚动体来传递装拆力。当轴承内圈与轴采用过盈配合时，可采用压力机在内圈上加压将轴承压套到轴颈上。大尺寸的轴承，可放入油中加热至80～120℃后进行热装。

轴承内圈的拆卸常用拆卸器进行，如图11－5－8(a)所示。对于轴承外圈的拆卸，要借助外圈露出的端面和必要的拆卸空间，如图11－5－9(a)、11－5－9(b)所示；或在壳体上做出能放置拆卸螺钉的螺钉孔，利用螺钉孔将其取出，如图11－5－9(c)所示。

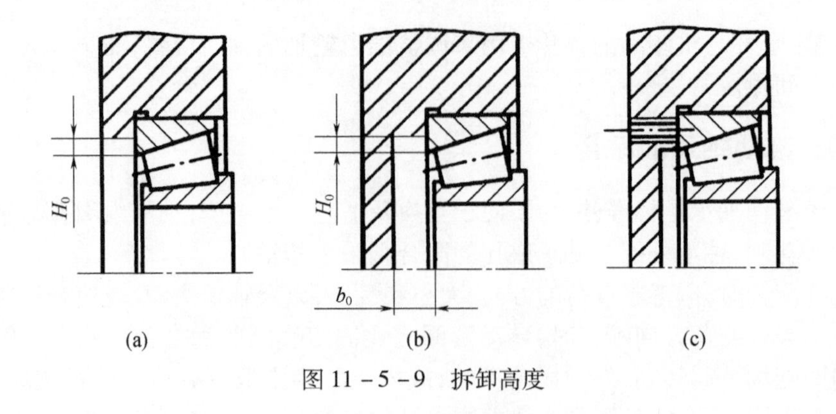

图 11-5-9 拆卸高度

习 题

题 11-1 说明下列型号轴承的类型、尺寸系列、结构特点、精度及其适用场合:6105、N208/P6、7207C、30209/P5。

题 11-2 一深沟球轴承 6304 承受径向力 $F_r=4kN$,载荷平稳,转速 $n=960r/min$,室温下工作,试求该轴承的额定寿命,并说明能达到或超过此寿命的概率。若载荷改为 $F_r=2kN$ 时,轴承的额定寿命是多少?

题 11-3 根据工作条件,某机械传动装置中轴的两端各采用一个向心球轴承,轴颈 $d=35mm$,转速 $n=2000r/min$,每个轴承受径向载荷 $F_r=2000N$,常温下工作,载荷平稳,预期寿命 $L_h=8000h$,试选择轴承。

题 11-4 一矿山机械的转轴,两端用 6313 深沟球轴承,每个轴承受径向载荷 $F_r=5400N$,轴的轴向载荷 $F_a=2650N$,轴的转速 $n=1250r/min$,运转中有轻微冲击,预期寿命 $L_h=5000h$,问是否适用。

题 11-5 某机械的转轴,两端各用一个向心轴承支持。已知轴颈 $d=40mm$,转速 $n=1000r/min$,每个轴承的径向载荷 $F_r=5880N$,载荷平稳,工作温度 125℃,预期寿命 $L_h=5000h$,试分别按球轴承和滚子轴承选择型号,并作以比较。

题 11-6 根据工作条件,决定在某传动轴上安装一对角接触向心球轴承,如题 11-6 图所示。已知两个轴承的载荷分别为 $F_{r1}=1470N$;$F_{r2}=2650N$,外加轴向力 $K_a=1000N$,轴颈 $d=40mm$,转速 $n=5000r/min$,常温下运转,有中等冲击,预期寿命 $L_h=2000h$,试选择轴承型号。

题 11-7 根据工作要求选用内径 $d=50mm$ 的圆柱滚子轴承。轴承的径向载荷 $F_r=39200N$,轴的转速 $n=85r/min$,运转条件正常,预期寿命 $L_h=1250h$,试选择轴承型号。

题 11-8 一齿轮轴由一对 30206 轴承支承,如题 11-8 图所示,支点间的跨距为200mm，齿轮位于两支点的中央。已知齿轮模数 $m_n=2.5$mm，齿轮 $z_1=17$，螺旋角 $\beta=16.5°$，传递功率 $P=2.6$kW，齿轮轴的转速 $n=384$r/min。试求轴承的额定寿命。

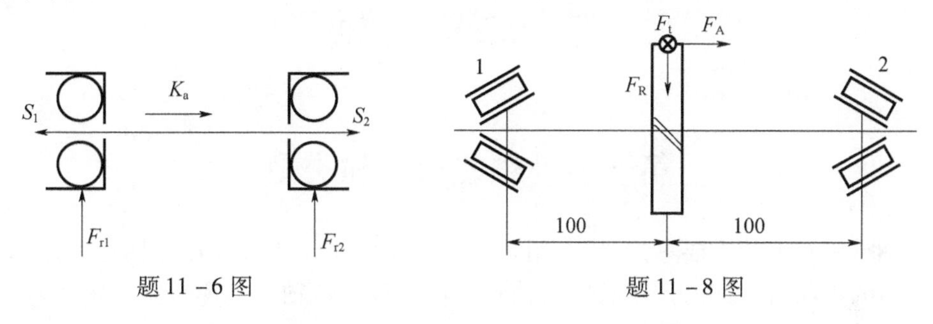

题 11－6 图　　　　题 11－8 图

题 11－9　如题 11－9 图所示，指出图中所示轴系结构上的主要错误并改正（齿轮用油润滑，轴承用脂润滑）。

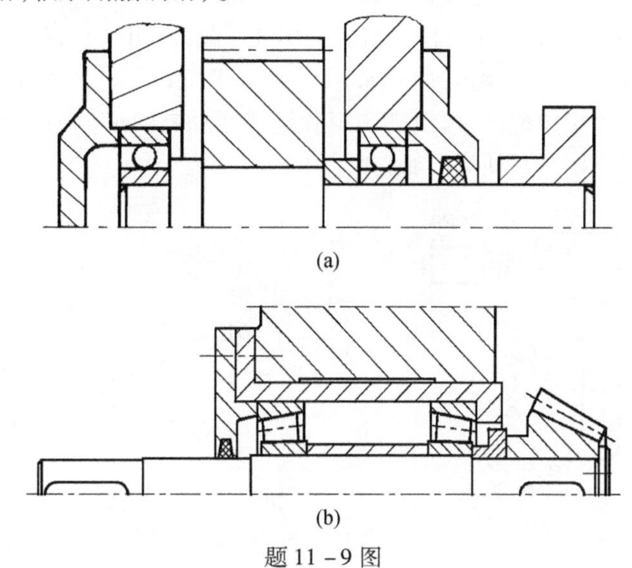

题 11－9 图

第十二章　轴

第一节　轴的功用和类型

轴是机器中的重要零件之一，用来支持旋转的机械零件和传递转矩。根据承受载荷的不同，轴可分为转轴、传动轴和心轴三种。转轴既传递转矩又承受弯矩，如齿轮减速器中的轴（图 12-1-1）；传动轴只传递转矩而不承受弯矩或弯矩很小，如汽车的传动轴（图 12-1-2）；心轴则只承受弯矩而不传递转矩，如铁路车辆的轴（图 12-1-3）、自行车的前轴（图 12-1-4）。

按轴线的形状轴还可分为：直轴（图 12-1-1～图 12-1-4）、曲轴（图 12-1-5）和挠性钢丝轴（图 12-1-6）。曲轴常用于往复式机械中。挠性钢丝轴是由几层紧贴在一起的钢丝层构成的，可以把转矩和旋转运动灵活地传到任何位置，常用于振捣器等设备中。本章只研究直轴。

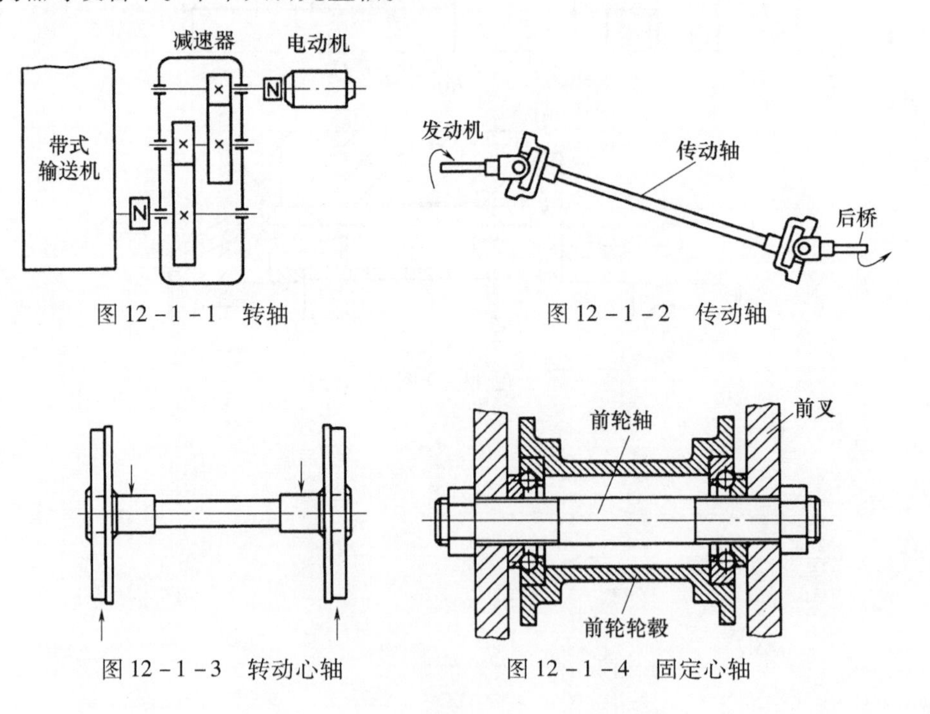

图 12-1-1　转轴

图 12-1-2　传动轴

图 12-1-3　转动心轴

图 12-1-4　固定心轴

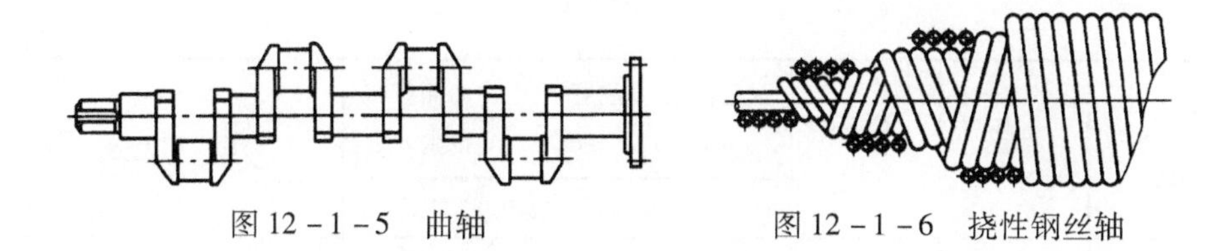

图 12-1-5 曲轴　　　图 12-1-6 挠性钢丝轴

轴的设计,主要是根据工作要求并考虑制造工艺等因素,选用合适的材料,进行结构设计,经过强度和刚度计算,定出轴的结构形状和尺寸。必要时还要考虑振动稳定性。

第二节 轴的材料

轴的材料常采用碳素钢和合金钢(表 12-2-1)。

碳素钢:35、45、50 等优质中碳钢因具有较高的综合力学性能,应用较多,其中以 45 钢用得最为广泛。为了改善其力学性能,应进行正火或调质处理。不重要或受力较小的轴,则可采用 A3、A5 等普遍碳素钢。

合金钢:合金钢具有较高的力学性能,但价格较贵,多用于有特殊要求的轴。例如,采用滑动轴承的高速轴,常用 20Cr、20CrMnTi 等低碳合金结构钢,经渗碳淬火后可提高轴颈耐磨性,汽轮发电机转子轴在高温、高速和重载条件下工作,必须具有良好的高温力学性能,常采用 40CrNi、38CrMoA1A 等合金结构钢。值得注意的是:钢材的种类和热处理对其弹性模量的影响甚小,因此如欲采用合金钢或通过热处理来提高轴的刚度并无实效。此外,合金钢对应力集中的敏感性较高,因此设计合金钢轴时,更应从结构上避免或减小应力集中,并减小其表面粗糙度。

轴的毛坯一般用圆钢或锻件,有时也可采用铸钢或球墨铸铁。例如,用球墨铸铁制造曲轴、凸轮轴,具有成本低廉、吸振性较好、对应力集中的敏感性较低、强度较好等优点。

表 12-2-1 轴的常用材料及其主要力学性能

材料及热处理	毛坯直径/mm	硬度/HB	强度极限 σ_B	屈服极限 σ_s	弯曲疲劳极限 σ_{-1}	应用说明
			N/mm² (MPa)			
A3			440	240	200	用于不重要或载荷不大的轴
35 正火	≤100	149~187	520	270	250	有好的塑性和适当的强度,可做一般曲轴、转轴等

（续）

材料及热处理	毛坯直径/mm	硬度/HB	强度极限 σ_B	屈服极限 σ_s	弯曲疲劳极限 σ_{-1}	应用说明
			N/mm^2 (MPa)			
45 正火	≤100	170～217	600	300	275	用于较重要的轴，应用最为广泛
45 调质	≤200	217～255	650	360	300	
40Cr 调质	25		1000	800	500	用于载荷较大，而无很大冲击的重要轴
	≤100	241～286	750	550	350	
	>100～300	241～266	700	550	340	
40MnB 调质	25		1000	800	485	性能接近于 40Cr，用于重要的轴
	≤200	241～286	750	500	335	
35CrMo 调质	≤100	207～269	750	550	390	用于重载荷的轴
20Cr 渗碳淬火回火	15	表面 HRC 56～62	850	550	375	用于要求强度、韧性及耐磨性均较高的轴
	≤60		650	400	280	

第三节　轴的结构设计

轴的结构设计就是使轴的各部分具有合理的形状和尺寸。其主要要求是：①轴应便于加工，轴上零件要易于装拆（制造安装要求）；②轴和轴上零件要有准确性的工作位置（定位）；③各零件要牢固而可靠地相对固定（固定）；④尽量减小应力集中等。

下面逐项讨论这些要求，并结合图 12－3－1 所示的单级齿轮减速器的高速轴

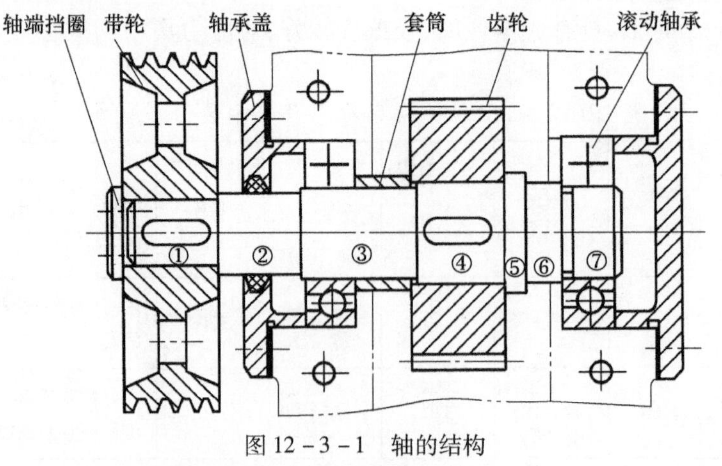

图 12－3－1　轴的结构

加以说明。

一、制造安装要求

为便于轴上零件的装拆，常将轴做成阶梯形。对于一般剖分式箱体中的轴，它的直径从轴端逐渐向中间增大。如图 12－3－1 所示，可依次将齿轮、套筒、左端滚动轴承、轴承盖和带轮从动轴的左端装拆，另一滚动轴承从右端装拆。为使轴上零件易于安装，轴端及各轴段的端部应有倒角。

轴上磨削的轴段，应有砂轮越程槽（图 12－3－1 中⑥与⑦的交界处）；车制螺纹的轴段，应有退刀槽。

在满足使用要求的情况下，轴的形状和尺寸应力求简单，以便于加工。

二、轴上零件的定位

阶梯轴上截面变化处称为轴肩，起轴向定位作用。在图 12－3－1 中，轴肩⑤使齿轮在轴上定位；①、②间的轴肩使带轮定位；⑥、⑦间的轴肩使右端滚动轴承定位。

有些零件依靠套筒定位，如图 12－3－1 中的左端滚动轴承。

三、轴上零件的固定

零件在轴上的轴向固定，常采用轴肩、套筒、螺母或轴端挡圈（又称压板）等形式。在图 12－3－1 中，齿轮能实现轴向双向固定。齿轮受轴向力时，向右是通过轴肩⑤，并由⑥、⑦间的轴肩顶在滚动轴承内圈上；向左则通过套筒顶在滚动轴承内圈上。无法采用套筒或套筒太长时，可采用圆螺母加以固定（图 12－3－2）；带轮的轴向固定是靠①、②处的轴肩以及轴端挡圈，图 12－3－3 所示是轴端挡圈的一种形式。

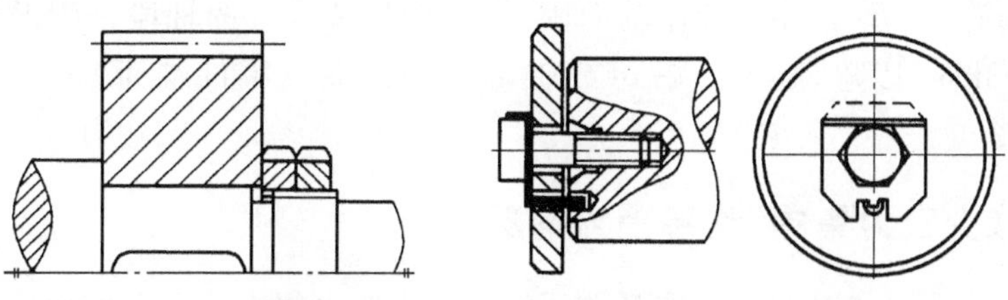

图 12－3－2　双圆螺母　　　　图 12－3－3　轴端挡圈

为了保证轴上零件紧靠定位面（轴肩），轴肩的圆角半径 r 必须小于相配零件的倒角 C_1 或圆角半径 R，轴肩高 h 必须大于 C_1 或 R（图 12－3－4）。

轴向力较小时，零件在轴上的固定可采用弹性挡圈（图 12－3－5）或紧定螺钉（图 12－3－6）。

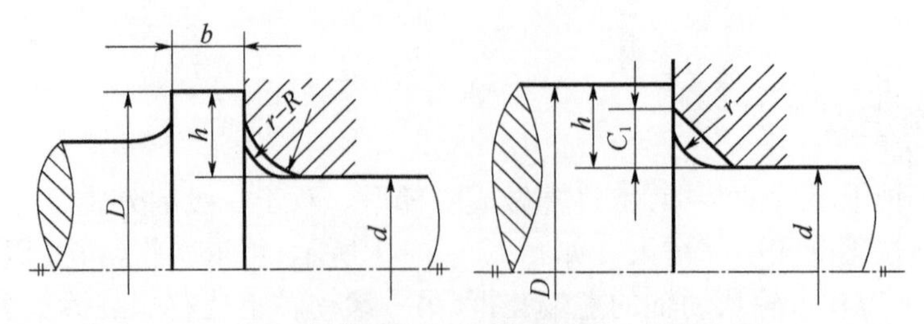

$h \approx (0.07d+3) \sim (0.1d+5)$mm

$b \approx 1.4h$(与滚动轴承相配合处的h和b值，见滚动轴承标准)。

图 12－3－4　轴肩圆角与相配零件的倒角(或圆角)

轴上零件的周向固定,大多采用键、花键或过盈配合连接形式。采用键连接时,为加工方便,应设计在同一加工直线上,并应尽可能采用同一规格的键槽截面尺寸(图 12－3－7)。

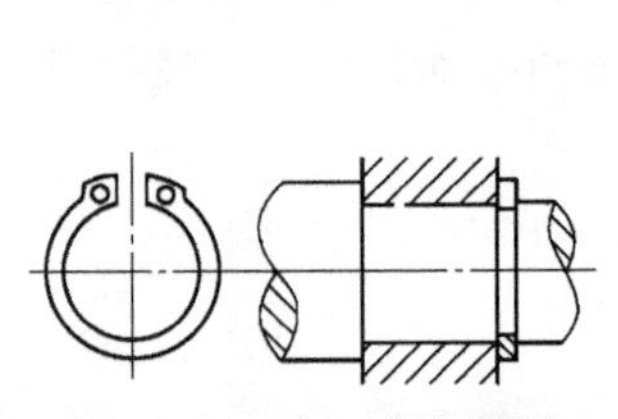

图 12－3－5　弹性挡圈

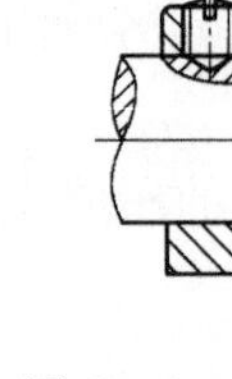

图 12－3－6　紧定螺钉

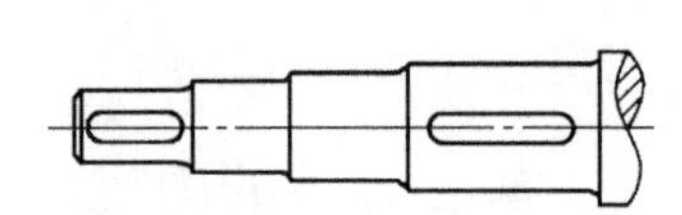

图 12－3－7　键槽在同一加工直线上

四、轴的各段直径和长度的确定

凡有配合要求的轴段,如图 12－3－1 的①和④段,应尽量采用标准直径。安装滚动轴承、联轴器、密封圈等标准件的轴径,如②与⑦段,应符合各标准件内径系列的规定。套筒的内径,应与相配的轴径相同并采用过渡配合。

采用套筒、螺母、轴端挡圈作轴向固定时,应把装零件的轴段长度做得比零件轮毂短 2～3mm,以确保套筒、螺母或轴端挡圈能靠紧零件端面(图 12－3－2,图 12－3－3)。

五、减少应力集中、改善受力情况

改善轴的受力状况的另一重要方面就是减小应力集中。合金钢对应力集中比较敏感,尤需加以注意。

零件截面发生突然变化的地方,都会产生应力集中现象。因此对阶梯轴来说,在截面尺寸变化处应采用圆角过渡,圆角半径不宜过小,并尽量避免在轴上(特别是应力大的部位)开横孔、切口或凹槽。必须开横孔时,孔边要倒圆。在重要的结构中,可采用卸载槽 B(图 12－3－8(a)、过渡肩环(图 12－3－8(b))或凹切圆角

(图 12－3－8(c))增大轴肩圆角半径,以减小局部应力。在轮毂上做出卸载槽 B(图 12－3－8(d)),也能减小过盈配合处的局部应力。

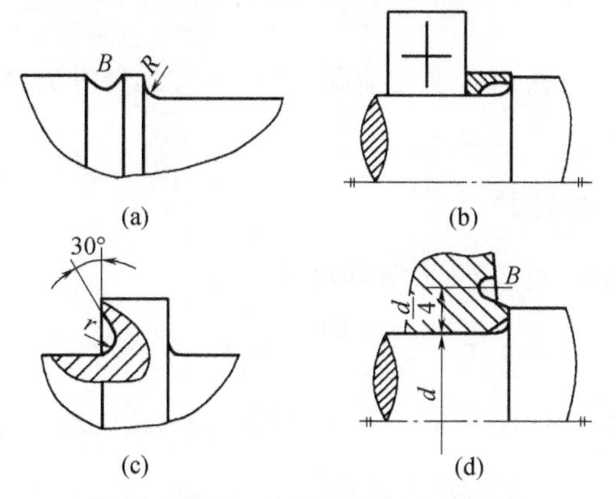

图 12－3－8　减小应力集中的措施

结构设计时,还可以采用改善受力状况、改变轴上零件位置等措施以提高轴的强度。例如,在图 12－3－9 所示的起重机卷筒的两种不同方案中,图 12－3－9(a)的结构是大齿轮和卷筒连成一体,转矩经大齿轮直接传给卷筒。这样,卷筒轴只受弯矩而不传递转矩,起重同样载荷 Q 时,轴的直径可小于图 12－3－9(b)的结构。再如,当动力从两轮输出时,为了减小轴上的载荷,尽量将输入轮布置在中间。在图 12－3－10(a)中,当输入转矩为 T_1+T_2 而 $T_1>T_2$ 时,轴的最大转矩为 T_1;而在图 12－3－10(b)中,轴的最大转矩为 T_1+T_2。

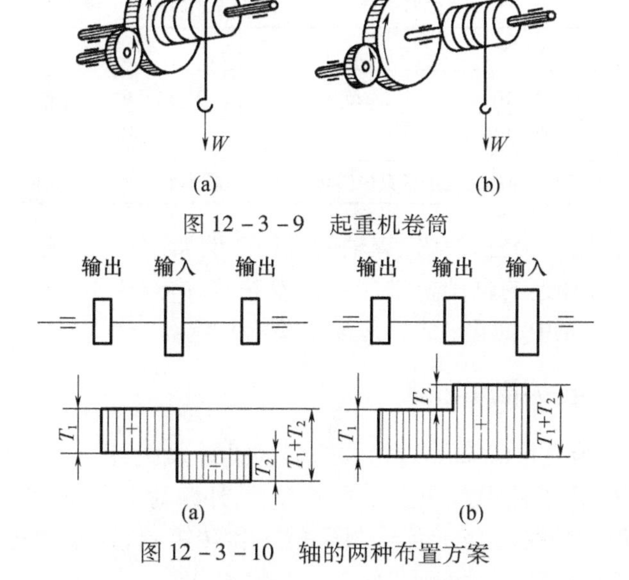

图 12－3－9　起重机卷筒

图 12－3－10　轴的两种布置方案

第四节 轴的强度计算

轴的强度计算应根据轴的承载情况,采用相应的计算方法。常见的轴的强度计算有以下两种。

一、按扭转强度计算

对于只传递转矩的圆截面轴,其强度条件为

$$\tau=\frac{T}{Z_p}=\frac{9.55\times10^6P}{0.2d^3n}\leqslant[\tau]\quad(\mathrm{N/mm})\qquad(12-4-1)$$

式中:τ 为轴的扭切应力($\mathrm{N/mm^2}$);T 为转矩($\mathrm{N\cdot mm}$);Z_p 为极截面系数($\mathrm{mm^3}$),对圆截面轴 $Z_p=\frac{\pi d^3}{16}\approx0.2d^3$;$P$ 为传递的功率(kW);n 为轴的转速(r/min);d 为轴的直径(mm);$[\tau]$为许用扭切应力($\mathrm{N/mm^2}$)。

对于既传递转矩又承受弯矩的轴,也可用上式初步估算轴的直径,但必须把轴的许用扭切应力$[\tau]$适当降低(表 12-4-1),以补偿弯矩对轴的影响。将降低后的许用应力代入式(12-4-1),并改写为设计公式

$$d\geqslant\sqrt[3]{\frac{9.55\times10^6}{0.2[\tau]}}\sqrt[3]{\frac{P}{n}}\geqslant C\sqrt[3]{\frac{P}{n}}\ (\mathrm{mm})\qquad(12-4-2)$$

式中:C 为由轴的材料和承载情况确定的常数,见表 12-4-1。应用式(12-4-2)求出的 d 值,一般作为轴最细处的直径。

表 12-4-1 常用材料的$[\tau]$值和 C 值

轴的材料	A_3,20	35	45	40Cr,35SiMn
$[\tau]/(\mathrm{N/mm^2})$ C	12~10 160~135	20~30 135~118	30~40 118~107	40~52 107~98
注:当作用在轴上的弯矩比传递的转矩小或只传递转矩时,C 取较小值;否则取较大值				

此外,也可采用经验公式来估算轴的直径。例如,在一般减速器中,高速输入轴的直径可按与其相连的电动机轴的直径 D 估算,$d=(0.8\sim1.2)D$;各级低速轴的轴径可按同级齿轮中心距 a 估算,$d=(0.3\sim0.4)a$。

二、按弯扭合成强度计算

图 12-4-1 为一单级圆柱齿轮减速器的设计草图,图中各符号表示有关的长度尺寸。显然,当零件在草图上布置妥当后,外载荷和支反力的作用位置即可确定。由此可作轴的受力分析及绘制弯矩图和转矩图,这时就可按弯扭合成强

度计算轴径。

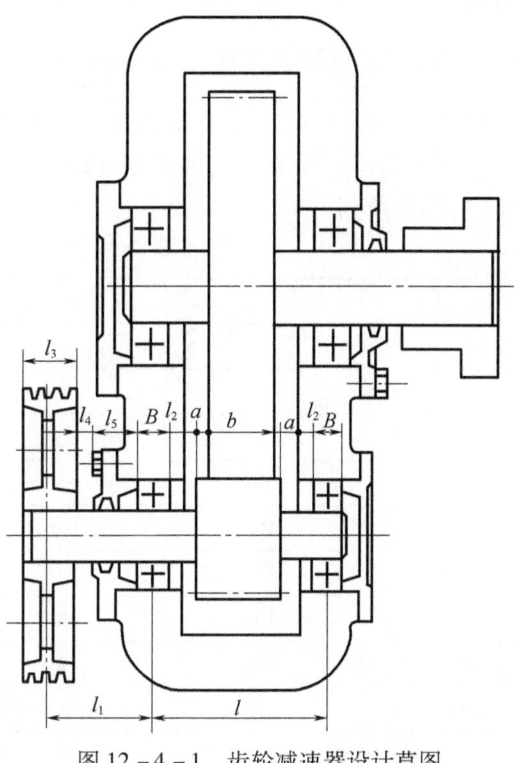

图 12-4-1 齿轮减速器设计草图

对于一般钢制的轴,可用第三强度理论(即最大切应力理论)求出危险截面的当量应力 σ_e,其强度条件为

$$\sigma_e \leqslant \sqrt{\sigma_b^2 + 4\tau^2} \leqslant [\sigma_b] \qquad (12-4-3)$$

式中:σ_b 为危险截面上弯矩 M 产生的弯曲应力;τ 为转矩 T 产生的扭切应力。

对于直径为 d 的圆轴,$\sigma_b = \frac{M}{Z} = \frac{M}{\pi d^3/32} \approx \frac{M}{0.1d^3}$,$\tau = \frac{T}{Z_p} = \frac{T}{2Z}$,其中 Z、Z_p 分别为轴的截面系数和极截面系数。

将 σ_b 和 τ 值代入式(12-4-3),得

$$\sigma_e = \sqrt{\left(\frac{M}{Z}\right)^2 + 4\left(\frac{T}{2Z}\right)^2} = \frac{1}{2}\sqrt{M^2 + T^2} \leqslant [\sigma_b] \qquad (12-4-4)$$

由于一般转轴的 σ_b 为对称循环变应力,而 τ 的循环特性往往与 σ_b 不同,为了考虑两者循环特性不同的影响,对式(12-4-4)中的转矩 T 乘以折合系数 α,即

$$\sigma_e = \frac{M_e}{Z} = \frac{1}{0.1d^3}\sqrt{M^2 + (aT)^2} \leqslant [\sigma_{-1b}] \qquad (12-4-5)$$

式中：M_e 为当量弯矩，$M_e \sqrt{M^2+(aT)^2}$；α 为根据转矩性质而定的折合系数。对不变的转矩：$\alpha=\frac{[\sigma_{-1b}]}{[\sigma_{+1b}]}\approx 0.3$；当转矩脉动变化时，$\alpha=\frac{[\sigma_{-1b}]}{[\sigma_{0b}]}\approx 0.6$；对于频繁正反转的轴，$\tau$ 可看为对称循环变应力，$\alpha=1$。若转矩的变化规律不清楚，一般可按脉动循环处理。$[\sigma_{-1b}]$、$[\sigma_{0b}]$、$[\sigma_{+1b}]$ 分别为对称循环、脉动循环及静应力状态下的许用弯曲应力，如表 12－4－2 所列。

表 12－4－2　轴的许用弯曲应力

材　料	$[\sigma_B]$	$[\sigma_{+1b}]$	$[\sigma_{0b}]$	$[\sigma_{-1b}]$
	N/mm²			
碳素钢	400	130	70	40
	500	170	75	45
	600	200	95	55
	700	230	110	65
合金钢	800	270	130	75
	900	300	140	80
	1000	330	150	90
铸　钢	400	100	50	30
	500	120	70	40

通常外载荷不是作用在同一平面内，这时应先将这些力分解到水平面和垂直面内，并求出各支点的反力，再绘出水平面弯矩 M_H 图、垂直面弯矩 M_v 图和合成弯矩 M 图，$M=\sqrt{M_H^2+M_v^2}$；绘出转矩 T 图；最后由公式 $M_e=\sqrt{M_H^2+(\alpha T)^2}$ 绘出当量弯矩图。

计算轴的直径时，式(12－4－5)可写成

$$d\geqslant\sqrt{\frac{M_e}{0.1[\sigma_{-1b}]}}\,(\mathrm{mm}) \tag{12-4-6}$$

式中：M_e 的单位为 N·mm；$[\sigma_{-1b}]$ 的单位为 N/mm²。

若该截面有键槽，可将计算出的轴径加大 4% 左右。计算出的轴径还应与结构设计中初步确定的轴径相比较，若初步确定的直径较小，说明强度不够，结构设计要进行修改；若计算出的轴径较小，除非相差很大，一般就以结构设计的轴径为准。

对于一般用途的轴，按上述方法设计计算即可。对于重要的轴，尚须作进一步的强度校核（如安全系数法），其计算方法可查阅有关参考书。

例 12-4-1 试计算某减速器输出轴(图 12-4-2(a))危险截面的直径。已知作用在齿轮上的圆周力 $F_t = 17400\text{N}$,径向力 $F_r = 6410\text{N}$,轴向力 $F_a = 2860\text{N}$,齿轮分度圆直径 $d_2 = 146\text{mm}$,作用在轴右端带轮上外力 $F = 4500\text{N}$(方向未定),$L = 193\text{mm}$,$K = 206\text{mm}$。

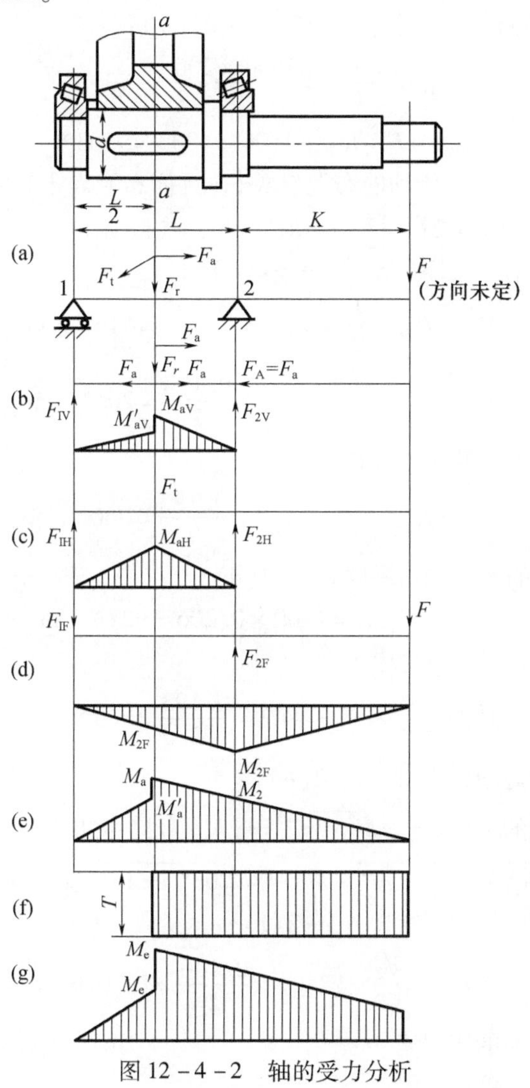

图 12-4-2 轴的受力分析

解:(1) 求垂直面的支反力(图 12-4-2(b)):

$$R_{1V} = \frac{F_r \cdot \dfrac{L}{2} - F_a \cdot \dfrac{d_2}{2}}{L} = \frac{6410 \times \dfrac{193}{2} - 2860 \times \dfrac{146}{2}}{193} = 2123\text{N}$$

(2) 求水平面的支反力(图 12-4-2(c)):

$$R_{2v} = F_r - R_{1v} = 6410 - 2123 = 4287\text{N}$$

$$R_{1H} = R_{2H} = \frac{F_t}{2} = \frac{17400}{2} = 8700\text{N}$$

(3) F 力在支点产生的反力(图 12-4-2(d)):

$$R_{1F} = \frac{F \cdot K}{L} = \frac{4500 \times 206}{193} = 4803\text{N}$$

$$R_{2F} = F + R_{1F} = 4500 + 4803 = 9303\text{N}$$

外力 F 作用方向与带传动的布置有关,在具体布置尚未确定前,可按最不利的情况考虑,见本例(7)的计算。

(4) 绘垂直面的弯矩图(图 12-4-2(b)):

$$M_{av} = R_{2v} \cdot \frac{L}{2} = 4287 \times \frac{0.193}{2} = 414\text{N} \cdot \text{m}$$

$$M'_{av} = R_{1v} \cdot \frac{L}{2} = 2123 \times \frac{0.193}{2} = 205\text{N} \cdot \text{m}$$

(5) 绘水平面的弯矩图(图 12-4-2(c)):

$$M_{aH} = R_{1H} \cdot \frac{L}{2} = 8700 \times \frac{0.193}{2} = 840\text{N} \cdot \text{m}$$

(6) F 力产生的弯矩图(图 12-4-2(d)):

$$M_{2F} = F \cdot K = 4500 \times 0.206 = 927\text{N} \cdot \text{m}$$

$a-a$ 截面 F 力产生的弯矩为

$$M_{aF} = R_{1F} \cdot \frac{L}{2} = 4803 \times \frac{0.193}{2} = 463\text{N} \cdot \text{m}$$

(7) 求合成弯矩图(图 12-4-2(e)):

考虑到最不利的情况,把 $\sqrt{M_{aV}^2 + M_{aH}^2}$ 与 M_{aF} 直接相加

$$M'_a = \sqrt{(M'_{aV})^2 + (M'_{aH})^2} + M_{aF} = \sqrt{205^2 + 840^2} + 463 = 1328\text{N} \cdot \text{m}$$

(8) 求轴传递的转矩(图 12-4-2(f)):

$$T = F_t \cdot \frac{d_2}{2} = 17400 \times \frac{0.146}{2} = 1270\text{N} \cdot \text{m}$$

(9) 求危险截面的当量弯矩:

从图可见,$a-a$ 截面最危险,其当量弯矩为

$$M_e = \sqrt{M_a^2 + (aT)^2}$$

如认为轴的扭切应力是脉动循环变应力,取折合系数 $\alpha = 0.6$,代入上式得

$$M_e = \sqrt{1400^2 + (0.6 \times 1270)^2} \approx 1600\text{N} \cdot \text{m}$$

(10) 计算危险截面处轴的直径:

轴的材料选用45钢,调质处理,由表12-2-1查得$\sigma_B=650N/mm^2$,由表12-4-2查得许用弯曲应力$[\sigma_{-1b}]=60N/mm^2$,则

$$d\geqslant\sqrt[3]{\frac{M}{0.1[\sigma_{-1b}]}}=\sqrt[3]{\frac{1600\times10^3}{0.1\times60}}=64.4mm$$

考虑到键槽对轴的削弱,将d值加大4%,故

$$d=1.04\times64.4\approx67mm$$

第五节 轴的刚度计算

轴受弯矩作用会产生弯曲变形(图12-5-1),受转矩作用会产生扭转变形(图12-5-2),如果轴的刚度不够,就会影响轴的正常工作。例如,电机转子轴的挠度过大,会改变转子与定子的间隙而影响电机的性能。又如,机床主轴的刚度不够,将影响加工精度。因此,为了使轴不致因刚度不够而失效,设计时必须根据轴的工作条件限制其变形量,即

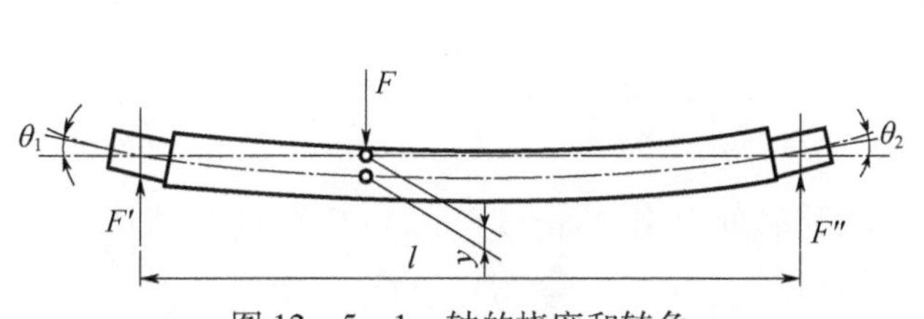

图12-5-1 轴的挠度和转角

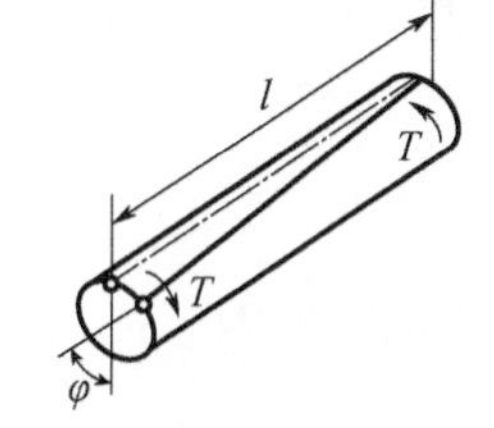

图12-5-2 轴的扭角

$$\begin{cases}挠度\ y\leqslant[y]\\转角\ \theta\leqslant[\theta]\\扭角\ \varphi\leqslant[\varphi]\end{cases}\tag{12-5-1}$$

式中:$[y]$、$[\theta]$、$[\varphi]$分别为许用挠度、许用转角和许用扭角,其值如表12-5-1所列。

表12-5-1 轴的许用挠度$[y]$、许用转角$[\theta]$和许用扭角$[\varphi]$

变形种类	适用场合	许用值	变形种类	适用场合	许用值
挠度/mm	一般用途的轴	$(0.0003\sim0.0005)l$	转角/rad	滑动轴承	≤0.001
	刚度要求较高的轴	$\leqslant0.0002l$		向心球轴承	≤0.05
	感应电机轴	$\leqslant0.1\Delta$		调心球轴承	≤0.05
	安装齿轮的轴	$(0.01\sim0.05)m_n$		圆柱滚子轴承	≤0.0025
	安装蜗轮的轴	$(0.02\sim0.05)m_t$		圆锥滚子轴承	≤0.0016

（续）

变形种类	适用场合	许用值	变形种类	适用场合	许用值
挠度/mm	l—支承间跨距； Δ—电机定子与转子间的气隙； m_n—齿轮法面模数； m_t—蜗轮端面模数		转角/rad	安装齿轮处轴的截面	≤0.001~0.002
			每米长的扭角	一般传动	0.5°~1°
				较精密的传动	0.25°~0.5°
				重要传动	≤0.25°

一、弯曲变形的计算

计算轴的弯矩作用下所产生的挠度 y 和转角 θ 的方法很多，在材料力学课程中已研究过两种：①按挠曲线的近似微分方程式积分求解；②变形能法。对于等直径轴，用前一种方法较简便，对于阶梯轴，用后一种方法较适宜。

二、扭转变形的计算

等直径的轴受转矩 T 作用时，其扭角 φ 可按材料力学中的扭转变形公式求出，即

$$\varphi=\frac{Tl}{GI_p}(\mathrm{rad}) \tag{12-5-2}$$

式中：T 为转矩（N·mm）；l 为轴受转矩作用的长度（mm）；G 为材料的切变模量（$\mathrm{N/mm^2}$）；d 为轴径（mm）；I_p 为轴截面的极惯性矩，$I_p=\frac{\pi d^4}{32}\mathrm{mm^4}$。

对阶梯轴，其扭转角 φ 的计算式为

$$\varphi=\frac{1}{G}\sum_{i=1}^{n}\frac{T_i l_i}{I_{pi}}(\mathrm{rad}) \tag{12-5-3}$$

式中：T_i、l_i、I_{pi} 分别代表阶梯轴第 i 段上所传递的转矩及该段的长度和极惯性矩，单位同式（12-5-2）。

例 12-5-1 一钢制等直径轴，传递的转矩 $T=4000\mathrm{N\cdot m}$。已知轴的许用切应力 $[\tau]=40\mathrm{N/mm^2}$，轴的长度 $l=1700\mathrm{mm}$，轴在全长上的扭转角 φ 不得超过 1°，钢的切变模量 $G=8\times10^4\mathrm{N/mm^2}$，试求该轴的直径。

解：（1）按强度要求，应使

$$\tau=\frac{T}{z_p}=\frac{T}{0.2d^3}\leqslant[\tau]$$

故轴的直径

$$d\geqslant\sqrt[3]{\frac{T}{0.2[\tau]}}=\sqrt[3]{\frac{4000\times10^3}{0.2\times40}}=79.4\mathrm{mm}$$

(2) 按扭转刚度要求,应使

$$\varphi = \frac{Tl}{GI_p} = \frac{32Tl}{G\pi d^4} \leqslant [\varphi]$$

按题意 $l = 1700\text{mm}$,在轴的全长上,$[\varphi] = 1° = \frac{\pi}{180}\text{rad}$。故

$$d \geqslant \sqrt[4]{\frac{32Tl}{\pi G[\varphi]}} = \sqrt[4]{\frac{32 \times 4000 \times 10^3 \times 1700}{\pi \times 8 \times 10^4 \times \frac{\pi}{180}}} = 83.9\text{mm}$$

故该轴的直径取决于刚度要求。圆整后可取 $d = 85\text{mm}$。

第六节 轴的临界转速的概念

如第四章所述,由于回转件的结构不对称、材质不均匀、加工有误差等原因,要使回转件的重心精确地位于几何轴线上,几乎是不可能的。实际上,重心与几何轴线间一般总有一微小的偏心距,因而回转时产生离心力,使轴受到周期性载荷的干扰。

若轴所受的外力频率与轴的自振频率一致时,运转便不稳定而发生显著的振动,这种现象称为轴的共振。产生共振时轴的转速称为临界转速。如果轴的转速停滞在临界转速附近,轴的变形将迅速增大,以至达到使轴甚至整个机器破坏的程度。因此,对于重要的,尤其是高转速的轴必须计算其临界转速,并使轴的工作转速 n 避开临界转速 n_c。

轴的临界转速可以有许多个,最低的一个称为一阶临界转速,其余为二阶、三阶……

工作转速低于一阶临界转速的轴称为刚性轴,超过一阶临界转速的轴称为挠性轴。对于刚性轴,应使 $n < (0.75 \sim 0.8)n_{c1}$;对于挠性轴,应使 $1.4n_{c1} \leqslant n \leqslant 0.7n_{c2}$(式中 n_{c1}、n_{c2}分别为一阶、二阶临界转速)。

习　题

题 12-1　已知一传动轴传递的功率为 37kW,转速 $n = 900\text{r/min}$,若轴上的扭切应力不许超过 40N/mm^2,求该轴的直径。

题 12-2　已知一传动轴直径 $d = 32\text{mm}$,转速 $n = 1725\text{r/min}$,如果轴上的扭切应力不许超过 50N/mm^2,问该轴能传递多少功率?

题 12-3　如题 12-3 图所示的转轴,直径 $d = 60\text{mm}$,传递不变的转矩 $T = 2300\text{N} \cdot \text{m}$,$F = 9000\text{N}$,$a = 300\text{mm}$。若轴的许用弯曲应力 $[\sigma_{-1b}] = 80\text{N/mm}^2$,求

x 的值。

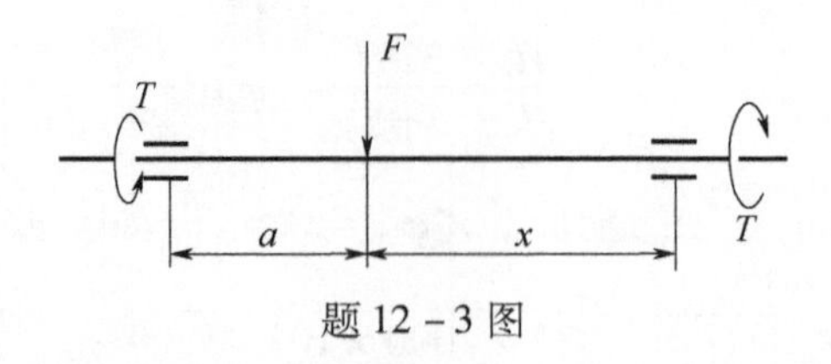

题 12-3 图

题 12-4　如题 12-4 图所示为起重机动滑轮轴的两种结构方案,已知的材料为 A_5 钢,起重量 $Q=10\text{kN}$,求轴的直径 d。

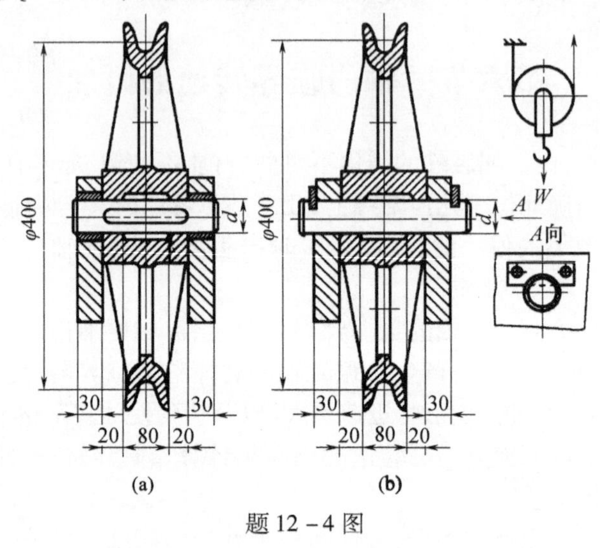

题 12-4 图

题 12-5　已知一单级直齿圆柱齿轮减速器,用电动机直接拖动,电动机功率 $P=22\text{kW}$,转速 $n_1=1470\text{r/min}$,齿轮的模数 $m=4\text{mm}$,齿数 $z_1=18$,$z_2=82$,若支承间跨距 $l=180\text{mm}$(齿轮位于跨距中央),轴的材料用 45 钢调质,试计算输出轴危险截面处的直径 d。

题 12-6　计算如题 12-6 图示二级斜齿圆柱齿轮减速器的中间轴Ⅱ。已知中间轴Ⅱ的输入功率 $P=40\text{kW}$,转速 $n_2=200\text{r/min}$,齿轮 2 的分度圆直径 $d_2=688\text{mm}$、螺旋角 $\beta=12°50'$;齿轮 3 的分度圆直径 $d_3=170\text{mm}$、螺旋角 $\beta=10°29'$。

题 12-7　如题 12-7 图所示,一带式运输机由电动机通过斜齿圆柱齿轮减速器和一对圆锥齿轮驱动。已知电动机功率 $P=5.5\text{kW}$,$n_1=960\text{r/min}$,圆柱齿轮的参数为 $z_1=23$,$z_2=125$,$m_n=2\text{mm}$,螺旋角 $\beta=9°22'$,旋向见图;圆锥齿轮参数为 $z_3=20$,$z_4=80$,$m=6\text{mm}$,$b/R=1/4$。支点跨距见图,轴的材料用 45 钢正火。试设计减速器的第Ⅱ轴。

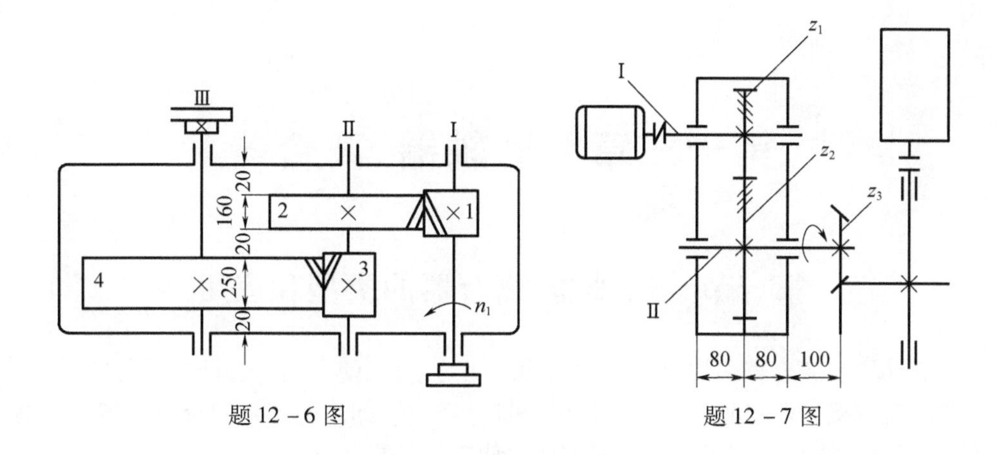

题12-6图　　题12-7图

题12-8　一钢制等直径直轴，只传递转矩，许用切应力$[\tau]=50\text{N/mm}^2$，长度1800mm，要求轴每米长的扭角φ不超过0.5°。试求该轴的直径。

题12-9　与直径$\Phi 75$mm实心轴等扭转强度的空心轴，其外径$d_0=85$mm，设两轴材料相同，试求该空心轴的内径d_1和减轻重量的百分率。

第十三章　联轴器、离合器

第一节　联轴器、离合器的类型和应用

联轴器和离合器主要是用作轴与轴之间的连接,使它们一起回转并传递转矩。用联轴器连接的两根轴,只有在机器停机后,经过拆卸才能把它们分离。用离合器连接的两根轴,在机器工作中就能方便地使它们分离或接合。

联轴器分为刚性和弹性两大类。刚性联轴器由刚性传力件组成,又分为固定式和可移式两类。固定式刚性联轴器不能补偿两轴的相对位移;可移式刚性联轴器能补偿两轴的相对位移。弹性联轴器包含弹性元件,能补偿两轴的相对位移,并具有吸收振动和缓和冲击的能力。

离合器主要分为牙嵌式和摩擦式两类。另外,还有电磁离合器和自动离合器。电磁离合器在自动化机械中作为控制转动的元件而被广泛应用。自动离合器能够在特定的工作条件下(如一定的转矩、一定的转速或一定的回转方向)自动接合或分离。

联轴器和离合器大都已标准化了。一般可先依据机器的工作条件选定合适的类型,然后按照计算转矩、轴的转速和轴端直径从标准中选择所需的型号和尺寸,必要时还应对其中的某些零件进行验算。

计算转矩 T_c 已将机器起动时的惯性力和工作中的过载等因素考虑在内。联轴器和离合器的计算转矩可按下式确定

$$T_c = K_A T \tag{13-1-1}$$

式中:T 为名义转矩;K_A 为工作情况系数,K_A 值列于表 13-1-1 中。选用时注意计算转矩和实际转速应分别小于所选型号的公称转矩和许用转速(可查设计手册)。

表 13-1-1　工作情况系数 K_A

工作机	原动机为电动机时
转矩变化很小的机械:如发电机、小型通风机、小型离心泵	1.3
转矩变化较小的机械:如透平压缩机、木工机械、运输机	1.5
转矩变化中等的机构:如搅拌机、增压机、有飞轮的压缩机	1.7
转矩变化和冲击载荷中等的机械:如织布机、水泥搅拌机、拖拉机	1.9
转矩变化和冲击载荷大的机械:如挖掘机、起重机、碎石机、造纸机械	2.3

联轴器、离合器的种类很多,本章仅介绍几种有代表性的结构。

第二节　联轴器

一、固定式刚性联轴器

固定式刚性联轴器中应用最广的是凸缘联轴器,如图 13-2-1 所示,它是用螺栓连接两个半联轴器的凸缘,以实现两轴连接的。螺栓可以用普通螺栓,也可以用铰制孔螺栓。这种联轴器有两种主要的结构形式:图 13-2-1(a)是普通的凸缘联轴器,通常靠铰制孔用螺栓来实现两轴同心;图 13-2-1(b)是有对中榫的凸缘联轴器,靠凸肩和凹槽(即对中榫)来实现两轴同心。为运行安全,凸缘联轴器应加防护罩或将凸缘制成轮缘形式(图 13-2-1(c))。

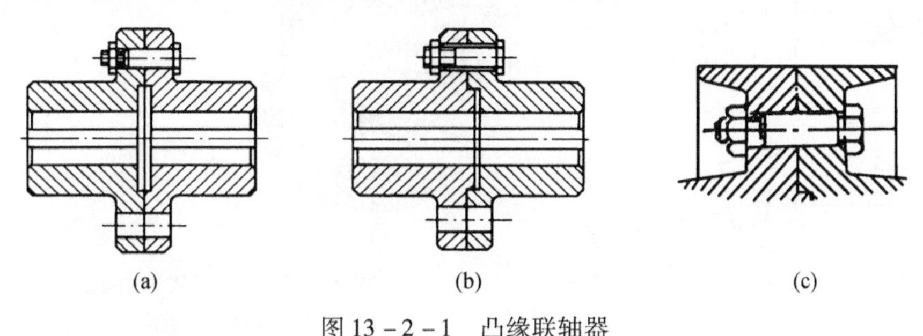

图 13-2-1　凸缘联轴器

在制造凸缘联轴器时,应准确保持半联轴器的凸缘端面与孔的轴线垂直,安装时应使两轴精确同心。半联轴器的材料通常为铸铁,当受重载或圆周速度 $v \geq 30\text{m/s}$ 时,可采用铸钢或锻钢。

凸缘联轴器的结构简单、使用方便、可传递的转矩较大,但不能缓冲减振。常用于载荷较平稳的两轴连接。它的基本参数和主要尺寸见设计手册。

二、可移式刚性联轴器

由于制造、安装误差或工作时零件的变形等原因,不一定都能保证被连接的两轴精确同心,因此就会出现两轴间的轴向位移 x(图 13-2-2(a))、径向位移 y(图 13-2-2(b))、角位移 α(图 13-2-2(c))和这些位移组合的综合位移。如果联轴器没有适应这种相对位移的能力,就会在联轴器、轴和轴承中产生附加载荷,甚至引起强烈振动。

可移式刚性联轴器的组成零件间构成动连接,具有某一方向或几个方向的活动度,因此能补偿两轴的相对位移。常用的可移式刚性联轴器有以下几种。

1. 齿式联轴器

齿式联轴器是由两个有内齿的外壳3和两个有外齿的套筒4所组成(图13-2-3(a))。套筒与轴用键相连,两个外壳用螺栓2联成一体,外壳与套筒之间设有密封圈1。内齿轮齿数和外齿轮齿数相等,通常采用压力角为20°的渐开线齿廓。工作时靠啮合的轮齿传递转矩。由于轮齿间留有较大的间隙和外齿轮的齿顶制成球形(图13-2-3(b)),因此能补偿两轴的不同心和偏斜(图13-2-4)。

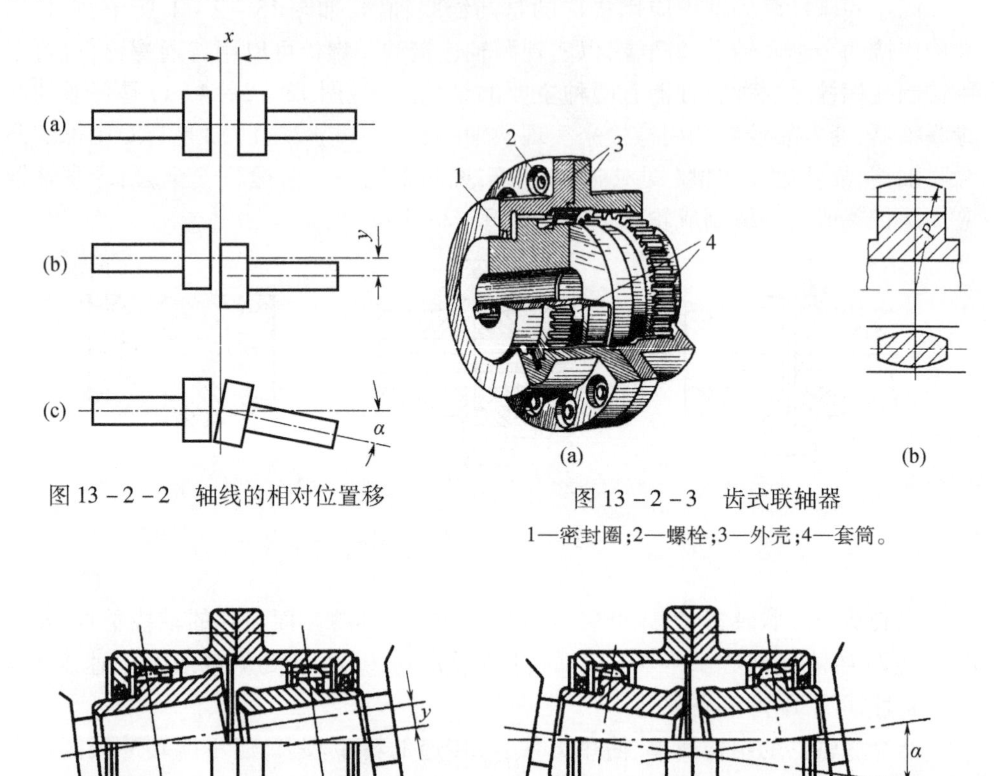

图13-2-2 轴线的相对位置移

图13-2-3 齿式联轴器

1—密封圈;2—螺栓;3—外壳;4—套筒。

图13-2-4 齿式联轴器补偿相对位移的情况

为了减少轮齿的磨损和相对移动时的摩擦阻力,在外壳内储有润滑油。

齿式联轴器允许角位移在30′以下,若采用鼓形齿(如图13-2-3(b)所示,将外齿轮做成鼓形齿)可达3°。

齿式联轴器的优点是能传递很大的转矩和补偿适量的综合位移,因此常用于重型机械中。但是,当传递巨大转矩时,齿间的压力也随着增大,使联轴器的灵活性降低,而且其结构笨重、造价较高。

2. 滑块联轴器

滑块联轴器是由两个端面开有径向凹槽的半联轴器1、3和两端各具凸榫的中间滑块2所组成(图13-2-5)。中间滑块两端的凸榫相互垂直,分别嵌装在两个半联轴器的凹槽中,构成移动副。如果两轴线不同心或偏斜,运转时滑块将在凹槽内滑动,所以凹槽和滑块的工作面间要加润滑剂。若两轴不同心,当转速较高时,由于滑块的偏心将会产生较大的离心力和磨损,并给轴和轴承带来附加动载荷,因此它只适用于低速。

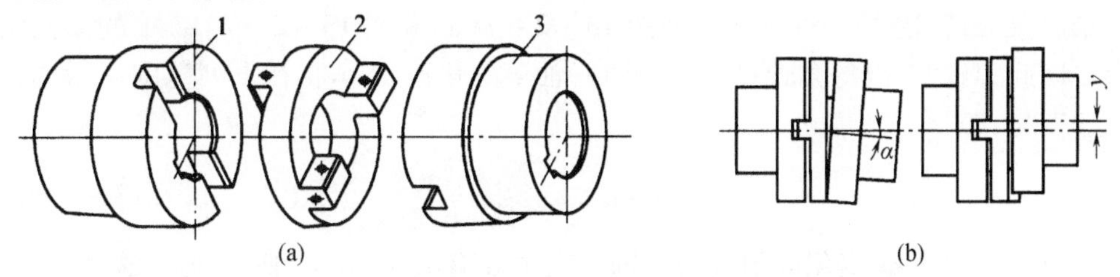

图13-2-5 滑块联轴器
1—半联轴器;2—滑块;3—半联轴器。

滑块联轴器允许的径向位移(即偏心距)$y \leqslant 0.04d$(d为轴的直径),允许角位移在30′以下,轴的转速一般不超过300r/min。

3. 万向联轴器

万向联轴器的结构如图13-2-6所示,图中十字形零件的四端用铰链分别与轴1、轴2上的叉形接头相连。因此,当一轴的位置固定后,另一轴可以在任意方向偏斜α角,角位移α可达40°~45°。为了增加其灵活性,可在铰链处配置滚针轴承(图中未标出)。

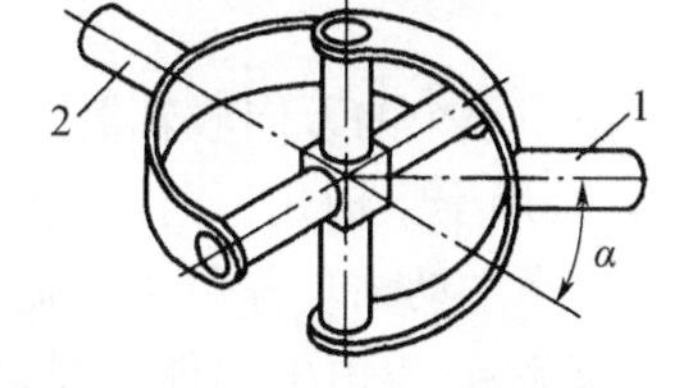

图13-2-6 万向联轴器示意图

但是,单个万向联轴器两轴的瞬时角速度并不是时时相等,即当轴1以等角速度回转时,轴2做变角速转动,从而引起动载荷,对使用不利。

轴2做变角速度转动,其变化情况可以用下述两个极端位置进行分析。

如图13-2-7(a)所示,轴1的叉面旋转到图纸平面上,而轴2的叉面垂直于图纸平面。设轴1的角速度为ω_1',而轴2在此位置时的角速度为ω_2'。取十字形零件上点A分析,若将十字形零件看作与轴1一起转动,则点A的速度为

$$v_{A1} = \omega_1' r$$

而若将十字形零件看作与轴2一起转动,则点A的速度应为

$$v_{A2} = \omega_2' r\cos\alpha$$

显然,同一点的速度应该相等,即$v_{A1} = v_{A2}$,所以$\omega_1 r = \omega_2' r\cos\alpha$,即

$$\omega_2' = \frac{\omega_1}{\cos\alpha} \tag{13-2-1}$$

将两轴转过90°如图13－2－7(b)所示，此时轴1的叉面垂直于图纸平面，而轴2的叉面转到图纸平面上，设轴2在此位置时的角速度为ω_2''，取十字形零件上点B分析，同理可得

$$\omega_2'' = \omega_1 \cos\alpha \tag{13-2-2}$$

如果再继续转过90°则两轴的叉面又将与图13－2－7(a)所示的图形一致。不难想象，每转过90°，将交替出现图13－2－7(a)和图13－2－7(b)中的叉面图形。因此，当轴1以等角速度ω_1回转时，轴2的角速度ω_2将在下列范围内做周期性的变化，即

$$\omega_1 \cos\alpha \leqslant \omega_2 \leqslant \frac{\omega_1}{\cos\alpha} \tag{13-2-3}$$

可见角速度ω_2变化的幅度与两轴的夹角α有关，α越大，则ω_2变动越烈。

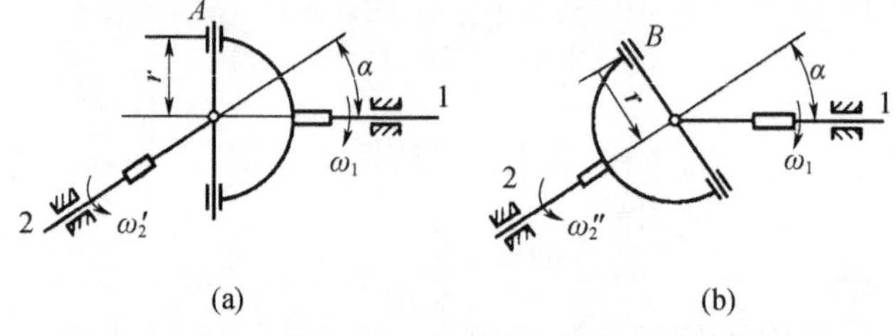

图13－2－7　万向联轴器的速度分析

由于单个的万向联轴器存在着上述缺点，因此在机器中很少单个使用。实用上，常采用十字轴式万向联轴器，即由两个单万向联轴器串接而成，如图13－2－8所示。当主动轴1等角速度旋转时，带动十字轴式的中间件C做变角速度旋转，利用对应关系，再由中间件C带动从动轴2以与轴1相等的等角速度旋转。因此安装十字轴式万向联轴器时，如要使主、从动轴的角速度相等，必须满足两个条件：①主动轴、从动轴与中间件的夹角必须相等，即$\alpha_1 = \alpha_2$；②中间件两端的叉面必须位于同一平面内。

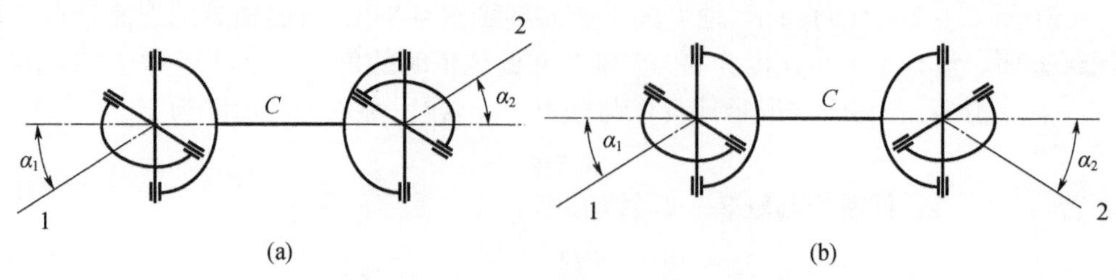

图13－2－8　十字轴式万向联轴器

显然,中间件本身的转速是不均匀的。但因它的惯性小,由它产生的动载荷、振动等一般不致引起显著危害。

小型十字轴式万向联轴器的实际结构如图 13－2－9 所示,通常用合金钢制造。

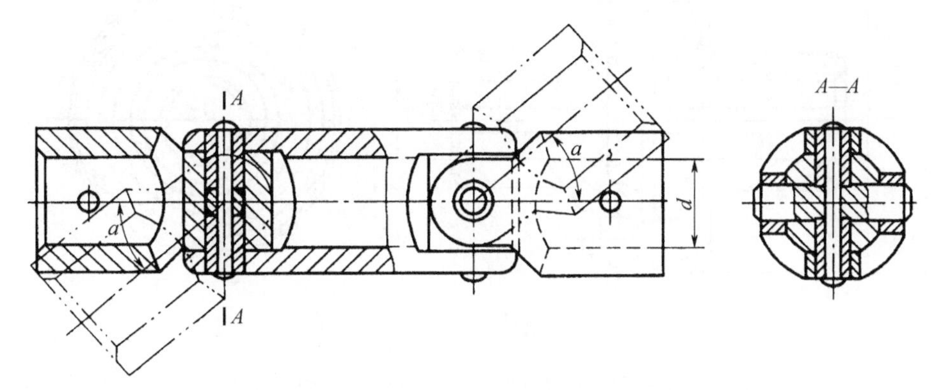

图 13－2－9 十字轴式万向联轴器

三、弹性联轴器

1. 弹性套柱销联轴器

弹性套柱销联轴器结构上和凸缘联轴器很近似,但是两个半连轴器的连接不用螺栓而用带橡胶或皮革套的柱销,如图 13－2－10 所示。为了更换橡胶套时简便而不必拆移机器,设计中应注意留出距离 A;为了补偿轴向位移,安装时应注意留出相应大小的间隙 c。弹性套柱销联轴器在高速轴上应用得十分广泛,它的基本参数和主要尺寸见机械零件手册。

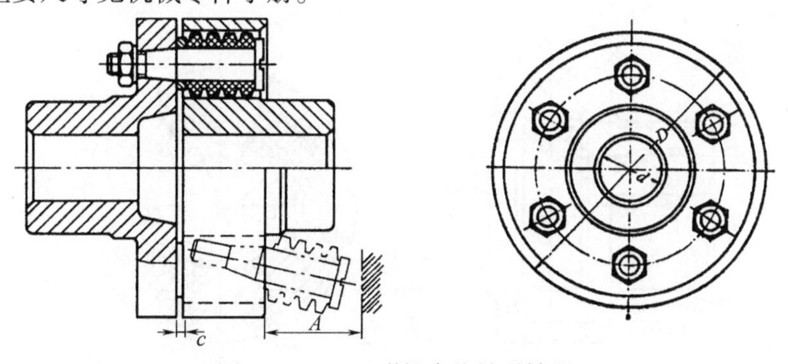

图 13－2－10 弹性套柱销联轴器

2. 弹性柱销联轴器

如图 13－2－11 所示,弹性柱销联轴承器是利用若干非金属材料制成的,柱销置于两个半联轴承器凸缘的孔中,以实现两轴的连接。柱销通常用尼龙制成,而尼龙具有一定的弹性。弹性柱销联轴器的结构简单,更换柱销方便。为了防止柱销滑出,在柱销两端配置挡圈。装配时应注意留出间隙。

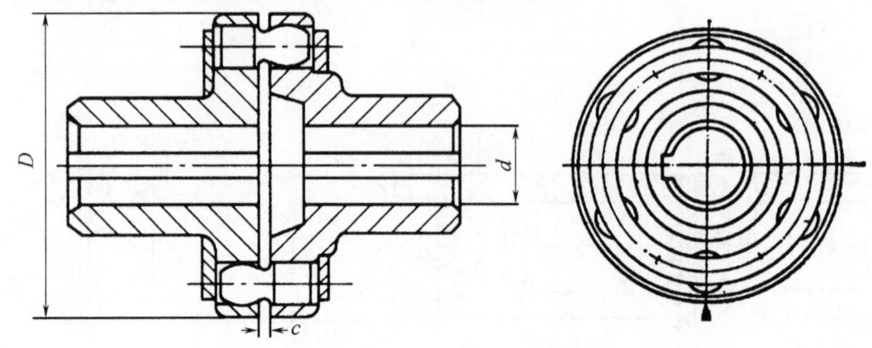

图 13-2-11 弹性柱销联轴器

上述两种联轴器中,动力从主动轴通过弹性件传递到从动轴。因此,它能缓和冲击、吸收振动。适用于正反向变化多、启动频繁的高速轴。最大转速可达 8000r/min,使用温度范围为 -20 ~60℃。

这两种联轴器能补偿较大的轴向位移。依靠弹性柱销的变形,允许有微量的径向位移和角位移。但若径向位移或角位移较大时,将会引起弹性柱销的迅速磨损,因此采用这两种联轴器时,仍须较仔细地进行安装。

3. 梅花形弹性联轴器

如图 13-2-12 所示,1、2 为两个半联轴器,它们的端面上各有凸齿,类似于图 13-3-1的牙嵌式离合器,不同之处是各凸齿的两侧面呈内凹形,并在齿侧间隙放置非金属弹性元件(橡胶或尼龙)。

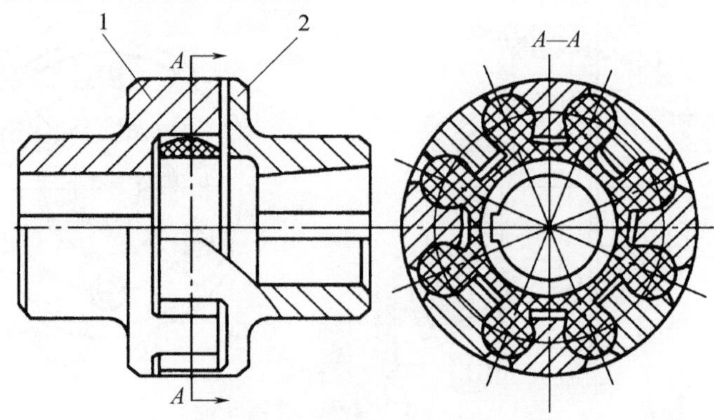

图 13-2-12 梅花形弹性联轴器

4. 弹性活块联轴器

弹性活块联轴器也是在凸齿的两侧面间隙放置非金属弹性元件，但各弹性元件不相连(图 13-2-13)，其特点是各弹性元件可径向插入而不必轴向移动两个半联轴器，便于更换损坏的弹性元件。为防止弹性元件因离心力而脱出，在联轴器的外缘装有套筒 4。

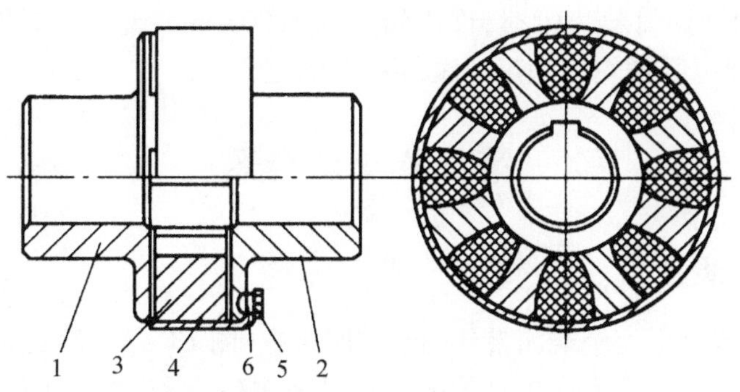

图 13-2-13 弹性活块联轴器

梅花形弹性联轴器和弹性活块联轴器比前两种联轴器具有较大的径向和角向补偿量，公称转矩和许用转速也较大，其许可工作温度为 -35 ~ 85℃。

5. 轮胎式联轴器

轮胎式联轴器的结构如图 13-2-14 所示，中间为橡胶制成的轮胎，用夹紧板与轴套连接。它的结构简单可靠，易于变形，因此它允许的相对位移较大，角位移可达 5° ~ 12°，轴向位移可达 $0.02D$，径向位移可达 $0.01D$，D 为联轴器外径。

轮胎式联轴器适用于起动频繁，正反向运转、有冲击振动，两轴间有较大的相对位移量，以及潮湿多尘之处，它的径向尺寸庞大，但轴向尺寸较窄，有利于缩短串接机组的总长度。它的最大转速可达 5000r/min。

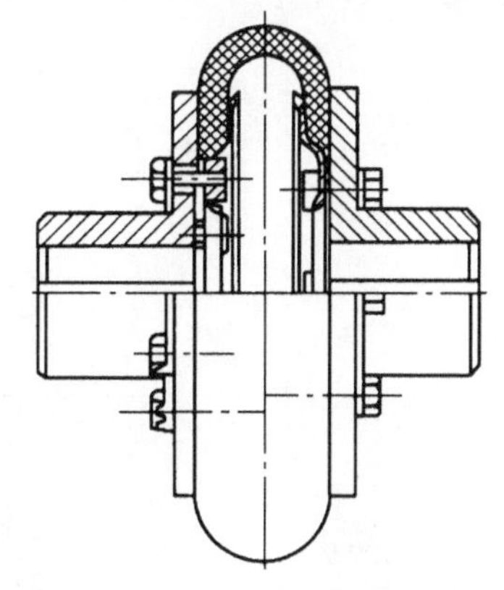
图 13-2-14 轮胎式联轴器

例 13-2-1 电动机经减速器拖动水泥搅拌机工作。已知电动机的功率 $P = 11\text{kW}$，转速 $n = 970\text{r/min}$，电动机轴的直径和减速器输入轴的直径均为 42mm，试选择电动机与减速器之间的联轴器。

解：(1) 选择类型。

为了缓和冲击和减轻振动，选用弹性套柱销联轴器。

(2) 求计算转矩。

转矩 $T = 9550\frac{P}{n} = 9550\frac{11}{970} = 108\text{N} \cdot \text{m}$。由表 13 - 1 - 1 查得,工作机为水泥搅拌机时工作情况系数 $K_A = 1.9$,故计算转矩 $T_c = K_A T = 1.9 \times 108 = 205\text{N} \cdot \text{m}$。

(3) 确定型号。

查机械零件手册选取弹性套柱销联轴器 TL6。它的公称扭矩(即许用转矩)为 250N · m,半联轴器材料为钢时,许用转速为 3800r/min,允许的轴孔直径在 32 ~ 42mm 之间。以上数据均能满足本题的要求,故适用。

第三节 离合器

一、牙嵌离合器

牙嵌离合器是由两个端面带牙的套筒所组成(图 13 - 3 - 1),其中套筒 1 紧配在轴承上,而套筒 2 可以沿导向平键 3 在另一根轴上移动。利用操纵杆移动滑环 4 可使两个套筒接合或分离。为避免滑环的过量磨损,可动的套筒应装在从动轴上。为便于两轴对中,在套筒 1 中装有对中环 5,从动轴端则可在对中环自由转动。

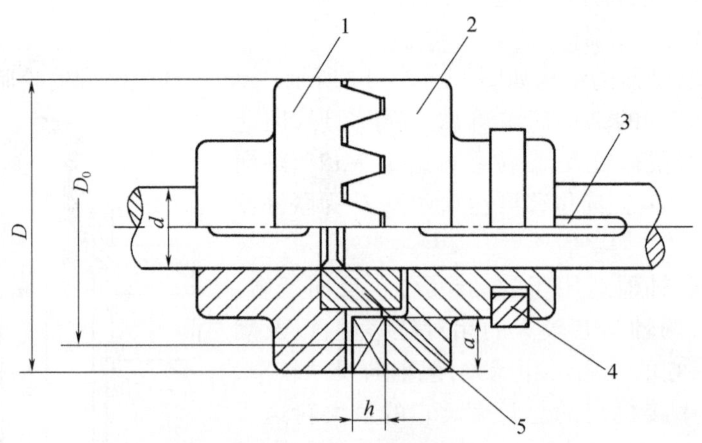

图 13 - 3 - 1　牙嵌离合器

1—套筒;2—套筒;3—平键;4—滑环;5—环。

牙嵌离合器牙的形状有三角形、梯形、锯齿形(图 13 - 3 - 2)。三角形牙传递中、小转矩,牙数 15 ~ 60。梯形、锯齿形牙可传递较大的转矩,牙数 3 ~ 15。梯形牙可以补偿磨损后的牙侧间隙。锯齿形牙只能单向工作,反转时由于有较大的轴向分力,会迫使离合器自行分离。各牙应精确等分,以使载荷均布。

牙嵌离合器的承载能力主要取决于牙根处的弯曲强度。对于操作频繁的离合

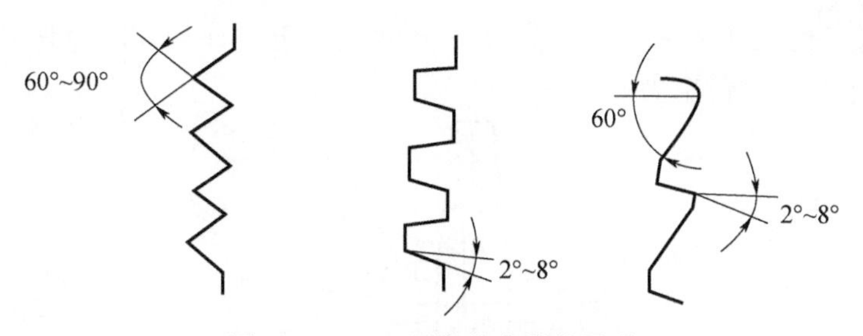

图 13-3-2 牙嵌离合器的牙形

器，尚需验算牙面的压强，由此控制磨损。即

$$\sigma_b = \frac{hK_A T}{nZD_0} \leqslant [\sigma_b] \tag{13-3-1}$$

$$p = \frac{2K_A T}{nD_0 \alpha h} \leqslant [p] \tag{13-3-2}$$

式中：h 为牙的高度；n 为牙的数目；Z 为牙根的弯曲截面系数；D_0为牙的平均直径；α 为牙的宽度；$[\sigma_b]$为许用弯曲应力；$[p]$为许用压强。对于表面淬硬的钢制牙嵌离合器，在停车时接合

$$[\sigma_b] = \frac{\sigma_s}{1.5}\text{N/mm}^2;[p] = 90 \sim 120\text{N/mm}^2$$

在低速运转时接合

$$[\sigma_b] = \frac{\sigma_s}{5.9 \sim 4.5}\text{N/mm}^2;[p] = 50 \sim 70\text{N/mm}^2$$

牙嵌离合器结构简单，外廓尺寸小，能传递较大的转矩，故应用较多。但牙嵌离合器只宜在两轴不回转或转速差很小时进行接合，否则牙齿可能会因受撞击而折断。

牙嵌离合器的常用材料为低碳合金钢（如 20Cr、20MnB），经渗碳淬火等处理后使牙面硬度达到 56～62HRC。有时也采用中碳合金钢（如 40Cr、45MnB），经表面淬火等处理后硬度达 48～58HRC。

牙嵌离合器可以借助电磁线圈的吸力来操纵，称为电磁牙嵌离合器。电磁牙嵌离合器通常采用嵌入方便的三角形细牙。它依据信息而动作，所以便于遥控和程序控制。

二、圆盘摩擦离合器

圆盘摩擦离合器有单片式和多片式两种。

图 13-3-3 所示为单片式摩擦离合器的简图，其中圆盘 1 紧配在主动轴上，圆盘 2 可以沿导键在从动轴上移动。移动滑环 3 可使两圆盘接合或分离。轴向压

力 Q 使两圆盘的工作表面产生摩擦力，设摩擦力的合力作用在摩擦半径 R_f 的圆周上，则可传递的最大转矩为

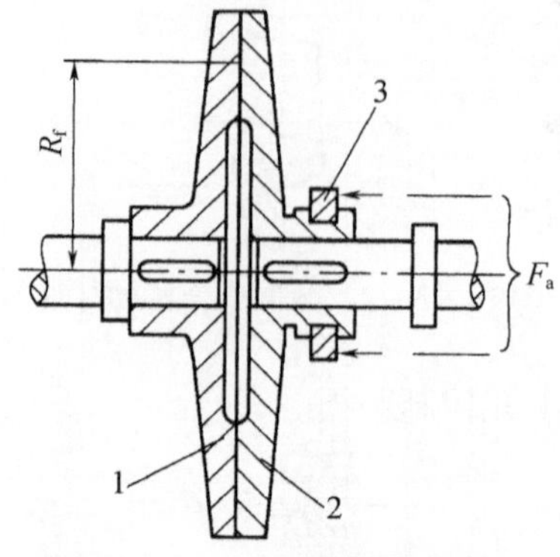

图 13－3－3　圆盘摩擦离合器

1—圆盘；2—圆盘；3—滑环。

$$T_{max} = QfR_f$$

式中 f 为摩擦因数。

与牙嵌离合器比较，摩擦离合器具有下列优点：

（1）在任何不同转速条件下两轴都可以进行接合；

（2）过载时摩擦面间将发生打滑，可以防止损坏其他零件；

（3）接合较平稳、冲击和振动较小。

摩擦离合器在正常的接合过程中，从动轴转速从零逐渐加速到主动轴的转速，因而两摩擦面间不可避免地会发生相对滑动。这种相对滑动要消耗一部分能量，并引起摩擦片的磨损和发热。

单片式摩擦离合器多用于转矩在 2000N · m 以下的轻型机械（如包装机械、纺织机械）。

图 13－3－4(a)为多片式摩擦离合器，图中主动轴 1 与外壳 2 相连接，从动轴 3 与套筒 4 相连接。外壳内装有一组摩擦片 5，如图 13－3－4(b)所示，它的外缘具有凸齿插入外壳 2 内的纵向凹槽，因而随外壳 2 一起回转，它的内孔不与任何零件接触。套筒 4 上装有另一组摩擦片 6，如图 13－3－4(c)所示，它的外缘不与任何零件接触而内孔具有花键，与套筒 4 上的花键槽相连接，因而带动套筒 4 一起回转。这样，就有两组形状不同的摩擦片相间叠合，如图 13－3－4(a)所示。图中位置表示杠杆 8 和压紧板 9 将摩擦片压紧，离合器处于接合状态。若将滑环 7 向右移动，杠杆 8 逆时针方向摆动，压板 9 松开，离合器即分离。若把图 13－3－4(c)中的摩擦片改用图 13－3－4(d)的形状，则分离时摩擦片能自行弹开。另外，调节螺母 10 用来调整摩擦片间的压力。

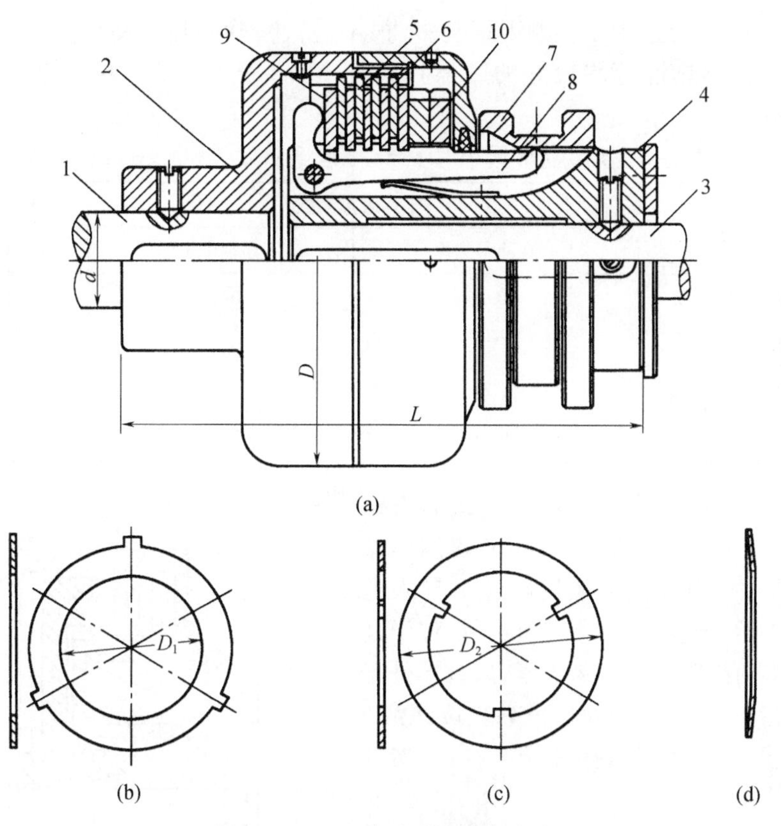

(a) (b) (c) (d)

图 13-3-4 多片式摩擦离合器

1—主动轴;2—外壳;3—从动轴;4—套筒;5—摩擦片;6—摩擦片;7—滑环;8—杠杆;9—压紧板;10—调节螺母。

摩擦片材料常用淬火钢片或压制石棉片。摩擦片数目多,可以增大所传递的转矩,但片数过多,将使各层间压力分布不均匀,所以一般不超过 12~15 片。

多片式摩擦离合器所传递的最大转矩 $T_{\max}$和作用在摩擦面上的压强 p 分别为

$$T_{\max} = nfQR_{\mathrm{f}} = \frac{nfQ(D_1 + D_2)}{4} \geqslant K_{\mathrm{A}}T \qquad (13-3-3)$$

$$p = \frac{4Q}{\pi(D_2^2 - D_1^2)} \leqslant [p] \qquad (13-3-4)$$

式中:D_1、D_2分别为外摩擦片的内径和内摩擦片的外径;n 为摩擦面数目;Q 为轴向压力;K_{A}为工作情况系数,见表 13-1-1;$[p]$为许用压强,见表 13-3-1。表中分有润滑剂和无润滑剂两列,有润滑剂润滑的称为湿式,无润滑剂润滑的称为干式。干式反应敏捷,但摩擦片易磨损。湿式摩擦片磨损轻微,寿命长,并能在繁重条件下运转。

对于操作频繁的多片式摩擦离合器,发热与温升成为离合器能否正常工作的关键性问题。而且,由于影响因素甚多,很难进行精确的热平衡计算。此外,除选用耐热性和导热性等均较好的摩擦材料外,可将表 13-3-1 中的[p]值降低 15%~30%。

表 13-3-1　常用摩擦片材料的摩擦系数 f 和许用压强[p]

摩擦片材料	平均摩擦系数 f		圆盘摩擦离合器
	在油中工作	不在油中工作	$[p]/(\mathrm{N/mm^2})$
铸铁-铸铁或钢	0.08	0.15	0.25~0.30
淬火钢-淬火钢	0.06	0.18	0.60~0.80
青铜-钢或铸铁	0.08	0.17	0.40~0.50
淬火钢-金属陶瓷	0.10	0.40	0.30~0.40
压制石棉-铸铁或钢	0.12	0.30	0.20~0.30

同样,摩擦离合器也可用电磁力来操纵。如图 13-3-5 所示,在电磁操纵的摩擦离合器中,当直流电经接触环 1 导入电磁线圈 2 后,产生磁力线吸引衔铁 5,于是衔铁 5 将两组摩擦片 3、4 压紧,离合器处于接合状态。当电流切断时,依靠复位弹簧 6 将衔铁推开,使两组摩擦片松开,离合器处于分离状态。

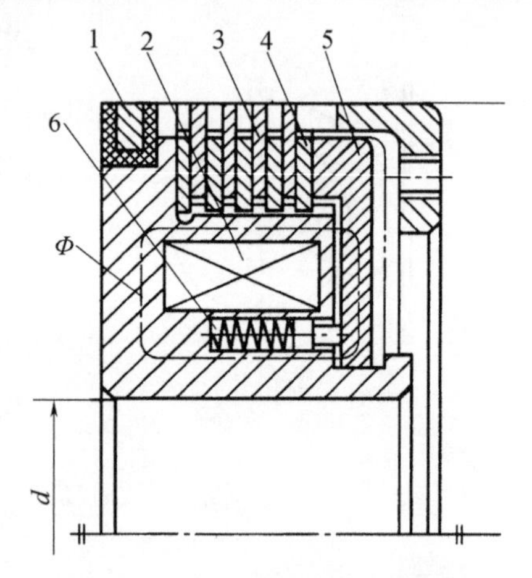

图 13-3-5　电磁操纵的摩擦离合器

1—接触环;2—电磁线圈;3—摩擦片;4—摩擦片;5—衔铁。

在电磁离合器中,电磁摩擦离合器是应用最广泛的一种。另外,电磁摩擦离合器在电路上尚可进一步实现各种特殊要求,如快速励磁电路可以实现快速接合,提高了离合器的灵敏度。相反,缓冲励磁电路可抑制磁电流的增长,使起动缓慢,从而避免起动冲击。

例 13-3-1　如图 13-3-6 所示的摩擦式安全离合器,外摩擦片的内径 $D_1 = 50\mathrm{mm}$,内摩擦片的外径 $D_2 = 70\mathrm{mm}$,摩擦面数 $n = 10$,弹簧压力 $Q = 1000\mathrm{N}$,摩擦片材料为淬火钢,求打滑力矩 $T_{\max}$ 并验算压强。

解:(1) 求打滑力矩 $T_{\max}$,查表 13-3-1,$f = 0.18$,依据式(13-3-3)知

$$T_{\max} = nfQ\frac{D_1 + D_2}{4} = 10 \times 0.18 \times 1000 \times \frac{(70 + 50)/1000}{4} = 54\mathrm{N \cdot m}$$

(2) 验算压强 p,查表 13-3-1,$[p] = 0.60 \sim 0.80\mathrm{N/mm^2}$,由式(13-3-4)知

$$p = \frac{4Q}{\pi(D_2^2 - D_1^2)} = \frac{4 \times 1000}{\pi(70^2 - 50^2)} = 0.53\mathrm{N/mm^2} < [p]$$

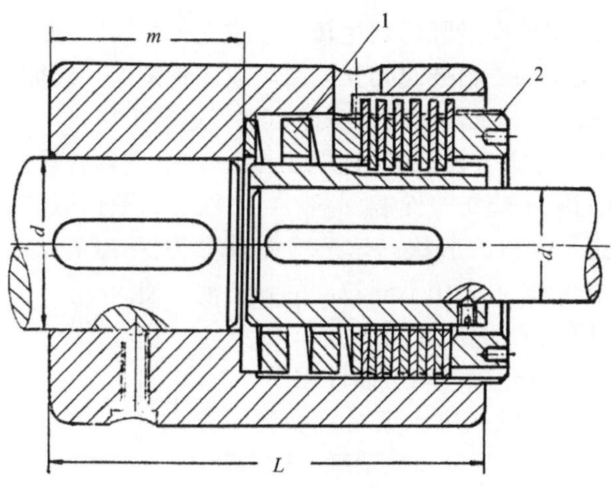

图 13－3－6　摩擦式安全离合器

1—压紧活塞;2—调节螺母。

三、磁粉离合器

磁粉离合器的工作原理如图 13－3－7 所示,图中安置励线圈 1 的磁轭 2 为离合器的固定部分。若将圆筒 3 与左右轮辐 7、8 组成离合器的主动部分,则转子 6 与从动轴(图中未画出)组成离合器的从动部分。在圆筒 3 的中间嵌装着隔磁环 4,轮辐 7 或 8 上可连接输入件(图中未画出),在转子 6 与圆筒 3 之间有 0.5～2mm 的间隙,其中充填磁粉 5。图 13－3－7(a)表示磁粉被离心力甩在圆筒的内壁,疏松并且散开,此时离合器处于分离状态。图 13－3－7(b)表示通电后励磁线圈产

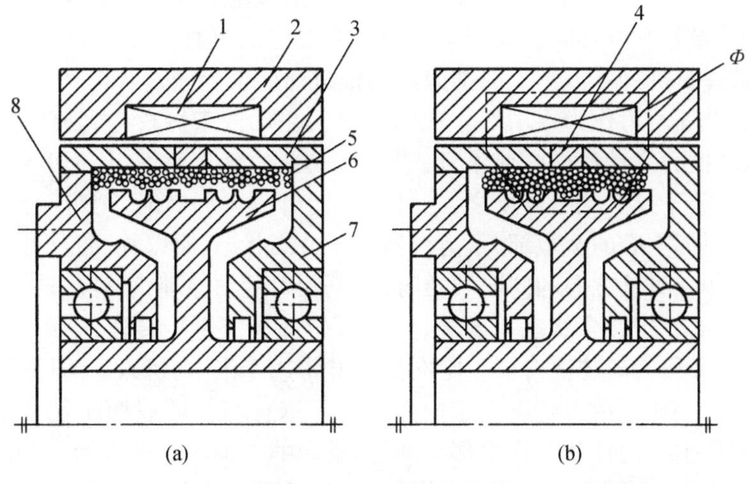

图 13－3－7　磁粉离合器

1—励线圈;2—磁轭;3—圆筒;4—隔磁环;5—磁粉;6—转子;7—轮辐;8—轮辐。

生磁场,磁力线跨越空隙穿过圆筒到达转子形成图示的回路,此时磁粉受到磁场的影响而被磁化,磁化了的磁粉彼此相互吸引串成磁粉链而在圆筒与转子间聚合,依靠磁粉的结合力和磁粉与工作面间的摩擦力来传递转矩。

磁粉的性能是决定离合器性能的重要因素。磁粉应具有导磁率高、剩磁小、流动性良好、耐磨、耐热、不烧结等性能,一般常用铁钴镍、铁钴钡等合金粉,并加入适量的粉状二硫化钼。磁粉的形状以球形或椭球形为好,颗粒大小宜在 20 ~ 70μm 之间。为了提高充填率,可采用不同粒度的磁粉混合使用。

磁粉离合器具有下列优良性能:

(1) 励磁电流 I 与转矩 T 间呈线性关系,如图 13 - 3 - 8 所示,改变励磁电流就可以获得不同的转矩。因此转矩调节简单而且精确,调节范围也宽。

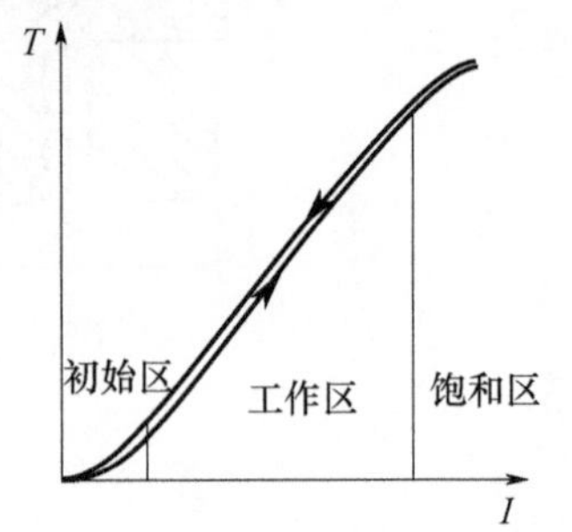

图 13 - 3 - 8 励磁电流与转矩呈线性关系

(2) 可用作恒张力控制,这对造纸机、纺织机、印刷机、绕线机等是十分可贵的。例如,当卷绕机的卷径不断增加时,通过传感器控制励磁电流变化,从而转矩也随之相应地变化,以保证获得恒定的张力。

(3) 若将磁粉离合器的主动件固定,则可作制动器使用。

此外,这种离合器操纵方便、离合平稳、工作可靠,但重量较大。

四、定向离合器

图 13 - 3 - 9 所示为滚柱式定向离合器,图中星轮 1 和外环 2 分别装在主动件或从动件上,星轮和外环间的楔形空腔内装有滚柱 3,滚柱数目一般为 3 ~ 8 个。每个滚柱都被弹簧推杆 4 以不大的推力向前推进而处于半楔紧状态。

星轮和外环均可作为主动件。现以外环为主动件来分析,当外环逆时针方向回转时,以摩擦力带动滚柱向前滚动,进一步楔紧内外接触面,从而驱动星轮一起转动,离合器处于接合状态。反之,当外环顺时针方向回转时,则带动滚柱克服弹簧力而滚到楔形空腔的宽敞部分,离合器处于分离状态,所以称为定向离合器。当星轮与外环作顺时针方向的同向回转时,根据相对运动原理,若外环转速小于星轮转速,则离合器处于接合状态。反之,如外环转速大于星轮转速,则离合器处于分离状态,因此又称为超越离合器。定向离合器常用于汽车、机床等的传动装置中。

图 13 - 3 - 10 所示为楔块式定向离合器。这种离合器以楔块代替滚柱,楔块的形状如图所示。内外环工作面都为圆形、整圈的拉簧压着楔块始终和内环接触,并力图使楔块绕自身做逆时针方向偏摆。当外环顺时针方向旋转或内环逆时针方向旋转时,楔块克服弹簧力而做顺时针方向偏摆,从而在内外环间越楔越紧,离合

器处于接合状态。反向时楔块松开而为分离状态。

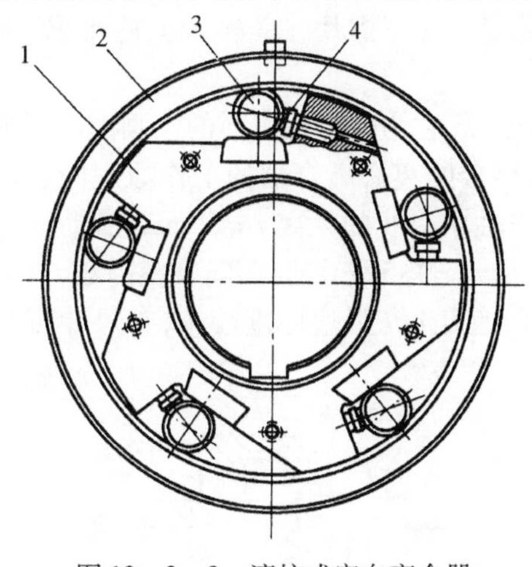

图 13-3-9 滚柱式定向离合器

1—星轮；2—外环；3—滚柱；4—弹簧推杆。

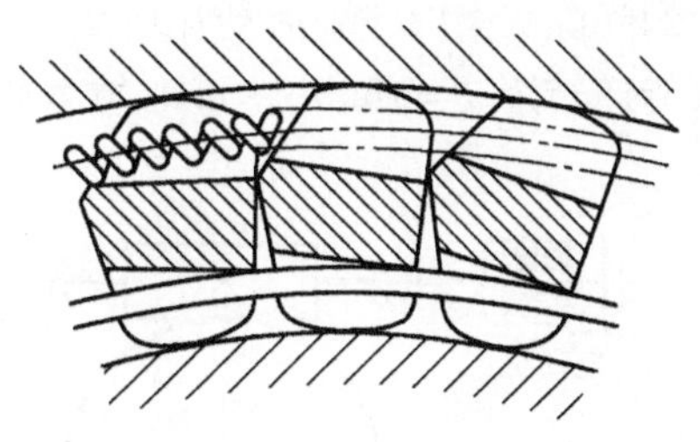

图 13-3-10 楔块式定向离合器

由于楔块的曲率半径大于前述滚柱的半径，而且装入量也远比滚柱为多，因此相同尺寸的离合器可以传递更大的转矩。缺点是高速运转时有较大的磨损，寿命较低。

习 题

题 13-1 由交流电动机直接带动直流发电机供应直流电。若已知所需最大功率为 18~20kW，转速 3000r/min，外伸轴轴径 $d=45$mm。(1)试为电动机与发电机之间选择一只恰当类型的联轴器，并陈述理由。(2)根据已知条件，定出型号。

题 13-2 在发电厂中，由高温高压蒸汽驱动汽轮机旋转，并带动发电机供电。在汽轮机与发电机之间用什么类型的联轴器为宜？理由何在。试为 3000kW 的汽轮发电机机组选择联轴器的具体型号，设轴颈 $d=120$mm，转速为 3000r/min。

题 13-3 如题 13-3 图所示，有两只转速相同的电动机，电动机 1 连接在蜗杆轴上，电动机 2 直接连接在 O_2轴上（垂直于图纸平面，图中末标出），O_2轴的另一端连接工作机。这样，当开动电动机 1（停止电动机 2）时，电动机经蜗杆蜗轮减速后驱动 O_2轴，是慢速挡。若开动电动机 2（停止电动机 1）直接驱动 O_2轴，是快速挡。要求电动机 1 电动机 2 可以同时开动，或电动机 2 开动后再停止电动机 1（反之亦然）时，不会产生卡死现象。试选一种离合器，使之实现上述要求（要求用示意图配合文字说明其动作）。

题 13-4 如图 13-3-4 所示的多片式摩擦离合器。用于车床传递功率

1.7kW,转速为500r/mim,若 $D_1=80\text{mm}$,$D_2=120\text{mm}$,摩擦片材料用淬火钢,油浴润滑。摩擦片间的压紧力 $Q=2000\text{N}$,问需多少片摩擦片才能实现上述要求(注意区分摩擦面数目和摩擦片片数)。

题13-5　自行车飞轮是一种单向离合器,它为什么是单向的?画简图说明。

题13-6　如题13-6图所示一自动离合的离心离合器的工作原理图。已知弹簧刚率 $k=3\text{N/mm}$,活动瓦块质量中心与轴中心线的距离 $r=50\text{mm}$,活动瓦块与鼓轮的间隙 $\lambda=12\text{mm}$,活动瓦块集中总质量 $m=1.5\text{kg}$,接合面间摩擦因数 $f=0.4$,试求传递转矩 $T=13.5\text{N}\cdot\text{m}$ 时输入轴的角速度 ω_r(滑块厚度较小,其尺寸可略去不计)。

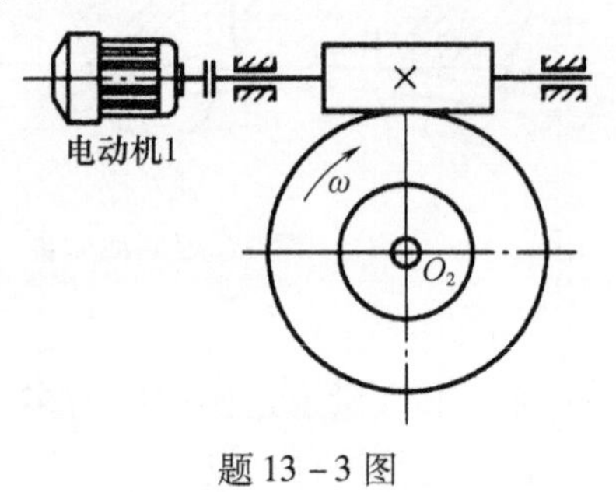

题13-3图

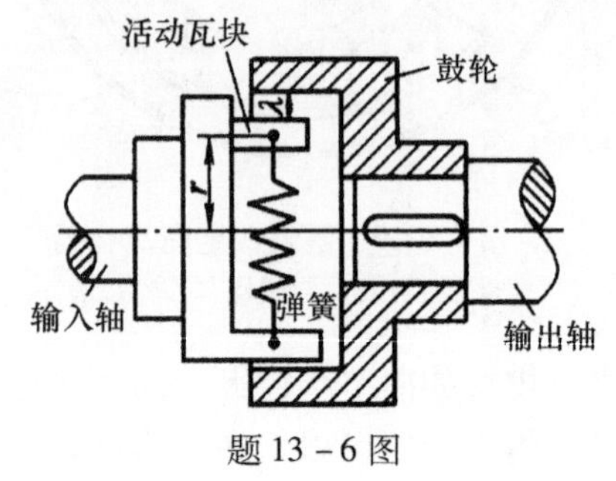

题13-6图

第十四章　弹　　簧

第一节　弹簧的功用和类型

弹簧受外力作用后能产生较大的弹性变形，在机械设备中广泛应用弹簧作为弹性元件。弹簧的主要功用有：①控制机械的运动或零件的位置，如凸轮机构、离合器、阀门以及各种调速器中的弹簧；②缓冲及吸振，如车辆弹簧，各种缓冲器及联轴器中的弹簧；③储存能量，例如钟表、仪器中的弹簧；④测量力的大小，如弹簧秤中的弹簧。

弹簧的种类很多，从外形看，有螺旋弹簧、环形弹簧、碟形弹簧、蜗卷弹簧和板弹簧等。

螺旋弹簧是用金属丝(条)按螺旋线卷绕而成，由于制造简便，因此应用最广。按其形状可分为：圆柱形(图14-1-1(a)、(b)、(d))，圆锥形(图14-1-1(c))等。按受载情况又可分为拉伸弹簧(图14-1-1(a))、压缩弹簧(图14-1-1(b)、(c))和扭转弹簧(图14-1-1(d))，环形弹簧(图14-1-2(a))和碟形弹簧(图14-1-2(b))都是压缩弹簧。在工作过程中，一部分能量消耗在各圈之间的摩擦上，因此具有很高的缓冲吸振能力。多用于重型机械的缓冲装置。

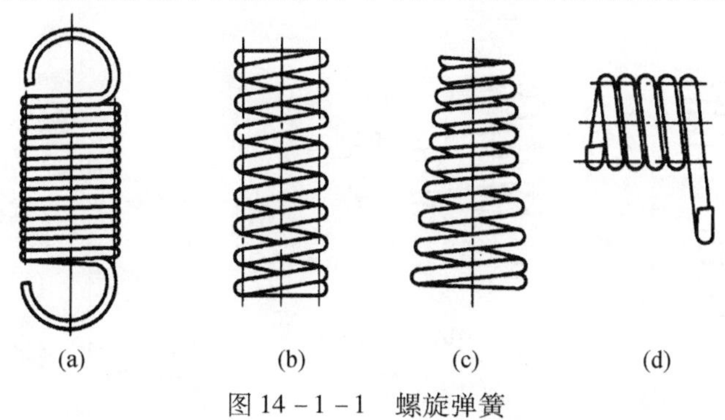

图14-1-1　螺旋弹簧

平面蜗卷弹簧或称盘簧(图14-1-2(c))，它的轴向尺寸很小，常用作仪器和钟表的储能装置。

板弹簧(图14-1-2(d))是由许多长度不同的钢板叠合而成，主要用作各种车辆的减振装置。

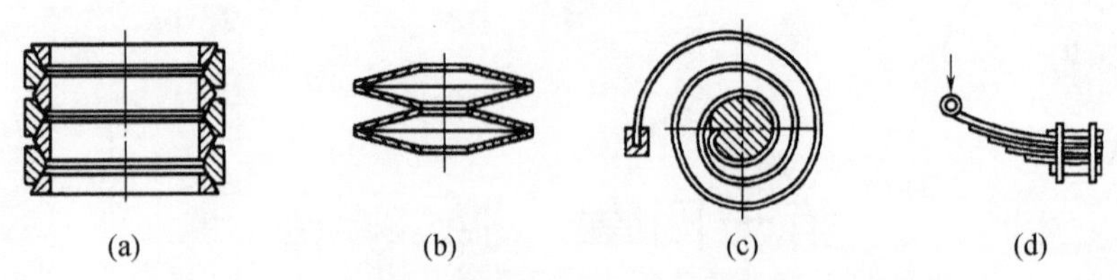

图 14－1－2　环形弹簧、碟形弹簧、平面蜗卷弹簧和板弹簧

本章主要介绍圆柱拉伸、压缩螺旋弹簧的结构和设计。

第二节　圆柱拉伸、压缩螺旋弹簧的应力与变形

一、弹簧的应力

圆柱拉伸及压缩螺旋弹簧的外载荷(轴向力)均沿弹簧的轴线作用,它们的应力和变形计算是相同的。现以压缩螺旋弹簧为例进行分析。

图 14－2－1 所示为一圆柱压缩螺旋弹簧,轴向力 F 作用在弹簧的轴线上,弹簧丝是圆截面的,直径为 d,弹簧中径为 D_2,螺旋升角为 α。一般弹簧的螺旋升角 α 很小($\alpha<9°$),可以认为通过弹簧轴线的截面就是弹簧丝的法截面。由力的平衡可知,此截面上作用着剪力 F 和扭矩 $T=\dfrac{FD_2}{2}$。

如果不考虑弹簧丝的弯曲,按直杆计算,以 Z_p 表示弹簧丝的抗扭截面系数,则扭矩 T 在截面上引起的最大扭切应力(图 14－2－2)为

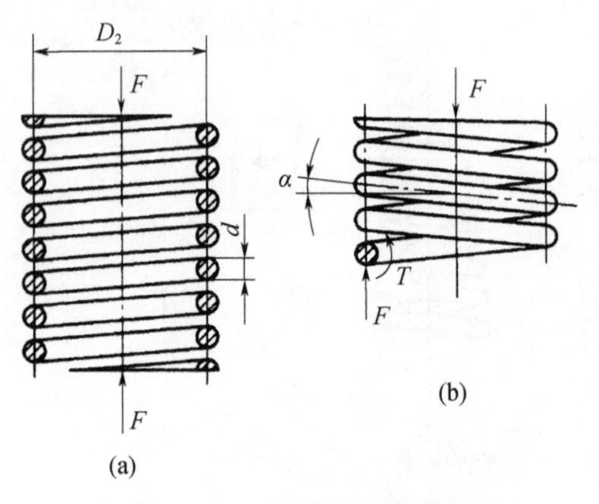

图 14－2－1　弹簧的受力分析

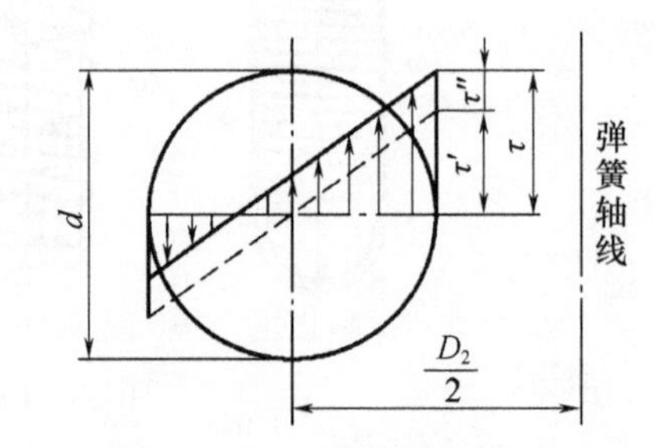

图 14－2－2　弹簧丝的应力

$$\tau'=\frac{T}{Z_{\mathrm{p}}}=\frac{F\dfrac{D_2}{2}}{\dfrac{\pi}{16}d^3}=\frac{8FD_2}{\pi d^3}$$

若剪力引起的切应力为均匀分布，则切应力 $\tau''=\dfrac{4F}{\pi d^2}$，弹簧丝截面上的最大切应力 τ 发生在内侧，即靠近弹簧轴线的一侧(图 14-2-2)，其值为

$$\tau=\tau'+\tau''=\frac{8FD_2}{\pi d^3}+\frac{4F}{\pi d^2}=\frac{8FD_2}{\pi d^3}\left(1+\frac{d}{2D_2}\right)$$

令

$$C=\frac{D_2}{d} \tag{14-2-1}$$

则簧丝截面上的最大切应力为

$$\tau=\frac{8FC}{\pi d^2}\left(1+\frac{0.5}{C}\right) \tag{14-2-2}$$

式中：C 为旋绕比，是衡量弹簧曲率的重要参数，括号内的第二项为切应力 τ'' 的影响。

较精确的分析指出，弹簧丝截面内侧的最大切应力(图 14-2-3)及其强度条件为

$$\tau=K\frac{8FC}{\pi d^2}\leqslant[\tau] \tag{14-2-3}$$

式中：F、C、d 的意义同上；$[\tau]$ 为材料的许用切应力；K 为弹簧的曲度系数，其计算式为

$$K=\frac{4C-1}{4C-4}+\frac{0.615}{C} \tag{14-2-4}$$

K 值可根据旋绕比 C 直接从图 14-2-4 查出。

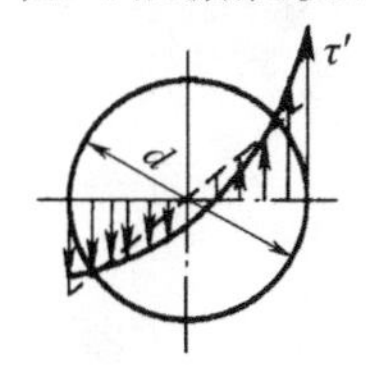

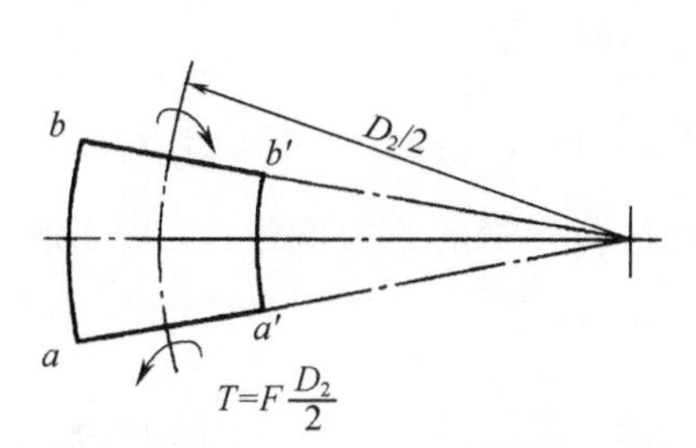

图 14-2-3 考虑曲率时簧丝的扭切应力

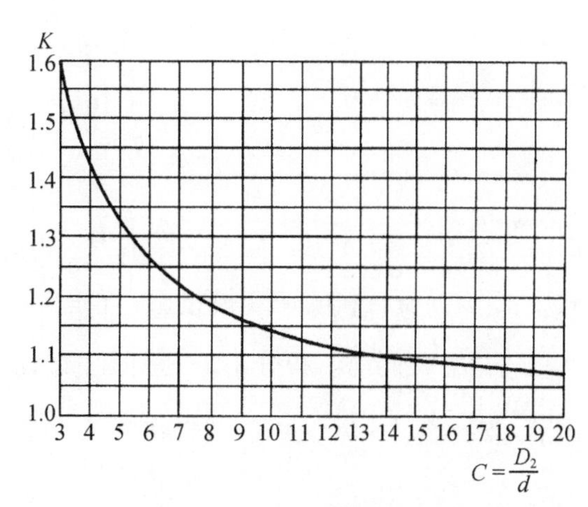

图 14-2-4 曲度系数 K

式(14－2－4)中第一项反映了簧丝曲率对扭切应力的影响。如图14－2－3所示,簧丝在扭矩 T 作用下,截面 aa' 与 bb' 将相对转动一个小角度。由于内侧的纤维长度比外侧的短(即 $a'b' < ab$),这样,内侧单位长度的扭转变形就比外侧的大,因此内侧的扭切应力大于直杆的扭切应力 τ',而外侧则反之。显然,旋绕比 C 越小,内侧应力增加越多,式(14－2－4)中的第二项反映了因 τ'' 不均匀分布对内侧应力产生的影响。

二、弹簧的变形

在轴向载荷作用下,弹簧的轴向变形量 y,见图14－2－5(a)。今截取微段弹簧丝 ds,如图14－2－5(b)所示,当弹簧螺旋升角 α 很小时,可认为半径 OC_1、OC_2 和微段簧丝的轴线 ds 在同一平面内。微段 ds 受扭矩 T 后,两端截面相对扭转了 $d\varphi$ 角,于是半径 OC_2 也对半径 OC_1 扭转了一个角度 $d\varphi$,使点 O 移到 O' 从而使弹簧产生轴向变形 dy。

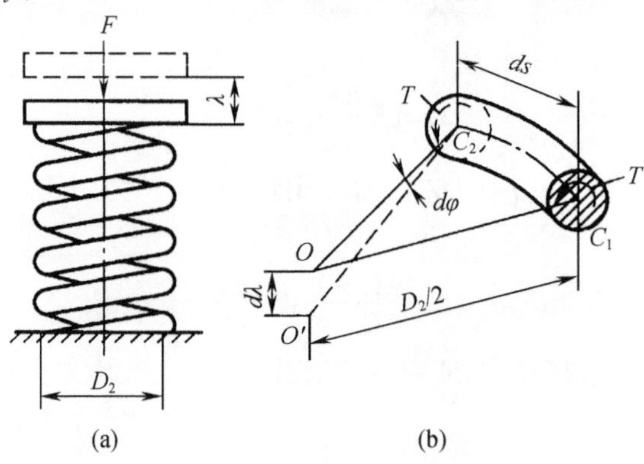

图14－2－5　弹簧的变形式

$$dy = \frac{D_2}{2}d\varphi = \frac{D_2}{2} \cdot \frac{Tds}{GI_p} = \frac{8FD_2^2 ds}{G\pi d^4}$$

积分得

$$y = \int_0^1 dy = \frac{8FD_2^2}{G\pi d^4}\int_0^1 ds$$

式中:G 为弹簧材料的切变模量(钢:$G = 8 \times 10^4 \mathrm{N/mm^2}$,青铜:$G = 4 \times 10^4 \mathrm{N/mm^2}$),其他符号意义同前。积分 $\int_0^l ds$ 是弹簧的总长度 l,若弹簧的有效圈数(参与变形的圈数)为 n,则 $l \approx \pi D_2 n$。由此可得弹簧的轴向变形量为

$$y = \frac{8FD_2^3 n}{Gd^4} = \frac{8FC^3 n}{Gd} \tag{14-2-5}$$

使弹簧产生单位变形量所需的载荷称为弹簧刚度 k(也称为弹簧常数),即

$$k=\frac{F}{y}=\frac{Gd^4}{8D_2^3n}=\frac{Gd}{8C^3n} \qquad (14-2-6)$$

从式(14－2－6)可看出，当其他条件相同时，旋转比 C 越小，弹簧刚度越大；反之，则弹簧刚度越小。若 C 值过小，会使弹簧卷绕困难，并在弹簧内侧引起过大的应力。但 C 值过大，则弹簧易颤动。所以旋转比 C 应在4～16之间，常用的范围为 $C=5\sim8$。此外，刚度 k 还与 G、d、n 有关，设计时应综合考虑这些因素的影响。

第三节　弹簧的制造、材料和许用应力

一、弹簧的制造

螺旋弹簧的制造过程包括：卷绕、两端面加工（指压簧）或挂钩的制作（指拉簧和扭簧），热处理和工艺性试验等。

大批生产时，弹簧的卷制是在自动机床上进行的，小批生产则常在普通车床上或者手工卷制。弹簧的卷绕方法可分为冷卷和热卷两种。当弹簧丝直径小于10mm时，常用冷卷法。冷卷时，一般用冷拉的碳素弹簧钢丝在常温下卷成，不再淬火，只经低温回火消除内应力。热卷的弹簧卷成后须经过淬火和回火处理。弹簧在卷绕和热处理后要进行表面检验及工艺性试验，以鉴定弹簧的质量。

弹簧制成后，如再进行强压处理，可提高承载能力。强压处理是将弹簧预先压缩到超过材料的屈服极限，并保持一定时间后卸载，使簧丝表面层产生与工作应力方向相反的残余压力，受载时可抵消一部分工作应力，因此提高了弹簧的承载能力。经强压处理的弹簧，不宜在高温、变载荷及有腐蚀性介质的条件下应用。因为在上述情况下，强压处理产生的残余应力是不稳定的。受变载荷的压簧，可采用喷丸处理提高其疲劳寿命。

二、弹簧的材料

弹簧在机械中常承受具有冲击性的变载荷，所以弹簧材料应具有高的弹性极限、疲劳极限、一定的冲击韧性、塑性和良好的热处理性能等。常用的弹簧材料有优质碳素钢、合金钢和有色金属合金。

碳素弹簧钢：含碳量在0.6%～0.9%之间，如65、70、85等碳素弹簧钢。这类钢价廉易得，热处理后具有较高的强度，适宜的韧性和塑性，但当弹簧丝直径大于12mm时，不易淬透，故仅适用于做小尺寸的弹簧。

合金弹簧钢：承受变载荷、冲击载荷或工作温度较高的弹簧，需采用合金弹簧钢，常用的有硅锰钢和铬矾钢等。

有色金属合金：在潮湿、酸性或其他腐蚀性介质中工作的弹簧，宜采用有色金

属合金,如硅青铜、锡青铜等。

常用弹簧材料的性能列于表 14-3-1、表 14-3-2 中。

表 14-3-1 螺旋弹簧的常用材料和许用应力

材料		许用切应力 N/mm^2			推荐使用温度/℃	推荐硬度范围	特性及用途
名称	牌号	Ⅰ类弹簧 $[\tau_{Ⅰ}]$	Ⅱ类弹簧 $[\tau_{Ⅱ}]$	Ⅲ类弹簧 $[\tau_{Ⅲ}]$			
碳素弹簧钢丝(可分为 B、C、D 三级)	65、70	$0.3\sigma_B$	$0.4\sigma_B$	$0.5\sigma_B$	-40~130		强度高、性能好,但尺寸大了不易淬透,只适用于做小弹簧
	65Mn	340	455	570	-40~130		
合金弹簧钢丝	60Si2Mn	445	590	740	-40~200	HRC45~50	弹性和回火稳定性好,易脱碳,用于制造受重载的弹簧
	50CrVA	445	590	740	-40~210	HRC45~50	有高的疲劳极限,弹性、淬透性和回火稳定性好,常用于受变戴荷的弹簧
	4Cr13	430	570	710	-40~250	HRC48~53	耐腐蚀,耐高温,适用于做较大的弹簧
青铜丝	Qsi-3	196	250	333	-40~120	HB90~100	耐腐蚀,防磁好
	QSn4-3	196270	250	333	-250~120		

注:1. 钩环式拉伸弹簧的许用切应力取为表中数值的 80%。
2. 对重要的、其损坏会引起整个机械损坏的弹簧,许用切应力$[\tau]$应适当降低。例如,受静载荷的重要弹簧,可按Ⅱ类选取许用应力。
3. 经强压、喷丸处理的弹簧,许用切应力可提高约 20%。
4. 极限应力可取为:Ⅰ类 $\tau_s=1.67[\tau_{Ⅰ}]$;Ⅱ类 $\tau_s=1.25[\tau_{Ⅱ}]$;Ⅲ类 $\tau_s=1.12[\tau_{Ⅲ}]$

选择弹簧材料时应充分考虑弹簧的工作条件(载荷的大小及性质、工作温度和周围介质的情况)、功用及经济性等因素,一般应优先采用碳素弹簧钢丝。

表 14-3-2 碳素弹簧钢丝的抗拉强度极限 (σ_B 单位 N/mm^2)

代号	钢丝直径 d(mm)													
	0.5	0.8	1.0	1.2	1.6	2.0	2.5	3.0	3.5	4.0	4.5	5.0	6.0	8.0
B 级	1860	1710	1660	1620	1570	1470	1420	1370	1320	1320	1320	1320	1220	1170
C 级	2200	2010	1960	1910	1810	1710	1660	1570	1570	1520	1520	1470	1420	1370
D 级	2550	2400	2300	2250	2110	1910	1760	1760	1710	1620	1620	1570	1520	—

注:按力学性能的不同,碳素弹簧钢丝可分为 B、C、D 三级。表中的 σ_B 均为下限值

三、弹簧的许用应力

影响弹簧许用应力的因素很多,除了材料品种外,还有材料质量、热处理方法、

载荷性质、弹簧的工作条件和重要强度以及弹簧丝的尺寸等，都是确定许用应力时应予以考虑的。

通常，弹簧按其载荷性质分为三类：Ⅰ类——受变载荷作用次数在10^6次以上或很重要的弹簧，如内燃机气门弹簧、电磁制动器弹簧；Ⅱ类——受变载荷作用次数在10^3 ~ 10^5次及受冲击载荷的弹簧，如调速器弹簧、一般车辆弹簧；Ⅲ类——受变载荷作用次数在10^3次以下的，即基本上受静载荷的弹簧，如一般安全阀弹簧、摩擦式安全离合器弹簧等。各类弹簧的许用应力分别列于表 14－3－1 中。

例 14－3－1 已知一圆柱压缩螺旋弹簧，钢丝直径 $d = 10\text{mm}$，$D_2 = 50\text{mm}$，$n = 10$圈，材料为 60Si2Mn，用在重要场合，受静载荷，问该弹簧工作时最多可压缩多少还是安全的。

解：只要先求出当弹簧丝最大应力 $\tau = [\tau]$时的最大工作载荷 $F_2$①，就可求出该弹簧允许的最大压缩量。

（1）由弹簧的材料、用途、载荷性质查表 14－3－1 注 2，按Ⅱ类弹簧取许用应力$[\tau_{\text{II}}] = 590\text{N/mm}^2$。

（2）求最大应力$[\tau_{\text{II}}]$时的最大工作载荷 F_2。由式(14－2－3)，可解得

$$F_2 = \frac{\pi d^2 [\tau]}{8KC}$$

其中 $C = \dfrac{D_2}{d} = \dfrac{50}{10} = 5$，查图 14－2－4 得 $K = 1.31$。将各值代入上式得

$$F_2 = \frac{\pi \times 10^2 \times 640}{8 \times 1.31 \times 5} = 3840\text{N}$$

（3）求 F_2作用时的变形量 y_2。由式(14－2－5)得

$$y_2 = \frac{8F_2C^3n}{Gd} = \frac{8 \times 3840 \times 5^3 \times 10}{8 \times 10^4 \times 10} = 48\text{mm}$$

故此弹簧工作时，最多可压缩 44mm。

说明：①通常以 F_1表示最小工作载荷；F_2表示最大工作载荷。

第四节 圆柱拉伸、压缩螺旋弹簧的设计

一、结构尺寸和特性线

1. 压缩弹簧的结构尺寸

压缩弹簧在自由状态下，各圈间均留有一定的间距 δ，以备受载时变形(图 14－2－3)。通常，弹簧两端各有$\frac{3}{4}$ ~ $1\frac{3}{4}$圈并紧，以使弹簧站得平直。工作时这几圈不参与变形，称为支承圈或死圈。支承圈端部结构有磨平端(图 14－4－1

(a))和不磨平端(图 14-4-1(b))两种。为了使弹簧端面和轴线垂直,重要用途的压簧应采用前一种结构。支承圈的磨平长度应不小于$\frac{3}{4}$圈,末端厚度应近于$d/4$。有支承圈的弹簧,其总圈数 $n_1 = n + (1.5 \sim 2.5)$。n_1的尾数推荐为1/2圈,这样工作较为平稳。

压簧的结构尺寸可由图 14-4-2 求出:

$$\begin{cases} \text{节距 } t = d + \delta \\ \text{间距 } \delta \geqslant \dfrac{y_2}{0.8n} \\ \text{式中 } y_2 \text{ 为最大工作载荷 } F_2 \text{ 作用时弹簧的变形量} \\ \text{螺旋升角 } a = \arctan \dfrac{\mathrm{t}}{\pi D_2} \\ \text{通常 } t \approx (0.3 \sim 0.5) D_2 \text{,即 } a = 5^\circ \sim 9^\circ \\ \text{簧丝展开长度 } L = \dfrac{\pi D_2 n_1}{\cos a} \end{cases} \tag{14-4-1}$$

自由高度 H_0(即未受载时弹簧的高度):

$$\begin{cases} \text{对于两端并紧不磨平的结构} \quad H_0 = n\delta + (n_1 + 1) d \\ \text{对于两端并紧磨平的结构} \quad H_0 = n\delta + (n_1 - 0.5) d \end{cases} \tag{14-4-2}$$

式(14-4-2)中$(n_1+1)d$和$(n_1-0.5)d$分别为两种结构压簧并紧时的高度H_s(图 14-4-3)为了保证压缩弹簧的稳定性,弹簧的细长比 $b = H_0/D_2$ 不应超过许用值。两端固定的弹簧 $b < 5.3$;一端固定另一端铰支的弹簧 $b < 3.7$。当 b 大于许用值时,弹簧可能产生侧弯现象(图 14-4-4(a)),为了避免失稳,应在弹簧内侧加导向杆或在外侧加导向套(图 14-4-4(b))。导向杆和导向套与弹簧的间隙不应过大,工作时需加油润滑。

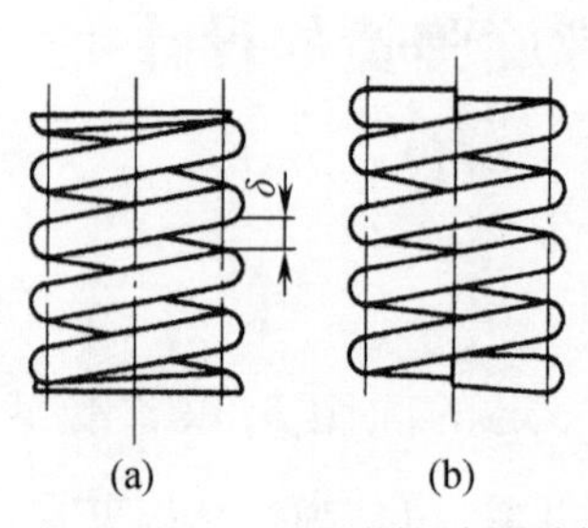

图 14-4-1 压缩弹簧端面结构

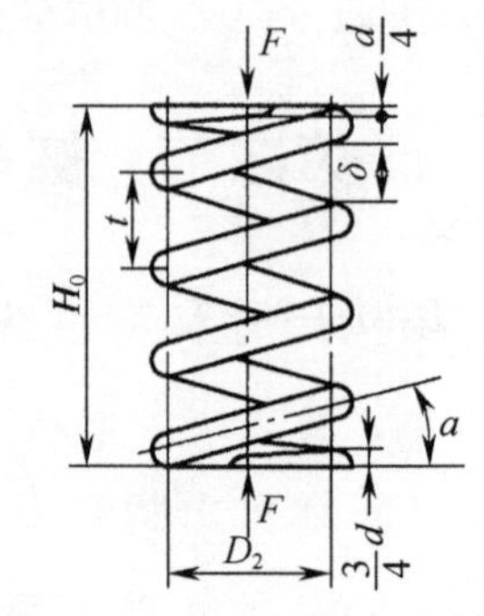

图 14-4-2 弹簧的几何参数

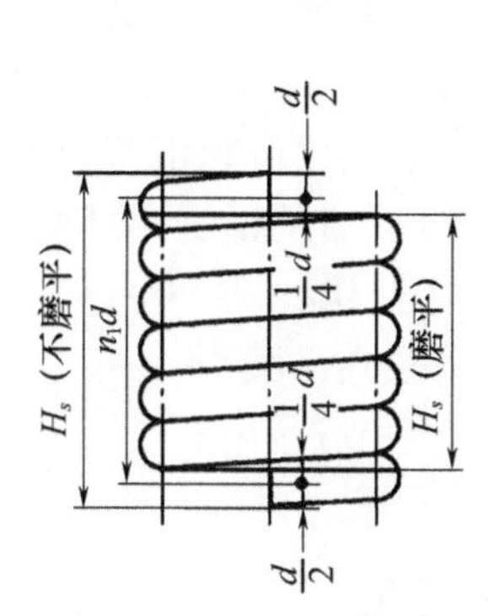

图 14-4-3 并紧高度

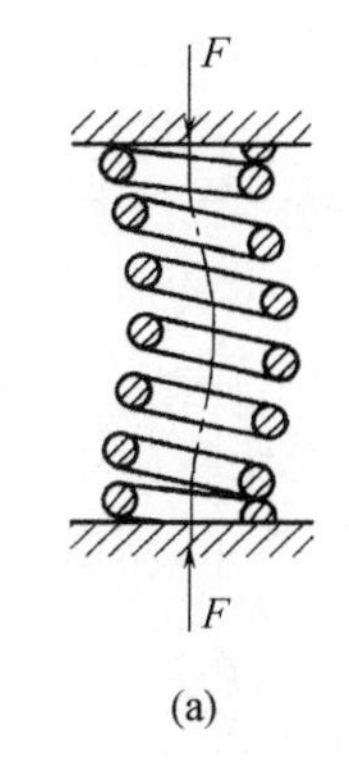

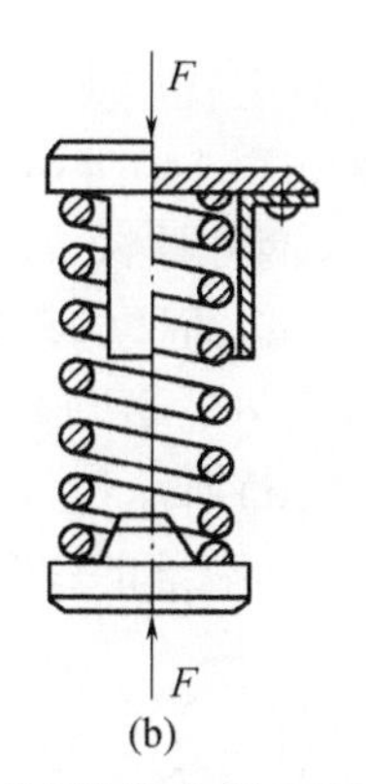

图 14-4-4 压缩弹簧的侧弯及防止侧弯的措施

2. 压缩弹簧的特性线

由第二节可知，等节距圆柱螺旋弹簧，在弹性变形范围内，其变形 y 和载荷成正比，即两者间为直线关系。图 14-4-5 为压缩螺旋弹簧的载荷-变形特性线，图中：

F_1为最小工作载荷，即弹簧在安装位置时所受的压力。F_1使弹簧能可靠地稳定在安装位置上，按弹簧的功用在(0.2～0.5)F_2范围内选取。

F_2为最大工作载荷。弹簧在 F_2作用下，弹簧丝最大应力 τ 不应超过材料的许用应力[τ]。

F_{lim}为极限载荷。达到材料剪切屈服极限 τ_s的载荷，称为极限载荷。

H_1、H_2、H_{lim}为分别对应于上述三种载荷作用时的弹簧高度(或长度)。

图 14-4-5 压缩弹簧的载荷-变形特性线

y_1、y_2、y_{lim}为分别对应于上述三种载荷作用时的弹簧变形。为了在 F_2作用时弹簧不致并紧，式(14-4-1)中已规定 $y_2 \leqslant 0.8n\delta$。

如图 14-4-5 所示，弹簧刚度

$$k = \frac{F_1}{y_1} = \frac{F_2}{y_2} = \cdots = 常数 \qquad (14-4-3)$$

在弹簧工作图中，应绘有弹簧的特性线，以作为检验和试验时的依据之一。

在加载过程中，弹簧所储存的能量为变形能 U，即图 14-4-5 中用小方格表示的面积。

二、拉伸弹簧的结构特点

拉伸弹簧卷制时已使各圈相互并紧，即 $\delta = 0$。为了增加弹簧的刚性，多数拉簧在制成后已具有初应力。拉簧端部做有挂钩,以便安装和加载。挂钩的形式很多,常用的形式如图 14－4－6 所示。其中图 14－4－6(a)、图 14－4－6(b)的结构制造方便,但这两种挂钩上的弯曲应力都较大,只适用于中小载荷和不重要的地方。图 14－4－6(c)的挂钩是另外装上去的活动钩,故挂钩下端及弹簧端部的弯曲应力较前述两种小。图 14－4－6(d)是采用螺旋块的挂钩。图 14－4－6(c)、图 14－4－6(d)所示挂钩适用于受变载荷场合,但成本较高。图 14－4－7 是改进的挂钩形式,其端部的弹簧圈直径减小,因而弯曲应力也相应减小。

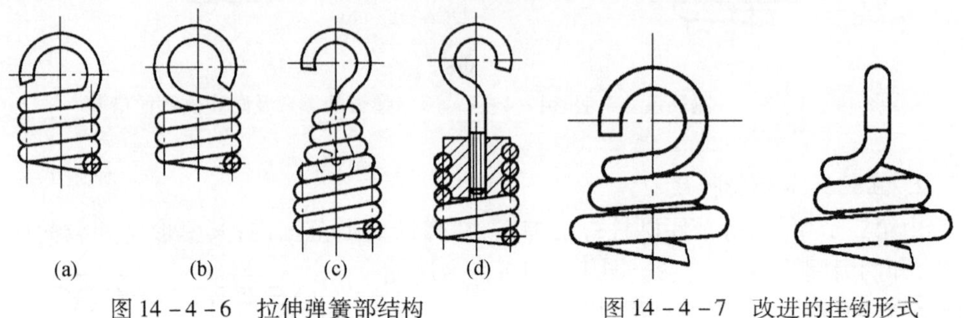

图 14－4－6　拉伸弹簧部结构　　图 14－4－7　改进的挂钩形式

拉伸螺旋弹簧结构尺寸的计算公式与压缩弹簧相同,但在使用公式时应注意拉簧的间距 $\delta=0$,计算弹簧丝展开长度和弹簧自由高度时应把挂钩部分的尺寸计入。

三、设计计算步骤

设计弹簧时应满足以下要求:有足够的强度,符合载荷－变形特性线的要求(即刚度条件,见图 14－4－9);不侧弯等。

通常的已知条件为:弹簧所承受的最大工作载荷 F_2 和相应的变形量 y_2,以及其他方面的要求(如工作温度、空间地位的限制等)。具体计算时,先根据工作条件选择合宜的弹簧材料及结构形式,然后运用第二节中求应力、变形公式确定弹簧的主要参数 d、D_2、n;最后由式(14－4－1)、式(14－4－2)求出弹簧的其他结构尺寸 t、a、H_0 及簧丝展开长度等。运用式(14－2－3)求弹簧直径 d 时,因为许用应力 $[\tau]$ 和旋绕比 C 都与 d 有关,所以常需采用试算法。

常用圆柱螺旋弹簧中径尺寸系列(mm)如下:

4　4.2　4.5　5　5.5　6　6.5　7　7.5　8　8.5　9　10　12　14　16　18　20　22　25　28　30　32　38　42　45　48　50　52　55　58　60　65　70　75　80　85　90　95　100　105　110　115　120　125　130　135　140　145　150　160　170　180　190　200　210　220　230　240　250　260　270　280　300　320　340　360　380　400　450。

例 14－4－1 一个供蒸煮器用的立式小锅炉，炉顶上采用微启式弹簧安全阀（图 14－4－8）。阀座通径 $D_0=32\text{mm}$，要求阀门起跳气压 $p_1=0.33\text{N/mm}^2$，阀门行程 $y_0=2\text{mm}$，全开时弹簧受力 $F_2=340\text{N}$。结构要求弹簧的内径 $D_1>16\text{mm}$。试设计此安全阀上的压缩弹簧。若现有 $d=4\text{mm}$ 的 60Si2Mn 钢丝，问能否使用。

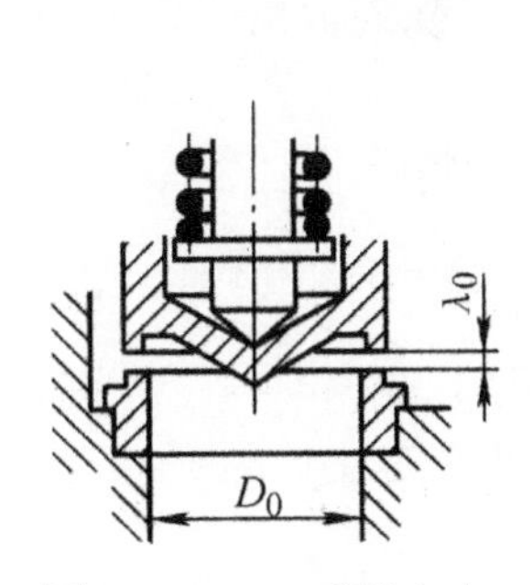

图 14－4－8 弹簧安全

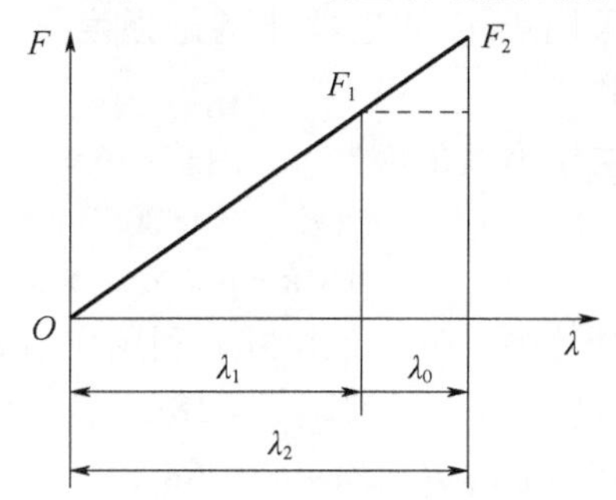

图 14－4－9 弹簧的载荷变形图

解：1. 分析已知条件

（1）此弹簧用作锅炉安全阀，比较重要，属于Ⅱ类载荷。

（2）弹簧所受最小工作载荷 F_1（即安装位置的压力）应等于起跳时的压力，即

$$F_1=p_1\frac{\pi D_0^2}{4}=0.33\times\frac{\pi}{4}\times32^2=265.4\text{N}$$

（3）由图 14－4－9 可求得所需的弹簧刚度：

$$k=\frac{F_2-F_1}{y_0}=\frac{340-265.4}{2}=37.3\text{N/mm}$$

弹簧在最大工作载荷 F_2 作用时的变形量：

$$y_2=\frac{F_2}{k}=\frac{340}{37.3}=9.1\text{mm}$$

（4）要求 $D_1>16\text{mm}$。

2. 确定弹簧各参数

（1）选择弹簧材料。根据工作条件和题意，选用 60Si2Mn。由表 14－3－1 查得

$$[\tau_{\text{II}}]=590\text{N/mm}^2,\tau_{\lim}\leqslant738\text{N/mm}^2。$$

（2）确定钢丝直径 d。由式（14－2－3）可解得

$$d\geqslant\sqrt{\frac{8KF_2C}{\pi[\tau_{\text{II}}]}}=1.6\sqrt{\frac{KF_2C}{[\tau_{\text{II}}]}}$$

由于要求 $D_1>16\text{mm}$，设 d 的大小等于题中现有钢丝直径值（$d=4\text{mm}$），因而暂取 $D_2=D_1+d=22\text{mm}$。

则 $C=\frac{D_2}{d}=\frac{22}{4}=5.5$,查图 14-2-4 得 $K=1.28$。将各值代入上式,得

$$d \geqslant 1.6\sqrt{\frac{1.28\times340\times5.5}{590}}=3.22\text{mm}$$

说明采用4mm的钢丝能满足强度条件。若不受现成材料限制时,可考虑取 $d=3.5\text{mm}$。

(3) 决定弹簧的圈数 n。由式(14-2-6)可解得

$$n=\frac{Gd}{8C^3k}=\frac{80000\times4}{8\times5.5^3\times37.3}=6.45\sim6.5 \text{ 圈}$$ [2]

(4) 计算弹簧的其他尺寸。利用式(14-4-1)、式(14-4-2)可算出:

内径:$D_1=D_2-d=22-4=18\text{mm}$(>16mm,符合要求)

外径:$D=D_2+d=22+4=26\text{mm}$

间距:$\delta \geqslant \frac{y_2}{0.8n}=\frac{9.1}{0.8\times6.5}=1.75\text{mm}$,取 $\delta=3\text{mm}$

节距:$t=\delta+d=3+4=7\text{mm}$

螺旋升角:$a=\arctan\frac{1}{\pi D_2}=\arctan\frac{7}{\pi\times22}=5.8°$(在5°~9°间)

两端各并紧一圈并磨平,则总圈数:$n_1=6.5+2=8.5$ 圈

弹簧丝展开长度:

$$L=\frac{\pi D_2 n_1}{\cos a}=\frac{\pi\times22\times8.5}{\cos5.8°}=590\text{mm}$$

自由高度:$H_0=n\delta+(n_1-0.5)d=6.5\times3+(8.5-0.5)4=51.5\text{mm}$

验算稳定性:$b=\frac{H_0}{D_2}=\frac{51.5}{22}2.34$(<3.7,符合要求)

由式(14-4-3)可求得弹簧受载荷 F_1 时的初始变形量 $y_1=\frac{F_1}{k}=\frac{265.4}{37.3}=7.1\text{mm}$

3. 绘制弹簧的特性线与工作图(图 14-4-10)[3]

在特性曲线图上一般应标注 F_1、F_2、$F_{\lim}$ 及对应的变形量。

由式(14-2-3)和式(14-4-3)可得

$$F_{\lim} \leqslant \frac{\pi d^2}{8KC}\tau_{\lim}=\frac{\pi\times4^2}{8\times1.28\times5.5}\times738=659\text{N}$$

$$y_{\lim}=\frac{F_{\lim}}{k}=\frac{659}{37.3}=17.7\text{mm}$$

说明:(1) 微启式安全阀行程 y_0 较小,$y_0\approx\frac{D_0}{25}\sim\frac{D_0}{10}$。

(2) 当计算的弹簧工作圈数 n 与 0.5 的倍数相差较大时,若要求计算精确,在

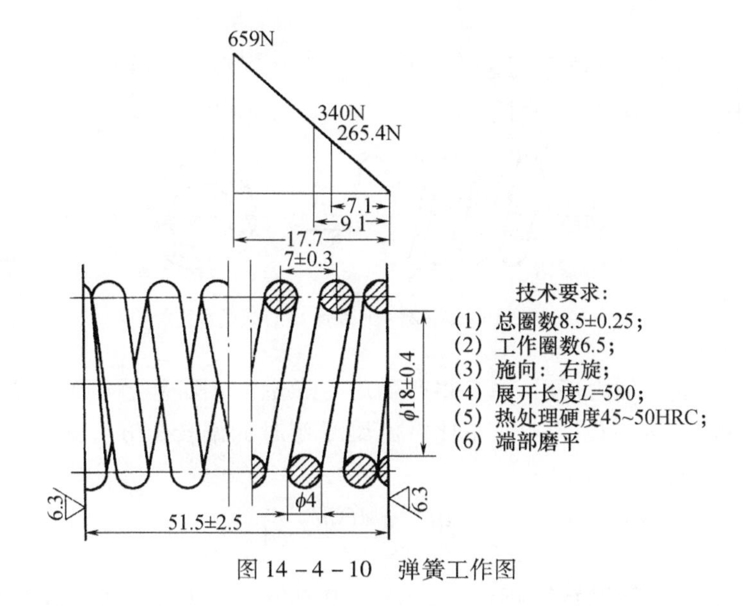

图 14－4－10　弹簧工作图

圆整 n 后，应重新计算弹簧的实际刚度 k。

（3）制造精度，允许偏差及技术要求按 GB1239－76 查取。

第五节　其他弹簧简介

一、扭转螺旋弹簧

扭转弹簧的外形和拉压弹簧相似，但承受的是绕弹簧轴线的外加力矩，主要用于压紧和储能。例如使门上铰链复位，电机中保持电刷的接触压力等。为了便于加载，其端部常做成图 14－5－1 所示的结构形式。

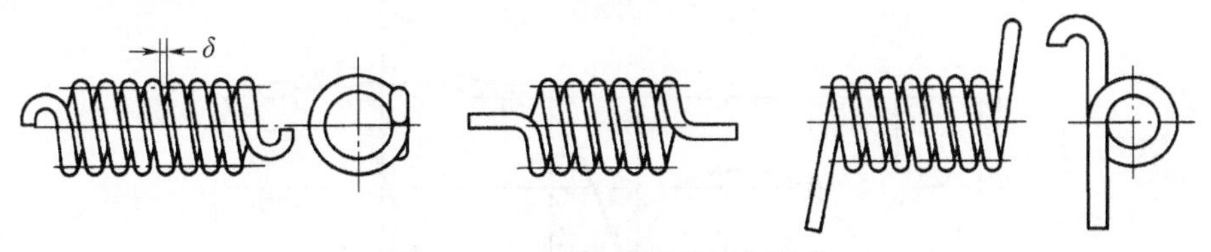

图 14－5－1　扭转弹簧端部结构

如图 14－5－2 所示，当扭转弹簧受外加力矩 M 时，若弹簧的螺旋升角 α 很小，可以认为弹簧丝只承受弯矩，其值等于外加力矩 M。应用曲梁受弯的理论，可求得圆截面弹簧丝的最大弯曲应力及强度条件为

$$\sigma = K_1 \frac{M}{z} = K_1 \frac{32M}{\pi d^3} \leqslant [\sigma] \qquad (14-5-1)$$

式中：K_1为曲度系数，$K_1=\frac{4C-1}{4C-4}$；Z为截面系数；d为弹簧丝直径；$[\sigma]$为材料的许用弯曲应力，$[\sigma]\approx1.25[\tau]$，$[\tau]$值见表14-3-1。

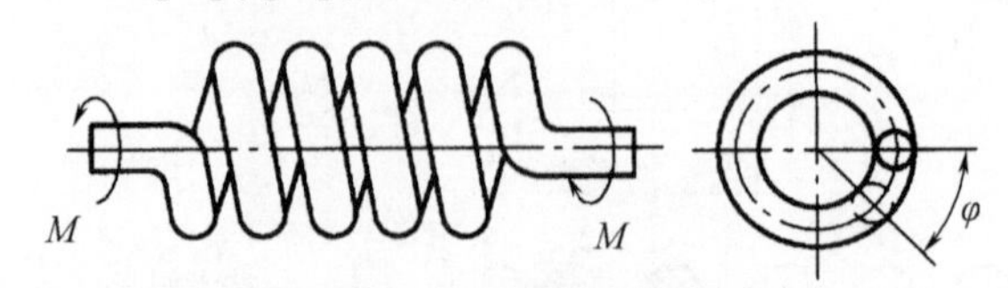

图14-5-2　扭转弹簧的载荷

扭转弹簧受外加力矩后，弹簧将产生角变形φ。与圆柱拉压弹簧类似，圆柱扭转弹簧的扭转角φ与载荷M成正比。由梁受弯时的偏转角方程式可求得弹簧扭转角的计算式为

$$\varphi=\frac{Ml}{EI}=\frac{\pi MD_2n}{EI}(\text{rad}) \tag{14-5-2}$$

式中：E为材料的弹性模量（钢：$E=2.06\times10^5\text{N/mm}^2$）；$I$为弹簧丝截面的惯性矩；$D_2$为弹簧中径；$n$为弹簧有效圈数。

精度要求高的扭转弹簧，圈与圈之间应有一定的间隙，以免载荷作用时，因圈间摩擦而影响其特性曲线。扭转弹簧的旋向应与外加力矩的方向一致。这样，位于弹簧内侧的最大工作应力（压应力）与卷绕时产生的残余应力（拉应力）反向，从而可提高承载能力。扭转弹簧受载后，平均直径D_2会缩小。对于有心轴的扭转弹簧，为了避免受载后"抱轴"，心轴和弹簧内径间必须留有足够的间隙。

二、碟形弹簧

碟形弹簧是用薄钢板冲制而成的，其外形像碟子（图14-5-3）。当它受到沿

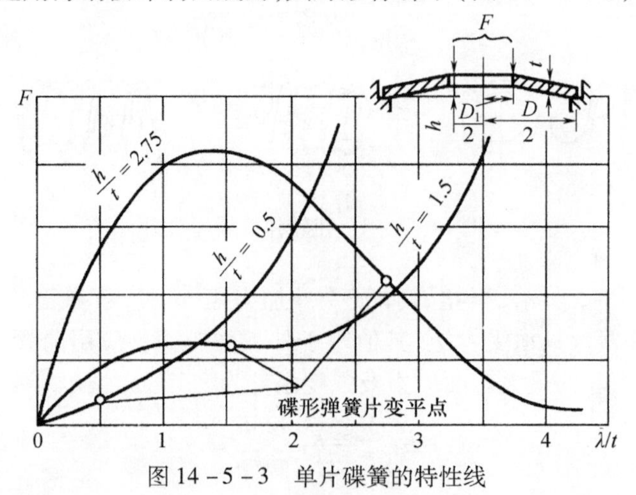

图14-5-3　单片碟簧的特性线

周边均匀分布的轴向力 F 时,内锥高度 h 变小,相应地产生轴向变形 λ。这种弹簧具有变刚度的特性。当 D_1、D 和 t 一定时,随着内锥高度 h 与簧片厚度 t 的比值不同,它们的特性曲线也不相同(图 14-5-3)。每条曲线上的小圆圈表示簧片正好压平。值得提出的是当 $h/t\approx1.5$ 时,曲线的中间部分接近于水平。这一特性很重要,它提供了在一定变形范围内保持载荷恒定的方法。例如在精密仪器中,可利用碟形弹簧使轴承端面摩擦力矩不受温度变化的影响,在密封垫圈中也可利用这一特性使密封性能不因温度变化而削弱。

在实际应用时,往往把碟形弹簧片组合起来使用。为了增大变形量,可以采用对合式组合碟形弹簧(图 14-5-4(a)),这时变形量随着片数的增加而增加,但承载能力不变。在工作过程中簧片间有摩擦损失,所以加载和卸载的特性线不重合(图 14-5-4(b)),加载特性曲线与卸载特性曲线所包围的面积,就代表阻尼所消耗的能量,此能量越大说明弹簧的吸振能力越强。为了增加承载量,可以采用叠合式组合碟形弹簧(图 14-5-5(a)),这时承载能力随着片数的增加而增加,但变形量不变。这种结构由于簧片间的摩擦而产生的阻尼较大,特别适用于缓冲和吸振。如欲同时增加变形量和承载能力,则可以采用复合式组合碟形弹簧(图 14-5-5(b))。同样尺寸的碟簧片,在不同组合时也能获得许多不同的弹簧特性,以适应不同的使用要求。

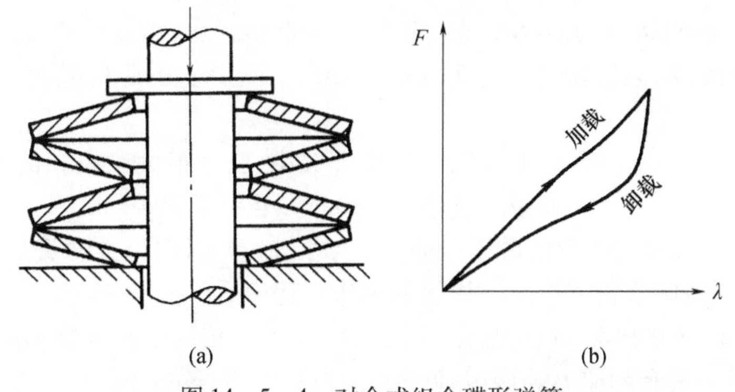

图 14-5-4　对合式组合碟形弹簧

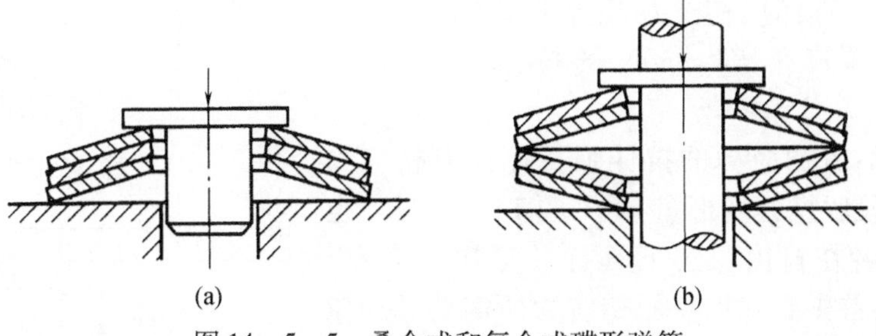

图 14-5-5　叠合式和复合式碟形弹簧

碟形弹簧除了上述特点外，还具有变形量小、承载能力大，在受载方向空间尺寸小等显著优点。目前，常用作重型机械、飞机等的强力缓冲弹簧，在离合器、减压阀、密封圈和自动化控制机构中获得应用。

碟形弹簧的缺点是用作高精度控制弹簧时，对材料和制造工艺（加工精度、热处理）等要求比较严，制造困难。

关于碟形弹簧的设计计算可参阅有关设计手册。

习　题

题14－1　已知一压缩螺旋弹簧的弹簧丝直径 $d=6$mm，中径 $D_2=33$mm，有效圈数 $n=10$。采用Ⅱ组碳素弹簧钢丝，受变载荷作用次数在 $10^3\sim10^5$ 次。求：(1)允许的最大工作载荷及变形量；(2)若端部采用磨平端支承圈结构时（图14－4－1(a)），求弹簧的并紧高度 H_s 和自由高度 H_0；(3)验算弹簧的稳定性。

题14－2　试设计一能承受冲击载荷的弹簧。已知：$F_1=40$N，$F_2=240$N，工作行程 $y=40$mm，中间有 $\varphi30$mm 的芯轴，弹簧外径不大于45mm，材料用碳素弹簧钢 $Ⅱ_a$ 组制造。

题14－3　设计一压缩螺旋弹簧。已知：采用 $d=2$mm 的钢丝制造，$D_2=48$mm。该弹簧初始时为自由状态，将它压缩40mm后，需要储能25N·m。求：(1)弹簧刚度；(2)若许用切应力为400N/mm^{2}时，此弹簧的强度是否足够？(3)有效圈数 n。

题14－4　一拉伸螺旋弹簧用于高压开关中，已知最大工作载荷 $F_2=2070$N，最小工作载荷 $F_1=615$N，弹簧丝直径 $d=10$mm，外径 $D=90$mm，有效圈数 $n=20$，弹簧材料为60Si2Mn，载荷性质属于Ⅱ类。求：(1)在 F_2 作用时弹簧是否会断？该弹簧能承受的极限载荷 F_{lim}；(2)弹簧的工作行程。

题14－5　如题14－5图所示，有两根尺寸完全相同的拉伸螺旋弹簧，一根没有初应力，另一根有初应力。两根弹簧的自由高度 $H_0=80$mm，现将有初应力的那根实测如下：第一次测定，$F_1=20$N，$H_1=100$mm；第二次测定 $F_2=30$N，$H_2=120$mm，试计算：(1)初拉力 F_0 等于多少；(2)没有初应力的弹簧在 $F_2=30$N 的拉力下，弹簧的高度。

（提示：有初应力的拉伸弹簧比没有初应力的多了一段假想的变形量 x（见题14－5图），也就是说前者在自由状态下具有一定初应力 τ_0。当受载时，首先要施加克服初应力所需要的初拉

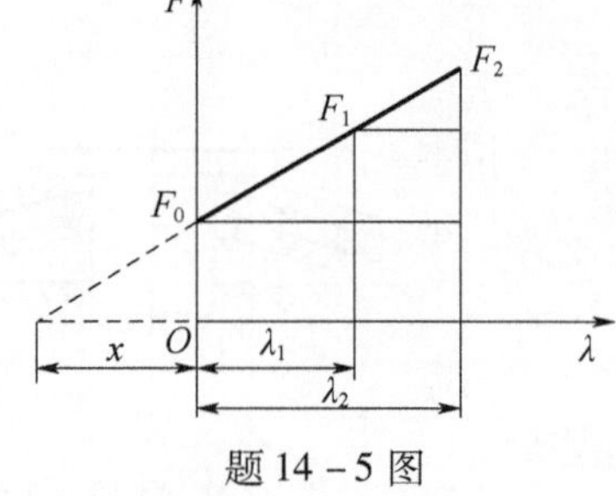

题14－5图

力 F_0后，弹簧才开始伸长。）

题 14－6　试设计一受静载荷的压缩螺旋弹簧。已知条件如下：当弹簧受载荷 $F_1 = 178\text{N}$ 时，其长度 $H_1 = 89\text{mm}$；当 $F_2 = 1160\text{N}$ 时，$H_2 = 54\text{mm}$，该弹簧使用时套在直径为 30mm 的芯棒上。现有材料为碳素弹簧钢丝，要求所设计弹簧的尺寸尽可能小。

题 14－7　一扭转螺旋弹簧用在 760mm 的门上（题 14－7 图）。当门关闭时，手把上加 4.5N 的推力才能把门打开。当门转到 180°后，手把上的力为 13.5N。若材料的许用应力 $[\sigma] = 1100\text{N/mm}^2$，求：(1) 该弹簧的弹簧丝直径 d 和平均直径 D_2；(2) 所需的初始扭转角；(3) 弹簧的工作圈数。

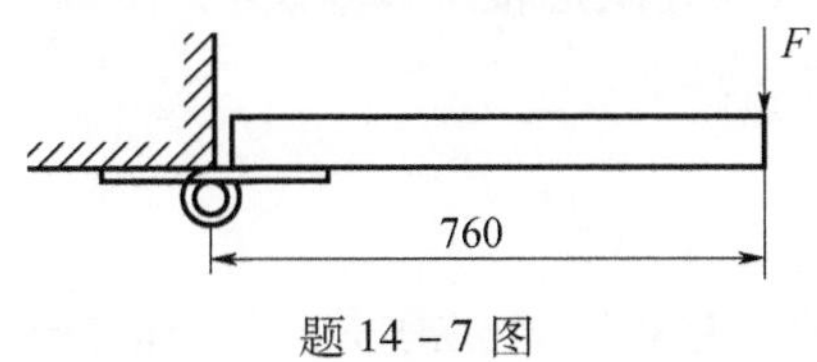

题 14－7 图

第十五章　教学案例

第一节　教学案例一

题目:某型主减速器大齿轮阻尼板螺栓断裂

类型:示范性、综合性、专题性

一、教学目的

为了深入了解和掌握本专业知识在海军装备中的应用及发展前景,激发学员学习热情,特开设本案例教学。本案例一方面可以扩大教学的信息量,增加课程内容的生动性;另一方面使教学内容更贴近学员今后的工作,激发其学习积极性和主动性,从而能更好地为部队培养所需的专业人员。

二、教学用途

本案例适用于动力工程、机械工程及自动化等本科学员专业基础课学习,同时适用于机电管理干部的在职培训教学。通过本案例的学习,可以了解舰艇典型机械的结构形式,利用课程所学知识分析主减速器大齿轮阻尼板螺栓连接的结构特性、失效形式及其原因等,达到学为所用,知行合一的目的。

三、内容摘要

螺栓连接是目前机械装备中采用的最广泛的一种连接方式,舰艇机械也不例外,但其疲劳破坏的问题一直屡见不鲜。某型舰齿轮箱内第二级大齿轮辐板上阻尼材料的约束板固定螺栓出现断裂、阻尼材料脱落、断裂螺栓危及主齿轮传动(若螺栓落到传动齿面上,齿轮将报废,而更换大齿轮则需将上层甲板割开),因此该连接非常重要。本案例通过现代分析方法,分析了其断裂的原因,提出了改进措施。结构部件涉及机械设计、机械动力学等多方面内容,是很好的机械教学实例。正是基于这一点,将其进行计算机三维实体造型和仿真,作为“舰用机械基础”“机械设计基础”“机械设计”这三门课的教学案例,学员通过对此螺栓连接的分析,可以复习掌握机械连接、振动、疲劳失效、计算机仿真等相关知识;通过分析其齿轮阻尼材料的布置了解减振降噪的工作原理;通过对螺栓连接在齿轮中的布置及其结构设计,了解舰船齿轮结构;通过对螺栓连接失效现象观察与分析,了解舰艇机械零件典型的失效形式;通过计算机仿真和分析计算,学习掌握现代分析方法及CAX技术。

四、案例正文

某型舰主减速齿轮传动系统由燃气轮机的输入轴、GT-3S离合器、柴油机的输入轴、D-3S离合器、两级齿轮传动所组成;燃气轮机的输入功率传入经上、下两个第一级大齿轮功率分半,由采取了柔性技术设计的Z形传动轴、膜盘联轴节及花键齿式联轴节,分别传给两个第二级小齿轮,再由这两个第二级小齿轮传给第二级大齿轮,由与第二级大齿轮一体的主轴通过艉轴将功率传给螺旋桨。柴油机的功率由柴油机输入轴传给第一级下大齿轮,再由此通过Z形传动轴及联轴节,传给第二级小齿轮、第二级大齿轮、轴系最后到螺旋桨。由此可见齿轮传动系统结构相当复杂、设计也很巧妙,如图15-1-1所示。

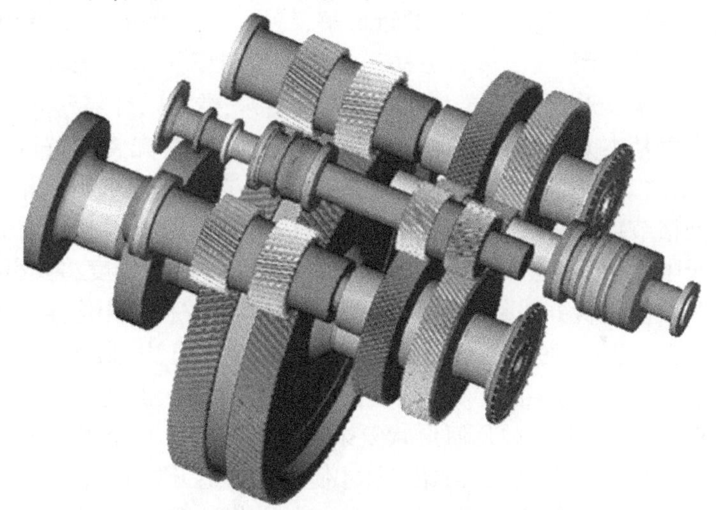

图15-1-1 某型舰主减速齿轮传动系统

齿轮阻尼板螺栓连接的分析,基本覆盖了"舰用机械基础""机械设计""振动理论"等课程中的相关知识,学员通过对该部分零件的三维造型及力学仿真分析,可以深刻了解机械零部件的设计以及故障分析问题,能充分激发学员的创新意识。一般情况下,对于螺栓连接,可以用解析法进行强度校核,以指导设计。但解析法无法详细地反映部件连接结构的应力分布情况。随着有限元仿真和计算机软硬件的发展,可以采用有限元法对设备零部件应力、变形等进行确切的模拟和计算,并将部件间的螺栓连接包含进去,从而能准确地得到包括螺栓在内的整个结构的应力分布和变形情况。

1. 问题的提出——螺栓断裂概况

某型舰维护人员在更换齿轮箱滑油、清洁齿轮箱循环滑油舱时，发现该舰齿轮箱循环滑油舱内有阻尼材料碎块和断裂或脱落的8.8级M8×25螺栓，其中螺栓头5个、光螺杆3个、没断的螺栓2个（其中1个长度缺损约3mm），所有螺栓头均有一点防松点焊的痕迹。在此之前的运转过程中，没有发现齿轮箱有异常振动和声响。

2. 故障原因分析

在工程技术领域中，对于许多力学问题和场问题，人们已经得到了它们应遵循的基本方程和定解条件，但是能用解析方法求解的只是它们当中极少数，即方程比较简单，且几何形状相当规则、边界条件理想化的问题。而绝大多数工程技术问题往往由于某些特征是非线性的，或由于求解区域的几何形状复杂，则不可能得到解析的答案。这类问题的解决通常采用两种途径：一种是引入简化假设，将方程、结构几何形状和边界条件简化，使达到能用解析法求解的地步；另一种途径是采用数值计算方法求得复杂工程实际问题的近似解，特别是近50年来，随着电子计算机的飞速发展和广泛应用，数值分析方法已成为求解科学技术和工程问题的主要工具。数值分析方法发展至今基本上可以分为两类：一类是以有限差分法为代表，其特点是直接求解基本方程和相应定解条件的近似解，即首先将求解区域划分为网格，然后在网格的节点上用差分方程近似替代微分方程，进而求得网格节点上的近似解。如果网格节点较多时，近似解的精度可以得到改善。但必须看到有限差分法有很大的局限性，特别是用于几何形状复杂的问题，它的精度将降低，甚至发生困难。另一类数值分析方法是首先建立和原问题基本方程及相应定解条件相等效的积分方法，然后据此建立近似解法。例如，加权残值法、最小二乘法、迦辽金（Galerkin）法、里兹法、力矩法等都属于这一类近似方法。上述不同方法在不同的领域上假设近似函数，因此对几何形状复杂的问题仍然不可能给出具有相当精度要求的近似解。只有当有限元法的出现，才使这类数值分析方法获得重大突破，逐步发展成为一种独立的、新颖的且又十分有效的数值计算方法。

鉴于本研究模型受力情况较为复杂，并且由于螺栓与阻尼板、压板和辐板之间有接触问题，因而产生非线性问题，无法应用解析法完成本研究，故采用有限元法进行计算分析，并借助大型有限元软件对螺栓进行了模态分析、应力计算及疲劳分析。

3. 结论

（1）根据检验结果，从螺栓的宏观断口上可见明显的疲劳条纹和裂纹稳定扩展阶段的典型特征，以及脆断时的放射线条纹，结合零件的实际服役情况，可断定螺栓的断裂为疲劳破坏。

（2）通过对螺栓预紧情况下受力的静强度校核，说明螺栓在正常的服役条件下其静强度是符合要求的。

(3) 机械系统受到来自螺旋桨、推力轴承等处的振动冲击力,从而引起轴向振动而导致螺栓受到交变(应)力作用,再加上此过程中阻尼材料在长期的使用过程中交变温度的作用,滑油的冲刷以及外界的振动影响,材料的性能发生变化,从而使局部材料碎裂脱落,振动加剧,在此综合因素的长期反复影响下,最终造成螺栓疲劳损坏断裂或脱落。

(4) 在同等工况下,外圈螺栓相对于内圈螺栓来说,外圈螺栓安全一些。

(5) 螺栓的破坏部位发生在螺栓头部和螺纹连接处。

(6) 改进意见:

① 降低激励力(主要降低轴向力的作用),减少动态轴向力的作用。

② 改善模态:优化支撑板约束,改善振动条件下的受力、改善螺栓的分布(下一步进行),提高系统的刚度。

③ 提高阻尼材料性能(综合力学性能、耐油耐温耐疲劳、防老化性能)。

④ 提高螺栓的抗疲劳力学性能。

围绕大齿轮阻尼约束板螺栓连接,我们拟设计如下问题,如表 15-1-1 所列。

表 15-1-1 螺栓连接案例问题

螺栓连接	问题	解决方式
结构组成	阻尼约束板螺栓连接由哪些主要部分组成,结构有何特点	用 I-DEAS 软件,虚拟齿轮箱
	螺栓连接设计,有何更好的方式? 对于被连接件是弹性很大的连接,应采取什么措施提高连接的有效性	理论上进行分析:通过连接与被连接件的力—刚度曲线进行分析,在计算机上建模分析、计算(运用 I-DEAS、Nastran、MARC、AltairHyperMesh 软件)
故障分析	螺栓断口、阻尼板裂原因分析	仿真计算
	运动过程分析	通过计算机仿真,分析发现在实际工作中出现故障的原因

学员通过对大齿轮阻尼约束板螺栓连接进行计算机三维造型,并对其进行动力学仿真计算和故障分析,对提出的问题进行实践探索,找出答案,提交分析报告,培养学员踏踏实实的学习态度和严谨求实的工作作风。

五、思考讨论题

(1) 大齿轮阻尼约束板螺栓连接结构设计的优缺点、改进意见。

(2) 大齿轮阻尼约束板螺栓连接设计方法对本人学习专业课程的启发。

六、分析思路

大齿轮阻尼约束板螺栓连接结构较复杂,对其进行工作原理学习及仿真不能一蹴而就。在本案例的教学中采用理论联系实际的分析方法。整个案例的讲解过程即为一个复杂螺栓连接的设计过程。学员通过本案例的学习,不仅了解了大型舰用齿轮的结构,还掌握了现代舰艇机械的一般设计过程。

七、教学建议

由于大齿轮阻尼约束板螺栓连接结构复杂,涉及机械学、振动理论知识,建议教学时以分组和讨论的方式进行,结合课程中的连接一章,预计要 8 个课时。学员根据自己对大齿轮阻尼约束板螺栓连接感兴趣的方面,在教员的指导下,通过分析,观察,得出结论,提交报告。教员根据报告,给出成绩,作为平时成绩一个重要的组成部分。

第二节　教学案例二

题目:3S 离合器教学案例研究报告

类型:示范性、综合性、专题性

一、教学目的

为了深入了解和掌握本专业知识在海军装备中的应用及发展前景,激发学员学习热情,特开设本案例教学。本案例一方面可以扩大教学的信息量,增加课程内容的生动性;另一方面使教学内容更贴近学员今后的工作,激发其学习积极性和主动性,从而能更好地为部队培养所需的专业人员。

二、教学用途

本案例适用于动力工程、机械工程等本科学员专业课学习,同时适用于在职培训教学。通过本案例的学习,可以了解舰艇典型机械的结构形式,利用课本所学知识分析 3S 离合器结构特性、运动参数、失效形式、运动规律等,达到学为所用,知行合一的目的。

三、内容摘要

3S 离合器广泛应用于现代大型驱护舰艇,结构复杂,设计巧妙,能够根据输入轴与输出轴的转速高低自动进行离合换挡,结构部件涉及机械设计、机械动力学、液压传动控制等多方面内容,是非常好的机械教学实例。正是基于这一点,将其进行计算机三维实体造型和运动仿真,并在计算机上实现虚拟拆装,作为教学案例,学员通过对3S离合器传动机构、运动特性的分析,可以复习掌握齿轮机构、离合器、液压传动、机械连接等相关机械结构设计及机械动力学方面的知识。通过分析其啮合机构及离合运动过程,掌握离合器工作的原理。通过运动仿真和受力分析,了解舰艇机械零件典型的失效形式。通过计算机中的3S离合器三维模型,对3S离合器进行虚拟拆装、维修,掌握现代CAX技术。

四、案例正文

3S离合器零部件较多(图15-2-1),它是一个旋转体,所以只用一个剖面表示,从输入轴端看向右旋转,即顺时针方向旋转。中心线的上部表示离合器处在脱开位置,下部处在接合位置,沿轴向从右到左分为三个部分,输入部件、螺旋滑动件(即离合圈)和输出部件。

3S离合器结构复杂,包括了齿轮、螺旋导套、液压系统、联轴器、弹簧、自动离合装置等多种机构,基本覆盖了"舰用机械基础""机械原理""机械设计""机电一体化"课程中相关知识,学员通过对该部分零件的三维造型及动力学仿真分析,可以深刻了解机械零部件的设计以及故障分析问题。3S离合器结构复杂,设计巧妙,能充分激发学员的创新意识。

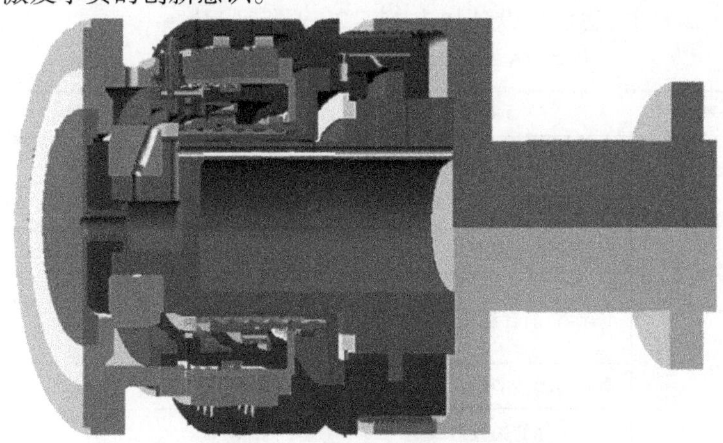

图15-2-1 3S离合器剖面图

3S离合器在试航过程中出现了分离不彻底、棘爪断裂等故障,究其根本是由于我们设计人员对离合器结构及工作原理不熟悉,设计手段落后造成的,我们对3S离合器进行计算机三维实体造型和动力学仿真,从而找出故障原因并提出改进意见,可以避免类似的故障再次出现。例如,采用先进的动力学仿真分析软件adams对离合器进行仿真分析,可以得到3S离合器所有部件在任何时刻承受的载荷、位移、运动速度、加速度等动力学参数(图15-2-2 3S离合器动力学仿真及故障分析判断），为 3S 离合器故障分析及工作原理学习提供支持。

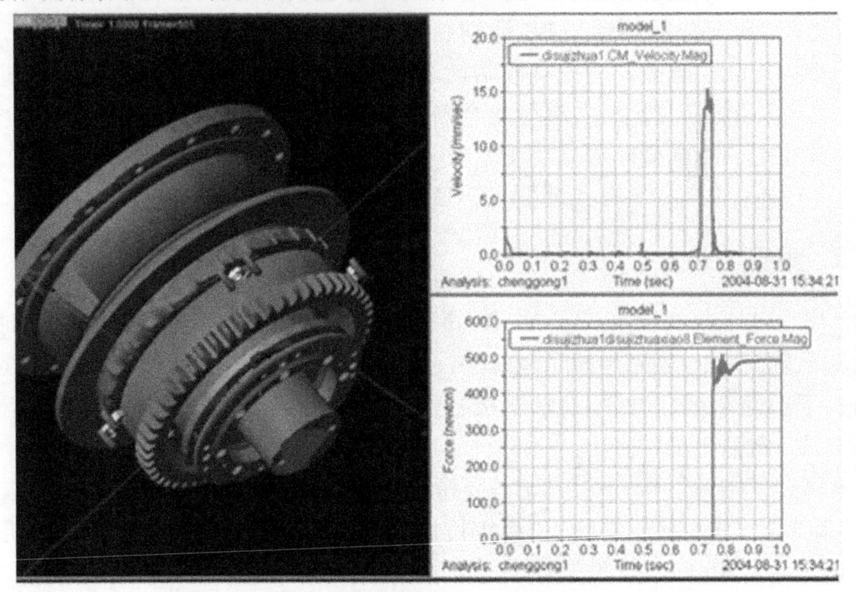

图 15－2－2　3S 离合器动力学仿真及故障分析判断

围绕 3S 离合器，我们拟设计如表 15－2－1 所列问题。

表 15－2－1　3S 离合器案例问题

3s 离合器	问题	解决方式
结构组成	离合器由哪些主要部分组成	测绘、分析，用 UG、I－DEAS 软件
	离合器设计	分析、计算（运用 UG、I－DEAS、ADAMAS 软件）
运动学仿真	离合器工作原理	分析、仿真（运用 UG、I－DEAS、ADAMAS 软件）
	联轴器、离合器设计	测绘、分析、计算（运用 UG、I－DEAS、ADAMAS 软件）
	影响传动性能的因素	仿真计算
	传动部件的失效形式	分析计算
故障分析	离合器易损件分析	动力学仿真计算
	离合器运动过程分析	通过计算机仿真，分析发现离合器在实际工作中出现故障的原因
	运动部件的连接方式	观察、三维造型

学员通过对 3S 离合器进行计算机三维造型，并对其进行动力学仿真计算和故障分析，对提出的问题进行实践探索，找出答案，提交分析报告，培养学员踏踏实实

的学习态度和严谨求实的工作作风。

五、思考讨论题

(1) 3S 离合器结构设计的优缺点、改进意见。
(2) 3S 离合器设计方法对本人学习专业课程的启发。

六、分析思路

3S 离合器结构复杂,对其进行工作原理学习及动力学仿真不能一蹴而就。在本案例的教学中采用自顶而下的分析方法。首先根据 3S 离合器的设计图纸,规划出其结构形式、组成部件及各部件的连接方式和动作过程。然后对各部件及整体进行详细分析设计,这一部分采用计算机三维实体造型及理论计算相结合的方式,学员通过计算分析,可以发现 3S 离合器产生故障原因并分析解决。为了更好学习离合器结构,采用 I - DEAS、UG 软件对离合器进行三维造型,学员通过计算机对离合器进行虚拟拆装,弥补实际零部件拆装困难的缺陷。最后对 3s 离合器的动力学性能进行评估,分析其优缺点,并提出改进意见。可以说整个案例的讲解过程即为一个 3S 离合器的设计过程。学员通过本案例的学习,不仅了解了 3S 离合器的结构,还掌握了现代舰艇机械的一般设计过程。

七、教学建议

由于 3S 离合器结构复杂,设计巧妙,涉及动力学知识较复杂,建议以小班教学,分组进行的方式,预计要 6 个课时,建议在上完专业课程后安排专门课时,作为一个小型课程设计来进行。学员根据自己对 3S 离合器感兴趣的方面,在教员的指导下,通过分析,观察,得出结论,提交报告。教员根据报告,给出成绩,作为平时成绩一个重要的组成部分。

第三节　教学案例三

题目:某柴油机缸盖及曲轴连杆连接螺栓断裂
类型:示范性、综合性、专题性

一、教学目的

为了深入了解和掌握本专业知识在海军装备中的应用及发展前景,激发学员学习热情,特开设本案例教学。本案例一方面可以扩大教学的信息量,增加课程内容的生动性;另一方面使教学内容更贴近学员今后的工作,激发其学习积极性和主动性,从而能更好地为部队培养所需的专业人员。

二、教学用途

本案例适用于动力工程、机械工程及自动化等本科学员专业基础课学习，同时适用于机电管理干部的在职培训教学。通过本案例的学习，可以了解舰艇典型机械的结构形式，利用课程所学知识分析某型柴油机缸盖及曲轴连杆连接螺栓连接的结构特性、失效形式及其原因等，达到学为所用，知行合一的目的。

三、内容摘要

螺栓连接是目前机械装备中采用的最广泛的一种连接方式，舰艇机械也不例外，但其疲劳破坏的问题一直屡见不鲜。某型柴油机（图 15－3－1）是某型舰的主动力柴油机，是整个动力系统的心脏，它是否可靠运行，关系到整条舰的机动性、战斗力，也是全体舰员的生命保障。

图 15－3－1　某型柴油机

柴油机的缸盖螺栓及曲轴连杆连接螺栓承受着巨大的循环爆炸冲击力和热应力，是整个柴油机中最容易发生故障的零部件，它们的运行质量影响了全舰的正常运行。本案例通过现代分析方法，分析了其失效的原因、提出了改进措施。结构部件涉及机械设计、机械动力学等多方面内容，是很好的机械教学实例。正是基于这一点，将其进行计算机三维实体造型和仿真，作为教学案例，学员通过对此螺栓连接的分析，可以复习掌握机械连接、振动、疲劳失效、计算机仿真等相关知识。螺栓连接是舰用机械基础课程中的重要内容，通过对柴油机缸盖螺栓及曲轴连杆连接螺栓工作讲解可以让学员更加熟悉课程内容，加深对课程的理解。而且对柴油机缸盖、活塞、连杆及汽缸螺栓连接的工作原理、设计结构的讲解可以开拓学员的思路、培养学员的创造力。

四、案例正文

汽缸盖用于和衬套活塞一起形成工作混合物的燃烧室。与汽缸套固定的盖，安装在汽缸体的上板上，并用螺柱和螺母固定。

连杆用于和曲轴连接，将活塞的直线运动转化为曲轴的旋转运动，连杆由上头、下头和杆组成，连杆用下头固定于曲轴上，上头用销子固定于活塞上。

缸盖本体和螺栓处在极为恶劣的工况下工作，安装时施加很大的预紧力，工作承受爆发力及一定的热负荷，相应产生机械脉动应力和热应力，在这种交替变化的应力（或载荷）作用下汽缸盖和螺栓将产生大量的疲劳损伤，在这些疲劳损伤中根据变形情况、循环载荷（或应力）的不同又可分为两类损伤：一种是由高机械应力和热应力引起的低周疲劳，有时应力甚至超过材料的屈服应力，在这种情况下，疲劳破坏前应力（或载荷）循环的次数较少，约 $10 \sim 10^4$ 次，缸盖和螺栓局部区域产生较大的塑性变形；另一种是在低应力作用下的高周疲劳，这种情况下应力（或载荷）循环次数较多，约在 10^6 次以上，主要为弹性变形。

某型柴油机缸盖（图 15－3－2）及曲轴连杆连接螺栓（图 15－3－3）连接的分析，基本覆盖了《舰用机械基础》《机械设计》《振动理论》等课程中的相关知识，学员通过对该部分零件的三维造型及力学仿真分析，可以深刻了解机械零部件的设计以及故障分析问题，能充分激发学员的创新意识。

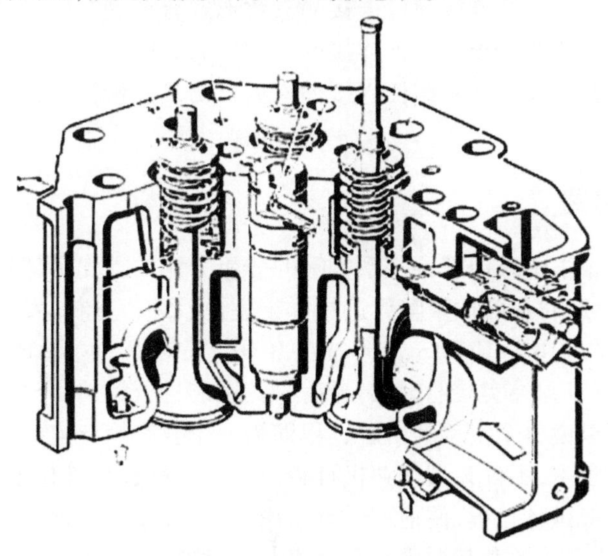

图 15－3－2　汽缸盖

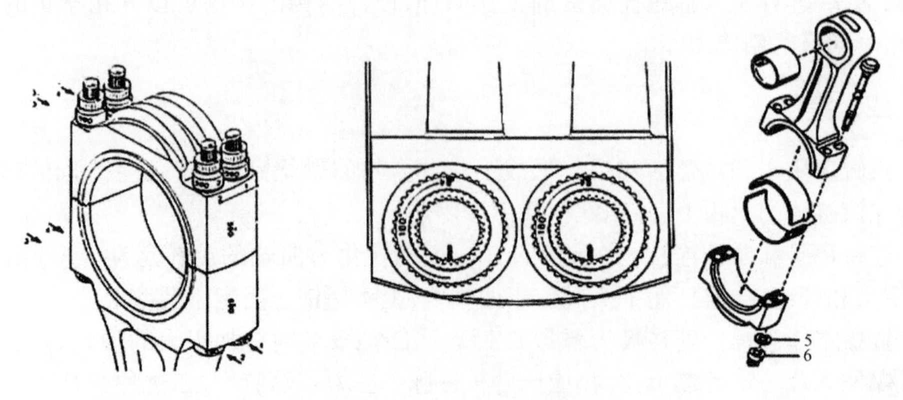

图 15－3－3　连杆及螺栓

一般情况下，对于螺栓连接，可以用解析法进行强度校核，以指导设计。但解析法无法详细地反映部件连接结构的应力分布情况。随着有限元仿真和计算机软硬件的发展，可以采用有限元法对设备零部件应力、变形等进行确切的模拟和计算，并将部件间的螺栓连接包含进去，从而能准确地得到包括螺栓在内的整个结构的应力分布和变形情况。

五、思考讨论题

围绕某型柴油机缸盖及曲轴连杆连接螺栓连接，我们拟设计如下问题：

（1）缸盖及曲轴连杆连接螺栓连接的失效形式有哪些？

（2）缸盖及曲轴连杆连接螺栓连接的易损件有哪些？

（3）缸盖及曲轴连杆连接螺栓连接如何进行仿真分析？其提高抗疲劳的措施都有哪些？

六、分析思路

在本案例的教学中采用理论联系实际的分析方法。首先了解发生失效事故零件的实际情况；然后对各部件及整体进行详细理论及建模分析，发现产生故障原因并分析解决，学员采用 I－DEAS、MSC. FATIGUE、NASTRAN、MARC 等软件进行三维造型和分析，可以弥补实验的困难；最后对其性能进行评估，分析其优缺点，并提出改进意见。可以说整个案例的讲解过程即为一个复杂螺栓连接的设计过程。学员通过本案例的学习，不仅某型柴油机缸盖及曲轴连杆连接螺栓连接，还掌握了现代舰艇机械的一般设计过程，使他们学有所用，培养和激发了他们学习专业知识的热情，使他们毕业后能顺利掌握现代高技术装备，胜任本职工作。

七、教学建议

由于某型柴油机缸盖及曲轴连杆连接螺栓连接结构复杂,涉及机械学、振动理论知识,建议教学时以分组和讨论的方式进行,结合课程中的第六章进行讲解。学员根据自己对某型柴油机缸盖及曲轴连杆连接螺栓连接感兴趣的方面,在教员的指导下,通过分析,观察,得出结论,提交报告。教员根据报告,给出成绩,作为平时成绩一个重要的组成部分。

参 考 文 献

[1] 杨可桢,程光蕴,等. 机械设计基础(第5版)[M]. 北京:高等教育出版社,2012.
[2] 曲玉峰,关晓平,等. 机械设计基础[M]. 北京:北京大学出版社,2006.
[3] 吴宗泽. 机械设计[M]. 北京:高等教育出版社,2001.
[4] 常治斌,张京辉. 机械原理[M]. 北京:北京大学出版社,2007.
[5] 成大元. 机械设计手册(第1版)[M]. 北京:化学工业出版社,2004.
[6] 周开勤. 机械零件手册(第5版)[M]. 北京:高等教育出版社,2001.